普通高等教育土建学科专业"十二五"规划教材
高校建筑电气与智能化学科专业指导委员会
规划推荐教材

建筑智能环境学

王　娜　主编

U0376516

中国建筑工业出版社

图书在版编目(CIP)数据

建筑智能环境学/王娜主编. —北京：中国建筑工业出版社，
2016.1 (2024.6重印)
普通高等教育土建学科专业"十二五"规划教材. 高校建筑电
气与智能化学科专业指导委员会规划推荐教材
ISBN 978-7-112-19107-9

Ⅰ.①建… Ⅱ.①王… Ⅲ.①智能化建筑-自动化系统-高等学
校-教材 Ⅳ.①TU855

中国版本图书馆 CIP 数据核字(2016)第 033973 号

建筑智能环境学是建筑电气与智能化专业的专业基础核心课程，本书依据《高等学校建筑电气与智能本科指导性专业规范》对建筑智能环境学知识领域的要求和我国最新的智能建筑设计标准编写。全书共分为 12 章，系统介绍了建筑智能环境的概念、建筑智能环境的要素、建筑智能环境的理论基础，在此基础上，分析介绍了应用控制理论、信息理论和系统理论创建、分析和评价建筑智能环境的原理与方法。

本书作为普通高等教育土建学科专业"十二五"规划教材，主要用于建筑电气与智能化专业及其他相关专业的本科生教材，还可供土建类其他专业以及建筑电气与智能化技术人员及建筑相关专业技术人员参考使用。

本书提供配套课件，如有需求请发邮件至 jckj@cabp.com.cn，电话：010-58337285，建工书院 http://edu.cabplink.com

责任编辑：张 健 王 跃
责任设计：董建平
责任校对：陈晶晶 党 蕾

普通高等教育土建学科专业"十二五"规划教材
高校建筑电气与智能化学科专业指导委员会规划推荐教材
建筑智能环境学
王 娜 主编
*
中国建筑工业出版社出版、发行(北京西郊百万庄)
各地新华书店、建筑书店经销
北京科地亚盟排版公司制版
建工社(河北)印刷有限公司印刷
*
开本：787×1092毫米 1/16 印张：26¼ 字数：651千字
2016年7月第一版 2024年6月第十次印刷
定价：45.00元(赠教师课件)
ISBN 978-7-112-19107-9
(28327)

教材编审委员会名单

主　任： 方潜生

副主任： 寿大云　任庆昌

委　员：（按姓氏笔画排序）

于军琪　于海鹰　王　娜　王立光　王晓丽　付保川

朱学莉　李界家　杨　宁　杨晓晴　肖　辉　汪小龙

张九根　张桂青　陈志新　范同顺　周玉国　郑晓芳

项新建　胡国文　段春丽　段培永　徐晓宁　徐殿国

黄民德　韩　宁　谢秀颖

序

自 20 世纪 80 年代中期智能建筑概念与技术发端以来，智能建筑蓬勃发展而成为长久热点，其内涵不断创新丰富，外延不断扩展渗透，具有划时代、跨学科等特性，因之引起世界范围教育界与工业界高度瞩目与重点研究。进入 21 世纪，随着我国经济社会快速发展，现代化、信息化、城镇化迅速普及，智能建筑产业不但完成了"量"的积累，更是实现了"质"的飞跃，成为现代建筑业的"龙头"，赋予了节能、绿色、可持续的属性，延伸到建筑结构、建筑材料、建筑能源以及建筑全生命周期的运营服务等方面，更是促进了"绿色建筑"、"智慧城市"中建筑电气与智能化技术日新月异的发展。

坚持"节能降耗、生态环保"的可持续发展之路，是国家推进生态文明建设的重要举措，建筑电气与智能化专业承载着智能建筑人才培养重任，肩负现代建筑业的未来，且直接关乎建筑"节能环保"目标的实现，其重要性愈来愈加突出！2012 年 9 月，建筑电气与智能化专业正式列入教育部《普通高等学校本科专业目录（2012 年）》（代码：081004），这是一件具有"里程碑"意义的事情，既是十几年来专业建设的成果，又预示着专业发展的新阶段。

全国高等学校建筑电气与智能化学科专业指导委员会历来重视教材在人才培养中的基础性作用，下大气力紧抓教材建设，已取得了可喜成绩。为促进建筑电气与智能化专业的建设和发展，根据住房和城乡建设部《关于申报普通高等教育土建学科专业"十二五"部级规划教材的通知》（建人专函［2010］53 号）要求，委员会依据专业规范，组织有关专家集思广益，确定编写建筑电气与智能化专业 12 本"十二五"规划教材，以适应和满足建筑电气与智能化专业教学和人才培养需要。望各位编者认真组织、出精品，不断夯实专业教材体系，为培养专业基础扎实、实践能力强、具有创新精神的高素质人才而不断努力。同时真诚希望使用本规划教材的广大读者多提宝贵意见，以便不断完善与优化教材内容。

全国高等学校建筑电气与智能化学科专业指导委员会

主任委员　方潜生

4

前　言

智能建筑是一个新型的技术领域，也是一个新型的交叉学科领域，因而在智能建筑领域不仅需要设置交叉学科专业，为当前社会发展培养急需的人才，同时还应作为一个学科领域来发展，发挥科学研究的前瞻性，实现对我国智能建筑建设和发展的引导。因而在《高等学校建筑电气与智能化本科指导性专业规范》中特别设立了"建筑智能环境学"作为本专业独有的知识领域，体现智能建筑学科特点及其与其他学科界限，为学科建立奠定基础。建筑智能环境学研究应用信息技术监控和改善建筑环境的原理和方法，研究应用控制理论、信息理论、系统理论创建、分析和评价建筑智能环境的理论和方法，构建智能建筑理论研究体系。

"建筑智能环境学"作为建筑电气与智能化专业的专业基础核心课程，主要任务是建立建筑智能环境的概念，明确建筑智能化系统建设与评价是以建筑环境的有效监控与改善为目标，通过学习建筑环境学、控制理论、信息理论和系统理论等理论基础知识和智能建筑基本知识，学习和掌握应用控制理论、信息理论和系统理论创建建筑智能环境的原理和方法。

本书作为普通高等教育土建学科"十二五"规划教材，根据住房城乡建设部《关于普通高等教育土建学科"十二五"规划教材选题通知》的要求和建筑电气与智能化专业规范对建筑智能环境学知识领域的要求编写。全书共分为5篇，第1篇是绪论，介绍智能建筑的发展，引出建筑智能环境概念；第2篇是建筑智能环境基础，介绍建筑环境的基础知识、建筑智能环境的要素以及建筑智能环境的理论基础；第3篇是建筑智能环境控制原理及方法，介绍控制理论基本知识和应用控制理论创建建筑智能物理环境的原理和方法；第4篇是建筑智能环境信息原理及方法，介绍信息理论基本知识和应用信息理论创建建筑智能人工环境的原理及方法；第5篇是建筑智能环境系统原理及方法，介绍系统理论基本知识以及应用系统理论和系统工程方法分析、设计和评价建筑智能环境系统的理论与方法。

本书共12章，第1章、第3章、第6章和第12章由长安大学王娜编写，第2章由长安大学隋学敏编写，第4章由沈阳建筑大学郭彤颖、西安建筑科技大学于军琪、苏州科技大学付保川编写，第5章由沈阳建筑大学李界家编写，第7章由西安建筑科技大学于军琪、陈登峰和长安大学孟庆龙编写，第8章由长安大学胡欣和苏州科技大学付保川、王俭编写，第9章由长安大学王娜和余雷编写，第10章由沈阳建筑大学李界家和沈阳城市建设学院马丽娜编写，第11章由长安大学王娜、巫春玲、刘义艳和张弢编写，长安大学智能建筑研究所的研究生参与了部分章节的绘图及资料收集工作，全书由王娜统稿并担任主编。

本书作为高等学校建筑电气与智能化学科专业指导委员会规划推荐教材，编写工作广泛听取了指导委员会各位专家的意见，感谢指导委员会主任方潜生教授以及各位专家委员的大力支持，在此也对本书编写过程中参阅的参考文献的作者表示感谢。

　　"建筑智能环境学"是建筑电气与智能化专业重要的专业基础核心课程，内容涉及建筑环境学、控制理论、信息理论和系统理论以及建筑电气与智能化等多个学科，涉及面广、体系新，本书作为首部建筑智能环境学教材，书中可能存在不当之处，敬请使用教材的老师及广大读者提出宝贵意见，使本教材在使用过程中不断得到完善。

目　录

第1篇 绪 论

第1章 绪 论

1.1 智能建筑与建筑智能环境

1.1.1 智能建筑及其发展

1. 智能建筑的概念

智能建筑（Intelligent Building，IB）的概念最早出现在美国，1984年美国康涅狄格州哈特福德市改建完成的CityPlace大楼是世界公认的第一座智能建筑。该大楼采用计算机技术对楼内的空调、供水、防火、防盗及供配电系统等进行自动化综合管理，并为大楼的用户提供语音、数据等各类信息服务，为客户创造舒适、方便和安全的环境。随后日本、新加坡及欧洲各国的智能建筑相继发展，我国智能建筑的建设起始于20世纪90年代初。随着国民经济的发展和科学技术的进步，人们对建筑物的功能要求越来越高，尤其是随着全球信息化的发展和物联网技术的应用，智能建筑作为智慧城市的基本单元，日益受到人们的关注。

国内外对于智能建筑的定义各有不同，其中有代表意义的定义有以下几种：

美国智能建筑研究中心（American Intelligent Building Institute，AIBI）对智能建筑的定义为："通过对建筑物的结构、系统、服务、管理四个基本要素及它们之间的相互关系进行最优化设计，从而提供一个投资合理，又拥有高效、舒适、便利的建筑环境。"

欧洲智能建筑集团（The European Intelligent Building Group）对智能建筑的定义为："使用户发挥最高效率，同时又以最低的保养成本和最有效的方式管理自身资源的建筑。"

日本智能建筑研究会（Japan Intelligent Building Research Institute）对智能建筑的定义为："智能建筑应提供包括商业支持功能、通信支持功能等在内的高度通信服务，并能通过高度自动化的大楼管理体系保证舒适的环境和安全，以提高工作效率。"

我国《智能建筑设计标准》GB/T 50314—2015对智能建筑的定义是"以建筑物为平台，基于对各类智能化信息的综合应用，集架构、系统、应用、管理及优化组合为一体，具有感知、传输、记忆、推理、判断和决策的综合智慧能力，形成以人、建筑、环境互为协调的整合体，为人们提供安全、高效、便利及可持续发展功能环境的建筑。"

智能建筑将建筑技术和信息技术相结合，建筑是主体，智能化系统是信息技术在建筑中的应用，目的是赋予建筑"智能"，使建筑像人一样聪明。人的智能主要包括感知能力、思维能力、行为能力三个方面，感知能力通过视觉、听觉、触觉等感觉器官感受外界信息；思维能力通过大脑进行记忆、联想、分析、判断等一系列思维活动做出决策；行为能力通过具体的行动，把这一决策体现出来。信息技术的主体是感测技术、通信技术、计算机技术和控制技术。感测技术获取信息，赋予建筑感觉器官的功能；通信技术传递信息，赋予建筑神经系统的功能；计算机技术处理信息，赋予建筑思维器官的功能；控制技术施用信息，赋予建筑效应器官的功能，使信息产生实际的效用，实现建筑的智能化。比如智能建筑中的智能照明系统，其前端设有光线传感器和人员活动探测器，可以自动检测房间的光照强度和有无人员活动，通过控制网络将该信息传送到控制单元，控制单元具有信息处理功能，根据目前的光照及房间人员活动状况，自动控制灯的开关、调节光照的强度，在提供舒适、健康光照环境的同时，节约能源，不仅使用方便，而且管理高效便捷。

2. 智能建筑的发展

（1）应用上的发展

智能建筑最初主要指智能化的办公大楼，随着功能建筑类别的增多和个性化需求的增长，建筑智能化技术获得了广阔的应用和发展空间，并逐步走向专业化、多元化和实用化。现在智能建筑涵盖的范围十分广泛，包括通用办公、行政办公和金融办公等办公建筑，商场和宾馆等商业建筑，图书馆、博物馆、会展中心、档案馆等文化建筑，剧（影）院和广播电视业务等的媒体建筑，体育场、体育馆、游泳馆等体育建筑，综合性医院、普通医院或专科医院等医疗建筑，高等院校、高级中学、初级中学、小学以及幼儿园等教育建筑，民用机场航站楼、铁路旅客车站、城市轨道交通站、汽车客运站等交通建筑，以及住宅建筑和通用工业建筑等。从规模上，也从智能住宅发展到智能化住宅小区，从单栋的智能建筑发展到由位置相对集中的建筑群组成的智慧园区，并向智慧城市发展。

在当今人口增多、资源枯竭、环境污染的条件下，绿色、环保、节能、生态已经成为建筑可持续发展的重要内容，也是智能建筑的发展方向。目前智能建筑的发展日益密切地与绿色建筑和生态建筑相结合，注重节能环保、高效低碳，以绿色为目的，以智能化为手段，用绿色的观念和方式进行建筑的规划、设计、开发、使用和管理，采用智能化技术促进绿色指标的落实，通过应用以智能技术为支撑的节能与节水控制系统与产品、利用可再生能源的智能系统与产品、室内环境综合控制系统与产品等，提高绿色建筑性能，与环保生态系统共同营造高效、低耗、无废、无污、生态平衡的建筑环境。比如对通风窗和遮阳板及太阳能屋顶进行智能控制，对太阳能、地热能等可再生能源利用系统、中水及雨水回用系统进行监控与管理等，充分利用自然资源，降低人类生活带给自然环境的影响和破坏，促进建筑可持续发展。

（2）技术上的发展

根据欧洲智能建筑集团（EIBG）的分析报告，国际上将智能建筑技术的发展历史划分成三个阶段：1985年前为专用单一功能系统技术发展阶段；1986～1995年为多个功能系统技术向多系统集成技术发展阶段；1996年以后为多系统集成技术向控制网络与信息网络应用系统集成相结合的技术发展阶段。我国建筑智能化技术发展也经历了以上三个阶段，但时间上较为滞后。

20世纪80年代末、90年代初，随着科学技术的发展和人们生活水平的提高，安全、高效、舒适的工作和生活环境成为人们的切身需要，而飞速发展的计算机技术、通信技术和控制技术为满足人们这些需要提供了技术支持。这期间建筑智能化的内容主要包括在建筑内设置程控交换机系统、有线电视系统、计算机网络系统、建筑设备监控系统、火灾自动报警系统和安全技术防范系统，为建筑内用户提供安全、高效、舒适的工作和生活环境。在此阶段，建筑中各个系统是独立的，相互之间没有联系。20世纪90年代中后期，经济高速发展，房地产开发形成热潮，不同形态建筑对智能化系统有着不同的需求，为不同建筑类型用户提供定制化的解决方案和个性化的智能化系统是该时期的一个特点。另外从技术方面，除了在建筑中设置上述各种系统以外，开始强调对建筑中各个系统进行系统集成，实现信息资源的综合共享，以提升建筑智能化水平。进入21世纪，多系统集成技术向控制网络与信息网络集成技术发展，建筑智能化集成系统建立统一的信息集成平台，实现对智能化各系统监控、信息资源共享和集约化协同管理，为建筑物的管理者提供决策依据，为建筑物的使用者提供更加安全、舒适、快捷的优质服务，实现建筑物的高功能、高效率和高回报率。

（3）专业学科上的发展

随着我国经济建设规模的增大和速度的提高，特别是随着社会信息化进程的加快，我国已形成了全球规模最大、发展最快的智能建筑市场。广阔的市场潜力为智能建筑的发展提供了巨大机遇，同时也面临着智能建筑的理论研究、相关科技产品的开发及工程技术人才不足的问题。为了满足社会发展对智能建筑专业人才的需要，2004～2006年，教育部先后批准设立"建筑设施智能技术"和"建筑电气与智能化"本科专业，2012年教育部对普通高等学校本科专业目录修订，"建筑设施智能技术"专业合并于"建筑电气与智能化"专业。目前，越来越多的学校开设了"建筑电气与智能化"专业，但智能建筑尚未形成学科。

智能建筑是一个新型的技术领域，也是一个新型的交叉学科领域，因而在智能建筑领域不仅需设置交叉学科专业，为当前社会发展培养急需的人才，同时还应作为一个学科领域来发展，发挥科学研究的前瞻性，实现对我国智能建筑建设和发展的引导。因而在《高等学校建筑电气与智能化本科指导性专业规范》中特别设立了"建筑智能环境学"作为本专业独有的知识领域，体现智能建筑学科特点及其与其他学科界限，为学科建立奠定基础。

1.1.2 建筑智能化系统及其功能

为了实现智能建筑安全、高效、便捷、节能、环保、健康的建筑环境，智能建筑需要具有一定的建筑环境并设置相应的智能化系统。其建筑环境一方面要适应21世纪绿色和环保的时代主题，以绿色、环保、健康和节能为目标，实现人与自然和谐的可持续发展；另一方面还要满足智能建筑特殊功能的要求，为建筑智能化系统设置提供条件。而智能化系统是相对需求设置的，为满足安全性需求，在智能建筑中设置公共安全系统，其内容主要包括火灾自动报警系统、安全技术防范系统和应急响应系统，通过综合运用现代科学技术，以应对危害社会安全的各类突发事件，从而确保大楼内人员生命与财产的安全；为满足舒适、节能、环保、健康、高效的需求，在智能建筑中设置建筑设备管理系统，一方面实现对温度、湿度、照度及空气质量等环境指标的控制，创造舒适的环境，提高楼内工作人员的工作效率与创造力，另一方面通过对建筑物内大量机电设备的全面监控管理，实现多种能源（包括可再生能源）的监管，达到节能、高效和延长设备使用寿命的目的；为满足工作上的高效性和便捷性，在智能建筑中设置方便快捷和多样化的信息设施系统与信息化应用系统，以创造一个迅速获取信息、处理信息、应用信息的良好办公环境，达到高效率工作的目的。以上各智能化系统在智能建筑中并非独立堆砌，而是利用计算机网络技术，在各系统间建立起有机的联系，把原来相对独立的资源、功能等集合到一个相互关联、协调和统一的智能化集成系统之中，对各子系统进行科学高效的综合管理，以实现信息综合、资源共享。因而，智能建筑中的智能化系统主要由建筑设备管理系统、公共安全系统、信息设施系统、信息化应用系统和智能化集成系统组成。

1. 建筑设备管理系统

建筑设备管理系统（building management system）是对建筑机电设施及建筑物环境实施综合管理和优化功效的系统，是建筑智能化系统工程营造建筑物运营条件的保障设施。建筑设备管理系统主要对建筑设备监控系统、建筑能效监管系统以及需纳入管理的其他业务设施系统等进行集中监视和统筹科学管理，并与公共安全系统等其他智能化系统关联，对相关的公共安全系统进行信息关联和功能共享，构建科学有效的建筑设备综合管理模式。

建筑机电设备监控系统主要实现对建筑内的冷热源、采暖通风和空气调节、给排水、供配电、照明和电梯等基本设备的监控，系统采集温度、湿度、流量、压力、压差、液位、照度、气体浓度、电量、冷热量等建筑设备运行基础状态信息，对建筑设备运行的实时状况进行监控和管理。建筑能效监管系统主要实现对建筑冷热源、采暖通风和空气调节、给排水、供配电、照明、电梯等建筑设备的能耗计量与管理，并根据建筑物业管理的要求及基于对建筑设备运行各类能耗的信息化监管的需求，对建筑各功能区域的用能进行系统合理调控及系统配置适时调整，使建筑设备系统高效运行及优化建筑综合性能。

2. 信息设施系统

智能建筑中的信息设施系统（information facility system）是为满足建筑物的应用与管理对信息通信的需求，将各类具有接收、交换、传输、处理、存储和显示等功能的信息系统整合，形成建筑物公共通信服务综合基础条件的系统，是具有公共服务功能的基础设施。其主要作用是对建筑群内外的各种信息，予以接收、交换、传输、处理、存储、检索和显示；整合符合信息化应用所需的各类信息设施，为建筑的使用者及管理者提供良好的信息化应用基础条件。

信息设施系统包括信息接入系统、信息网络系统、用户电话交换系统、布线系统、无线对讲系统、移动通信室内信号覆盖系统、卫星通信系统、有线电视及卫星电视接收系统、公共广播系统、会议系统、信息导引及发布系统、时钟应用系统及其他相关的信息设施系统等。

3. 信息化应用系统

信息化应用系统（information application system）是以信息设施系统和建筑设备管理系统等智能化系统为基础，为满足建筑物的各类专业化业务、规范化运营及管理的需要，由多种类信息设施、操作程序和相关应用设备等组合而成的系统，是满足建筑智能化系统工程应用需求及工程建设的主导目标。

信息化应用系统包括公共服务、智能卡应用、物业运营管理、信息设施运行管理、信息安全管理、通用业务和专业业务等信息化应用系统。其中公共服务系统具有访客接待管理和公共服务信息发布等功能；智能卡应用系统具有作为身份识别、门钥、重要信息系统密钥等功能，并具有消费、计费、票务管理、资料借阅、物品寄存、会议签到等管理功能；物业管理系统具有对建筑物业经营、运行维护实施规范化管理的功能；信息设施运行管理系统具有对建筑内各类信息设施的资源配置、技术性能、运行状态等相关信息进行监测、分析、处理和维护的功能，满足对建筑信息基础设施的信息化高效管理；信息网络安全管理系统具有确保信息网络的运行和信息安全的功能。通用业务系统满足建筑基本业务运行的需求，专业业务系统满足该建筑主体专业业务良好运行的基本功能，例如，适用于工厂企业生产及销售管理的工厂企业信息化管理系统、适用于商品信息管理的商店经营业务系统、适用于金融建筑的金融业务系统等。

4. 公共安全系统

公共安全系统（public security system）是综合运用现代科学技术、具有以应对危害社会安全的各类突发事件而构建的综合技术防范或安全保障体系综合功能的系统，是建筑智能化系统工程建立建筑物安全运营环境整体化、系统化、专项化的重要防护设施。公共安全系统主要内容包括火灾自动报警系统、安全技术防范系统和应急响应系统，其功能是应对建筑内火灾、非法侵入、自然灾害、重大安全事故等危害人们生命和财产安全的各种突发事件，并建立应急及长效的技术防范保障体系。

火灾自动报警系统的功能是对火灾进行早期探测和自动报警，确保人身安全，最大限度地减少财产的损失；安全技术防范系统包括安全防范综合管理平台、入侵报警、视频安防监控、出入口控制、电子巡查管理、访客及对讲、停车库（场）管理系统及各类建筑安全管理所需的其他安全技术防范设施系统，其功能是保障建筑物内的人员生命财产安全以及重要的文件、资料、设备的安全；应急响应系统是在火灾自动报警系统、安全技术防范系统及其他智能化系统的基础上构建的具有应对各种突发公共安全事件的危害，具有应急技术体系和响应处置功能的系统。应急响应系统包括有线/无线通信、指挥和调度系统、紧急报警系统、火灾自动报警系统与安全技术防范系统的联动设施、火灾自动报警系统与建筑设备管理系统的联动设施、应急广播系统与信息发布和疏散导引系统的联动设施，还可以包括基于建筑信息模型（BIM）的分析决策支持系统、视频会议系统、信息发布系统等，其功能是实现对各类危及公共安全的事件进行就地实时报警，采取多种通信方式对自然灾害、重大安全事故、公共卫生事件和社会安全事件实现本地报警和异地报警、指挥调度、紧急疏散与逃生导引、事故现场应急预案处置等。

5. 智能化集成系统

智能化集成系统（intelligent integration system）是为实现建筑物的运营及管理目标，基于统一的信息平台，以多种类智能化信息集成方式形成的具有信息汇聚、资源共享、协同运行、优化管理等综合应用功能的系统，是建筑智能化系统工程展现智能化信息合成应用和具有优化综合功效的支撑设施，其功能是以实现绿色建筑为目标，实现对各智能化系统监控信息资源共享和集约化协同管理。

建筑智能化系统总体结构如图 1-1 所示。随着计算机技术、通信技术和控制技术等信息技术的发展和相互渗透，智能建筑的内涵将会越来越丰富。

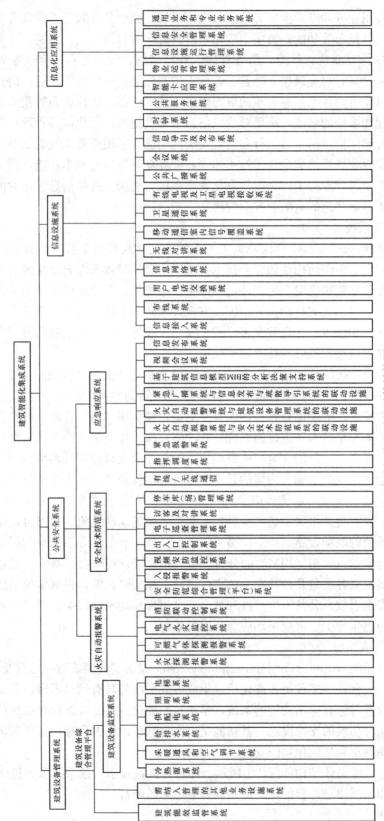

图1-1 建筑智能化系统总体结构图

1.1.3 建筑智能环境的概念及内涵

1. 建筑与环境

环境（environment）是相对于某一事物而言，是指围绕着某一事物并对该事物会产生某些影响的周围事物。通常环境是指人类生活的环境，其中包括自然环境和人工环境。自然环境是指自然界中原有的山川、河流、地形、地貌、植被及一切生物所构成的地域空间，人工环境是指人类改造自然界而形成的人为的地域空间，像城市、乡村、建筑、道路、桥梁等。建筑是为满足居住者的安全与健康以及生活生产过程的需要而创建的微环境。随着社会的进步和科技的发展，建筑已经从最初躲避自然环境对人身侵袭的"避身场所"，发展到既具有抵御自然灾害和人为侵害的安全性又具有居住、办公、营业、生产等不同类型的功能性、舒适性和美观性的一种社会生活环境。

人类对建筑与环境、人与环境、建筑环境与自然环境之间关系的认识也经历了一个反复和深化的过程。中国传统建筑是以顺应环境的被动设计为主，比如关中民居狭长的四合院式的庭院，即是为了适应关中地区气候干燥、夏热冬冷、风沙多的特点，这种深宅、窄院的口字形式庭院，可以有效地抵御冬日的寒风，具有冬季保暖防寒、夏季遮阳防热的功能。随着科学技术的发展和进步，很多产品具备了人为改变空间环境的能力。在建筑领域，人们开始依赖设备主动地创造可以受控的室内环境，比如空调和照明可以不受室外气候和光照的影响，在室内自由地创造出能够满足人类生活和工作所需要的物理环境。当时人们错误地认为环境可以不受自然条件的制约，通过主动应用技术而自由地改变，以致不再重视充分利用自然地理和气象条件，甚至出现了全封闭的、完全靠空调维持室内环境而与自然隔绝的"现代化"建筑。由此带来的结果，加速了能源的紧缺和资源枯竭，造成大量污染物的排放、地球环境的污染和生态环境的破坏。随着生存环境的不断恶化，处理好自然环境和人工环境的相互协调关系、加强对自然环境的保护等问题日益引起人们的重视，节能、环保、健康、绿色、生态成为建筑新的要求。建筑环境既要满足舒适、健康、高效的需求，又要降低建筑能耗和减小环境污染，有效利用资源和合理排放废弃物，以最小的能源消耗和环境污染代价实现建筑环境的可持续发展成为建筑设计新的理念，建筑设计进入主动利用和适应环境的发展阶段。

2. 建筑智能环境

智能建筑以建筑为平台，人们对建筑及建筑环境的要求也是智能建筑的设计目标，即利用建筑智能化技术创建安全、高效、便捷、节能、环保、健康的建筑环境，有效利用自然资源，减少废弃物排放，节约资源，保护环境。目前人们所说的建筑环境主要指室内物理环境，即通过人体感觉器官对人的生理发生作用和影响的物理因素，内容包括室内热湿环境、空气质量、气流环境、光环境、声环境等。建筑智能化很重要的作用是应用建筑智能化技术监控和改善室内物理环境并保护自然环境，比如利用空调自控技术监测控制、改善热湿环境，利用智能照明控制技术监测控制、改善建筑光环境，根据实际需要实时调节温湿度、照度，在满足舒适的前提下，节能减排，保护自然环境。另外，建筑智能化还赋予建筑环境信息时代和知识经济的特征，比如应用火灾自动报警系统、安全技术防范系统和应急响应系统创建安全环境、应用信息设施系统创建方便快捷的信息通信环境，应用信息化应用系统创建方便高效的办公环境，应用建筑设备管理系统和智能化集成系统创建便捷高效的管理环境等。由此可见，建筑智能化技术拓展了建筑环境的概念，赋予建筑环境

"智能"的内涵，建筑智能环境的概念由此产生。建筑智能环境是以安全、高效、舒适、便捷、节能、环保、健康为目标，以智能化技术为手段，通过建筑智能化系统创建的具有感知、推理、判断和决策综合智慧能力并实现人、建筑、环境互为协调的室内环境。

建筑智能环境的内涵非常丰富，它可以涵盖目前建筑智能化系统的所有内容，比如智能照明控制系统利用智能化技术对建筑中光环境进行自动监测与控制，创建智能光环境；通风空调自控系统自动监测与控制室内温度、湿度和空气质量，创建智能热湿环境和智能空气环境；背景音乐和广播音响系统对建筑中的环境噪声和音响效果进行自动监测与控制，创建智能声环境；火灾自动报警系统、安全技术防范系统和应急响应系统确保建筑内人员生命与财产的安全，创建智能安全环境；电话交换系统、室内移动通信覆盖系统、广播系统、信息网络系统、时钟系统、有线电视及卫星通信系统、会议电视系统、信息发布与查询系统等信息设施系统，创造高效和便捷的信息通信环境；电子会议、信息服务、一卡通、办公及物业管理等信息化应用系统创建智能办公环境；建筑机电设备监控系统对供配电、照明、空调、给水排水、电梯、停车场等建筑机电设施进行监测与控制，在创建智能物理环境的同时，对建筑设备实施智能化管理，建筑能效监管系统对各类能源进行智能化管理，智能化集成系统对各智能化系统进行集成管理，从而创建智能管理环境。

1.2 建筑智能环境学

1.2.1 产生的背景及意义

建筑智能环境与建筑智能环境学的概念最早提出于 2007 年，当时我国已设置有"建筑设施智能技术"和"建筑电气与智能化"本科专业，但智能建筑尚未形成学科。学科和专业是相辅相成的关系，专业的设立为发展学科提供了支撑主干和研究方向，而学科是专业发展的基础，因而任何一个专业都应有构成这一专业知识的主干学科作为自己的支撑。本书主编结合智能建筑教学及技术应用研究实践，首度提出建筑智能环境的概念，并在此基础上，提出发展以"建筑智能环境学"为学科基础的智能建筑新兴学科，支持智能建筑理论研究和专业建设。

建筑智能环境概念不仅可以涵盖建筑智能化系统的所有内容，而且建立起建筑智能化系统与建筑环境间的有机联系，明确了建筑智能化系统的建设与评价是以建筑环境的有效监控和改善为目标，而不是系统的堆砌。从智能建筑概念引入我国至今，很多人对智能建筑的认识就是在建筑中设置 3A 系统，即建筑设备自动化系统 BAS（Building Automation System）、通信自动化系统 CAS（Communication Automation System）和办公自动化系统 OAS（Office Automation System），其系统结构如图 1-2 所示。而后有人提出 5A，实质是将本属于建筑设备自动化 BAS 范畴内的消防自动化系统 FAS（Fire Automation System）和安全防范系统 SAS（Safety Automation System）拿出来，加上此前的 3A，变成 5A。后来又有人提出 7A，将公共广播系统 PAS（Public Broadcast System）和停车场管理系统 CPA（Car Parking Automation System）拿出来，加上 5A 变成 7A。以至于有些建筑智能化设计方案将更多的子系统作为独立的系统罗列出十几个甚至几十个系统，而设置这些系统的目的、系统与系统之间的关系、系统和环境之间的关系却往往被忽视，致使建成的系统达不到服务于环境的目标，甚至恶化环境。从系统论的角度说，系统是具有目的性的，即具有一定的功能，系统的功能是指系统与外部环境相互联系和相互作用中表现出来的性质、能力和功能。从美国、欧洲及我国对智能建筑的定义可见，智能建筑的目的是创建一种理想的建筑环境，当然，这种理想的建筑环境的内涵也是随着时代的发展、技术的进步而不断丰富和发展。比如说美国有关智能建筑的概念是20世纪80年代提出的，当时对建筑环境的要求仅为高效、舒适、便利，所以当时的智能化系统是建筑设备自动化、通信自动化和办公自动化（3A）。而我国2007年实施的智能建筑设计规范，已经考虑了建筑环境的可持续发展，因而对建筑环境的要求是安全、高效、便捷、节能、环保、健康，并且根据信息时代的发展和信息技术的应用，将建筑智能化系统重新划分和定义为建筑设备管理系统、公共安全系统、信息设施系统、信息化应用系统和智能化集成系统。图1-1是根据智能建筑设计最新规范和系统理论归纳出的建筑智能化系统总体结构图，由图1-1不仅可以清晰地看出建筑智能化系统的组成结构，而且由系统的划分可以明晰地看出系统的功能和系统与系统间的关系。但在实际工程中，建筑智能化系统的规划、设计、实施缺乏这样的系统性，缺乏系统理论的支持。同样在智能建筑教学体系建设上也曾存在这样的问题，课程跟随着市场技术和产品而设置，按单独系统设置课程，比如单独设置综合布线系统、自动消防系统、电缆电视系统、楼宇自控系统等课程，课程不成体系，学生的知识结构不成体系。建筑智能环境概念的提出，将建筑智能化系统与建筑环境有机结合，为应用系统理论构建、分析、评价建筑智能化系统，为创建智能建筑理论研究体系——"建筑智能环境学"奠定了基础。

2009年高等学校建筑电气与智能化学科专业指导委员会启动《建筑电气与智能化专业规范》的制定工作，用于指导和规范专业建设。在专业规范中，不仅构建了由知识领域、知识单元和知识点三个层次组成的专业知识体系，而且在该专业知识体系涉及的12个知识领域中，特别设置了"建筑智能环境学"作为本专业独有的知识领域，并将建筑智能环境学作为本专业的专业基础核心课程，既体现本学科特点，又体现本学科与其他学科界限。

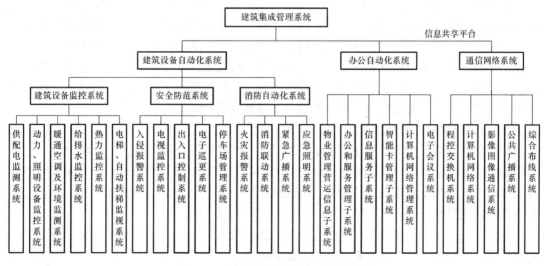

图1-2 早期的建筑智能化系统结构图

1.2.2 与建筑环境学的关系

目前对建筑环境的研究已经成为专门的科学——建筑环境学。建筑环境学从使用者对建筑环境要求舒适和健康的角度出发，研究室内的温度、湿度、气流状况、空气质量、采光性能、声音效果等，并对此做出科学评价，为营造一个舒适、健康的室内环境提供理论依据。

建筑环境学主要研究室内环境，但室外环境是室内环境的影响因子，建筑物所在地的气候条件和外部环境，通过外围护结构直接影响室内环境。为了室内气候条件满足人们生活和生产需要，建筑环境学也研究环绕建筑物的建筑外环境的变化规律及其特征。建筑环境学研究的室内环境包括热湿环境、空气质量、气流环境、光环境、声环境等。对于建筑热湿环境，主要研究建筑室内热湿环境的形成原理、室内热湿环境与各种内外扰之间的响应关系、人体对热湿环境反应的生理和心理特点以及基于人体生理和心理反应的热湿环境评价；对于室内空气环境主要研究室内空气质量问题产生的原因、室内空气质量对人的影响及其评价方法与指标、室内空气污染控制方法等；气流环境研究气流组织与室内环境的关系、气流组织的评价与测定等；建筑声环境主要研究人体对声音环境的反应原理与噪声评价、声音传播与衰减的原理以及噪声的控制与治理方法；建筑光环境主要研究舒适光环境要素与评价标准、天然采光及人工照明、光环境控制技术等。概括地说，建筑环境学研究的内容为三个方面，一是人和生产过程需要的建筑室内环境，二是各种内外部因素对建筑环境的影响，三是改变或控制建筑环境的基本方法和原理。

建筑智能环境学是在建筑环境学的基础上发展出来的新兴学科。建筑智能化利用信息技术监控和改善建筑环境，首先需要了解人和生产过程需要什么样的建筑室内环境、各种内外因素对建筑环境有什么影响，而建筑环境学研究的前两个问题为其提供了基础。建筑智能化利用信息技术监控和改善建筑环境，属于建筑环境学研究的第三个问题，但又有所不同。建筑智能化改变或控制建筑环境的方法是利用信息技术，一方面利用信息技术改变和控制建筑物理环境，另一方面利用信息技术创建方便快捷的通信、办公及管理环境，赋予建筑环境信息时代和知识经济的特征，拓展了建筑环境的概念，赋予建筑环境智能的内涵。

由此可见，建筑智能环境学与建筑环境学虽属于不同的学科，研究问题的出发点和侧重点不同，但研究的内容有交叉，也有联系。建筑环境学是研究如何让人们在建筑中感到舒适和健康的一门科学。而建筑智能环境学是在建筑环境学的基础上，研究利用信息技术监控和改善建筑环境，以满足人和生产过程需要的建筑室内环境，其中不仅包括智能热湿环境、智能空气环境、智能光环境和智能声环境，还包括满足知识经济和信息时代需求的智能安全环境、信息通信环境、智能办公环境和智能管理环境。

1.2.3 研究的内容和方法

建筑智能环境学作为智能建筑的学科基础，一方面研究应用信息技术监控和改善建筑环境的原理和方法，丰富建筑智能环境的内涵，提高建筑智能化水平；另一方面研究应用控制理论、信息理论、系统理论创建、分析和评价建筑智能环境的理论和方法，构建智能建筑理论研究体系。

建筑智能环境学的研究基于建筑环境学、控制理论、信息理论和系统理论。对于智能物理环境，其研究方法是基于建筑环境学的研究成果，在充分了解人和生产过程需要的建筑物理环境、影响建筑物理环境的各种室内外因素和传统的建筑物理环境控制方法的基础之上，研究建筑物理环境的评价要素和智能需求，应用控制理论研究建筑物理环境的控制原理和控制方法；对于智能人工环境，其研究方法是基于信息理论，将其看成一个信息过程，建立满足功能需求的信息模型，研究其信息原理和实现方法；对于建筑智能环境的创建、分析和评价，其研究方法是基于系统理论，将建筑智能环境看成一个大系统，研究建筑智能环境系统的功能、组成要素、系统结构和系统原理，研究应用系统工程方法进行建筑智能环境系统分析、设计和评价。

1.2.4 "建筑智能环境学"课程

建筑智能环境学作为建筑电气与智能化专业的专业基础核心课程，其主要任务是建立建筑智能环境的概念，掌握创建建筑智能环境的原理和方法，掌握应用系统理论和系统工程方法分析、设计和评价建筑智能环境系统。

要建立起建筑智能环境的概念，首先要学习建筑环境的基础知识，了解人类生活和生产过程需要的建筑环境和影响建筑环境的各种内外部因素；其次是学习智能建筑基础知识，了解建筑智能化系统的组成及功能，明确建筑智能环境与建筑智能化系统的关系和建筑智能环境的要素。建筑智能环境是由建筑智能化系统创建的，其理论基础是系统理论、控制理论和信息理论。系统理论研究系统的模式、性能、行为和规律，控制理论研究系统控制和调节的一般规律，信息理论研究系统中信息运动的过程及规律，三门科学将系统、控制、信息有机结合，为建筑智能环境的研究提供了方法，因而还需了解控制理论、信息理论和系统理论的发展及应用。此即是本书第1篇和第2篇的内容。

建筑智能环境的创建基于控制理论和信息理论。为了学习和掌握创建建筑智能环境的原理和方法，首先要学习控制理论和信息理论的基本知识，其次应了解建筑环境的评价要素和智能需求，在此基础上学习应用和掌握应用感测技术、通信技术、计算机技术和控制技术等信息技术创建建筑智能环境的控制原理、信息原理及其方法。此即是本书第3篇和第4篇的内容。

建筑智能环境是通过建筑智能化系统创建的，因而建筑智能环境的分析、设计和评价应基于系统理论和应用系统工程方法。为了能够应用系统理论和系统工程方法分析、设计、评价建筑智能环境系统，首先要学习和掌握系统理论的基本原理和系统工程方法，学习和掌握建筑智能环境系统要素，在此基础上学习和掌握建筑智能环境系统原理和系统工程方法，此即本书第5篇的内容。

本 章 小 结

智能建筑将建筑技术和信息技术相结合，以创建安全、高效、便捷、节能、环保、健康的建筑环境为目标，应用信息技术监控和改善建筑环境，创建具有感知、推理、判断和决策综合智慧能力并实现人、建筑、环境互为协调的智能建筑环境。建筑智能环境学研究应用信息技术监控和改善建筑环境的原理和方法，研究应用系统理论、控制理论、信息理论创建、分析和评价建筑智能环境的理论和方法，是智能建筑学科基础，是建筑电气与智能化专业的基础核心课程。

通过本章学习，应熟悉智能建筑和建筑智能环境的概念与内涵，熟悉建筑智能化系统的组成及功能，明确建筑智能环境与建筑智能化系统的关系，了解建筑智能环境学研究的内容和方法，明确建筑智能环境学课程的任务与内容。

练 习 题

1. 比较概念：
(1) 建筑环境与建筑智能环境；
(2) 建筑环境学与建筑智能环境学。
2. 试说明建筑智能环境的概念、内涵及意义。
3. 试说明智能建筑、建筑智能化系统、建筑智能环境的关系。
4. 试述你对智能建筑和建筑智能环境的认识。

第2篇　建筑智能环境基础

第2章　建筑环境基础知识

2.1　建筑与环境

建筑的功能是创造一个微环境来满足居住者的安全和生活生产过程的需要。一般建筑环境主要指室内环境，但由于室外环境直接影响室内环境，而且建筑在建造和使用的过程中消耗大量能源并对环境造成很多负面影响，因而建筑外环境也是建筑环境研究的重要内容之一。本节介绍建筑外环境及其对室内环境的影响，旨在利用自然环境和自然资源控制室内环境，减小建筑能耗，促进建筑与环境可持续发展。

2.1.1　建筑外环境及其影响因素

建筑物所在地的气候条件和外部环境会通过围护结构直接影响室内环境，因此为了得到良好的室内环境以满足人们生活和生产的需要，必须了解当地各主要气候要素的变化规律及特征。另外，为了更好地利用当地的室外空气、太阳能、地层蓄能、地下水蓄能、风能等可再生能源以实现节能，也需要了解建筑外环境的相关要素及特征。

一个地区的气候与建筑的外部环境是在许多因素的综合作用下形成的。与建筑环境密切相关的外部环境要素有太阳辐射、气温、湿度、风、降水、天空辐射、土壤温度等。这些外部环境要素的形成主要取决于太阳对地球的辐射，同时又受人类城乡建设和生活、生产的影响。因此，建筑外环境的内容包括宏观气候和微观气候两部分。宏观气候是指由于太阳辐射对地球环境的作用而形成的地球气候，微观气候是指由于建筑物的布局及人类生活、生产活动而形成的局部微气候。

1. 宏观气候

（1）太阳辐射

太阳辐射能是地球上热量的基本来源，是决定气候的主要因素，也是建筑物外部最主要的气候条件之一。

太阳辐射热量的大小用辐射照度来表示。它是指 $1m^2$ 黑体表面在太阳辐射下所获得的辐射能，单位为 W/m^2。地球大气层外与太阳光线垂直的表面上的太阳辐射照度几乎是定值。在地球大气层外，太阳与地球的平均距离处，与太阳光线垂直的表面上的太阳辐射照度为 $1353W/m^2$，被称为太阳常数。

太阳辐射的波谱见图 2-1，在各种波长的辐射中能转化为热能的主要是可见光和红外线。可见光的波长在 $0.38\sim0.76\mu m$ 的范围内，是人眼所能感知的光线，在照明学上具有重要的意义。波长在 $0.63\sim0.76\mu m$ 范围的是红色，在 $0.59\sim0.63\mu m$ 的为橙色，在 $0.56\sim0.59\mu m$

范围的为黄色，在 $0.49\sim0.56\mu m$ 范围的为绿色，在 $0.45\sim0.49\mu m$ 范围的为蓝色，在$0.38\sim$ $0.45\mu m$ 范围的为紫色。太阳的总辐射能中约有 7％ 来自于波长为 $0.38\mu m$ 以下的紫外线，45.6％ 来自于波长为 $0.38\sim0.76\mu m$ 的可见光，45.2％ 来自于波长为 $0.76\sim3.0\mu m$ 的近红外线，2.2％ 来自于波长为 $3.0\mu m$ 以上的长波红外线（或称作远红外线）。

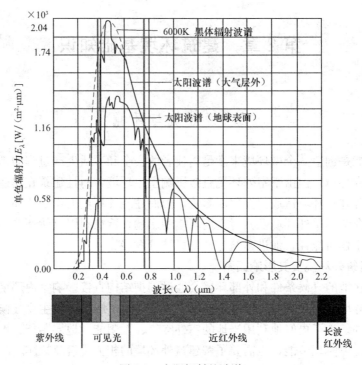

图 2-1　太阳辐射的波谱

太阳辐射通过大气层时，其中的一部分辐射能被云层反射到宇宙空间；另一部分则受到天空中各种气体分子、尘埃、微小水珠等质点的散射；还有一部分被大气中的氧、臭氧、二氧化碳和水蒸气所吸收，如图 2-2 所示。由于反射、散射和吸收的共同影响，使到达地球表面的太阳辐射强度大大削弱，辐射光谱也因此发生变化。到达地面的太阳辐射由两部分组成，一部分是太阳直接照射到地面的部分，称为直接辐射，它的射线基本平行；另一部分是经大气散射后到达地面的部分，它的射线来自各个方向，称为散射辐射。直接辐射与散射辐射之和就是到达地面的太阳辐射能的总和，称为总辐射。大气对太阳辐射的削弱程度取决于射线在大气中射程的长短及大气质量。因此，不同地区地面上受到的太阳辐射强度（又称辐射照度）随当地理纬度、大气透明度、季节与时间的变化而有所不同。

（2）气温

地面上不同高度的空气温度是不一样的，室外气温是地面气象观测规定高度（即$1.25\sim$ $2.00m$，国内为 $1.5m$）上的空气温度。室外气温可由安装在百叶箱中的温度表或温度计测得。

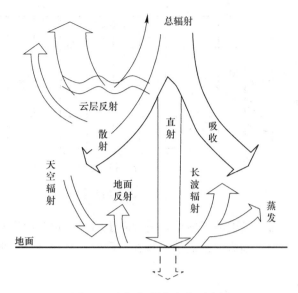

图 2-2　太阳辐射热交换示意图

气温有明显的日变化与年变化。一般晴朗日，气温一昼夜的变化是有规律的，图 2-3 是武汉九月初某一天的气象数据。从图中可以看出，气温日变化中有一个最高值和一个最低值。最高值出现在下午 14 时左右，而不是正午太阳高度角最大的时刻；最低气温出现在日出前后，而不是在午夜。这是因为地面具有蓄热特性，空气与地面间因辐射换热而增温或降温都需要经历一段时间。

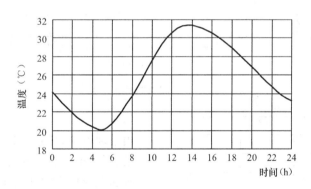

图 2-3　武汉九月份某日气温逐时变化曲线

一年中各月平均气温也有最高值和最低值。对处于北半球的我国来说，年最高气温出现在 7 月（大陆地区）或 8 月（沿海或岛屿），而年最低气温出现在 1 月或 2 月。图 2-4 为上海、西安、北京地区的气温月变化曲线。

（3）空气湿度

空气湿度是指空气中水蒸气的含量。这些水蒸气来源于江河湖海的水面、植物以及其他水体的水面蒸发，通常以绝对湿度和相对湿度来表示。绝对湿度是指在某个温度和压力下单位体积的湿空气中所含水蒸气的质量，通常以 g/m^3 来表示。相对湿度是指在特定温度下的水蒸气分压力和饱和水蒸气分压力的比值，用 % 来表示。相对湿度受温度的影响很大，压力也会改变相对湿度。相对湿度的日变化受地面性质、水陆分布、季节寒暑、天气阴晴等因素

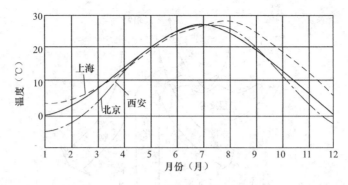

图 2-4　气温月变化规律图

影响，一般大陆高于海面，夏季高于冬季，晴天高于阴天。相对湿度日变化趋势与气温日变化趋势相反（见图 2-5），晴天时最高值出现在黎明前后，最低值一般出现在午后。

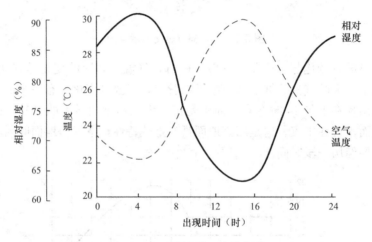

图 2-5　相对湿度的日变化规律

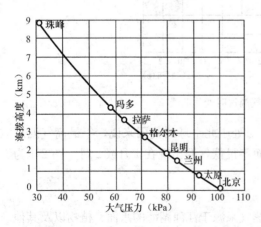

图 2-6　我国不同海拔高度城市的大气压

（4）气压

由于地球引力的作用，空气聚集于地表之上，地表气压最高，离地表越远，空气越稀薄，气压便越低。因此气压一般折算至平均海平面，并定义平均海平面大气压力为标准大气压，为 101325Pa，即每平方厘米的空气柱质量约为 1kg。我国城镇海拔高度最高达 4000m 以上，气压变化很大。图 2-6 为我国不同海拔高度城市的大气压。

（5）风

风是指由于大气压差所引起的大气水平方向的流动。地表增温不同是引起大气压差的主要原因，也是风形成的主要原因。按风的形成机理，风可分为大气环流和地方风两大类。由于照射在地球上的太阳辐射不均匀，造成赤道和两极间的温差，引起大气从赤道到两极和两极到赤道的经常性活动，叫做大气环流。而局部地方增温或冷却不均所产生的气流，叫做地方风。地方风主要有海陆风、季风、山谷风、庭院风和巷道风等。

风向和风速是描述风特征的两个要素。通常，人们把风吹来的方向确定为风的方向，如风来自西北方称为西北风，如风来自东南方称为东南风，在陆地上常用 16 个方位表示。风的强弱用风速来表示，定义为单位时间风所行进的距离，用 m/s 来表示。气象台一般以距平坦地面 10m 高处所测得的风向和风速作为当地的观测数据。气象学上将风分为 12 级，风力的等级用蒲福（Francis Beaufort）风力等级来描述，如表 2-1 所示。

蒲福风力等级表　　　　　　　　　　　　　　　　　表 2-1

风力等级	自由海面状况（浪高）		陆地地面征象	距地 10m 高处相当风速 (m/s)
	一般 (m)	最高 (m)		
0	—	—	静，烟直上	0～0.2
1	0.1	0.1	烟能表示方向，但风向标不能转动	0.3～1.5
2	0.2	0.3	人感觉有风，树叶微响，风向标能转动	1.6～3.3
3	0.6	1.0	树叶及树枝摇动不息，旌旗展开	3.4～5.4
4	1.0	1.5	能吹起地面灰尘和纸张，树的小枝摇动	5.5～7.9
5	2.0	2.5	有叶的小树摇摆，内陆的水面有小波	8.0～10.7
6	3.0	4.0	大树枝摇动，举伞困难	10.8～13.8
7	4.0	5.5	全树摇动，迎风步行感觉不便	13.9～17.1
8	5.5	7.5	树枝折毁，人向前行，感觉阻力甚大	17.2～20.7
9	7.0	10.0	建筑物有小损，烟囱顶部及平屋摇动	20.8～24.4
10	9.0	12.5	可使树木拔起或使建筑物损坏较重，陆上少见	24.5～28.4
11	11.5	16.0	陆上很少见，有则必有广泛破坏	28.5～32.6
12	14.0	—	陆上绝少见，摧毁力极大	32.7～36.9

（6）降水

从大地蒸发出来的水进入大气层，经过凝结后又降到地面上的液态或固态水分，称为降水。雨、雪、冰雹等都属于降水现象。降水性质包括降水量、降水时间和降水强度。降水量是指降落到地面的雨、雪、冰雹等融化后，未经蒸发或渗透流失而积累在水平面上的水层厚度，以毫米为单位。降水时间是指一次降水过程从开始到结束的持续时间，用小时或分钟来表示。降水强度是指单位时间内的降水量，降水强度的等级以 24 小时的总量（mm）来划分：小于 10mm 的为小雨；中雨为 10～25mm；大雨为 25～50mm；暴雨为 50～100mm。

我国的降水量大体是由东南往西北递减。因受季风的影响，雨量都集中在夏季，变化率大，强度也可观。我国的降雪量在不同地区有很大的差别，在北纬 35°以北到 45°地段为降雪或多雪地区。

（7）地温

地层表面温度对地面上的建筑围护结构的热过程有着显著影响，而地层深部的温度变化又对地下建筑的热过程起着决定性的作用。此外，当利用地热能来控制室内热环境时，也需要对地层温度的特征有一定的了解。

平原地区的地层表面温度的变化取决于太阳辐射和地面对天空的长波辐射，可看做是周期性的温度波动。由于地层的蓄热作用，温度波在向地层深处传递时，会造成温度波的衰减和时间的延迟。随着地层深度的增加，温度变化的幅度越来越小。这种以 24 小时为周期的日温度波动影响深度只有 1.5m 左右，当深度大于 1.5m 时，日温度波动由于衰减可忽略不计。除日温度波动外，土壤表层温度还随着年气温变化而波动，年温度波动波幅大、周期长，影响深度比日温度波动大得多。通过实际测量可知，当达到一定地层深度，年温度波幅数值已经衰减到接近于零，在一般工程计算中可以忽略不计。也就是说，地层温度达到了一个近似的恒定值，此处称为恒温层。恒温层的深度因地层构成材质的不同而变化，未受人为影响的地层温度称为地层原始温度，其值与土壤表面年平均温度基本相等。

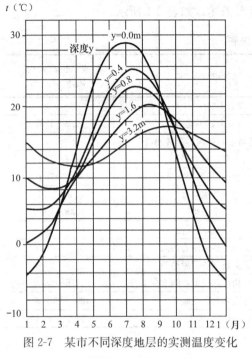

图 2-7 某市不同深度地层的实测温度变化

图 2-7 为某市不同深度地层原始温度全年变化曲线，由图中可以看出，不仅随着地层深度的增加，温度波的波幅衰减增大（即波幅减小），而且温度波的峰值也随着地层深度的增加而延迟出现。地层表面（$y=0$）的温度波动幅度基本等于室外气温全年波动的幅度。

2. 城市微气候

在城市建筑物的表面及周围，气候条件都有较大的变化。这种变化会大大地改变建筑物的能耗及热反应。现代城市由于人口的高度密集、众多建筑物所形成的特殊下垫面、高强度经济活动所消耗的大量燃料、有害气体和粉尘的大量释放以及人类生产生活的影响改变了原有的区域气候状况，形成了一种与城市周围不同的局地气候即城市微气候，其特点如下：

（1）气温较高，形成热岛效应

由于城市地面水泥、沥青及砖石等覆盖物对太阳辐射的吸收率大、城市内风速较小，再加上密集的城市人口的生活和生产中产生大量的人为热，造成城市中心的温度高于郊区温度，且市内各区的温度分布也不一样。如果绘制出等温曲线就会看到其与岛屿的等高线极为相似，人们把这种气温分布现象称为"热岛现象"，如图 2-8 所示。

城市热岛效应会加剧城市的大气污染。由于城市中心的温度高于郊区温度，城市范围内的"热"气流上升，周围郊区的"冷"气流则流向城市，形成城乡大气环流，如图 2-9 所示。热岛内的空气易于对流混合，但其上部的大气则呈稳定状态而不易扩散，就像一个热的"罩盖"一样，使发生在热岛范围的各种污染物质都被封闭在热岛中，加剧了逆温层（一般情况下，在低层大气中，气温是随高度的增加而降低的，但有时在某个高度范围内，空气温度随高度增加，称为逆温现象，受逆温现象影响的一段垂直厚度大气

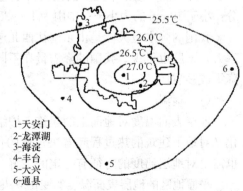

1—天安门
2—龙潭湖
3—海淀
4—丰台
5—大兴
6—通县

图 2-8 热岛效应（1982 年 7 月北京城市气温分布）

则称之为逆温层）现象。城市边缘如果设有排放污染物的工矿企业，则有可能由于城乡大气环流作用，将污染物卷入城市中心。热岛影响所及的高度称做混合高度，小城市约为50m，大城市可达 500m 以上。

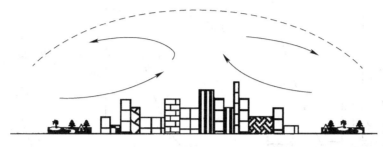

图 2-9　城市"热岛"现象引起的大气环流

热岛效应的强弱以热岛强度来定量描述，定义为热岛中心气温与同时间、同高度（距地 1.5m 高处）附近郊区的气温之差。热岛强度从弱到强共分为 5 级，见表 2-2。城市热岛强度一般夜间大于白天，日落以后城郊温差迅速增大，日出以后又明显减小。

热岛强度等级　表 2-2

等级	范围（℃）	定义
1 级	≤0.5	很弱
2 级	0.5～0.1	弱
3 级	1.0～2.0	中等
4 级	2.0～3.0	强
5 级	>3.0	很强

（2）城市风场与远郊不同，风速减小，风向随地而异

现代城市由于街道纵横交错，建筑高低不平，城市区域下垫面粗糙度增大，使整个城市的风速减小。图 2-10 为城市中心、郊区及开阔水域沿不同高度风速减小的百分比。如北京城区年平均风速比郊区小 20％～30％；上海市中心比郊区小 40％，城市边缘比郊区小 10％。城市下垫面粗糙，造成风速减小，使得城市热岛效应现象加剧。此外，城市风向不定，局部主导风向可能会偏离地区主导风向，这主要是由于城市内存在大量建筑物，风在遇到建筑物绕行时会产生方向和速度的改变，如大楼风、街巷风等。建筑群内风场的形成主要取决于建筑布局。

（3）大气透明度低

由于城市中心上升的气流和大气污染的相互作用，空气中有较多的尘埃和其他吸湿性凝结核，因此云量比郊区多，大气透明度低，导致城市太阳辐射比郊区减少 15％～20％，工业区比非工业区要低 10％左右，因而削弱了城市所获得的太阳辐射。大气透明度和当时的天气情况密切相关，特别是出现扬沙（沙尘暴）、浮尘、霾、烟幕、轻雾时，大气透明度较低，能见度较差，空气污染严重，直接太阳辐射照度较低。

（4）城市地表蒸发减弱，湿度变小

城市下垫面多为建筑物和不透水的路面，其地表面温度较高，表 2-3 为实测气温为 29～30℃时某地不同下垫面的实测温度。水汽蒸发量小，且城区降水容易排泄，所以城市

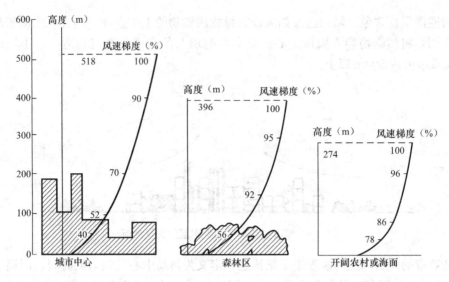

图 2-10　不同下垫面风速沿高度衰减规律

空气的平均绝对湿度和相对湿度都较小，在白天易形成"干岛"。夜间城市绝对湿度比郊区大，形成"湿岛"。例如广州年平均相对湿度比城郊约低 9%，上海约低 5%。

	地表实测温度	表 2-3

下垫面性质	地表温度（℃）
湖泊	27.3
森林	27.5
农田	30.8
住宅区	32.2
停车及商业中心	36.0

注：当时实测气温为 29~30℃。

（5）城市降水比郊区略多

由于城市热岛的作用，市区上空的上升气流比郊区要强，空气中的烟尘又提供了充足的凝结核，故城市降水较多。根据欧美许多大城市的研究结果，城市降水量比郊区多 5%~10%，并且日降水为 0.5mm 以下的降水日数比郊区多 10%。

2.1.2　建筑外环境对室内环境的影响

建筑室内环境包括室内空气的热湿环境、空气质量、气流环境、声环境和光环境等，它直接影响人类的生活和工作。建筑外环境包括建筑外围护结构以外的一切自然环境和人工环境，它通过围护结构直接影响室内环境（图 2-11）。如室外空气温湿度、太阳辐射、风速与风向变化，均可以通过围护结构的传热、传湿、空气渗透使热量和湿量进入室内，对室内热湿环境产生影响。通风对改善室内热湿环境与空气质量起到重要作用，在建筑朝向、间距、建筑群的布局，建筑平面布置与房间开口等设计时，应考虑冬季防风和夏季有效利用自然通风的问题；城市噪声随着城市的快速发展出现了许多新的问题，它对人们的干扰已经使它成为社会日益关心的环境污染问题之一，合理的城市规划布局是减轻与防止噪声污染的一项最有效与最经济的措施；室外光环境直接影响室内天然采光能否利用以及天然采光的效果。因此为了得到良好的室内环境，必须了解建筑外环境的变化规律及其特征。另外，为了在建筑节能技术应用中更好地利用室外空气、太阳能、地热能、风能等可再生能源，也需要了解建筑外环境的相关要素。

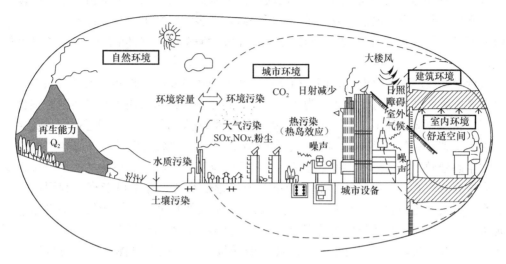

图 2-11　建筑外环境与室内环境的关系

2.1.3　建筑环境与可持续发展

建筑环境包括室内环境和室外环境，随着不同时期社会生产力和科学技术发展的需要，人们追求和创造的建筑环境也在不断进步和深化。

从远古时代到工业革命之前，人类为防御自然气候与灾害对生命的威胁，所建的建筑仅仅是遮风避雨的遮蔽所，建筑环境设计也是以夏季利用通风、冬季防止渗透风、利用和控制自然光采光及太阳热辐射等作为主要的设计措施。

工业革命后到 20 世纪 70 年代初，大量煤炭和石油的开采，发电和燃气生产技术的成熟，使人们可以方便地得到丰富的电能和燃气，空调与采暖及人工照明等设施的使用，使人们有条件去追求建筑的舒适性，人们开始主动地创造可以受控的室内环境，从此人类进入了所谓的"舒适建筑"阶段，进而出现了全封闭的、完全靠空调和人工照明这些人工环境技术来维持室内环境而与自然界隔绝的"现代化建筑"。

然而，从 1974 年开始持续的石油危机，使赖以维持这种人工环境的能源供应产生了危机，工业界以及人们对生活的观念起了很大的变化。建筑领域也不例外，许多节能规划项目立项，大量有关建筑隔热性能设计以及合理使用能源的法规指南，以及降低建筑能耗的标准相继出现。与此同时，积极利用太阳能等自然资源或采用高效暖通空调设备的节能建筑逐渐增多。此阶段的建筑环境设计特征是在舒适和节能之间寻找平衡点。

节能建筑采用大量的合成材料作为建筑内部的装修和保温隔热材料，这些合成材料在使用过程中会挥发大量的甲醛等有机物，引起室内空气污染。另外，节能建筑为了节能而降低室内新风量，这使得室内空气质量问题不能得到有效解决，许多闻所未闻的健康问题显现出来，"病态建筑综合征"等引起了人们的关注。20 世纪 80 年代出现的智能建筑将劳动生产率与室内环境品质联系起来。西方国家又开始研究"健康建筑"，研究室内空气质量（IAQ），甚至在大楼里建起模拟自然环境的森林浴空调。在从舒适建筑向健康建筑的转型中，人们强调新风量对室内污染物的稀释作用，对空调病（ACD）、病态建筑物综合征（SBS）、建筑楼宇综合征（BRI）等的缓解作用需要增大新风量的取值。这一阶段，尽管建筑能耗有所反弹，但室内空气质量有所提高，更多的研究集中在保证室内空气质量的同时如何提高能源利用率。这一阶段的建筑环境设计特征是在健康与节能之间寻找平衡点。

可持续发展理论的提出使人们开始反思，此前的建筑发展历程实际上是人类在不断地与自然界抗衡，以不可再生能源作为武器与自然界斗争，其结果是人与自然两败俱伤。人们意识到建筑环境设计不仅会影响室内环境品质，影响人们的健康和舒适，而且还会影响建筑能耗及其向大气的污染物排放，于是学者们提出了"绿色建筑"（或者"可持续建筑"、"生态建筑"）的概念。绿色建筑的室内环境应该是健康、舒适的，所用能源是清洁的或者接近清洁的，对大气的影响是最小的或接近最小的，并尽可能充分利用可再生能源、亲和自然（比如利用自然通风和天然采光）、不破坏环境、保护居住者的健康，充分体现可持续发展和人类回归自然的理念。国内外许多学者致力于绿色建筑的研究，并建立起了一些示范建筑，甚至建起了"零能耗"的样板房。绿色建筑体现了人与自然和谐共存，是建筑节能和建筑业可持续发展的迫切需要，全面推进建筑节能与推广绿色建筑已成为我国住房和城乡建设领域推进节能减排的重要战略措施之一。可持续发展对建筑环境研究提出了一个更新的要求，促使人们从人的生理和心理角度出发，研究确定合理的室内环境标准，分割室内居住区域和非居住区域，研究自然能源的利用，在室内环境品质、能耗、环保之间寻找建筑环境设计的平衡点。

2.2 建筑热湿环境

建筑室内热湿环境是指室内空气温度、空气湿度、空气流速及围护结构内表面温度等因素综合作用形成的室内空气环境，主要反映在空气环境的热湿特性中，是建筑环境中最主要的内容。无论是在自然环境下还是在人工环境下，建筑内都会形成一定的热湿环境。本节主要讲述建筑室内热湿环境及其影响因素、控制要求及控制方法。

2.2.1 建筑热湿环境及其影响因素

1. 室内热湿环境构成要素及对人体热舒适的影响

（1）室内热湿环境构成要素及人体热舒适

人体与其周围环境之间保持热平衡，对人的健康与舒适来说是首要条件之一。取得这种热平衡的条件取决于许多因素的综合作用。其中一些属于人体自身的因素，如活动量、适应力以及衣着情况等；另外一些是构成室内热湿环境的因素，包括室内空气温度、空气湿度、气流速度以及环境辐射温度。

欲保持人体稳定的体温，体内的产热量应与其向环境的失热量相平衡，人体的得热和失热过程可用图 2-12 和公式（2-1）表示。

$$\Delta q = q_m - q_e \pm q_r \pm q_c \tag{2-1}$$

式中　q_m——人体产热量，W；

　　　q_e——人体蒸发散热量，W；

q_r——人体辐射换热量，W；

q_c——人体对流换热量，W；

Δq——人体得失的热量，W；

$\Delta q = 0$ 时，体温恒定不变；

$\Delta q > 0$ 时，体温上升；

$\Delta q < 0$ 时，体温下降。

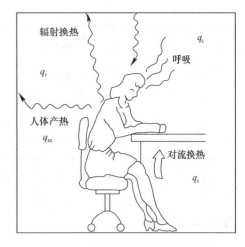

图 2-12　人体与环境之间的热交换

当 $\Delta q = 0$ 时，人体处于热平衡状态，体温维持正常不变（约为 36.5℃），在这种情况下，人的健康不会受到损害。

可见室内空气温度、湿度、气流速度和环境辐射温度是室内热环境的构成要素，它们与人体产热量及衣着情况的不同组合，使得室内热环境可分为舒适的、可以忍受的和不能忍受的三种情况。显然，采用空调设备的房间，更容易实现舒适的室内热环境。但如果都采用完善的空调设备，不仅在经济上不太现实、不利于节能环保，而且在生理上也会降低人体对环境变化的适应能力，不利于健康。

（2）热舒适评价

影响室内热湿环境的因素非常多，为此人们一直在寻求简便且能综合多种因素的评价指标，以简化热湿环境的评价。主要的评价指标有操作温度、有效温度、新有效温度、标准有效温度、空气分布特性指标、PMV-PPD 指标等。在这些评价指标中，PMV-PPD 指标综合考虑了多种因素的影响，最为全面，受到了世界范围的广泛认可。

PMV-PPD 指标是 1970 年 Fanger 教授以热舒适方程和 ASHRAE 7 点标度为依据，在实验结果基础上提出来的。PMV（预期平均投票）代表对同一环境绝大多数人的冷热感觉，其计算公式如下：

$$PMV = [0.303\exp(-0.036M) + 0.0275]TL \qquad (2-2)$$

式中，TL 为人体热负荷，定义为人体产热量与人体散热量之差，即为式（2-1）中的 Δq，其计算公式为：

$$TL = M - W - C - R - E \qquad (2-3)$$

式（2-3）中各项散热量的确定方法如下：

1）M 为人体新陈代谢的产热量，单位是 W/m^2。人体的新陈代谢率主要取决于人体活动强度。表 2-4 给出了成年男子在不同活动强度下保持连续活动的代谢率。代谢率单位为 met，$1met = 58.2W/m^2$，是人静坐时的代谢率。

成年男子在不同活动强度条件下的代谢率　　　　　　　　　　　　　　表 2-4

活动类型	W/m^2	met	活动类型	W/m^2	met
睡眠	40	0.7	提重物，打包	120	2.1
躺着	46	0.8	驾驶载重车	185	3.2
静坐	58.2	1.0	跳交际舞	140~255	2.4~4.4
站着休息	70	1.2	体操/训练	174~235	3.0~4.0
炊事	94~115	1.6~2.0	打网球	210~270	3.6~4.0

续表

活动类型	W/m²	met	活动类型	W/m²	met
用缝纫机缝衣	105	1.8	步行，0.9m/s	115	2.0
修理灯具，家务	154.6	2.66	步行，1.2m/s	150	2.6
在办公室静坐阅读	55	1.0	步行，1.8m/s	220	3.8
在办公室打字	65	1.1	跑步，2.37m/s	366	6.29
站着整理文档	80	1.4	下楼	233	4.0
站着，偶尔走动	123	2.1	上楼	707	12.1

2）W 为人体活动所做的机械功，单位是 W/m^2。人体的代谢率取决于活动强度，人体对外所做的功也取决于活动强度。因此人体对外输出的机械功是代谢率的函数。人体对外做功的机械效率 η 定义为：

$$\eta = W/M \tag{2-4}$$

人体机械效率的特点是效率值比较低。对于大多数办公室劳动和室外轻劳动，机械效率近似为 0。因此，在建筑室内热环境分析及空调负荷计算时，往往把人体的机械效率视为 0，即人体所做的机械功 W 为 0。

3）C 为人体外表面向周围空气的对流散热量，单位是 W/m^2，其计算公式为：

$$C = f_{cl}h_c(t_{cl} - t_a) \tag{2-5}$$

式中　h_c——对流换热系数，$W/(m^2 \cdot \text{℃})$；

　　t_{cl}——衣服外表面温度，℃，根据热平衡关系有 $t_{cl} = t_{sk} - I_{cl}(R+C)$；

　　t_{sk}——人体在接近舒适条件下的平均皮肤温度，℃，其计算公式为：

$$t_{sk} = 35.7 - 0.0275(M-W) \tag{2-6}$$

　　t_a——人体周围空气温度，℃；

　　f_{cl}——穿衣面积系数（%）。

4）R 为人体外表面向环境的辐射散热量，单位是 W/m^2，其计算公式为：

$$R = 3.96 \times 10^{-8}f_{cl}[(t_{cl}+273)^4 - (\overline{t_r}+273)^4] \tag{2-7}$$

式中　$\overline{t_r}$——房间的平均辐射温度，℃。

5）E 为人体总蒸发散热量，单位是 W/m^2，其计算公式为：

$$E = C_{res} + E_{res} + E_{dif} + E_{rsw} \tag{2-8}$$

式中　C_{res} 为呼吸时的显热损失，W/m^2；计算公式为：

$$C_{res} = 0.0014M(34 - t_a) \quad (W/m^2) \tag{2-9}$$

　　E_{res} 为呼吸时的潜热损失，W/m^2；计算公式为：

$$E_{res} = 0.173M(5.867 - P_a) \quad (W/m^2) \tag{2-10}$$

　　p_a——人体周围空气的水蒸气分压力，kPa；

　　E_{dif} 为皮肤扩散蒸发散热量，W/m^2；计算公式为：

$$E_{dif} = 3.05(0.254t_{sk}3.335 - P_a) \tag{2-11}$$

　　E_{rsw} 为人体在接近舒适条件下的皮肤表面出汗造成的潜热损失，W/m^2；计算公式为：

$$E_{rsw} = 0.42(M-W-58.2) \tag{2-12}$$

将式（2-5）～（2-12）带入式（2-3），得

$$TL = M - W - 3.96 \times 10^{-8}f_{cl}[(t_{cl}+273)^4 - (\overline{t_r}+273)^4]$$

$$-f_{cl}h_c(t_{cl}-t_a)-3.05[5.73-0.007(M-W)-p_a]$$

$$-0.42[(M-W)-58.15]-0.0173M(5.87-p_a)-0.0014M(34-t_a) \quad (2-13)$$

式中，衣服外表面温度可由下面公式迭代计算：

$$t_{cl}=35.7-0.028(M-W)$$

$$-I_{cl}\{39.6\times10^{-9}f_{cl}[(t_{cl}+273)^4-(\overline{t_r}+273)^4]+f_{cl}h_c(t_{cl}-t_a)\} \quad (2-14)$$

$$h_c=\begin{cases}2.38\,|t_{cl}-t_a|^{0.25} & 2.38\,|t_{cl}-t_a|^{0.25}>12.1\sqrt{v} \\ 12.1\sqrt{v} & 2.38\,|t_{cl}-t_a|^{0.25}<12.1\sqrt{v}\end{cases} \quad (2-15)$$

$$f_{cl}=\begin{cases}1.0+1.290I_{cl} & I_{cl}\leqslant0.078m^2\cdot K/W \\ 1.05+0.645I_{cl} & I_{cl}>0.078m^2\cdot K/W\end{cases} \quad (2-16)$$

式中　v——空气流速，m/s；

　　　I_{cl}——衣服热阻，$m^2\cdot K/W$；

水蒸气分压力的计算公式为：

$$P_a=\phi_a\times\exp[16.6536-4030.183/(t_a+235)] \quad (2-17)$$

式中　ϕ_a——空气的相对湿度。

PMV 指标采用了 ASHARE 的热感觉 7 级分度方法，PMV 值与人体热感觉的对应关系如表 2-5 所示。

PMV 热感觉标尺　　　　　　　　　　　　　　　表 2-5

热感觉	热	暖	微暖	适中	微凉	凉	冷
PMV 值	+3	+2	+1	0	−1	−2	−3

由公式 (2-2)、(2-13) 及 (2-17) 可将 PMV 综合概括为 7 个参数的函数关系式，即

$$PMV=f(M,W,I_{cl},t_a,\overline{t_r},\phi_a,v) \quad (2-18)$$

即在确定的人体新陈代谢率 M、对外做功 W 以及着装热阻 I_{cl} 的条件下，人体的热感觉受空气温度 t_a、平均辐射温 $\overline{t_r}$、相对湿度 ϕ_a 及空气流速 v 四个热环境参数的影响，对于任意一组热环境参数 t_a、$\overline{t_r}$、ϕ_a 及 v 的组合，对应一固定的 PMV 值。热环境参数的不同组合可以实现同样的热感觉指标。

PMV 指标代表了同一环境下绝大多数人的热感觉，但是人与人之间存在生理差别，因此 PMV 指标并不一定能够代表所有人的热感觉。为此 Fanger 教授提出了预测不满意百分比 PPD 表示人体对热环境不满意的百分数，并用概率分析法给出了 PMV 与 PPD 之间的定量关系：

$$PPD=100-95\exp[-(0.03353PMV^4+0.2179PMV^2)] \quad (2-19)$$

PMV-PPD 指标已被列入国际热环境评价标准 ISO7730，在世界范围内得到了广泛应用。ISO7730 对 PMV-PPD 指标的推荐值为：PMV 值在 −0.5～+0.5 之间，即 $PPD\leqslant$ 10%。图 2-13 给出了 PMV 与 PPD 之间的对应关系曲线，可见，当 $PMV=0$ 时，PPD 为 5%，即意味着室内热环境处于最佳的热舒适状态时，仍然有 5% 的人感到不满意。

（3）局部热不舒适评价

人的热舒适性除了受人体新陈代谢率 M、对外做功 W、服装热阻 I_{cl}、空气温度 t_a、平均辐射温度 $\overline{t_r}$、相对湿度 ϕ_a 及空气流速 v 这七个主要客观因素的影响外，对于空调房

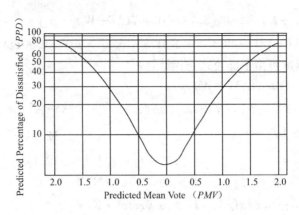

图 2-13　PMV 与 PPD 的关系曲线

间，其他一些因素诸如室内垂直温差、地板温度、吹风感、非对称热辐射等很大程度上也会影响人们对热舒适性的判断，这些因素会引起人体局部的不舒适感。

《室内人居热环境标准》ANSI/ASHRAE55—2010 中提出了可以接受的局部不舒适感所对应的不满意率，见表 2-6。这一界定是在空气温度接近舒适区中心附近、着装轻便（$I_{cl} = 0.5 \sim 0.7$clo）、坐姿状态（$M = 1.0 \sim 1.3$met）的条件下获得的。一般来说，当人体温度低于热中性状态时，人们对于局部不适感要比当人体温度高于热中性状态时更为敏感。衣着热阻越大，能量代谢率越高，人的热敏感性就越低。表 2-6 所给出的要求是对整个舒适区而言的，因此，当条件接近于舒适区的温度上限时，这些判据是偏保守的；而条件接近于舒适区的温度下限时，则会低估人体对局部热不舒适感的可接受的百分比。

可接受的局部热不舒适感所对应的不满意率（%）　　　　　表 2-6

垂直温差	地板温度	吹风感	非对称热辐射
<5	<10	<20	<5

1）垂直温差

由于空气的自然对流作用，室内常常存在着上部温度高、下部温度低的状况，由于头部所处的空气温度高于脚踝处，这种热分层现象可能会导致热不舒适感。一些研究者就垂直温度的变化对人体热感觉的影响进行了研究，虽然受试者处于热中性状态，但如果头部周围的温度比踝部周围的温度高得越多，感觉不舒适的人就越多。图 2-14 为头足温差与不满意度之间关系的实验结果。对于坐姿的人体，头部距地 1.1m，脚踝距地 100mm。ASHRAE 新版标准规定的允许人体头部与足部的垂直温差应低于 3℃。

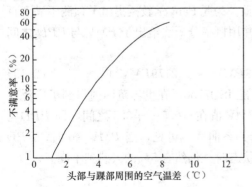

图 2-14　头足温差与不满意率之间的
关系实验结果

2）地板温度

地板的温度过高或过低同样会引起居住者的不舒适。研究证明居住者足部寒冷往往是由于全身处于寒冷状态导致末梢循环不良造成的。地板温度过低易使赤足的人感到脚部寒冷，这主要是由于脚部导热引起的。脚部热量散热速率不仅与地板温度密切相关，还与地板材料的热特性相关。地毯或软木地板要比混凝土或瓷砖地面更具有温暖感。表 2-7 给出了不同地板材料与舒适的地面温度之间的关系，所谓舒适的地面温度是赤足站在地板上不满意的抱怨比例低于 15% 时的地板温度。图 2-15 是人体穿轻便鞋时，地板的温度与不满意比率之间关系的实验结果。根据 ASHARE55-2010 标准，按照表 2-6 限值，人体穿轻便室内鞋时，舒适性允许范围内的地板温度范围为 19~29℃。

不同地板材料的舒适温度　　　　表 2-7

地板面层材料	不满意比例<15% 的地面温度（℃）	地板面层材料	不满意比例<15% 的地面温度（℃）
亚麻油地毡	24~28	橡木地板	24.5~28
混凝土	26~28.5	2mm 聚氯乙烯	26.5~28.5
毛织地毯	21~28	大理石	28~29.5
5mm 软木	23~28	松木地板	22.5~28

3）吹风感

吹风感是最常见的不满意问题之一，吹风感的一般定义为"人体所不希望的局部降温"。吹风导致寒冷，冷颤的出现也是使人感到不愉快的原因。对空调环境中，由于吹风引起的冷风感是引起人体局部不舒适感的主要因素之一。但对某个处于中性偏热态下的人来说，吹风是愉快的。尽管过高的风速能够保证人体的散热需要，使人处于热中性的状态，但却会给人带来吹风的烦扰感、压力感、黏膜的不适感等。

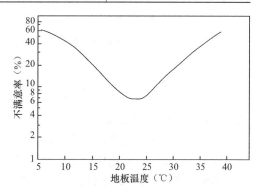

图 2-15　地板温度与不满意率之间的关系

吹风感与空气速度、空气温度、湍流强度、人体活动状态和衣着情况有关。当皮肤没有衣服覆盖时，对吹风感最为敏感，尤其是头部区域（包括头部、颈部和肩部）和腿部区域（包括踝部、足部和腿部）。

对于吹风感所引起的不满意率的定量确定，ASHRAE 55 采用了 Fanger 教授的研究结果。由冷风引起的局部不满意率 PD 值主要与平均空气流速、室内空气温度及紊流度有关，其计算公式为：

$$PD = (34 - t_a)(v - 0.05)^{0.62}(0.37vT_u + 3.14) \qquad (2\text{-}20)$$

式中　　PD——由冷风引起的不满意的人的百分数，%；

t_a——局部空气温度，℃；

v——局部空气流速，m/s；

T_u——紊流度，无量纲。

紊流度 T_u 可用下式来计算：

$$T_u = \frac{\sqrt{\overline{v'^2}}}{\overline{v}} \qquad (2\text{-}21)$$

式中　$\bar{v}$——空气平均流速，m/s；

　　　v'——脉动流速，m/s，$v' = v - \bar{v}$。

当局部湍流强度难以通过测定获得时，对于混合通风情况，居住区域中的大部分区域局部湍流强度可采用35%，而对于置换通风或非机械通风的情况，局部湍流强度可取20%。

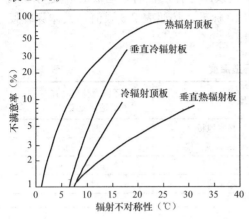

图2-16　辐射不对称性和人体舒适性之间的关系

4）辐射不对称性

由于冷热表面或者直接日射照射等原因，人体因处于不均匀热辐射作用导致局部不适的感觉称为非对称热辐射不适感。非对称热辐射会降低人体对外承受热的能力。

图2-16给出了辐射不对称性和人体舒适性之间的关系。人体对热辐射顶板比对垂直热辐射板敏感，但对垂直冷辐射板则比对冷辐射顶板敏感。因此对人体的热感觉来说，冷辐射顶板和垂直热辐射板相对比较舒适。

辐射不对称采用不对称热辐射温差 t_v 来度量，其计算公式如下：

$$对于热辐射，t_v = f_{pc}(t_c - t_\infty) \tag{2-22}$$
$$对于冷辐射，t_v = F_{pc}(t_\infty - t_c) \tag{2-23}$$

式中　t_c——辐射板表面温度，℃；

　　　t_∞——室内其他表面的平均温度，℃；

　　　F_{pc}——辐射板对室内测试点平面微元的角系数。

ASHRAE55-2010规定了在符合表2-5可接受的局部热不舒适的条件下，非对称热辐射温差的上限对于冷、热顶板分别为14℃和5℃，对于冷、热垂直壁面分别为10℃和23℃。

5）温度随时间的波动

已有研究表明，非人员自发调节控制所引起的空气温度及平均辐射温度的突变及波动将会影响人体热舒适性。ASHARE55-2010标准指出，舒适性范围内，可允许的周期性操作温度变化范围为1.1℃/15min，标准还给出了长时间内所允许的室内温度波动和跳动的范围，如表2-8所示。

温度波动和跳动的范围　　　　　　　　　　　　　　　　表2-8

时间范围	0.25h	0.5h	1h	2h	4h
允许的操作温度变化最大值（℃）	1.1	1.7	2.2	2.8	3.3

2. 建筑室内热湿环境的影响因素

建筑室内热湿环境最主要的影响因素是各种外扰和内扰。外扰主要包括室外气候参数如室外空气温湿度、太阳辐射、风速、风向变化，以及邻室的空气温湿度，均可通过围护结构的传热、传湿及空气渗透使热量和湿量进入室内，对室内热湿环境产生影响。内扰主要包括室内设备、照明、人员等室内热湿源。建筑物获得的热量如图2-17所示。

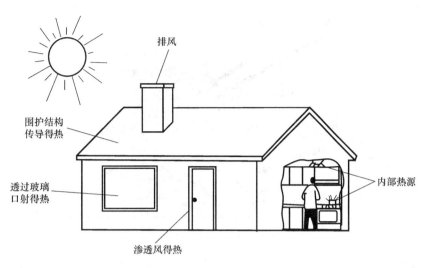

图 2-17 建筑物获得的热量

无论是通过围护结构的传热传湿还是室内产热产湿，其作用形式基本为对流换热（对流质交换）、导热（水蒸气渗透）和辐射三种形式。得热是指某时刻在内外扰作用下进入房间的总热量，其中包括显热和潜热两部分。显热是指物体温度升高或降低但不改变原有相态所吸收或放出的热量。潜热是指在温度不发生变化的情况下物体发生相变时吸收或放出的热量。室内得热中的显热部分包括对流得热（例如室内热源的对流散热，通过围护结构导热形成的围护结构内表面与室内空气之间的对流换热）和辐射得热（例如透过窗玻璃进入到室内的太阳辐射、照明器具的辐射散热等）两部分；潜热部分包括人体、水面等室内湿源散发的水蒸气以及通过门窗缝隙渗透进入室内的水蒸气。如果得热量为负，则意味着房间失去显热或潜热量。

建筑物围护结构的热工特性直接影响着室内得热及其负荷的大小。因此，室内热湿环境是在内扰、外扰及建筑热工特性等物理因素的共同作用下形成的。不同扰量作用、不同建筑热工特性，带给室内的热湿负荷是不同的，从而形成的室内热湿环境也是不同的。

（1）外扰引起的室内得热

影响建筑室内热湿环境的外扰因素有很多，主要包括室外气候参数（如室外空气温度、相对湿度、太阳辐射、风速、风向变化）和邻室的空气温、湿度，这些因素均可通过围护结构的传热、传湿对室内热湿环境产生影响。围护结构可分为非透光围护结构（墙体、屋顶）和透光围护结构（玻璃门窗和玻璃幕墙等）。

1）通过非透光外围护结构的显热得热

围护结构外表面除与室外空气发生热交换外，还受太阳辐射的作用，具体包括太阳直射辐射、天空散射辐射、地面反射辐射、大气长波辐射和来自地面的长波辐射以及来自环境表面的长波辐射，如图 2-18 所示。其中太阳直射辐射、天空散射辐射和地面反射辐射均含有可见光和红外线，与太阳辐射的组成类似；而大气长波辐射、地面长波辐射和环境表面长波辐射则只含有长波红外线辐射部分。

围护结构的壁体得热等于太阳辐射热量、长波辐射换热量和对流换热量之和。

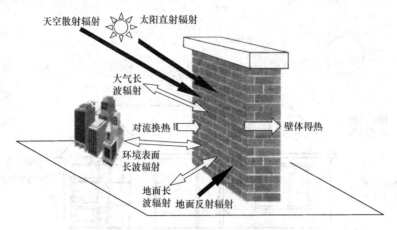

图 2-18　围护结构外表面的热平衡

　　由于围护结构存在热惯性，通过围护结构的传热量与围护结构建筑物外表面获得的热量相比存在衰减与延迟，即与外扰的波动幅度之间存在衰减和延迟的关系。墙体得热与外扰的关系见图 2-19。衰减和延迟的程度取决于围护结构的蓄热能力。围护结构的热容量越大，蓄热能力就越大，滞后的时间就越长，波幅的衰减就越大。

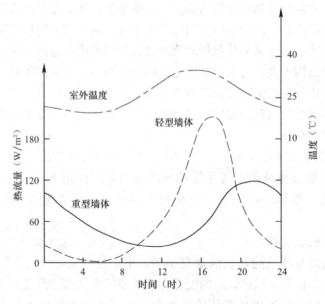

图 2-19　墙体得热与外扰的关系

　　2）通过透光外围护结构的显热得热

　　透光围护结构主要包括玻璃门窗和玻璃幕墙等，是由玻璃与其他透光材料如热镜膜、遮光膜等以及框架组成的。通过透光围护结构的热传递过程与非透光围护结构传热过程有很大的不同。透光围护结构可以透过太阳辐射，这部分热量在建筑物热环境的形成过程中发挥了重要的作用，往往比通过热传导传递的热量对热环境的影响还要大。因此通过透光围护结构传入室内的显热得热包括两部分：通过玻璃板壁的传导得热和透过玻璃的日射辐射得热。这两部分传热量与透光围护结构的种类及其热工性能有重要的关系。

① 通过透光外围护结构的传热

由于有室内外温差存在，必然会通过透光外围护结构以导热方式与室内空气进行热交换。玻璃和玻璃间的气体夹层本身有热容，因此与墙体一样有衰减延迟作用。但由于玻璃和气体夹层的热惰性很小，所以这部分热惯性往往被忽略，将透光外围护结构的传热近似按稳态传热考虑。

② 通过透光外围护结构的日射得热

阳光照射到玻璃或透光材料表面后，一部分被反射掉，不会成为房间的得热；一部分直接透过透光外围护结构进入室内，全部成为房间得热量；还有一部分被玻璃或透光材料吸收，见图 2-20。被玻璃或透光材料吸收的热量使玻璃或透光材料的温度升高，其中一部分将以对流和辐射的形式传入室内，而另一部分同样以对流和辐射的形式散到室外，不会成为房间的得热。

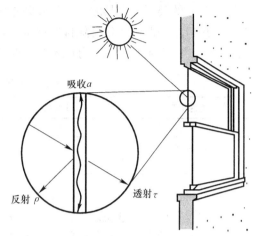

图 2-20　照射到窗玻璃上的太阳辐射

室外空气温度及太阳辐射对透光围护结构的热作用也是随室外空气温度和太阳辐射强度的增加而增加。夏天，可利用内、外遮阳等设施来减少太阳辐射的热作用，在冬天有需要的地方也可以利用太阳辐射的温室效应来获得更多的太阳辐射得热。

3）临室传热

当室内空气温度与临室空气温度不相等时，内围护结构两侧存在温度差，就会有热量通过内围护结构的传热传入或传出，临室传热量一般按稳态传热进行计算。

4）空气渗透带来的得热

由于建筑存在各种门、窗和其他类型的开口，室外空气有可能进入房间，从而给房间空气直接带来热量和湿量，并即刻影响室内空气的温湿度，因此需要考虑这部分空气渗透带来的得热量。空气渗透是指由于室内外存在压力差，从而导致室外空气通过门窗缝隙和外围护结构上的其他小孔或洞口进入室内的现象，也就是所谓的非人为组织（无组织）的通风。

在室内外空气状态参数一定的条件下，由空气渗透引起的得热量主要与空气渗透量有关。室内外压力差是决定空气渗透量的因素，一般为风压和热压所致。夏季时由于室内外温差比较小，风压是造成空气渗透的主要动力。如果空调系统送风引起了足够的室内正压，就只有室内向室外渗出的空气，基本没有从室外向室内渗入的空气影响室内热湿状况，因此可以不考虑空气渗透的作用。如果室内没有正压送风，就需要考虑风压对空气渗透的作用。

5）通过围护结构的湿传递

在现行工程设计中，一般不考虑透过围护结构进入房间的水蒸气量。但对于需要控制湿度的恒温恒湿室或低温环境室等，当室内空气温度相当低时，需要考虑通过围护结构渗透的水蒸气。当围护结构两侧空气的水蒸气分压力不相等时，水蒸气将从分压力高的一侧向分压力低的一侧转移。

（2）内扰引起的室内得热与得湿

1）照明的散热

照明所耗的电能一部分转化为光能，一部分直接转化为热能。两种形式能量的比例与照明的光源类型有关。从表2-9中的数据可见白炽灯的发光效率仅为荧光灯的一半左右，实际上光源的类型、灯具的形式和安装方式也直接影响灯具在空间的散热量。如果灯具上装有排风口，一部分热量将随排风被带走，不会成为室内的得热量。在计算室内照明的总散热量时，由于照明设施有可能不是同时使用的，因此需要考虑不同时使用的影响。

几种常见照明方式的电能分配情况　　　　　表 2-9

光源类型	可见光	热能	镇流器
150W 白炽灯	10%	90%	—
40W 荧光灯	18%	64%	18%
LED	30%	70%	—

2）设备的散热

室内设备可分为电动设备和加热设备。加热设备只要把热量散入室内，就全部成为室内得热。而电动设备一部分电能由于电动机内磁铁的电阻抗和轴承的摩擦而转化为热能，并通过电动机表面散至室内，成为室内的得热，另一部分则成为机械能，由工艺设备所消耗。如果这部分机械能在该室内被消耗，则最终转化为该室内的得热，但如果这部分机械能输送到室外或其他空间，就不会成为该室内的得热。

在计算设备得热量时，由于电动机铭牌中只能查取额定功率，即设备装机功率，而无法直接得知实际消耗功率，所以在具体计算时，需对设备实际运行情况进行分析，选取合适的修正参数值。第一，电动设备实际的最大运行功率往往小于装机容量，而实际运行功率又小于最大运行功率；第二，工艺设备的部分散热量可能被冷却水或加工工件带走，实际散至室内的热量不会是全部输入功率所转化成的热量；最后，当室内有多台工艺设备时，不一定都同时运行。

3）人体的散热

人体的散热量与人体新陈代谢率、性别、年龄、衣着、环境温度等因素有关，其中起主要作用的是人体新陈代谢率，即活动强度。

4）人体的散湿

人体的散湿量与散热量相似，与人体代谢率、环境温度有关。一般在热条件下工作的人，排汗的散湿量约为 1L/h；在很热的环境中进行繁重的工作，排汗所引起的散湿量可达到 2.5L/h，但只能支持 30min。

5）除人体外的室内其他湿源

除了人体之外，室内其他的湿源散湿主要有工艺设备、水槽、地面积水，此类室内湿源一般以湿表面散湿和蒸汽散湿两种形式向室内散湿。

① 湿表面散湿

如果室内有一个湿表面，水分吸热而蒸发为水蒸气，称为湿面的散湿。这类散湿根据其水分蒸发的热源不同分为自然散湿和加热散湿。自然散湿是指室内的湿表面水分是吸收空气的显热而蒸发的，没有其他的加热热源，也就是说蒸发过程是一个绝热过程。加热散湿是指室内有一个热的湿表面，水分被热源加热而蒸发，湿表面散湿的同时，还携带热量进入室内。

② 蒸汽散湿

对于工艺设备因采用蒸汽或蒸汽泄漏向室内散发湿量，可直接根据泄露量计算其散湿量，其散热量近似考虑蒸汽携带的潜热便可。

2.2.2　热湿环境控制要求

1. 室内热湿环境参数控制要求

建筑环境按照其服务对象的性质不同可分为民用建筑环境和工业建筑环境两大类型。由于各类建筑环境的控制目标不同，因此具体的环境控制参数也不尽相同。如民用建筑以室内温湿度舒适健康为主要控制目标，工艺性建筑环境由于各自工艺的不同而要求有不同的控制参数。

（1）民用建筑

我国《民用建筑供暖通风与空气调节设计规范》GB 50736—2012 规定了室内热湿环境设计参数的范围：

1）设置供暖的民用建筑，考虑到不同供暖地区居民生活习惯的不同，分别对寒冷、严寒地区和夏热冬冷地区的冬季室内计算温度进行了规定。寒冷地区和严寒地区主要房间应采用 18～24℃；夏热冬冷地区主要房间宜采用 16～22℃；辅助建筑物及辅助用室不应低于下列数值：浴室 25℃，更衣室 25℃，办公室、休息室 18℃，食堂 18℃，盥洗室、厕所 12℃。

风速方面，冬季室内活动区的平均风速不宜大于 0.3m/s。规定最大允许风速目的是为了防止人体产生直接吹风感，影响舒适性。

冬季空气集中加湿能耗较大，延续我国供暖系统设计的习惯，供暖建筑不做湿度要求。从实际调查数据来看，我国供暖建筑中人员都会采用自调节手段向房间加湿，整个供暖季房间相对湿度在 15%～55% 范围波动，这样基本能满足舒适要求，同时又节约能耗。

2）对于设置空气调节的民用建筑，考虑到民用建筑中存在人员长期逗留区域和短期逗留区域，因此分别给出了相应的室内计算参数。考虑不同功能房间对室内热舒适的要求不同，分级给出室内计算参数。热舒适度等级由业主在确定建筑方案时选择。

对于长期逗留区域的空气调节室内计算参数，规范规定应符合表 2-10 的规定：

长期逗留区域空气调节室内计算参数　　　　　　　　　　表 2-10

参数	热舒适度等级	温度（℃）	相对湿度（%）	风速（m/s）
冬季	Ⅰ级	22～24	30～60	≤0.2
	Ⅱ级	18～21	≤60	≤0.2
夏季	Ⅰ级	24～26	40～70	≤0.25
	Ⅱ级	27～28		

短期逗留区域的空气调节室内计算参数，可在长期逗留区域参数基础上适当放低要求。夏季空调室内计算温度宜在长期逗留区域基础上提高 2℃，冬季空调室内计算温度宜在长期逗留区域基础上降低 2℃。

关于舒适度等级的确定方法，按照《中等热环境 PMV 和 PPD 指数的测定及热舒适条件的规定》GB/T 18049 执行，采用预计的平均热感觉指数（PMV）和预计不满意者的百分数（PPD）评价，热舒适度等级划分按表 2-11 采用。

不同舒适度等级对应的 *PMV*、*PPD* 值　　　　表 2-11

热舒适度等级	*PMV*	*PPD*
Ⅰ级	$-0.5 \leqslant PMV \leqslant 0.5$	$\leqslant 10\%$
Ⅱ级	$-1 \leqslant PMV < -0.5$，$0.5 < PMV \leqslant 1$	$\leqslant 27\%$

其中考虑到建筑节能的限制，要求冬季室内环境在满足舒适的条件下偏冷，夏季在满足舒适的条件下偏热，所以具体建筑热舒适度等级划分如表 2-12 所示。

不同舒适度等级所对应的 *PMV* 值　　　　表 2-12

舒适度等级	冬季	夏季
Ⅰ级	$-0.5 \leqslant PMV \leqslant 0$	$0 \leqslant PMV \leqslant 0.5$
Ⅱ级	$-1 \leqslant PMV < -0.5$	$0.5 < PMV \leqslant 1$

（2）工业建筑

1）工业建筑的室内采暖设计温度，根据劳动强度级别进行划分。我国《采暖通风与空气调节设计规范》GB 50019—2003 规定工业建筑的工作地点宜采用：

轻作业　　　　18～21℃

中作业　　　　16～18℃

重作业　　　　14～16℃

过重作业　　　12～14℃

注：1. 作业种类的划分，应按国家现行的《工业企业设计卫生标准》（GBZ 1）执行。

2. 当每名工人占用较大面积（50～100m²）时，轻作业时可低至 10℃，中作业时可低至 7℃；重作业时可低至 5℃。

工业建筑冬季室内活动区的平均风速，当室内散热量小于 23W/m³ 时，不宜大于 0.3m/s；当室内散热量大于或等于 23W/m³ 时，不宜大于 0.5m/s；工业企业辅助建筑，不宜大于 0.3m/s。

2）对于采用工艺性空调的工业建筑，室内温湿度基数及其允许波动范围应根据工艺需要及卫生要求确定。例如棉纺织工业，由于棉纤维具有吸湿和放湿特性，对空气湿度比较敏感，棉纤维的含湿量直接影响纤维强度，进而影响产品质量。因此纺织车间温湿度宜以保证工艺需要的相对湿度为主，温度以满足工人的劳动卫生需求和保证相对稳定即可。根据不同纺织车间的加工要求，纺织工艺与相对湿度的关系均有所不同，如纱支品种和工艺的差别就很大，所以对相对湿度的参数及其湿度精度要求也各不同。相对湿度的过低或过高，都会影响工序的生产和产品的质量。纺织厂各车间的相对湿度控制范围如表 2-13 所示。

纺织厂各车间的相对湿度控制范围　　　　表 2-13

车间	冬季相对湿度（%）	夏季相对湿度（%）	车间	冬季相对湿度（%）	夏季相对湿度（%）
清棉	50～60	55～60	络筒	60～70	65～75
梳棉	50～60	55～60	浆纱	75 以下	75 以下
精梳	60～65	60～65	穿筘	60～70	65～70
并粗	60～65	60～65	织造	68～78	68～80
细纱	50～55	55～60	整理	55～65	60～65
并捻	65～75	65～75			

对于工艺性空调工业建筑活动区的风速：冬季不宜大于 0.3m/s，夏季宜采用 0.2～0.5m/s；当室内温度高于 30℃，可大于 0.5m/s。

2. 冷负荷与热负荷

房间负荷是热环境、空调系统设计的重要计算参数之一，它与房间热工性能、室内得热的性质及大小密切相关。

负荷由得热转化而来，但负荷与得热是两个不相同的概念，其大小也有所不同。

得热是指进入建筑物的总热量，以导热、对流、辐射等形式进入建筑，如室外温湿度、太阳辐射等通过围护结构进入室内的外扰作用的热量，室内人员、照明、设备等内扰作用的热量。冷（热）负荷是指维持室内一定热湿环境在单位时间内需要从室内除去（补充）的热量。

现以送风空调方式维持室内热湿环境为例说明得热与负荷的关系。所谓送风空调，是指以空气为媒介除去室内的热量和湿量，以达到调节室内热湿环境的目的。此时冷（热）负荷的概念是从（向）室内空气中除去（补充）的热量。进入典型空调房间的总得热可分为潜热和显热两部分，如果不考虑围护结构和家具的吸湿和蓄湿作用，潜热立即进入空气影响室内空气热湿环境成为负荷；显热中一部分以对流换热方式进入室内改变室内热湿环境参数立即成为负荷，一部分则以辐射形式进入建筑储蓄于围护结构或家具等固体物体之中，提高壁面温度，最终以对流形式逐步释放给室内空气成为负荷，或释放到室外空气而流失。如外围护结构在日射热作用下，壁温提高，在以后的时间内，蓄存在壁体内的热量将逐渐以对流形式释放到墙体两侧的室内外空气中，其中一部分释放到室内空气侧便成为了负荷，而释放到室外侧的对流热便流失到大气之中。负荷这种储存释放特性，其量和时间相对于其得热有所衰减和延迟。当室内热湿环境处于非稳定时，房间得热中还应包括室内空气参数波动所需的空气放热或蓄热。由上述分析可知，进入房间的得热不一定等于房间的冷负荷，辐射得热是得热与负荷不等的重要原因。为此送风空调方式维持室内热湿环境的负荷计算就是如何准确确定影响空气状态参数的显热交换（包括辐射热释放的对流热交换）、水蒸气蒸发的潜热交换。图 2-21 说明了上述得热与房间负荷形成的一般过程。空调系统中的冷冻设备通过制冷循环将房间热量排到室外大气。

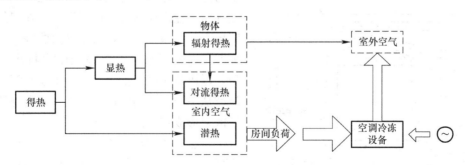

图 2-21　一般空调送风方式房间得热与负荷之间的关系

2.2.3　热湿环境控制方法

1. 被动式热湿环境控制技术

被动式热湿环境控制技术是指通过改善和强化围护结构的热工性能，或采用自然能源来控制室内热湿环境的技术。被动式热湿环境控制技术主要包括自然通风、围护结构保温隔热技术、被动式蒸发冷却技术、地冷空调及被动式太阳房等技术。

（1）自然通风

建筑物中的自然通风，是由于建筑物开口处（门、窗、过道等）存在着空气压力差而产生的空气流动。利用室内外气流的交换，可以降低室温和排除湿气，保证房间的正常气候条件与新鲜洁净的空气。同时，房间有一定的空气流动，可以加强人体的对流和蒸发散热，提高人体热舒适感觉，改善人们的工作和生活条件。

造成空气压力差的原因有两种：一是热压作用；二是风压作用。热压取决于室内外空气温差所导致的空气密度差和进排风口的高度差。如图2-22所示，当室内气温高于室外气温时，室外空气因密度较大下沉而通过建筑物下部的开口流入室内，并将密度较小的室内空气从上部的开口处排出。这样，室内就形成不断的换气。

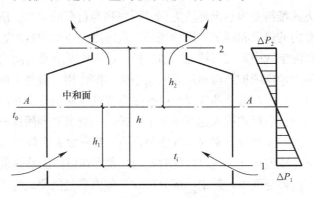

图2-22　热压作用下的自然通风

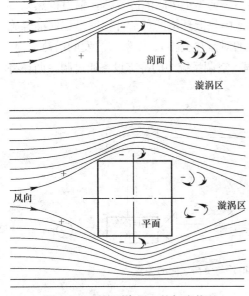

图2-23　风吹到房屋上的气流状况

风压作用是风作用在建筑物上产生的风压差。室外气流与建筑物相遇时，将发生绕流，经过一段距离后，气流才恢复平行流动，见图2-23。当风吹到建筑物上时，在迎风面上，由于空气流动受阻，速度减少，使风的部分动能变为静压，亦即使建筑物迎风面上的压力大于大气压，在迎风面上形成正压区。在建筑物的背风面、屋顶和两侧，由于气流曲绕过程中形成空气稀薄现象，因此该处压力将小于大气压，形成负压区。如果建筑物上设有开口，气流就从正压区流向室内，再从室内向外流至负压区，形成室内的空气交换。

自然通风无需耗用能量，系统简单，容易实现，虽受到室外气象条件、建筑结构和布局的制约，不易人为控制，但由于上述优点，仍被广泛地应用于工业与民用建筑的通风中。

（2）围护结构保温隔热技术

1）外墙和屋顶的保温隔热措施

根据地方气候特点及房间使用性质，外墙和屋顶可以采用的保温构造方案多种多样，大致可分为以下几种类型：

① 单设保温层

不论屋顶或外墙，总有其构造的不同层次，单设保温层的做法是保温构造的普通方式。这种方案是用导热系数很小的材料作保温层而起主要保温作用，由于不要求保温层承重，所以选择的灵活性较大，不论是板块状、纤维状以至松散颗粒材料，均可应用。图 2-24 是单设保温层的外墙，这是在砖砌体上贴水泥珍珠岩板或加气混凝土板做保温层的做法，至于平屋顶上单设保温层的做法就更多了。

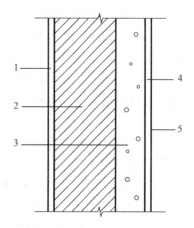

图 2-24　单设保温层构造示例
1—外粉刷；2—砖砌体；3—保温层；
4—隔汽层；5—内粉刷

② 封闭空气间层保温

围护结构中封闭的空气层有良好绝热作用。围护结构中的空气层厚度，一般以 4～5cm 为宜。为提高空气间层的保温能力，间层表面应采用强反射材料，例如涂贴铝箔就是一种具体方法。如果用强反射遮热板来分隔成两个或多个空气层，效果更好。但值得注意的是，这类反辐射材料必须有足够的耐久性，而铝箔不仅极易被碱性物质腐蚀，长期处于潮湿状态也会变质，因而应当采取涂塑处理等保护措施。

③ 保温与承重相结合

空心板、多孔砖、空心砌块、轻质实心砌砖等，既能承重，又能保温。只要材料导热系数比较小，机械强度满足承重要求，又有足够的耐久性，那么采用保温与承重相结合的方案，在构造上比较简单，施工亦较方便。图 2-25 所示为北京地区使用的双排孔混凝土空心砌块砌筑的保温与承重相结合的墙体，其保温能力接近于普通空心砖一砖半墙。

④ 混合型构造

当单独用某一种方式不能满足保温要求，或为达到保温要求而造成技术经济上不合理时，往往采用混合型保温构造。例如既有实体保温层，又有空气层和承重层的外墙或屋顶结构。显然，混合型的构造比较复杂，但绝热性能好，在恒温室等热工要求较高的房间是经常采用的。图 2-26 是一个 $20℃±0.1℃$ 的恒温车间外墙构造，为了提高封闭空气层的热阻，使用了铝箔纸板。

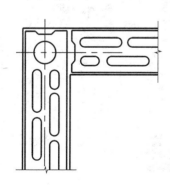

图 2-25　空心砌块保温与
承重结合构造

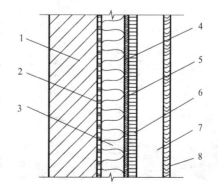

图 2-26　混合型保温构造
1—混凝土；2—粘结剂；3—聚氨酯泡沫塑料；4—木纤维板；
5—塑料薄膜；6—铝箔纸板；7—空气间层；8—胶合板涂油漆

当采用单设保温层的复合墙体（或屋顶）时，保温层的位置，对结构及房间的使用质量、造价、施工、维护费用等各方面都有重大影响。保温层在墙体中的位置通常有三种。保温层在承重层的室内侧，叫内保温；在室外侧，叫外保温；有时保温层可设置在两层密室结构层的中间，叫夹芯保温。过去，墙体多用内保温，屋顶则多用外保温。近年来，墙体采用外保温和夹芯保温的做法日渐增加。

2）窗口遮阳

为了有效遮挡太阳辐射，减少夏季空调负荷，采用遮阳设施是常用的手段。常见的遮阳设施见图 2-27～图 2-29。遮阳设施可安置在透光围护结构的外侧、内侧，也有安置在两层玻璃中间的。常见的外遮阳设施包括作为固定建筑构件的挑檐、遮阳板或其他形式的有遮阳作用的建筑构件，也有可调节的遮阳篷、活动百叶、挑檐、外百叶帘、外卷帘等。内遮阳设施一般采用窗帘和百叶。两层玻璃中间的遮阳设施一般包括固定的和可调节的百叶。

（a）　　　　　　　　　　　　（b）

图 2-27　外遮阳形式

（a）遮阳篷；（b）外百叶帘

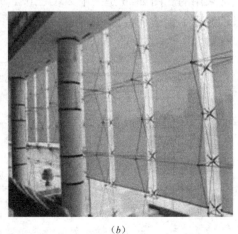

（a）　　　　　　　　　　　　（b）

图 2-28　内遮阳形式

（a）百叶；（b）窗帘

遮阳设施设置在透光外围护结构的内侧和外侧，对透光外围护结构的遮阳作用是不同的。内遮阳设施对太阳辐射得热的削减效果比外遮阳设施差得多。遮阳设施的遮阳作用用遮阳系数 C_n 来描述。其物理意义是设置了遮阳设施后的透光外围护结构太阳辐射得热量与未设置遮阳设施时的太阳辐射得热量之比。玻璃或透光材料本身对太阳辐射也具有一定的遮挡作用，用遮挡系数 C_s 来表示，其定义是太阳辐射通过某种玻璃或透光材料的实际太阳得热量与通过厚度为3mm 厚标准玻璃的太阳得热量的比值。不同种类的玻璃或透光材料具有不同的遮挡系数。

图 2-29　窗玻璃间遮阳

表 2-14 和表 2-15 分别给出了不同种类玻璃和透光材料本身的遮挡系数 C_s 和一些常见内遮阳设施的遮阳系数 C_n。

窗玻璃的遮挡系数 C_s　　表 2-14

玻璃类型	C_s	玻璃类型	C_s
标准玻璃	1.00	双层 5mm 厚普通玻璃	0.78
5mm 厚普通玻璃	0.93	双层 6mm 厚普通玻璃	0.74
6mm 厚普通玻璃	0.89	双层 3mm 玻璃，一层贴 low-e 膜	0.66～0.76
3mm 厚吸热玻璃	0.96	银色镀膜热反射玻璃	0.26～0.37
5mm 厚吸热玻璃	0.88	茶（棕）色镀膜热反射玻璃	0.26～0.58
6mm 厚吸热玻璃	0.83	蓝色镀膜热反射玻璃	0.38～0.56
双层 3mm 厚普通玻璃	0.86	单层 low-e 玻璃	0.46～0.77

内遮阳设施的遮阳系数 C_n　　表 2-15

内遮阳类型	颜色	C_n
白布帘	浅色	0.5
浅蓝布帘	中间色	0.6
深黄、紫红、深绿布帘	深色	0.65
活动百叶	中间色	0.6

（3）被动式蒸发冷却技术

蒸发降温就是直接利用水的汽化潜热（2428kJ/kg）来降低建筑外表面的温度，改善室内热环境的一种热工手段。

建筑外表面直接利用太阳能使水蒸发而获得自然冷却的方法，自古有之。喷水屋顶、淋水屋顶和蓄水屋顶的理论研究和隔热效果都已经取得满意的成果。另外，在建筑外表面涂刷吸湿材料（如氯化钙等）直接从空气夺取水分使外表面经常处于潮湿状态，在日照下，水分蒸发降低外表面温度，也可以达到被动式蒸发冷却降温的目的。

目前一种新型被动式蒸发冷却技术是在屋面上铺设一层多孔含湿材料，利用含湿层中水分的蒸发大量消耗太阳辐射热能，控制屋顶内外表面温升，达到降温节能，改善室内热环境的目的。理论计算和实测证明，多孔含湿材料被动蒸发冷却降温效果显著，外表面能降低 2～5℃，内表面降低 5℃，优于传统的蓄水屋面，是一种很有开发前途的蒸发降温系统。

（4）被动式太阳房

被动式太阳房的采暖方式分为直接受益式和间接受益式，而常见的间接受益式太阳房又有附加日光式和集热墙式两种。

1）直接受益式

直接受益式太阳房是建筑物利用太阳能采暖的最普遍最简单的方法，就是让太阳透过窗户照进来，如图 2-30 所示。一般选择南向玻璃窗作为受益窗，因为东西向的窗户夏季遮阳比较困难。

2）附加日光间式

附加日光间式太阳房属于间接受益式太阳房。"附加日光间"是指那些由于直接获得太阳热能而使温度产生较大波动的空间。过热的空气可以立即用于加热相邻的房间，或者贮存起来留待没有太阳辐射时使用（图 2-31）。在一天的所有时间内，附加日光间内的温度都比室外高，这一较高的温度使其作为缓冲区减少建筑的热损失。除此之外，附加日光间还可以作为温室栽种花卉，以及用于观赏风景、交通联系、娱乐休息等多种功能。

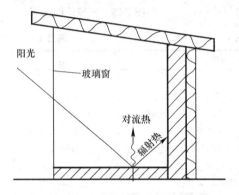

图 2-30　直接受益式太阳房

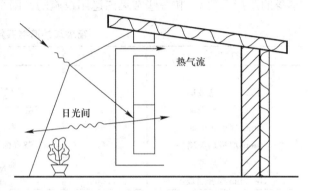

图 2-31　附加日光间式太阳房

普通的南向缓冲区如南廊、封闭阳台、门厅等，把南面做成透明的玻璃墙，即可成为日光间。如将其屋顶做成倾斜玻璃，集热数量将大大增加。

3）集热墙式

集热墙式是在直接受益式太阳窗后面筑起一套重型结构墙。1956 年，法国学者 Trombe 等提出了一种现已流行的集热方案，这就是在直接受益太阳窗后面筑起一道重型结构墙，如图 2-32 所示。这种形式的太阳房在供热机理上与直接受益式不同。阳光透过透明覆盖层后照射在集热墙上，该墙外表面涂有吸收率高的涂层，其顶部和底部分别开有通风孔，并设有可控制的开启活门。在这种被动式太阳房中，透过透明覆盖层的阳光照射在重型集热墙上，墙的外表面温度升高。所吸收的太阳热量，一部分透过透明覆盖层向室外散失；另一部分加热夹层内的空气，从而使夹层内的空气与室内空气密度不同，通过上下通风口而形成自然对流，由上通风孔将热空气送进室内；第三部分则通过集热墙体导热传至室内。我们把图 2-32 所示的太阳房称之为"集热墙式太阳房"，它是目前应用最广泛的被动式采暖方式之一。

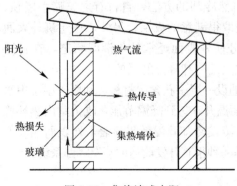

图 2-32　集热墙式太阳

2. 主动式热湿环境控制技术

主动式热湿环境控制技术是指采用建筑设备控制室内热湿环境参数，创造满足人类舒适性需求及工艺需求的人工环境。主动式热湿环境控制技术包括供暖、机械通风及空气调节技术。

（1）供暖

供暖（Heating），又称采暖，是指向建筑物供给热量，保持室内一定的温度。这是人类最早发展起来的建筑热环境控制技术。人类自从懂得利用火以来，为抵御寒冷对生存的威胁，发明了火炕、火炉、火墙、火地等采暖方式，这是最早的采暖设备与系统，有的至今还在应用。发展到今天，采暖设备与系统在舒适、卫生、美观、灵巧、系统和设备的自动控制、系统形式的多样化、能量的有效利用等方面都有着长足的进步。

供暖技术一般用于寒冷及严寒地区，服务对象包括民用建筑和部分工业建筑。供暖系统一般由热源、输热管道和散热设备三个主要部分组成。热源可以选用锅炉、热泵、热交换站。散热设备包括散热器、暖风机及各种辐射板末端。供暖系统有多种分类方法，按系统紧凑程度分为局部供暖和集中供暖；按照热媒种类分为热水采暖、蒸汽采暖和热风采暖；按介质循环驱动方式分为自然循环与机械循环；按输热配管数目分为单管制和双管制等。

（2）机械通风

机械通风（Mechanical Ventilating），是指用机械手段（风机、风扇等）向某一房间或空间送入室外空气，和由某一房间或空间排出空气的过程，送入的空气可以是经过处理的，也可以是不经过处理的。换句话说，机械通风是利用室外空气（称新鲜空气或新风）来置换建筑物内的空气（简称室内空气）以改善室内空气质量。通风的功能主要有：1）提供人呼吸所需要的氧气；2）稀释室内污染物或气味；3）排除室内工艺过程产生的污染物；4）除去室内多余的热量（称余热）或湿量（称余湿）；5）提供室内燃烧设备燃烧所需的空气。建筑中的通风系统，可能只完成其中的一项或几项任务。其中利用通风除去室内余热和余湿的功能是有限的，它受室外空气状态的限制。

机械通风系统一般由风机、进排风或送风装置、风道以及空气净化设备等部分组成。通风系统按用途可分三类：工业与民用建筑通风（以治理工业生产过程和建筑中人员及其活动所产生的污染物为目标的通风系统）；建筑防烟和排烟（以控制建筑火灾烟气流动，创造无烟的人员疏散通道或安全区的通风系统）；事故通风（排除突发事件产生的大量有燃烧、爆炸危害或有毒气体、蒸汽的通风系统）。按照通风的服务范围可分为全面通风和局部通风。全面通风也称为稀释通风，向房间送入清洁新鲜空气，稀释室内空气中污染物的浓度，同时把含污染物的空气排到室外，从而使室内空气中污染物的浓度达到卫生标准的要求。局部通风是指控制室内局部区域污染物的传播或控制局部区域污染物浓度达到卫生标准要求的通风。

（3）空调

空气调节（Air Conditioning），是指对某一房间或空间内的温度、湿度、洁净度和空气流动速度等进行调节与控制，并提供足够量的新鲜空气。空气调节简称空调。空调可以实现对建筑热湿环境、空气质量的全面控制，也就是说它包含了采暖和通风的部分功能。但实际应用中并不是任何场合都需要用空调对所有的环境参数进行调节与控制，例如寒冷地区，有些建筑只需采暖；又如有些生产场所，只需用通风对污染物进行控制，而对温湿度并无严格要求。

空调系统的基本组成包括冷热源、冷热介质输配系统（风机、水泵、风道、风口与水管等）和空调末端装置（风机盘管、空调箱及新风机组等）。空调系统按其用途或服务对象不同可分为舒适性空调系统和工艺性空调系统。舒适性空调系统，简称舒适空调，是指为室内人员创造舒适健康环境的空调系统。办公楼、旅馆、商店、影剧院、图书馆、餐厅、体育馆、娱乐场所、候机或候车大厅等建筑中所用的空调都属于舒适性空调。由于人的舒适感在一定的空气参数范围内，所以这类空调对温度和湿度波动的要求并不严格。工艺性空调系统，又称工艺空调，是指为生产工艺过程或设备运行创造必要的环境条件的空调系统，工作人员的舒适要求有条件时可兼顾。由于工业生产类型不同，各种高精度设备的运行条件也不同，因此工艺性空调的功能、系统形式等差别很大。例如，半导体元器件生产对空气中含尘浓度极为敏感，要求有很高的空气洁净度；棉纺织布车间对相对湿度要求很严格，一般控制在 $70\%\sim75\%$；计量室要求全年基准的温度为 $20℃$，波动范围为 $\pm1℃$。

2.3 室内空气质量

室内环境中，人们不仅对空气的温度和湿度敏感，对空气的成分和各成分的浓度也非常敏感。空气的成分及其浓度决定着空气的品质。人有 90%的时间在室内度过。室内空气质量不仅影响人的舒适和健康，而且影响室内人员的工作效率。本节主要介绍室内空气质量的定义及影响因素、室内空气质量标准及其评价方法、室内空气质量控制方法。

2.3.1 室内空气质量及其影响因素

1. 室内空气质量的定义

20 世纪 70 年代，国外开始了室内空气污染对健康影响的研究，在过去的二十几年中，室内空气质量（Indoor air quality, IAQ）的定义经历了许多变化，并有所发展。总体上看，它经历了三个阶段，分别有三种类型的定义。

（1）客观指标

把室内空气质量完全等同为一系列污染物浓度的指标，这是人们早期的观点。室内空气中污染物种类众多，大部分浓度都可能会低于指标值，如按此定义则室内空气质量应被认为较好，但事实上，低浓度污染物在长期、反复的作用下对人体的危害被忽略了，人在含有单一低浓度污染物的环境中可能没什么感觉，但在多种低浓度的污染物作用下，就会产生不适。此外，同一污染物指标对个体的影响也不相同，从而对整体的影响也是有差别的。因此，把室内空气质量完全等同为一系列污染物浓度指标的观点是不全面的。

（2）主观指标

1989 年在国际室内空气质量讨论会上，丹麦哥本哈根大学 P. O. Fanger 教授提出：空气质量反映了满足人们要求的程度，如果人们对空气满意，就是高品质；反之，就是低品质。英国屋宇装备工程师协会 CIBSE（Charter Institute of Building Service Engineers）认为：如果室内少于 50%的人能觉察到任何气味，少于 20%的人感觉不舒服，少于 10%的人感到黏膜刺激，并且少于 5%的人在不足 2%的时间内感到烦躁，此时室内空气质量是可接受的。这两种观点是把室内空气质量完全等同于人的主观感受。

人们对室内空气不满意，就是低品质，这没有疑问。但如果认为人们感到满意的就一定是高品质的室内空气环境的话，那些无刺激性气味，其浓度又比较低，人体无法感觉到的污染物对人体健康长期的、慢性的危害就无法反映出来。

（3）客观指标和主观感受相结合

美国采暖、制冷与空调工程师学会（American Society of Heating，Refrigerating and Air-conditioning Engineers，简称 ASHRAE）颁布的标准《满足可接受室内空气质量的通风》ASHRAE 62—1989 中给出定义为：良好的室内空气质量应该是"空气中已知的污染物没有达到公认的权威机构所确定的有害浓度指标，而且处于这种空气中的绝大多数人对此没有表示不满意"。这一定义把客观指标和主观感受结合起来，体现了人们对 IAQ 认识的质的飞跃。

此后，在修订版 ASHRAE 62-1989R 中，更进一步提出了可接受的室内空气质量（Acceptable indoor air quality）和可接受的感知室内空气质量（Acceptable perceived indoor air quality）等概念。前者定义为：空调房间中绝大多数人没有对室内空气表示不满意，并且空气中没有已知的污染物达到可能对人体健康产生威胁的浓度；后者定义为：空调房间中绝大多数人没有因为气味或刺激性而表示不满，它是达到可接受的室内空气质量的必要而非充分条件。由于有些气体，如氡、一氧化碳等没有气味，对人也没有刺激作用，不会被人感受到，但却对人危害很大，因而仅用感知室内空气质量是不够的，必须同时引入可接受的室内空气质量。

可接受的室内空气质量这一概念将客观指标和主观感受相结合，并已为人们所接受。在 ASHRAE 62.1-2004 中可接受的室内空气质量作为可确定室内新风量的标准。

2. 室内空气质量的影响因素

室内空气环境是在很多因素影响下形成的对人体健康和舒适水平至关重要的一种室内环境。图 2-33 给出了室内空气质量的影响因素。有些因素受建筑设计人员控制，有些因素则受建筑运行维护人员的影响，有些因素受居住者影响，还有些因素受建筑外部因素影响。如建筑内许多日常活动对室内空气质量有影响，像通风系统的启停、居住者活动（如清扫房间和整理衣物）等。交通高峰期汽车尾气的集中排放引起的室外空气质量变化，以及附近工业厂房排放烟气都会间接影响室内空气环境及品质。

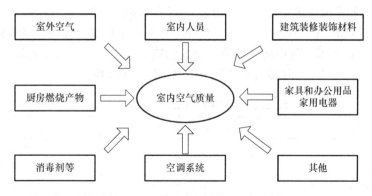

图 2-33　室内空气质量的影响因素

室内空气污染按其污染物特性可分为三类：

（1）化学污染：主要为有机挥发性化合物（VOCs）、半有机挥发性化合物（SVOCs）和有害无机物引起的污染。有机挥发性化合物，包括醛类、苯类、烯类等 300 种有机化合物，其中最为主要的为甲醛、甲苯以及二甲苯等芳香族化合物，这类污染物主要来自建筑装修或装饰材料、复合木建材及其制品（如家具）。而无机污染物主要为氨气（NH_3），燃烧产物 CO_2、CO、NO_x、SO_x 等。氨气主要来自冬季施工中添加的防冻液，燃烧产物主要来自室内燃烧产物。

（2）物理污染：主要指灰尘、重金属和放射性氡（Rn）、纤维尘和烟尘等的污染。

（3）生物污染：细菌、真菌和病毒引起的污染。

2.3.2 室内空气质量标准及其评价方法

1. 室内空气质量标准

我国已经颁布并实施的有关室内空气质量标准按使用性质不同可划分为三种，即综合性标准、室内单项污染物浓度限值标准和不同功能建筑室内空气质量标准，如表 2-16 所示。这里仅介绍使用较为广泛的综合性标准《民用建筑工程室内环境污染控制规范》GB 50325—2001 和《室内空气质量标准》GB/T 18883—2002。

我国已实施的室内空气质量相关标准　　　　表 2-16

性质	标准名	标准号
综合性标准	《民用建筑工程室内环境污染控制规范》 《室内空气质量标准》	GB 50325—2001 GB/T 18883—2002
室内单项污染物浓度限值标准	《居室空气中甲醛的卫生标准》 《住房内氡浓度控制标准》 《室内空气中二氧化碳卫生标准》 《室内空气中可吸入颗粒物卫生标准》 《室内空气中氮氧化物卫生标准》 《室内空气中二氧化硫卫生标准》 《室内空气中细菌总数卫生标准》	GB/T 16127—1995 GB/T 16146—1995 GB/T 17094—1997 GB/T 17095—1997 GB/T 17096—1997 GB/T 17097—1997 GB/T 17093—1997
不同功能建筑室内空气质量标准	《旅店业卫生标准》 《体育馆卫生标准》 《商场（店）、书店卫生标准》	GB 9663—1996 GB 9668—1996 GB 9670—1996

2001 年 11 月建设部颁布并实施的《民用建筑工程室内环境污染控制规范》，是针对新建、扩建和改建的民用建筑工程及其室内装修工程的环境污染控制规范，不适用于构筑物和有特殊净化卫生要求的民用建筑工程。该规范规定民用建筑工程验收时室内污染物浓度必须满足表 2-17 的要求。其中实施污染控制的污染物有：放射性污染物氡（Rn-222），化学污染物甲醛、氨、苯及总挥发性有机物（TVOC）共计 5 项。

民用建筑工程室内环境污染物浓度限量　　　　表 2-17

污染物	I 类民用建筑工程	II 类民用建筑工程
氡（Bq/m^3）	≤200	≤400
游离甲醛（Bq/m^3）	≤0.08	≤0.12
苯（Bq/m^3）	≤0.09	≤0.09
氨（Bq/m^3）	≤0.2	≤0.5
TVOC（Bq/m^3）	≤0.5	≤0.6

注：1. I 类民用建筑包括住宅、医院、老年建筑、幼儿园和学校教室等；II 类民用建筑包括办公楼、商店、旅馆、文化娱乐场所、书店、图书馆、展览馆、体育馆、公共交通等候室、餐厅和理发店等。
2. 污染物浓度限量除氡外均应以局部测量的室外空气相应值为基点。

由国家质量监督检验检疫局、国家环保总局、卫生部制定的《室内空气质量标准》于 2003 年 3 月正式实施。该标准适用于住宅和办公建筑，其他建筑室内环境也可参照。标准中的控制项目包括室内空气中与人体健康有关的物理、化学、生物和放射性等污染物控制参数，具体有可吸入颗粒物、甲醛、CO、CO_2、氮氧化物、苯并（a）芘、苯、氨、氡、TVOC、O_3、细菌总数、甲苯、二甲苯、温度、相对湿度、空气流速、噪声及新风量等 19 项指标，见表 2-18。标准提出：除了应达到表 2-18 中参数要求外，还明确要求"室内空气应无毒、无害、无异常嗅味"。

《室内空气质量标准》中主要控制指标 表 2-18

参数	单位	标准值	备注	参数	单位	标准值	备注
温度	℃	22～28	夏季空调	臭氧（O_3）	mg/m^3	0.16	1h均值
		16～24	冬季采暖	甲醛（HCHO）	mg/m^3	0.10	1h均值
相对湿度	%	40～80	夏季空调	苯（C_6H_6）	mg/m^3	0.11	1h均值
		30～60	冬季采暖	甲苯（C_7H_8）	mg/m^3	0.20	1h均值
空气流速	m/s	0.3	夏季空调	二甲苯（C_8H_{10}）	mg/m^3	0.20	1h均值
		0.2	冬季采暖	苯并（α）芘（B（α）P）	ng/m^3	1.0	日均值
新风量	$m^3/$（h·人）	30	1h均值	可吸入颗粒（PM_{10}）	mg/m^3	0.15	日均值
二氧化硫（SO_2）	mg/m^3	0.5	1h均值	总挥发性有机物（TVOC）	mg/m^3	0.60	8h均值
二氧化氮（NO_2）	mg/m^3	0.24	1h均值				
一氧化碳（CO）	mg/m^3	10	1h均值	细菌总数	cfu/m^3	2500	依据仪器定
二氧化碳（CO_2）	%	0.10	日均值	氡（Rn）	Bq/m^3	400	年平均值（行动水平）
氨（NH_3）	mg/m^3	0.20	1h均值				

2. 室内空气质量的评价方法

在室内空气质量的评价中，有两种方法：一种是客观评价，依据室内空气成分和浓度；另一种是主观评价，依据人的感觉，Fanger 教授提出了"感知室内空气质量（perceived air quality）"的概念。

应该说，两种方法各有优点，也各有局限。第一种方法是气体成分和浓度通过仪器测定后，和相关标准比较，就可确定室内空气质量，便于掌握和理解，且重复性好。但一些情况下，有害气体种类很多，难以识别，而且一些有害成分浓度很低，仪器也很难精确测定，因此这类方法在有害气体成分复杂或浓度很低的情况下会很难适用，而且，这种思路忽略人是室内空气质量的评价主体以及人的感觉存在个体差异。第二种方法中，"感知空气质量"强调了人的感觉。但空气污染对人的危害与其气味和刺激性不完全相关和对应，而且空气质量问题涉及多组分，每种组分对人的影响不尽相同，这些组分并存时其危害按何规则进行叠加尚不清晰，譬如对多种 VOCs 成分，一些研究者采用了 TVOC（总挥发性有机物，各种被测量的 VOC 的总称）的概念，但问题是，不同 VOCs 成分对人的影响会很不一样，因此同样 TVOC 浓度但成分不同的气体"感知的空气质量"会不一样，危害也会不一样，甚至会出现 TVOC 浓度低的危害反而高的情况。如何确定空气成分与"感知的空气质量"的关系，是值得深入研究的课题。此外，一些无色无味的有毒、有害气体，短时间人体难以感受到它的危害，又不能通过实验方法让人去感知它的长期危害。应该说，这两种方法不可互相取代，而应互相补充，否则对空气质量的评价就不全面。

你认为室内空气质量如何？
请在下面的标尺上标明

完全可接受 ┬ +1

刚刚可接受 ┬ 0
刚刚不可接受 ┬ 0

完全不能接受 ┴ −1

图 2-34 室内空气质量
评价问卷

（1）主观评价

1）主观问卷调查

室内空气环境的主观评价主要通过对室内人员的问询及问卷调查得到，即利用人体的感觉器官（如嗅觉等）对环境进行描述和评价。一般引用国际通用的主观评价调查表格并结合个人背景资料进行调查。调查的内容主要归纳为 2 个方面：在室者和来访者对室内空气的满意或不满意程度以及对不舒适空气的感受程度；在室者受环境影响而出现的症状及其程度。然后，由室内空气质量专家通过相关嗅觉调查作出判断，最后综合分析作出结论。

图 2-34 是一种被推荐使用的调查单形式，通过投票调查得到可接受度 ACC（在 −1~1 之间的一个值）的值。对空气质量的不满意率的百分比记为 PD，它和投票得到的可接受度 ACC 之间存在以下关系：

$$PD = \frac{\exp(-0.18 - 5.28ACC)}{1 + \exp(-0.18 - 5.28ACC)} \times 100 \tag{2-24}$$

2）Fanger 的感知室内空气质量法

丹麦的 Fanger 教授提出了 decipol 评价法来评价人感受到的室内空气质量。该方法以 olf 为室内综合污染的污染物强度单位，1olf 为一个"标准人"的感知污染负荷，其他的污染源可折算为 olf 值，其折算关系如表 2-19 所示。折成标准人后不同的污染源可以进行简单的叠加，比如室内有 3 个标准人和 4 个等效标准人的家具，则该室内的感知污染负荷为 7olf。

常见污染源的 olf 值　　　　　　　　　　　表 2-19

污染源	olf 值
静坐标准人（1met）	1olf
活动的人（1met）	5olf
活动的人（1met）	11olf
抽烟者抽烟时	25olf
抽烟者平均值	6olf
办公室材料散发的污染物	0~0.5olf/m² 地板面积

该方法以室内空气质量感知值 C 为评价指标，其单位为 decipol，数值越大，表示室内空气质量越差。1decipol 表示一个"标准人"产生的污染（1olf）经 1L/s 未被污染的空气（新鲜空气）通风稀释后的感知空气质量。decipol 与空气质量状态之间的关系如表 2-20 所示。

decipol 值与室内空气质量状态之间的关系　　　　　　表 2-20

decipol 值	空气质量状态
10	病态建筑
1	健康建筑
0.1	城镇室外空气
0.01	山区室外空气

为了反映室内空气质量引起的主观感受，Fanger 教授用 QPD（Quality Caused Percentage Dissatisfied）来描述室内空气质量引起的人群不满意百分率。研究表明，QPD 与室内空气质量感知值 C 之间的关系如下：

$$QPD = \exp[5.98 - (112/C)^{0.25}] \tag{2-25}$$

由上式可得 QPD 与 C 的对应关系，如表 2-21 所示。

表 2-21

C 与 QPD 的对应关系

C（decipol）	QPD（%）
0	0
0.31	5
0.61	10
1.41	20
4.06	40
8.86	60
17.18	80

（2）客观评价

室内空气质量的客观评价依赖于仪器测试，是直接用室内空气环境质量评价标准中的室内空气中污染物浓度限值来评价室内空气质量的方法。一种比较直接的评价方法是基于检测到的空气污染物的种类和浓度，与国标中规定的该污染物浓度限值相比，可评价室内空气质量是否达到标准。

此外，目前一种比较常用的综合评价方法是空气质量指数法。该方法涉及的评价指数有 4 个，分别为各污染物分指数、算术叠加指数 P、算术平均指数 Q、综合指数 I。其中各污染物分指数被定义为污染物浓度 C_i 与标准上限值 S_i 之比，反映某个污染物浓度与其标准上限值的距离，由分指数有机组合而成的其他三项评价指数能够综合地反映室内空气质量的优劣，一般用算术平均指数及综合指数作为主要评价指数，算术叠加指数作为辅助评价指数。

算术叠加指数 P 为各分指数的叠加，如式（2-26）所示：

$$P = \sum \frac{C_i}{S_i} \tag{2-26}$$

算术平均指数 Q 为各分指数的算术平均，如式（2-27）所示：

$$Q = \frac{1}{n} \sum \frac{C_i}{S_i} \tag{2-27}$$

综合指数 I 则兼顾最高污染分指数和平均分指数，计算方法如式（2-28）所示：

$$I = \sqrt{\left(\max\left|\frac{C_1}{S_1}, \frac{C_2}{S_2}, \cdots, \frac{C_n}{S_n}\right|\right)\left(\frac{1}{n} \sum \frac{C_i}{S_i}\right)} \tag{2-28}$$

以上各项指数能较为全面地反映出室内的平均污染水平和各种污染物在污染程度上的差异，并可据此确定室内空气的主要污染物。一般认为分指数和综合指数在 0.5 以下是清洁环境，此时 IAQ 等级为 I 级，可获得室内人员最大的接受率。综合指数与 IAQ 等级间的关系及其特征见表 2-22。

室内空气质量分级及说明　　　　　　　　　　　表 2-22

综合指数 I	IAQ 等级	等级评语	特　点
≤0.49	I	清洁	适宜人类生活
0.50～0.99	II	未污染	各环境要素的污染物均不超标，人类生活正常
1.00～1.49	III	轻污染	至少有一个环境要素的污染物超标，除了敏感者外，一般不会发生急慢性中毒
1.50～1.99	IV	中污染	一般有 2～3 个环境要素的污染物超标，人群健康明显受害，敏感者受害严重
≥2.00	V	重污染	一般有 3～4 个环境要素的污染物超标，人群健康受害严重，敏感者可能死亡

在进行室内空气质量评价时，评价因子的选择，应全面定量地反映室内空气质量。选择对人体健康危害大、相对稳定、易检测且能代表室内的污染及通风状况的污染物作为评价因子，一般选甲醛、氨、挥发性有机物 VOC、苯、氡、可吸入颗粒 PM10、细菌、二氧化碳、臭氧、一氧化碳、二氧化硫、氮氧化物等。

另外，视具体情况可有重点地选择评价因子。刚装修完的房屋，选择甲醛、氨、VOC、苯、氡为评价因子，地下室及使用石材较多的房间应重点选择氡为评价因子，在禁烟且有计算机、复印机的办公室选择二氧化碳、甲醛、O_3、PM10、细菌为评价因子，而在学生上课的教室一般选二氧化碳、细菌、PM10 为评价因子。

2.3.3　室内空气质量控制方法

室内空气污染物由污染源散发，在空气中传递，当人体暴露于污染空气中时，污染会对人体产生不良影响。室内空气污染控制可通过源头治理、通新风稀释和空气净化三种方式实现。

1. 污染物源头治理

从源头治理室内空气污染，是治理室内空气污染的根本，污染源头治理的方法有以下几种：

（1）消除室内污染源。最好、最彻底的办法是消除室内污染源，例如，一些地毯吸收室内化学污染后成为室内空气二次污染源，因此，不用这类地毯就可消除其导致的污染；又如，一些室内建筑装修材料含有大量的有机挥发物，研发具有相同功能但不含有害有机挥发物的材料可消除建筑装修材料引起的室内有机化学污染。

（2）减小室内污染源散发强度。当室内污染源难以根除时，应考虑减少其散发强度。譬如，通过标准和法规对室内建筑材料中有害物含量进行限制，采用绿色环保建筑材料和装饰材料就是行之有效的办法。我国制定了《室内建筑装饰装修材料有害物质限量》国家标准，该标准限定了室内装饰装修材料中一些有害物质含量和散发速率，对建筑物装饰装修材料的使用做了一定的限定，对装饰装修材料的选择具有一定的指导意义。

（3）污染源附近局部排风。对一些室内污染源，可采用局部排风的方法。例如，厨房烹饪污染可采用抽油烟机解决，厕所异味可通过排气扇解决。

（4）正确选择建筑物的基地。建筑物在建造前，应了解该处地面和地基的污染情况，应避免建筑物建在已受污染的地面和地基上。有些地区是放射性物质的高本底地区，在这些地区的建筑物，很容易渗入氡，引起室内放射性污染，因此要注意对底层房间建筑构造的密封，对各种管线的孔洞也要及时封埋。

2. 通风换气法

通风换气能稀释和排除室内空气污染物，是目前降低室内空气污染物浓度、提高室内空气质量的有效方法和主要途径之一。

通风按空气流动动力不同可分为自然通风和机械通风。自然通风是利用空气的风压和热压进行通风，它无需耗用能量、系统简单、通风效果好，但也受到室外气象条件、建筑设计的制约，如板式建筑自然通风效果就比点式建筑要好。在利用自然通风时，还需要注意避免将室外污染空气引入室内，从而加剧室内空气污染，同时还要注意城市涡流风对自然通风的影响。尽管如此，自然通风仍被广泛应用于工业与民用建筑中。机械通风是利用风机进行强制性通风，可分为有管道通风和无管道通风，其特点是不受室外气象条件、建筑结构和布局的制约。

通风换气法通过引入新风稀释室内空气污染物。对于空调系统来讲，新风量的增加可以改善室内的空气质量，但同时也会带来空调系统能耗的增加。因此，新风量的确定是一个优化问题，从能耗的角度来看，其最佳值应该是在满足卫生需求后取最小值，实际中还需要考虑因平衡排风及保持室内正压所需的新风量。

我国《民用建筑供暖通风与空气调节设计规范》GB 50736—2012 对不同类型建筑的设计最小新风量做了如下规定：

（1）公共建筑主要房间每人所需最小新风量的规定见表 2-23。

公共建筑主要房间每人所需最小新风量 　　　　　表 2-23

建筑类型	新风量 [m³/(h·人)]
办公室	30
客房	30
大堂	10
四季厅	10

（2）设置新风系统的居住建筑和医院建筑，其设计最小新风量宜按照换气次数法确定（换气次数是每小时的通风量与房间体积之比）。表 2-24 给出了居住建筑不同人均居住面积下的设计最小换气次数，表 2-25 给出了医院建筑不同功能房间的设计最小换气次数。

居住建筑设计最小换气次数 　　　　　表 2-24

人均居住面积 F_P	每小时换气次数
$F_P \leqslant 10m^2$	0.70
$10m^2 < F_P \leqslant 20m^2$	0.60
$20m^2 < F_P \leqslant 50m^2$	0.50
$F_P > 50m^2$	0.45

医院建筑设计最小换气次数 　　　　　表 2-25

功能房间	每小时换气次数
门诊室	2
急诊室	2
配药室	5
放射室	2
病房	2

（3）高密人群建筑设计最小新风量宜按照不同人员密度 P_F（人/m²）下的每人所需最

小新风量确定，见表 2-26。

高密度人群建筑每人所需最小新风量   表 2-26

建筑类型	最小新风量 [m³/(h·人)]		
	$P_F \leqslant 0.4$	$0.4 < P_F \leqslant 1.0$	$P_F > 1.0$
影剧院、音乐厅、大会厅、多功能厅、会议室	14	12	11
商场、超市	19	16	15
博物馆、展览厅	19	16	15
公共交通等候室	19	16	15
歌厅	23	20	19
酒吧、咖啡厅、宴会厅、餐厅	30	25	23
游艺厅、保龄球房	30	25	23
体育馆	19	16	15
健身房	40	38	37
教室	28	24	22
图书馆	20	17	16
幼儿园	30	25	23

3. 空气净化

空气净化是指从空气中分离和去除一种或多种污染物，实现这种功能的设备称为空气净化器。空气净化是改善空气质量、创造健康舒适的室内环境的十分有效的方法。目前空气净化的方法主要有：过滤器过滤、吸附净化法、纳米光催化降解 VOCs、臭氧法、紫外线照射法、等离子体净化和其他净化技术。

（1）过滤器过滤

对室内空气进行过滤净化是消除室内污染物的重要手段之一，在室内通风、空调系统中安装空气过滤器是最常用的过滤方法。

过滤器的主要功能是处理空气中的颗粒污染，其机理是被过滤物质在过滤纤维的宏观拦截和分子间作用力的微观作用下，被过滤器所捕集、吸附。经典的过滤理论认为捕集污染物的机理有扩散、拦截、惯性碰撞、静电效应和重力沉淀等几种途径。

过滤器按照过滤效率的高低，可分为粗效过滤器、中效过滤器、高效过滤器。粗效过滤器的滤材多为玻璃纤维、人造纤维、金属丝网及组孔聚氨酯泡沫塑料等。粗效过滤器用于去除空气中的较大颗粒及灰尘，如毛发、皮屑、纤维、花粉、霉菌等。粗效过滤器适用于一般的空调系统，在空气净化系统中，作为更高级过滤器的初滤，起到一定的保护作用。

中效过滤器的主要滤材为玻璃纤维（比粗效过滤器的玻璃纤维要小）、人造纤维合成的无纺布及中细孔聚乙烯泡沫塑料等。中效过滤器可有效去除粒径大于 $1\mu m$ 的颗粒物。大多数情况下用于高效过滤器的前级保护，少数用于清洁度要求较高的空调系统中。

高效过滤器一般滤材均为超细玻璃纤维或合成纤维，加工成纸状，称为滤纸。高效过滤器可有效滤除粒径大于 $0.3\mu m$ 的颗粒物，主要应用于洁净空调系统。

（2）吸附净化法

吸附对于室内 VOCs 和其他污染物是一种比较有效而又简单的消除技术。目前比较常用的吸附剂主要是活性炭，其他的吸附剂还有人造沸石、分子筛等。吸附分为物理吸附和化学吸附两种。

物理吸附是由于吸附质和吸附剂之间的范德华力（存在于分子与分子之间的吸引力）

而使吸附质聚集到吸附剂表面的一种现象，吸附质和吸附剂之间不发生化学反应。活性炭吸附属于常用的物理吸附方法，对于大分子量的气体吸附效果比较好，例如苯、甲苯、二甲苯、乙醚苯、乙烯、恶臭物质、已烷、庚烷、甲基乙基酮、丙酮、四氯化碳、萘、醋酸乙酯等气体，而对于小分子量的气体化合物吸附效果比较差。

化学吸附法一般采用浸渍高锰酸钾的氧化铝作为吸附剂，空气中的污染物在吸附剂表面发生化学反应。化学吸附法对于分子量小的化合物，如氨、硫化氢、甲醛等气体吸附效果较好。

（3）纳米光催化降解 VOCs

光催化技术是利用光催化反应把有害的有机物降解为无害的无机物。光催化反应的本质是在光电转换中进行氧化还原反应。一般采用纳米半导体粒子为光催化剂。常见的光催化剂是 TiO_2，是一种 N 型半导体，有很强的氧化性和还原性。在光化学反应中，以 TiO_2 作催化剂，在太阳光尤其是紫外线的照射下，使得 TiO_2 固体表面生成空穴（h^+）和电子（e^-），空穴使 H_2O 氧化，电子使空气中的 O_2 还原，在此过程中，生成 OH 基团。OH 基团的氧化能力很强，可使有机物（VOC）被氧化、分解，最终分解为 CO_2 和 H_2O，达到消除 VOCs 的目的。TiO_2 光催化活性高、化学性质稳定、氧化还原性强、抗光阴极腐蚀性强、难溶、无毒且成本低，是研究应用中采用最广泛的单一化合物光催化剂。

（4）臭氧法

臭氧法主要应用于灭菌消毒，可即刻氧化细胞壁，直至穿透细胞壁与其体内的不饱和键化合而杀死细菌。臭氧在消毒灭菌的过程中，还原成氧和水，在环境中不留残留物，同时它能够将有害的物质分解成无毒的副产物，有效地避免二次污染，目前臭氧灭菌消毒产品已在医院、公共场所、家庭场所等得到了广泛应用，取得了很好的效益。与一般的紫外线消毒相比，臭氧的灭菌能力要强得多，同时还能除臭，达到净化空气的目的。但由于臭氧的强氧化性，过高的臭氧浓度对人体的健康同样有着危害作用。我国在《室内空气中臭氧标准》和《室内空气质量标准》中都限定了臭氧浓度的上限（0.16mg/h），这是使用臭氧进行室内空气净化时应该注意的一个问题。

（5）紫外线照射法

紫外线杀菌是通过紫外线照射，破坏及改变微生物的 DNA（脱氧核糖核酸）结构，使细菌当即死亡或不能繁殖后代，达到杀菌的目的。根据 1932 年第二届理疗和光生物学大会的建议，将紫外线光谱分为三个波段：长波紫外线 UVA（315~400nm）、中波紫外线 UVB（280~315nm）和短波紫外线 UVC（100~280nm）。波长短的 UVC 杀菌能力较强，因为它更易被生物体的 DNA 吸收，尤以 253.7nm 左右的紫外线杀菌效果最佳。紫外线杀菌属于纯物理方法，具有简单便捷、广谱高效、无二次污染、便于管理和实现自动化的优点。但要注意的是紫外线杀菌需要一定的作用时间，一般细菌在受到紫外灯发出的辐射数分钟后才死亡。鉴于此，紫外照射杀菌对停留在表面上的微生物杀灭非常有效，对空气中的微生物则需要足够长的作用时间才能杀灭。医院中，紫外灯往往用于表面杀菌，而在有人员活动或停留的房间，紫外灯一般安置在房间上部，不直接照射到人。

（6）等离子体净化

等离子体放电催化的原理是利用高能电子（5eV~20eV）轰击等离子反应器中的气体分子（NO_x、SO_x、O_2、H_2O 等）；经过激活、分解和电离等过程产生氧化能力很强的自由基

（·OH、·HO$_2$）、原子氧（O）和臭氧（O$_3$）等，这些强氧化物质可迅速氧化掉 NO$_x$ 和 SO$_2$，在 H$_2$O 分子作用下生成 HNO$_3$ 和 H$_2$SO$_4$，把 VOCs 分解为 H$_2$O 和 CO$_2$。等离子体净化装置也可和光催化相结合，如图 2-35 所示。等离子体产生的紫外光可激发光催化剂，气体放电在产生低温等离子的同时能产生较强的紫外线，可用于激发 TiO$_2$ 进行光催化。

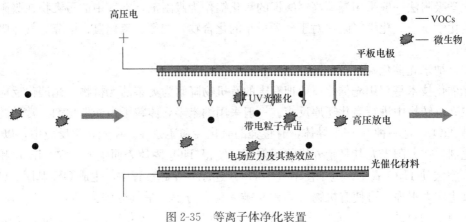

图 2-35　等离子体净化装置

2.4　建筑声环境

人对外部世界信息的感觉，30％是通过听觉得到的，有些声音对接收者来说是需要的，要求听得清楚，如语言交流、音乐欣赏等，而有些声音令人厌烦，对人有干扰，甚至会损害人的听觉和身体健康，称之为噪声。建筑声环境主要研究室内音质问题与噪声的控制问题。建筑声环境控制的目的是创造良好的满足要求的声环境，保证居住者的健康，提高劳动生产率，保证工艺过程要求（录音棚、演播室、高保真音乐厅等）。本节主要阐述声音产生与传播的基本原理和噪声控制。

2.4.1　建筑声环境基本知识

1. 声音的产生与传播

（1）声源和声波

声音的产生与传播过程包括三个基本因素：声源、传声途径和接收者。声源通常是受外力作用而产生振动的物体，声源向其周围的介质（通常是空气）辐射声能，声能以介质中的声波形式传播，声波通过传声途径（室外大气、房间中的空气、墙壁、楼板等）传播，最后通过空气传到接收者的耳朵，引起听觉而被感知。人耳对声音的感觉有三个表征量：音量大小、音调的高低与音色的不同，而这都与声音的物理特性密切相关。

声音是一种在弹性媒质中传播的机械波，建筑环境中的声波主要是在空气中传播的声波。声源的振动引起它周围的空气交替地被压缩和舒张，并向四周传播。当空气受到压缩，压强就增大，而空气舒张时，压强就降低，因此声波实质上是空气压强在静态压强水平上起伏变化的过程。所以，空气中的声波是一种压强波。声音的传播是压力波的传播而不是空气质点的输运，空气质点只是在它原来的平衡位置来回振动。压强波传播的速度是声速，而空气质点的振动速度对应的是声音的强弱。

由声波而引起的空气压强的变化量称为声压 p。声压是空气压强的变化量而不是空气压强本身，空气压强 P_a 是在静压强 P_0 上叠加变化量声压 p，声压 p 相对于静压强 P_0 是一个很微小的量。大气静压强是 10^5Pa 的量级，而声压 p 是 $10^{-5}\sim10$Pa 的量级。

（2）频率、波长和声速

空气质点在 1s 内完成振动的次数称为频率，单位为赫兹（Hz）。完成一次振动所经历的时间称为周期，记作 T，单位为秒（s）。声波在每次完整的振动周期内传播的距离，称为波长。

频率和波长关系为

$$\lambda = \frac{c}{f} \tag{2-29}$$

式中　c——声波的传播速度，m/s；

$\quad\quad f$——声波的频率，Hz；

$\quad\quad \lambda$——声波的波长，m。

在声学领域和日常生活中，通常将声音按频率分类，根据频率高低可分为次声、可听声、超声和特超声，见表 2-27。人耳能听到的声波频率范围约在 $20\sim20000$Hz 之间，次声、超声和特超声都不能被人耳听到。对于建筑声环境主要讨论可听声。可听声根据频率高低分为三个频段，300Hz 以下称为低频声，$300\sim1000$Hz 之间称为中频声，1000Hz 以上称为高频声。

按频率分类的声音类型　　　　　　　　　　　　　表 2-27

声音类型	频率范围（Hz）
次声	$1.0\times10^{-4}\sim20$
可听声	$20\sim2.0\times10^4$
超声	$2.0\times10^4\sim5.0\times10^5$
特超声	$5.0\times10^5\sim1.0\times10^{12}$

声波在介质中的传播速度，即声速，记作 c，单位是 m/s。它的大小与振动的特性无关，主要取决于介质本身的物理特性（密度和温度）。在空气中，声速与温度的关系如下：

$$c = 331.4\sqrt{\frac{T_a}{273}} \tag{2-30}$$

常温下（15℃）空气中的声速可取为 340m/s。声波在不同的介质中传播速度不同，当温度为 0℃时，不同介质中的声速为：松木 3320m/s；软木 500m/s；钢 5000m/s；水 1450m/s。可见，声波在流体和固体中的传播速度比在空气中传播的速度要快。流体中的声速数倍于气体中的声速，而固体中的声速比气体中的声速高出一个数量级。

（3）声音信号和频谱

声音信号包括纯音信号和周期性信号，两者对应于不同的声波形式。

纯音信号是单一频率的声音，也称简谐音，对应于简谐声波，声压随时间的变化是一个简谐函数，即：

$$p(t) = P_m\cos(2\pi ft + \varphi) \tag{2-31}$$

简谐声波是声波中最简单、最基本的形式。描述一个简谐声波只需频率 f 和声压幅值 P_m 两个独立变量，f 确定了它的音调，而声压幅值 P_m 确定了声音的强弱，即响度的大小。

对于周期性信号，每隔一确定的周期，信号就重复一遍，声压随时间的变化为一系列简谐函数的和：

$$p(t) = A_0 + \sum_{n=1}^{\infty} A_n \cos(2\pi n f_0 t + \varphi_n) \tag{2-32}$$

每一个简谐分量 i 对应的是各自的声压幅值 A_i、初相 φ_i 和谐频 $f_i = nf_0$。周期性信号也称复音，由许多单一频率的纯音所组成，复音音调的高低取决于基频，而音色取决于谐频分量的构成。乐音是典型的复音信号，如管弦乐器发出的声音。

通常所见的噪声，与乐音有所不同，一般不是周期性信号，不能用离散的简谐分量的叠加来表示，而是包含着连续的频率成分，频谱图是连续谱。图 2-36 为几种噪声的频谱图。

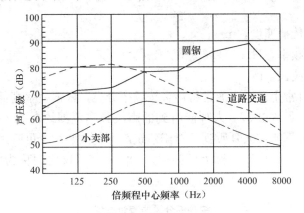

图 2-36　几种噪声的频谱

在通常的声学测量中将声音的频率范围分成若干个频带，以便于工作。精度要求高时，频带带宽可以缩窄；简单测量时，可以将频带带宽放宽。在建筑声学中，频带划分是以各频带的频程数 n 都相等来划分。频程 n 与各频带的下界频率 f_1 与上界频率 f_2 存在如下关系：

$$\frac{f_2}{f_1} = 2^n \tag{2-33}$$

式中　n 为正整数或分数，$n=1$，称为一个倍频程；$n=1/3$，称为 1/3 倍频程。

各个频带常用中心频率 $f_c = \sqrt{f_1 f_2}$ 表示。工程上采用倍频程（$n=1$）较多，中心频率分别为：31.5、63、125、250、500、1000、2000、4000、8000Hz。

2. 声音的计量

（1）声功率、声强、声压

1）声功率

声功率是指声源在单位时间内向外辐射的声能，单位为 W 或 μW。声源声功率有时指的是在某个频带的声功率（通常称为频带声功率），此时需注明所指的频率范围。声功率是声源本身的一种特性，不因环境条件的不同而变化。表 2-28 中列出了几种声源的声功率。一般人讲话的声功率是很小的，稍微提高嗓音时约为 50μW，即使 100 万人同时讲话，也只是相当于一个 50W 的电灯泡的功率。

几种不同声源的声功率　　　　　　　　　　　　　　　表 2-28

声源种类	声功率	声源种类	声功率
喷气飞机	1000W	钢琴	2000μW
气锤	1W	女高音	$1000 \sim 7200\mu$W
汽车	0.1W	对话	20μW

2）声强

声强是衡量声波在传播过程中声音强弱的物理量。声场中某一点的声强，是指在单位时间内，该点处垂直于声波传播方向上的单位面积所通过的声能，记作 I，单位 W/m^2。其定义为：

$$I = \frac{dW}{dS} \tag{2-34}$$

式中　dS——声能所通过的面积，m^2；

$\quad\quad dW$——单位时间内通过 dS 的声能，W。

在无反射声波的自由场中，点声源发出的球面波，均匀地向四周辐射声能。因此，距离声源中心为 r 的球面上的声强为：

$$I = \frac{W}{4\pi r^2} \tag{2-35}$$

式中，W 是声源声功率，单位为 W。

因此，对于球面波，声强与点声源的声功率成正比，与距声源的距离平方成反比，见图 2-37 (a)。对于平面波，声线互相平行，声能没有聚集或离散，声强与距离无关，见图 2-37 (b)。例如指向性极强的大扬声器就是利用这一原理进行设计的，其声音可传播十几千米远。

3）声压

所谓声压，是指介质中有声波传播时，介质中的压强相对于无声波时介质静压强的改变量，单位为 Pa。任一点的声压都是随时间而不断变化的，每一瞬间的声压称瞬时声压，某段时间内瞬时声压的均方根值称为有效声压。如未说明，通常所指的声压即为有效声压。

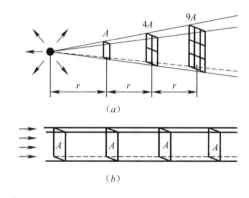

图 2-37　声能通过的面积与距离的关系

(a) 球面波；(b) 平面波

声压与声强有着密切的关系。在自由声场中，某处的声强与该处声压的平方成正比，而与介质密度与声速的乘积成反比，即

$$I = \frac{P^2}{\rho_0 c} \tag{2-36}$$

在实际工作中，指定方向的声强难以测量，通常是测出声压，通过计算求出声强和声功率。

（2）声功率级、声强级、声压级

人耳对声音是非常敏感的，人耳刚能听见的下限声强为 $10^{-12} W/m^2$，下限声压为 $2 \times 10^{-5} Pa$，称作可闻阈；而使人能够忍受的上限声强为 $1W/m^2$，上限声压为 20Pa，称作烦恼阈。可以看出，人耳可接受的声强是基准声强的 1 万亿倍，声压相差也达 100 万倍，计量范围之大，使用极为不便。同时，声强与声压的变化与人耳感觉的变化也是与它们的对数值近似成正比，因此引入了"级"的概念，即对声压、声强等物理量采用对数标度，单位为分贝（dB）。

1）声压级

声压级定义为：

$$L_p = 20 \lg \frac{p}{p_o} \qquad (2-37)$$

式中　L_P——声压级，dB；

　　　p_0——参考声压，以可听阈 2×10^{-5} Pa 为参考值。

从上式可以看出，声压变化 10 倍，相当于声压级变化 20dB，人耳允许声压范围内，声压级范围为 0~120dB，计量范围明显压缩。

2）声强级

声压级定义为：

$$L_I = 10 \lg \frac{I}{I_o} \qquad (2-38)$$

式中　L_I——声强级，单位 dB；

　　　I_0——参考声强，以可听阈 10^{-12} W/m^2 为参考值。

3）声功率级

声功率级定义为：

$$L_W = 10 \lg \frac{W}{W_0} \qquad (2-39)$$

式中　L_W——声功率级，dB；

　　　W_0——参考声功率，10^{-12} W。

4）声级的叠加

当几个不同的声源同时作用于某一点时，若不考虑干涉效应，该点的总声强是各个声强的代数和，即：

$$I = I_1 + I_2 + \cdots\cdots + I_n \qquad (2-40)$$

而它们的总声压（有效声压）是各声压的均方根值，即

$$p = \sqrt{p_1^2 + p_2^2 + \cdots + p_n^2} \qquad (2-41)$$

声压级叠加时，不能进行简单的算术相加，而要求按对数运算规律进行。n 个声压级为 L_{p1} 的声音叠加，总声压级为：

$$L_p = 20 \lg \frac{\sqrt{n p_1^2}}{p_0} = L_{p1} + 10 \lg n \qquad (2-42)$$

从上式可以看出，两个数值相等的声压级叠加时，声压级会比原来增加 3dB。这一结论同样适用于声强级与声功率级的叠加。

此外，可以证明，两个声压级分别为 L_{P1} 和 L_{P2}（设 $L_{P1} \geqslant L_{P2}$），其叠加的总声压级为

$$L_p = L_{p1} + 10 \lg [1 + 10^{-(L_{p1} - L_{p2})/10}] \qquad (2-43)$$

声压级的叠加计算亦可利用图 2-38 进行。由图查出声压级差（$L_{P1} - L_{P2}$）所对应的附加值，将它加在较高的那个声压级上，即可求得总声压级。如果两个声压级差超过 15dB，则附加值很小，可以忽略不计。

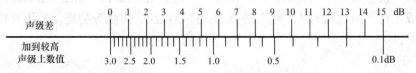

图 2-38　声压级的差值与增值的关系

（3）声源的指向性

声源在辐射声音时，声音强度分布的一个重要特性为指向性。

当声源的尺度比波长小得多时，可以看作无方向性的"点声源"，在距声源中心等距离处的声压级相等。当声源的尺度与波长相差不多或更大时，它就不能看作是点声源，而应看成有许多点声源的组成，叠加后各方向的辐射就不一样，因而具有指向性，在距声源中心等距离的不同方向的空间位置处的声压级不相等。声源尺寸比波长大得越多，指向性就越强。声环境的设计中，厅堂形状的设计，扬声器的布置，都要考虑声源的指向性。

声源的指向性指标常用指向性因数 Q 来表示，定义为实际声强与参考声场的声强的比值。参考声场是指具有相同声功率的无方向性的点声源形成的声压场。

当无指向性点声源在完整的自由空间时，指向性因数 Q 等于 1；如果无指向性声源贴近一个界面如墙面或地面，声能辐射到半个自由空间时，Q 等于 2；在室内两界面交角处（1/4 自由空间）时，Q 等 4；在三个界面交角处（1/8 自由空间）时，Q 等于 8。如果声源不是点声源，则其指向性因数与声源面积 S_0 及频率 f 都有关，如图 2-39 所示。

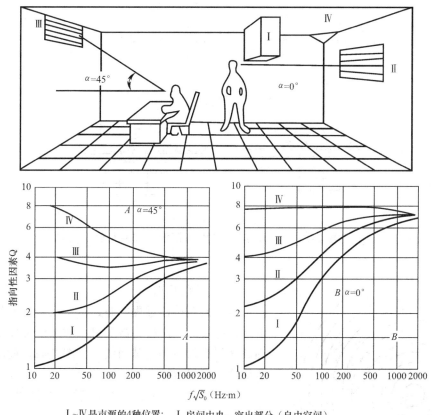

I~IV 是声源的 4 种位置；　I．房间中央、突出部分（自由空间）

II．墙（顶棚）中央；　　　III．墙角　　　　IV．三面交角上

图 2-39　声源在空间里的指向性因数 Q

3. 声音的传播特性

（1）声波的绕射、反射和散射

1）声波的绕射

当声波在传播途中遇到障碍物时，不再是直线传播，而是绕到障碍物的背后改变原来

的传播方向，继续传播，这种现象称为声绕射。一切声波都能发生绕射，其程度与波长、障碍物的大小有关。

图 2-40 反映了声波通过大小不同的障碍板时声波绕射的情况。"未见其面，先闻其声"，其声学原理即声波的绕射。声源的频率越低，绕射现象越明显。当声波在传播过程中遇到一块有小孔的障板时，如孔的尺度（直径 d）与波长 λ 相比很小，见图 2-41（a），孔处的质点可近似地看作一个集中的新声源，产生新的球面波，它与原来的波形无关。当孔的尺度比波长大得多时，见图 2-41（b），则新的波形比较复杂。

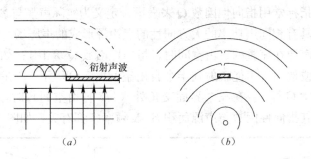

图 2-40　声波遇到不同尺寸的障碍板产生的声绕射
(a) 大障碍板；(b) 小障碍板

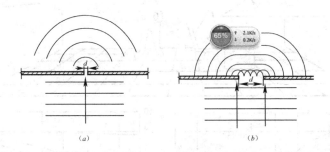

图 2-41　声波遇到不同尺寸的孔径产生的声衍射
(a) $d \ll \lambda$ 的孔径；(b) $d \gg \lambda$ 的孔径

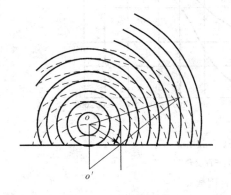

图 2-42　声波的反射

2) 声波的反射

当声波在传播过程中遇到一块尺寸比波长大得多的平面障板时，声波将被反射。如果声源发出的是球面波，经反射后仍是球面波，见图 2-42。此时，反射遵循几何反射定律：

① 入射线、反射线和反射面的法线在同一平面内。

② 入射线和反射线分别在法线的两侧。

③ 反射角等于入射角。

在室内，凸的反射面散射声波，凹的反射面将反射声波聚集在一起。图 2-43 是室内常见的四种声音反射的典型例子。图中 A 与 B 均为平面反射，所不同的是离声源近者 A，因各入射角变化较大，反射声线发散；而离声源远者

B，因各入射线近于平行，反射声线的方向也接近一致。C 和 D 是两种反射效果截然不同的曲面，凸曲面 C 使声线束扩散；凹曲面 D 使声线集中于一个区域，形成声音的聚集。根据声音的反射特性，在中型和大型厅堂适当位置，设置反射板会大大改善听觉效果。

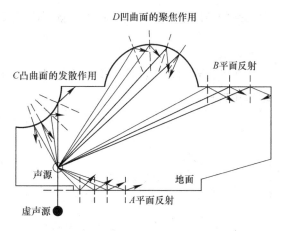

图 2-43 　室内声音反射的几种典型情况

3）声波的散射

当声波入射到表面起伏不平的障碍物上，而且起伏的尺度和波长相近时，声波不会产生定向的几何反射，而是产生散射，声波的能量向各个方向反射，见图 2-44。声扩散可使室内声场趋于均匀。某些特殊房间，如音乐厅、播音室等需要适当的声扩散，以改善音质效果。

（2）声波的透射和吸收

当声波入射到建筑构件（如墙、顶棚）时，声能的一部分被反射，一部分透过构件，还有一部分由于构件的振动或声音在其内部传播时介质的摩擦或热传导而被损耗，称之为材料的吸收，如图 2-45 所示。

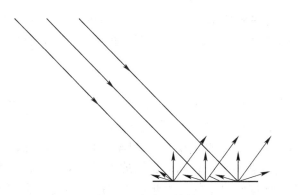

图 2-44 　声波的散射

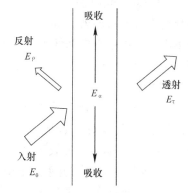

图 2-45 　声能的反射、透射与吸收

根据能量守恒定律，若单位时间内入射到构件上的总声能为 E_0，反射的声能为 E_ρ，构件吸收的声能为 E_α，透过构件的声能为 E_τ，则互相间有如下关系：

$$E_0 = E_\rho + E_\alpha + E_\tau \tag{2-44}$$

透射声能与入射声能之比称为透射系数，记作 τ；反射声能与入射声能之比称为反射系数，记作 ρ，即：

$$\text{透射系数}\quad \tau = \frac{E_\tau}{E_0} \tag{2-45}$$

$$\text{反射系数}\quad \rho = \frac{E_\rho}{E_0} \tag{2-46}$$

人们常把 τ 值小的材料称为"隔声材料"，把 ρ 值小的称为"吸声材料"。实际上构件的吸收只是 E_α，但从入射波与反射波所在的空间考虑问题，常把透过和吸收的即没有反射回来的声能都看成是被吸收了，就可用下式来定义材料的吸声系数 α：

$$\alpha = 1 - \rho = \frac{E_0 - E_\rho}{E_0} \qquad (2\text{-}47)$$

在进行室内音质设计和噪声控制时，必须了解各种材料的隔声、吸声特性，从而合理地选用材料。

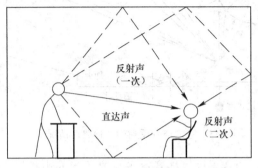

图 2-46　室内声音传播示意图

（3）声音在室内空间中的传播

声波在一个被界面（墙、地板、顶棚等）围闭的空间中传播时，受到各个界面的反射与吸收，这时所形成的声场要比无反射的自由场复杂得多。

在室内声场中，接收点处除了接收到声源辐射的"直达声"以外，还接收到由房间界面反射而来的反射声，包括一次反射、二次反射和多次反射，如图 2-46 所示。

由于反射声的存在，室内声场的显著特点是：距声源相同距离的接收点上，声音强度比在自由声场中要大，且不随距离的平方衰减；声源在停止发声以后，声场中还存在着来自各个界面的迟到的反射声，声场的能量有一个衰减过程，产生所谓"混响现象"。

2.4.2　人体对声音环境的反应原理与噪声评价

1. 人的主观听觉特性

声环境设计的目的就是满足人对声音的主观要求，即想听的声音能听清并且音质优美，而不需要的声音则应降低到最低的干扰程度。要满足人在听觉上的主观要求，首先需要了解声音影响听觉的一些主观因素。

（1）响度和响度级

响度反映声音入射到人耳鼓膜使听者获得的主观感觉量。声音越响，对人的干扰越大。实践证明，人耳对声音的响应并不是在所有频率上都是一样的。人耳对 2000～4000Hz 的声音最敏感；在低于 1000Hz 时，人耳的灵敏度随频率的降低而降低；而 4000Hz 以上人耳的灵敏度也逐渐下降。这也就是说，相同声压级的不同频率的声音，人耳听起来是不一样响的，这是由人耳的听觉特性决定的。为此，人们提出响度级这一概念，用以定量地描述声音在人主观上引起的"响"的感觉。

响度级，就是以 1000Hz 的纯音作为标准，使其和某个声音听起来一样响，那么此 1000Hz 纯音的声压级就定义为该声音的响度级，记作 L_N，单位为方（phon）。对各个频率的纯音做这样的试听比较，得出达到同样响度级时频率与声压级的关系曲线，称为等响曲线，如图 2-47 所示。同一条等响曲线上的各点虽然具有不同的频率和声压级，但其响度是一样的。

响度描述的是声音的响亮程度，表示人耳对声音的主观感受，符号为 N，单位为宋（sone）。1 宋的定义为声压级为 40 分贝，频率为 1000Hz，即响度级为 40 方的纯音的响度。如果另一个声音听起来比这个大 n 倍，即声音的响度为 n 宋。

以 40 方声音产生的响度为标准，称为 1 宋。响度和响度级之间的关系可用下式表示

$$L_N = 40 + 10 \log_2 N \qquad (2\text{-}48)$$

式中　N——响度，宋（sone）；

　　　L_N——响度级，方（phon）。

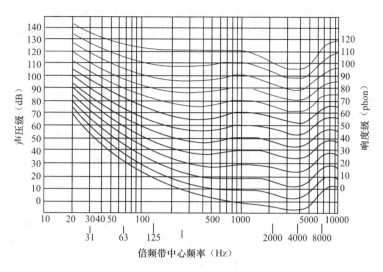

图 2-47　等响曲线

目前测量声音响度级与声压级时使用的仪器称为"声级计"，读数称为"声级"，单位是 dB。在声级计中设有 A、B、C、D 四套计权网络。A 计权网络是参考 40 方等响曲线，对 500Hz 以下的声音有较大的衰减，以模拟人耳对低频不敏感的特性。C 计权网络具有接近线性的较平坦的特性，在整个可听范围内几乎不衰减，以模拟人耳对 85 方以上的听觉响应，因此它可以代表总声压级。B 计权网络介于两者之间，但很少使用。D 计权网络是用于测量航空噪声的。它们的频率特性如图 2-48 所示。

用声级计的不同网络测得的声级，分别称为 A 声级、B 声级、C 声级和 D 声级，单位是 dB（A）、dB（B）、dB（C）和 dB（D）。通常人耳对不太强的声音的感觉特性与 40 方的等响曲线相接近，因此在音频范围内进行测量时，多使用 A 计权网络。

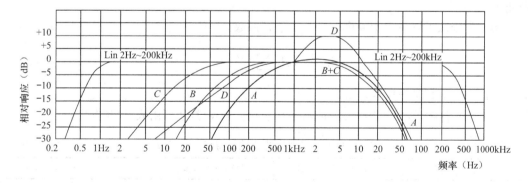

图 2-48　A、B、C、D 计权网络

（2）掩蔽效应

人们在安静环境中听一个声音可以听得很清楚，即使这个声音的声压级很低时也可以听到，即人耳对这个声音的听阈很低。如果存在另一个声音（称为"掩蔽声"），就会影响到人耳对所听声音的听闻效果，这时对所听的声音的听阈就要提高。人耳对一个声音的听觉灵敏度因为另一个声音的存在而降低的现象叫"掩蔽效应"，听阈所提高的分贝数叫"掩蔽量"，提高后的听阈叫"掩蔽阈"。因此，声音能被听到的条件是这个声音的声压级不仅要超过听者的听阈，而且要超过其所在背景噪声环境中的掩蔽阈。一个声音被另一个声音所掩蔽的程度，即掩蔽量，取决于这两个声音的频谱、两者的声压级差及两者达到听者耳朵的时间和相对关系。

通常，频率相近的声音掩蔽效果显著；掩蔽音的声压级越高，掩蔽量越大，掩蔽的频率范围越宽；掩蔽音对比其频率低的声音掩蔽作用小，而对比其频率高的声音掩蔽作用大。

（3）双耳听闻效应

同一声源发出的声音传至人耳时，由于到达双耳的声波之间存在一定的时间差、位相差和强度差，使人耳能够知道声音来自哪个方向。双耳的这种辨别声源方向的能力称为方位感。方位感很强的声音更能吸引人的注意力，即使多个声源同时发声，人耳也能分辨出它们各自所在的方向，即使在声音很多的情况下，某一声音（直达声和反射声）在不同时刻到达双耳，人耳仍能判断它们是来自同一声源的声音。因此，往往声源方位感明显的噪声也更容易引起人心理上的烦躁，而无明确方位感的噪声则易被人忽略。所以，在利用掩蔽效应进行噪声控制时，应尽量弱化掩蔽声声源的方位感。

2. 噪声的评价

噪声评价是对各种环境条件下的噪声作出其对接收者影响的评价，并用可测量计算的指标来表示影响的程度。噪声评价涉及的因素很多，它与噪声的强度、频谱和时间特性（持续时间、起伏变化和出现时间等）有关，与人们生活和工作性质以及环境条件有关，与人的听觉特性和人对噪声的生理和心理反应有关，还与测量条件和方法、标准化和通用性的考虑等因素有关。常用的几种噪声评价方法及其评价指标如下：

（1）A声级L_A（或L_{PA}）

A声级由声级计上的A计权网络直接读出，用L_A或L_{PA}表示，单位是dB（A）。A声级反映了人耳对不同频率声音响度的计权，此外A声级与噪声对人耳听力的损害程度也能对应得很好，因此是目前国际上使用最广泛的噪声评价方法。对于稳态噪声，也可以直接测量L_A来评价。

用下列公式可以将一个噪声的倍频带谱转换成A声级：

$$L_A = 10\lg \sum_{i=1}^{n} 10^{(L_i + A_i)/20} \tag{2-49}$$

式中　　L_i——倍频带声压级，dB；

A_i——各频带声压级的A响应特征修正值，dB，其值可由表2-29查出。

倍频带中心频率对应的A响应特征（修正值）　　　　　　　表2-29

倍频带中心频率	A响应（对应1000Hz）	倍频带中心频率	A响应（对应1000Hz）
31.5	−39.4	1000	0
63	−26.2	2000	+1.2
125	−16.1	4000	+1.0
250	−8.6	8000	−1.1
500	−3.2		

（2）等效连续 A 声级

对于声级随时间变化的噪声，其 L_A 是变化的，不能直接用一个 L_A 值来表示。因此，人们提出了在一段时间内能量平均的等效声级方法，称作等效连续 A 声级，简称等效声级：

$$L_{\mathrm{Aeq},T} = 10\lg\left[\frac{1}{t_2 - t_1}\int_{t_1}^{t_2} 10^{L_A(t)/10}\,\mathrm{d}t\right] \tag{2-50}$$

式中 $L_A(t)$ 是随时间变化的 A 声级。等效声级的概念相当于用一个稳定的连续噪声，其 A 声级值为 $L_{\mathrm{Aeq}-T}$ 来等效变化噪声，两者在观察时间内具有相同的能量。

一般在实际测量时，多半是间隔读数，即离散采样的，因此上式可改写为

$$L_{\mathrm{Aeq},T} = 10\lg\left[\sum_{i=1}^n T_i 10^{L_{Ai}/10} \Big/ \sum_{i=1}^N T_i\right] \tag{2-51}$$

式中 L_{Ai} 是第 i 个 A 声级的测量值，相应的时间间隔为 T_i，N 为样本数。当读数时间间隔 T_i 相等时，上式变为：

$$L_{\mathrm{Aeq},T} = 10\lg\left[\frac{1}{N}\sum_{i=1}^n 10^{L_{Ai}/10}\right] \tag{2-52}$$

建立在能量平均概念上的等效连续 A 声级，被广泛地应用于各种噪声环境的评价。但它对偶发的短时的高声级噪声不敏感。

（3）昼夜等效声级 L_{dn}

一般噪声在晚上比白天更容易引起人们的烦恼。根据研究结果表明，夜间噪声对人的干扰约比白天大 10dB 左右。因此，计算一天 24h 的等效声级时，夜间噪声要加上 10dB 的计权，这样得到的等效声级称为昼夜等效声级。其数学表达式为：

$$L_{\mathrm{dn}} = 10\lg\left[\frac{1}{24}(1.5 \times 10^{L_{\mathrm{d}}/10} + 9 \times 10^{(L_{\mathrm{n}}+10)/10})\right] \tag{2-53}$$

式中　L_{d}——白天（07：00-22：00）的等效声级，dB（A）；

　　　L_{n}——夜间（22：00-07：00）的等效声级，dB（A）。

（4）累积分布声级 L_X

实际的环境噪声并不都是稳态的，比如城市交通噪声，是一种随时间起伏的随机噪声。对这类噪声的评价，除了用 $L_{\mathrm{Aeq},T}$ 外，常常用统计方法。累积分布声级就是用声级出现的累积概率来表示这类噪声的大小。累积分布声级 L_X 表示 $X\%$ 测量时间的噪声所超过的声级。例如 $L_{10} = 70$dB，表示有 10% 的测量时间内声级超过 70dB，而其他 90% 时间的噪声级低于 70dB。通常噪声评价中多用 L_{10}、L_{50}、L_{90}。L_{10} 表示起伏噪声的峰值，L_{50} 表示中值，L_{90} 表示背景噪声。英、美等国以 L_{10} 作为交通噪声的评价指标，而日本用 L_{50}，我国目前用 $L_{\mathrm{Aeq},T}$。

当随机噪声的声级满足正态分布条件，等效连续 A 声级 $L_{\mathrm{Aeq},T}$ 和累积分布声级 L_{10}、L_{50}、L_{90} 有以下关系：

$$L_{\mathrm{Aeq},T} = L_{50} + \frac{(L_{10} - L_{90})^2}{60} \tag{2-54}$$

（5）噪声评价曲线 NR

尽管 A 声级能够较好地反映人对噪声的主观反应，但不能反映噪声的频谱特性。A 声级相同的声环境，频谱特性可能会很不同，有的可能高频偏多，有的可能低频偏多，因此国际标准化组织 ISO 提出了噪声评价曲线（NR 曲线），是一组使用最广泛的用于评价公

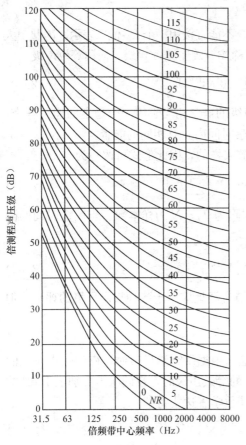

图 2-49　噪声评价曲线 NR

众对户外噪声反应的评价曲线，也用作工业噪声治理的限值，见图 2-49。图中每一条曲线用一个 NR 值表示，确定了 $31.5 \sim 8000Hz$ 共 9 个倍频带声压级值 L_P。

用 NR 曲线作为噪声允许标准的评价指标，确定了某条曲线作为限值曲线，就要求现场实测噪声的各个倍频带声压级值不得超过由该曲线所规定的声压级值。例如剧场的噪声限值为 NR25，则在空场条件下测量背景噪声（空调噪声、设备噪声、室外噪声的传入等），62、125、250、500、1000、2000、4000 和 8000Hz 共 8 个倍频带声压级分别不得超过 55、43、35、29、25、21、19 和 18dB。

NR 数与 A 声级有较好的相关性，它们之间有如下近似关系：$L_A = NR + 5dB$。

2.4.3　噪声的控制与治理方法

声音的产生与传播过程包括三个基本要素：声源、传播途径和接收者。因此，噪声控制的措施可以从噪声源、传播途径和接收者三个层次上实施。

1. 噪声源控制

降低声源噪声辐射是控制噪声最根本和最有效的措施。在声源处即使只是局部地减弱了辐射强度，也可使控制中间传播途径中或接收处的噪声变得容易。可通过改进结构设计、改进加工工艺、提高加工精度等措施来降低噪声的辐射，还可以采取吸声、隔声、减振等技术措施，以及安装消声器等控制声源的噪声辐射。

2. 传播途径控制

传播途径中的噪声控制措施主要包括以下几方面：利用噪声在传播中的自然衰减作用，使噪声源远离安静的地方；声源的辐射一般有指向性，因此控制噪声的传播方向是降低高频噪声的有效措施；建立隔声屏障或利用隔声材料和隔声结构来阻挡噪声的传播；应用吸声材料和吸声结构，将传播中的声能吸收消耗；对固体振动产生的噪声采取隔振措施，以减弱噪声的传播。

另外，在建筑总图设计时应按照"闹静分开"的原则对噪声源的位置合理地布置。例如将高噪声的空调机房和冷热源机房尽量与办公室、会议室、客房分开。高噪声的设备尽可能集中布置，便于采取局部隔离措施。

此外，改变噪声传播的方向或途径也是很重要的一种控制措施。例如，对于辐射中高频噪声的大口径管道，将它的出口朝向上空或朝向野外；对车间内产生强烈噪声的小口径高速排气管道，则将其出口引至室外，使高速空气向上排放，这样在改善室内声环境的同时也可避免严重影响室外声环境。

3. 接收点控制

为了防止噪声对人的危害，可在接收点采取以下防护措施：1）佩戴护耳器，如耳塞、耳罩、防噪头盔等；2）减少在噪声中暴露的时间。

合理地选择噪声控制措施是根据投入的费用、噪声允许标准、劳动生产效率等有关因素进行综合分析而确定的。

2.5　建筑光环境

建筑光环境是建筑环境中的一个非常重要的组成部分。人们生活在信息时代，每天都有成千上万的信息需要了解，人依靠不同的感觉器官从外界获得这些信息，其中87%来自视觉器官—眼睛。创造良好的光环境可以减少视觉疲劳，保证视觉健康和身心健康，提高劳动生产效率，降低建筑能耗。本章主要介绍与建筑光环境有关的基本概念和理论、光环境的控制需求以及不同类型的采光及照明方法。

2.5.1　建筑光环境基本知识

光是以电磁波形式传播的辐射能。电磁辐射的波长范围很广，只有波长在 380nm～760nm 的这部分辐射才能引起光视觉，称为可见光（简称光）。辐射波谱图如 2-50 所示。波长短于 380nm 的是紫外线、X 射线、γ 射线、宇宙线，长于 760nm 的有红外线、无线电波等等，它们与光的性质不同，人眼是看不见的。

不同波长的光在视觉上形成不同的颜色，例如 700nm 的光呈红色，580nm 呈黄色，470nm 呈蓝色。单一波长的光呈现一种颜色，称为单色光。日光和灯光都是由不同波长的光混合而成的复合光，它们呈白色或其他颜色。将复合光中各种波长辐射的相对功率量值按对应波长排列连接起来，就形成该复合光的光谱功率分布曲线，它是光源的一个重要物理参数。在带有多种光谱成分的光源中，如果某一部分占比例较大，就呈现出那个波长对应的颜色。光源的光谱组成不但影响光源的表现颜色，而且决定被照物体的显色效果。

1. 光的度量

光环境的设计和评价离不开定量的分析和说明，这就需要借助于一系列的物理光度量来描述光源与光环境的特征。常用的光度量有光通量、照度、发光强度和（光）亮度。

（1）光通量

光源单位时间内以电磁辐射的形式向外辐射的能量称为辐射功率或辐射通量（W）。照明的效果最终由人眼来评定，光源的辐射通量中可被人眼感觉的可见光能量（波长 380～780nm）按照国际约定的人眼视觉特性评价换算为光通量，其单位为流明（lumen，lm）。

人眼对不同波长单色光的视亮度感受性也不一样，这是光在视觉上反映的一个特征。在光亮的环境中（适应亮度＞3cd/m^2，亮度单位的说明见后文），辐射功率相等的单色光中人眼看起来感觉波长 555nm 的黄绿光最明亮，并且明亮程度向波长短的紫光和长波的红光方向递减。国际照明委员会（CIE）根据大量的实验结果，把 555nm 定义为同等辐射通量条件下，视亮度最高的单色波长，用 λ_m 表示。将波长为 λ_m 的单色光的辐射通量与视亮度感觉相等的波长为 λ 的单色光的辐射通量的比值，定义为波长 λ 的单色光的光谱光视效率，以 $V(\lambda)$ 表示。也就是说，波长 555nm 的黄绿光 $V(\lambda)=1$，其他波长的单色光 $V(\lambda)$ 均小于 1，这就是明视觉光谱光视效率。在较暗的环境中（适应亮度＜3cd/m^2），人

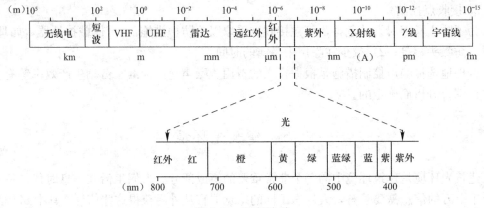

图 2-50 辐射波谱

的视亮度感受性发生变化，以波长为 510nm 的蓝绿光最为敏感。按照这种特定光环境条件确定的 $V(\lambda)$ 函数称为暗视觉光谱光视效率（图 2-51）。

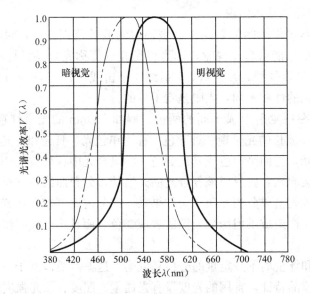

图 2-51 单色光谱光效率

由于人眼对黄绿光最敏感，在光学中以它为基准作出如下的规定：当发出波长为 555nm 黄绿色光的单色光源，其辐射功率为 1W 时，则它所发出的光通量为 1 光瓦，等于 683lm。由此，可得出某一波长的光源的光通量计算式如下：

$$\Phi_\lambda = 683V(\lambda)P_\lambda \tag{2-55}$$

式中 Φ_λ——波长为 λ 的光源的光通量，lm；

$V(\lambda)$——波长为 λ 的光的相对光谱光效率；

P_λ——波长为 λ 的光源的辐射功率，W。

大多数光源都含有多种波长的单色光，称为多色光。多色光光源的光通量为它所含的各单色光的光通量之和，即

$$\Phi = \Phi_{\lambda1} + \Phi_{\lambda2} + \cdots + \Phi_{\lambda n} = \sum [683V(\lambda)P_\lambda] \tag{2-56}$$

在照明工程中，光通量是说明光源发光能力的基本量。例如，一只耗电 40W 的白炽灯发

射的光通量为 370lm，而一只耗电 40W 的荧光灯发射的光通量为 2800lm，是白炽灯的 7 倍多，这是由它们的光谱分布特性决定的。

（2）照度

对被照面而言，其单位面积上所接受的光通量，称为该被照面的照度，符号为 E。照度表示了被照面上的光通量的面密度。若照射到表面一点面元上的光通量为 $\mathrm{d}\Phi$（lm），该面元的面积为 $\mathrm{d}A$（m^2），则该点的照度 E 为

$$E = \frac{\mathrm{d}\Phi}{\mathrm{d}A} \tag{2-57}$$

当光通量 Φ 均匀分布在被照表面 A 上时，则此被照面的照度为

$$E = \frac{\Phi}{A} \tag{2-58}$$

照度的单位是勒克斯（lux，lx）。1 勒克斯等于 1 流明的光通量均匀分布在 $1\mathrm{m}^2$ 表面上所产生的照度，即 $1\mathrm{lx} = 1\mathrm{lm/m}^2$。勒克斯是一个较小的单位，例如：在装有 40W 白炽灯的书写台灯下看书，桌面照度平均为 $200 \sim 300\mathrm{lx}$；月光下的照度只有几个勒克斯。

照度可以直接相加，几个光源同时照射被照面时，其上的照度为单个光源分别存在时形成的照度的代数和。

（3）发光强度

因为光源发出的光线是向空间各个方向辐射的，因此必须用立体角度作为空间光束的量度单位计算光通量的密度。点光源在给定方向的发光强度，是光源在这一方向上单位立体角元内发射的光通量，符号为 I，单位为坎德拉（Candela，cd），其表达式为：

$$I = \frac{\mathrm{d}\Phi}{\mathrm{d}\Omega} \tag{2-59}$$

式中的 Ω 为立体角，其定义见图 2-52。以任一锥体顶点 O 为球心，任意长度 r 为半径作一球面，被锥体截取的一部分球面面积为 S，则此锥体限定的立体角 Ω 为：

$$\Omega = \frac{S}{r^2} \tag{2-60}$$

立体角的单位是球面度（sr）。当 $S = r^2$ 时，$\Omega = 1\mathrm{sr}$。因为球的表面积为 $4\pi r^2$，所以立体角的最大数值为 $4\pi\mathrm{sr}$。

发光强度常用于说明光源和照明灯具发出的光通量在空间各方向或在选定方向上的分布密度。发光强度坎德拉表示在 1 球面度立体角内，均匀发出 1lm 的光通量，即 $1\mathrm{cd} = 1\mathrm{lm/1sr}$。如一只 40W 白炽灯泡发出 370lm 的光通量，它的平均发光强度为 $370/4\pi = 31\mathrm{cd}$。

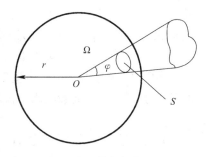

图 2-52　立体角的定义

如果在裸灯泡上面装一盏白色搪瓷平盘灯罩，原来向上发出的光通量，大都被灯罩朝下反射，灯的正下方发光强度能提高到 $80 \sim 100\mathrm{cd}$。如果配上一个合适的镜面反射罩，则灯下方的发光强度可以高达数百坎德拉。在这两种情况下，灯泡发出的光通量并没有变化，只是光通量在空间的分布更为集中了。

（4）光亮度

在房间内同一位置，并排放着一个黑色和一个白色的物体，虽然它们的照度一样，但

人眼看起来白色物体要亮得多，这说明了被照物体表面的照度并不能直接表达人眼对它的视觉感觉。这是因为人眼的视觉感觉是由被视物体的发光或反光（透光）在眼睛的视网膜上形成的照度而产生的。视网膜上形成的照度愈高，人眼就感到愈亮。白色物体的反光比黑色物体要强得多，所以感到白色物体比黑色物体亮得多。被视物体实际上是一个发光体，视网膜上的照度是被视物体在沿视线方向上的发光强度造成的。发光体在视线方向单位投影面积上的发光强度，称为该发光体的表面亮度（简称亮度），以符号 L_θ 表示，单位是尼特（nit，nt），$1nt = cd/m^2$。参照图 2-53，光亮度的定义式为

$$L_\theta = \frac{dI_\theta}{dA\cos\theta} \tag{2-61}$$

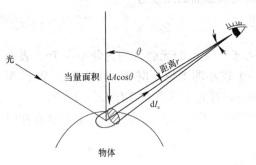

图 2-53　亮度的定义

式（2-61）所定义的亮度是一个物理亮度，它与视觉上对明暗的直观感受还有一定的区别。例如同一盏交通信号灯，夜晚看的时候感觉要比白天看的时候亮很多。实际上，信号灯的亮度并没有变化，只是眼睛适应了晚间相当低的环境亮度的缘故。由于眼睛适应环境亮度，物体明暗在视觉上的直观感受就可能会比它的物理亮度高一些或低一些。我们把直观看去一个物体表面发光的属性称为"视亮度"，这是一个心理量，没有量纲。它与"光亮度"这一物理量有一定的相关关系。

2. 光的反射与透射

借助于材料表面反射的光或材料本身透过的光，人眼才能看见周围环境中的人和物。也可以说，光环境就是由各种反射与透射光的材料构成的。

光在传播过程中遇到新的介质时，会发生反射、透射与吸收现象：一部分光通量被介质表面反射（Φ_ρ），一部分透过介质（Φ_τ），余下的一部分则被介质吸收（Φ_a），图 2-54 所示。根据能量守恒定律，入射光通量（Φ_i）应等于上述三部分光通量之和：

$$\Phi_i = \Phi_\rho + \Phi_\tau + \Phi_a \tag{2-62}$$

将反射、吸收与透射光通量与入射光通量之比，分别定义为反射比 ρ、光吸收比 α 和光透射比 τ，则有：

$$\rho + \alpha + \tau = 1 \tag{2-63}$$

光线经过介质反射和透射后，它的分布变化取决于材料表面的光滑程度、材料内部的分子结构及其厚度。通过对不同材料的光学性质的了解，可以在光环境设计

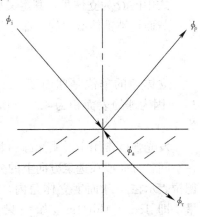

图 2-54　光通量的反射、透射与吸收

中正确运用每种材料的不同控光性能，获得预期的光环境控制效果。

反射与透光材料分为两类，一类是定向反射或透射材料，另一类为扩散反射或透射材料。

（1）定向反射与透射

光线经过反射或透射后，光分布的立体角不变。

定向反射的规律为：入射光线与反射光线以及反射表面的法线同处于一个平面内；入射光与反射光分居法线两侧，入射角等于反射角，见图 2-55（a）。镜子和抛光的金属表面等都属于定向反射材料。

若透光材料的两个表面彼此平行，则透过的光线方向和入射光方向将保持一致。在入射光的背面，光源与物像清晰可见，只是位置有所平移，见图 2-56（a）。这种材料称为定向透射材料。平板玻璃等就属于定向透射材料。

（2）扩散反射与透射

半透明材料使入射光线发生扩散透射，表面粗糙的不透明材料使入射光线发生扩散反射，光线分散在更大的立体角范围内。按其扩散特性的不同，扩散反射与透射又分为均匀扩散和定向扩散。

1）均匀扩散

均匀扩散材料的特点是反射光或透射光的分布与入射光方向无关，反射光或透射光均匀地分布在所有方向上。从各个角度看，被照表面或透射表面亮度完全相同，看不见光源形象，见图 2-55（b）与图 2-56（b）。反射光或者透射光的最大发光强度在垂直于表面的法线方向。

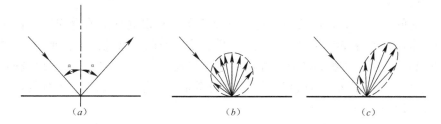

图 2-55　反射光的分布形式
（a）定向反射；（b）均匀扩散反射；（c）定向扩散反射

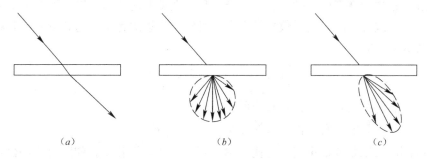

图 2-56　透射光的分布形式
（a）定向透射；（b）均匀扩散透射；（c）定向扩散透射

氧化镁、硫酸钡和石膏等均为理想的均匀扩散反射材料。大部分无光泽的建筑饰面材料，如粉刷涂料、乳胶漆、无光塑料墙纸、陶板面砖等也可近似看作均匀扩散反射材料。乳白玻璃的整个透光面亮度均匀，完全看不见背侧的光源和物像，是均匀扩散透射材料。

2）定向扩散

某些材料同时具有定向和扩散的性质，它在定向反射或透射方向上具有最大的亮度，在其他方向上也有一定的亮度，见图 2-55（c）与图 2-56（c）。在光的反射或透射方向可以看到光源的大致形状，但轮廓不像定向材料那样清晰。具有这种性质的材料称为定向扩散反射或透射材料。这种性质的反光材料有光滑的纸、粗糙的金属表面、油漆表面等。磨砂玻璃为典型的定向扩散透射，在背光的一侧仅能看见光源模糊的影像。

3. 视觉与光环境

一个优良的光环境，应能充分发挥人的视觉功效，使人轻松、安全、有效地完成视觉作业，同时又在视觉和心理上感到舒适满意。为了设计这样的环境，首先需要了解人的视觉机能，研究有哪些因素影响视觉功效和视觉舒适、如何发生影响。据此建立评价光环境质量的客观（物理）标准，并作为设计的依据和目标。

（1）人眼的视觉特征

视觉形成的过程可分为四个阶段：光源（太阳或灯）发出光辐射；外界景物在光照射下产生颜色、明暗和形体的差异，相当于形成二次光源；二次光源发出不同强度、颜色的光信号进入人眼瞳孔，借助眼球调视，在视网膜上成像；视网膜上接受的光刺激（即物像）变为脉冲信号，经视神经传给大脑，通过大脑的解释、分析、判断而产生视觉。上述过程表明，视觉的形成既依赖于眼睛的生理机能和大脑积累的视觉经验，又和照明状况密切相关。一般用如下几个因素来评价人眼的视觉功能。

1）亮度阈限

在呈现时间少于 0.1s，视角不超过 1° 的条件下，其视觉阈限值遵守里科定律，即亮度×面积＝常数，也遵守邦森-罗斯科定律，即亮度×时间＝常数。这就是说，目标越小，或呈现时间越短，越需要更高的亮度才能引起视知觉。对于在眼中长时间出现的大目标，视觉阈限亮度为 $10^{-6}\,cd/m^2$，这也是视觉可以忍受的亮度上限，超过这个数值，视网膜就会因辐射过强而受到损伤。

2）对比感受性（对比敏感度）

任何视觉目标都有它的背景。例如，看书时白纸是黑字的背景，而桌子又是书本的背景。目标和背景之间在亮度或颜色上的差异，是在视觉上能认知世界万物的基本条件。

亮度对比（或称亮度对比系数）是视野中目标和背景的亮度差与背景（或目标）亮度之比，符号为 C，即

$$C = \frac{|L_0 - L_B|}{L_b} = \frac{\Delta L}{L_b} \tag{2-64}$$

式中　L_0——目标亮度，一般面积较小的为目标，cd/m^2；

　　　L_b——背景亮度，面积较大的部分作背景，cd/m^2。

人眼刚刚能够知觉的最小亮度对比，称为阈限对比，记作 $\overline{C}$。阈限对比的倒数，表示人眼的对比感受性，也叫对比敏感度，符号为 S_c。

$$S_c = \frac{1}{C} = \frac{L_b}{\Delta L} \tag{2-65}$$

S_c 不是一个固定不变的常数，它随照明条件而变化，同观察目标的大小和呈现时间也有关系。在理想条件下，视力好的人能够分辨 0.01 的亮度对比，也就是对比感受性最大可到 100。

3）视觉敏锐度

视觉敏锐度是人体视觉器官感知物体的细节和形状的敏锐程度，在医学上也称为视

力。一个人能分辨的细节愈小，它的视觉敏锐度就愈高。视觉敏锐度等于刚刚能分辨的视角的倒数 $\alpha_{\min}$，它表示了视觉系统分辨细小物体的能力

$$V = \frac{1}{\alpha_{\min}} \tag{2-66}$$

物体大小（或其中某细节的大小）对眼睛形成的张角，叫做视角。如图 2-57 所示，d 表示需要分辨的物体的尺寸，l 为眼睛角膜到视看物件的距离，则视角用下式计算：

$$\alpha = \mathrm{tg}^{-1}\frac{d}{l} \approx \frac{d}{l}\ \text{弧度} = 3440\frac{d}{l}\ \text{分} \tag{2-67}$$

视觉敏锐度随背景亮度、对比、细节呈现时间、眼睛的适应状况等因素而变化。在呈现时间不变的条件下，提高背景亮度或加强亮度对比，都能改善视觉敏锐度，看清视角更小的物体或细节。

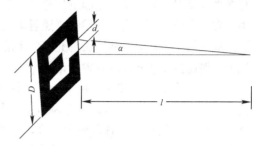

图 2-57　视角的定义

4）视觉速度

从发现物体到形成视知觉需要一定的时间。因为光线进入眼睛，要通过瞳孔收缩、调视、适应、视神经传递光刺激、大脑中枢进行分析判断等复杂的过程，才能形成视觉印象。良好的照明可以缩短完成这一过程所需的时间，从而提高工作效率。把物体出现到形成视知觉所需时间的倒数，称为视觉速度（$1/t$）。实验表明，在照度很低的情况下，视觉速度很慢，随着照度的增加（$100 \sim 1000\mathrm{lx}$）视觉速度提高很快，但照度水平达到 $1000\mathrm{lx}$ 以上，视觉速度的变化就不明显了。

5）人眼对间断光的响应

人眼对间断光响应主要表现为对稳定刺激和不同频率的闪光刺激的分辨能力。当光的闪烁频率较低时，人眼看到的是一系列的闪光；当频率增加时，变为粗闪、细闪；直到闪光增加到某一频率，人眼看到的不再是闪光，而是一种固定或连续的光。这个频率就叫做临界闪烁频率，是人眼对光刺激时间分辨能力的指标。临界闪烁频率与闪烁光的亮度、波形以及振幅有关，在亮度较低时，还与颜色有关。图 2-58 是以全对比的矩形闪烁光为例，得出视网膜上的照度和临界闪烁频率的关系。从图中得出，不同波长的色光对临界闪烁频率的影响主要发生在较低的视网膜照度水平处，当照度大于 $1.2 \times 10^{2}\mathrm{lx}$，临界闪烁频率与颜色无关。人眼最大临界闪烁频率 $\leqslant 50\mathrm{Hz}$。

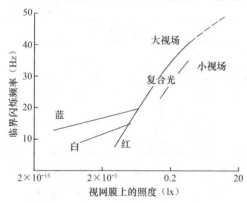

图 2-58　临界闪烁频率与闪烁光亮度关系曲线

6）视觉能力的个体差异

视觉能力取决于眼睛光学各种部件的形状和透明度、眼睛的调视、对光能力及视网膜的光谱灵敏度等因素。视觉能力因人而异。一般中年以后，视觉能力随年龄的增长而衰退，而 60 岁老人的视力只有 20～30 岁年轻人的 1/3。

（2）颜色对视觉的影响

颜色就是光作用于人眼引起除形象以外的视觉特性。颜色是影响光环境质量的要素，同时对人的生理和心理活动产生作用，影响人们的工作效率。

1）颜色的形成与分类

颜色来源于光，不同波长组成的光在视觉上反映出不同的颜色，白色光是各种波长光均匀分布所致。物体颜色是光被物体反射或透射后的颜色，它是由物体表面的光谱反射率或透射率和光源的光谱能量分布共同决定。例如，用白光照射某一表面，它吸收白光包含的绿光和蓝光，反射红光，这一表面就呈红色。若用蓝光照射同一表面，它将呈现黑色，因为光源中没有红光成分。反之，若用红光照射该表面，它将呈现出鲜艳的红色。物体表面的颜色主要是从入射光中减去一些波长的光而产生的，所以人眼感觉到的表面颜色主要决定于物体的光谱反射比分布和光源的发射光谱分布。

颜色包含有彩色和无彩色两大类。任何一种有彩色的表观颜色，都可以按照三个独立的主观属性分类描述，这就是色调（也称色相）、明度和彩度（也叫饱和度）。色调是各种颜色彼此区分的特性。各种单色光在白色背景上呈现的颜色，就是光谱色的色调。明度是指颜色相对明暗的特性，彩色光的亮度越高，人眼越感觉明亮，它的明度越高。物体色的明度则反映为光反射比的变化，反射比大的颜色明度高，反之明度低。彩度指的是彩色的纯洁性，可见光谱的各种单色光彩度最高，光谱色掺入白光成分越多，彩度越低。无彩色包括白色、黑色和中间深浅不同的灰色。它们只有明度的变化，没有色调和彩度的区别。

2）颜色的心理效果

良好的光环境离不开颜色的合理设计，颜色对人体产生的心理效果直接影响到光环境的质量。

将色性相近的颜色对个体视觉的影响及产生的心理效应的相互联系、密切相通的性质称为色感的共通性，它是颜色对人体产生的心理感受的一般特性，见表2-30。

色感的共通性 表2-30

心理感受	左趋势	积极色				中性色		消极色			右趋势
明暗感	明亮	白	黄	橙	绿、红	灰	灰	青	紫	黑	黑暗
冷热感	温暖		橙	红	黄	灰	绿	青	紫	白	凉爽
胀缩感	膨胀		红	橙	黄		绿	青	紫		收缩
距离感	近		黄	橙	红	灰	绿	青	紫		远
重量感	轻盈	白	黄	橙	红	灰	绿	青	紫	黑	沉重
兴奋感	兴奋	白	红	橙红	黄绿红紫	灰	绿	青绿	紫青	黑	沉静

颜色可分为积极色（或主动色）与消极色（或被动色）。主动色能够产生积极的有生命力的和努力进取的态度，而被动色表现不安的、温柔的和向往的情绪。如黄、红等暖色、明快的色调加上高亮度的照明，对人有一种离心作用，即把人的组织器官引向环境，将人的注意力吸引到外部，增加人的激活作用、敏捷性和外向性。这种环境有助于肌肉的运动，适合于从事手工操作工作和进行娱乐活动的场所。灰、蓝、绿等冷色调加上低亮度的照明对人有一种向心的作用，即把热闹从环境引向本人的内心世界，使人精神不易涣散，能更好地把注意力集中到难度大的视觉作业和脑力劳动上，增进人的内向性，这种环境适合需要久坐的、对眼睛和脑力工作要求较高的场所，如办公室、研究室和精细的装配车间等。

适宜的光环境离不开适宜的颜色，包括光源的颜色和光环境内物体的颜色，以符合使用者的心理和功能需求。

（3）照明对视觉的影响

视觉是由进入眼睛的光所产生的视觉印象而获得的对于外界差异的认识。通过视觉获得信息的效率和质量与照明的条件有关。光刺激必须达到一定的数量才能引起感觉。能引起光感觉的最低限度的光通量，叫做视觉的绝对阈限。绝对阈限的倒数表示感觉器官对最小刺激的反应能力，叫做绝对感受性。当光的亮度不同时，人的视觉器官的感受性也不同，因而人们在不同照明条件下可能有不同的效果，在看得清和看得细方面是存在着差异的，这表明在不同照度条件下有不同的视觉能力。人的视觉器官不但能反映光的强度，而且也能反映光的波长特性。前者表现为亮度的感觉，后者表现为颜色的感觉。人们看到各种物体具有不同的颜色，是由于它们所辐射（或反射）的光，其光谱特性不同的缘故。通过颜色视觉人们能从外界事物获得更多的信息，可以产生多种作用和效果，这在生活中具有重要的意义，使人们感到生活更加丰富多彩而充满魅力。

2.5.2　光环境控制要求

建筑光环境的控制主要包括以下几个要素：

1. 适当的照度水平

人眼对外界环境明亮差异的知觉，取决于外界景物的亮度。但是，规定适当的亮度水平相当复杂，因为它涉及各种物体不同的反射特性。所以，实践中还是以照度水平作为照明的数量指标。

（1）照度标准

适宜的照度应当是在某具体工作条件下大多数人都感觉比较满意而且保证工作效率和精度均较高的照度值。研究人员对办公室、车间等工作场所在各种照度条件下感到满意的人数百分比做过大量调查。发现随着照度的增加，感到满意的人数百分比也在增加，最大值约处在 $1500\sim3000$ lx 之间，见图 2-59。照度超过此数值，对照度满意的人反而越少，这说明照度或亮度要适量。物体亮度取决于照度，照度过大，会使物体过亮，容易引起视觉疲劳和眼睛灵敏度的下降。如夏日在室外看书时，若物体亮度超过 16sb，就会感到刺眼，不能长久坚持工作。

不同工作性质的场所对照度值的要求不同，确定照度水平要综合考虑视觉功效、舒适感与经济、能耗等因素。实际应用的照度标准大都是折衷的标准。民用建筑、工业建筑以及各行业工艺房间的具体照度标准值参见《建筑照明设计标准》GB 50034—2004。

（2）照度分布

照度分布应该满足一定的均匀性。视场中

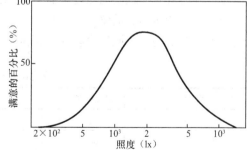

图 2-59　人们感到满意的照度值

各点照度相差悬殊时，瞳孔需要经常改变大小以适应环境，容易引起视觉疲劳。照度分布的均匀性采用照度均匀度这一评价指标进行评价，是指工作面上的最低照度与平均照度之比，也可认为是室内照度最低值与平均值之比。我国建筑照明标准规定公共建筑的工作房间和工业建筑作业区域内的一般照明的均匀度不宜小于 0.7，作业面邻近周围不应小于 0.5，而房间或场所的通道和其他非作业区域的平均照度值不宜低于作业区域一般照明照度值的1/3。

2. 舒适的亮度比

人的视野很广，在工作房间里，除工作对象外，作业面、顶棚、墙、窗和灯具等都会进入视野，它们的亮度水平构成了周围视野的适应亮度。如果它们与中心视野亮度相差过大，就会加重眼睛瞬时适应的负担，或产生眩光，降低视觉功效。此外，房间主要表面的平均亮度，形成房间明亮程度的总印象，亮度分布使人产生对室内空间的形象感受，所以室内主要表面还必须有合理的亮度分布。

在工作房间，作业近邻环境的亮度应当尽可能低于作业本身亮度，但最好不低于作业亮度的1/3。而周围视野（包括顶棚、墙、窗户等）的平均亮度，应尽可能不低于作业亮度的1/10。灯和白天窗户的亮度，则应控制在作业亮度的40倍以内。墙壁的照度达到作业照度的1/2为宜。为了减弱灯具同其周围顶棚之间的对比，特别是采用嵌入式暗装灯具时，顶棚表面的反射比至少要在0.6以上，以增加反射光。顶棚照度不宜低于作业照度的1/10，以免顶棚显得太暗。

3. 适宜的色温与显色性

在光环境设计实践中，光源的颜色质量常用两个性质不同的术语来表征：光源的色表和显色性。色表是灯光本身的表观颜色，而显色性是指灯光对其照射的物体颜色的影响作用。光源色表和显色性都取决于光源的光谱组成，但不同光谱组成的光源可能具有相同的色表，而其显色性却大不相同。同样，色表完全不同的光源可能具有相等的显色性。因此，光源的颜色质量必须用这两个术语同时表示，缺一不可。

（1）光源的色表与色温

光源的色表常用色温定量表示。当一个光源的光谱与黑体在某一温度时发出的光谱相同或相近时，黑体的热力学温度就称作该光源的色温。黑体温度不同时其光谱功率分布不同，从而导致其表观颜色不同。黑体在800~900K温度下，黑体辐射呈红色；3000K为黄白色；5000K左右呈白色，接近日光的色温；在8000~10000K之间为淡蓝色。

室内照明常用的光源按他们的相关色温可分成三类。表2-31给出了这三种分类与各自的适用场所。不同波长的光在视觉上所感受的色调在舒适感方面有所不同，对<3300K的暖色调的灯光在较低的照度下就可达到舒适感，而对>5300K的冷色调的灯光则需要较高的照度才能达到舒适感。图2-60给出了照度水平与光色舒适感的关系。随着色温的提高，人所要求的舒适照度也相应的提高。

光源的色表类别及适用场所　　　　　　　　　　　　　　　　表 2-31

光色分组	颜色特征	相关色温（K）	适用场所举例
Ⅰ	暖	≤3300	客房、卧室、病房、酒吧、餐厅等
Ⅱ	中间	3000~5300	办公室、教室、阅览室、诊室、检查室、机加工车间、仪表装配
Ⅲ	冷	>5300	热加工车间、高照度场所

（2）显色性

人工光源的种类很多，其光谱特性不同，同一物体在不同光源的照射下将显现出不同的颜色。光源这种显现物体颜色的特性用显色性来描述。将物体在待测光源下的颜色同它在参照光源下的颜色相比的符合程度，定义为待测光源的显色性。通常以日光作为评定人

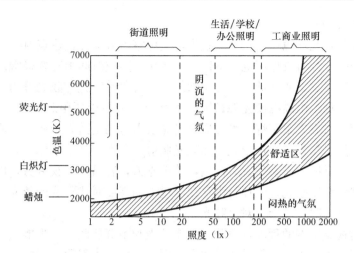

图 2-60　照度水平与光色舒适感的关系

工照明光源显色性的参照光源。国际照明委员会（CIE）及我国制订的光源显色性评价方法中，规定色温低于 5000K 的待测光源以相当于早晨或傍晚时日光的标准照明体作为参照光源；色温高于 5000K 的待测光源以相当于中午日光的标准照明体作为参照光源。

　　光源的显色性采用显色指数 R_a 来度量，其范围为 20～100。一般认为光源的显色指数在 80～100 范围内，显色性优良；在 50～79 范围内，显色性一般；小于 50 则显色性较差。据此将灯的显色性能分为 5 类，并提出了每一类显色性能适用的范围，见表 2-32，供设计时参考。长期工作或停留的房间或场所，照明光源的显色指数不宜小于 80。

　　从室内环境的功能角度出发，光源的显色性具有重要作用。印染车间、彩色制版印刷、美术品陈列等要求精确辨色的场所要求良好的显色性；顾客在商店选择商品、医生察看病人的气色，也都需要真实地显色。此外，有研究表明，在办公室内用显色性好的灯，达到与显色性差的灯同样满意的照明效果，照度可以减低 25%，节能效果显著。

灯的显色类别与适用范围　　　　　　　　　　　　　　　　　　　表 2-32

显色类别	显色指数范围	色表	应用示例	
			优先采用	允许采用
IA	$R_a \geqslant 90$	暖 中间 冷	颜色匹配 临床检验 绘画美术馆	
IB	$80 \leqslant R_a < 90$	暖 中间	家庭、旅馆 餐馆、商店、办公室 学校、医院	
		中间 冷	印刷、油漆和纺织工业、需要的工业操作	
II	$60 \leqslant R_a < 80$	暖 中间 冷	工业建筑	办公室 学校
III	$40 \leqslant R_a < 60$		显色要求低的工业	工业建筑
IV	$20 \leqslant R_a < 40$			显色要求低的工业

4. 避免眩光干扰

创造良好的建筑光环境要注意控制眩光，避免室内人员环视建筑内时，产生眩光。

由于视野中亮度分布或亮度范围不适宜，或在空间或时间上存在极端的亮度对比，以致引起视觉不舒适感觉，或降低物体可见度的视觉现象称眩光。眩光分为直射眩光、反射眩光及对比眩光三种。由高亮度光源的光线直接进入人眼内所引起的眩光称为直接眩光，如直视太阳或夜间对方来车车灯。光源通过光泽表面特别是抛光金属或镜面反射进入人眼引起的眩光称为反射眩光或间接眩光，如灯光照射在书本和其他物体（如电脑显示屏）上所产生的反射光。反射眩光会使视力模糊，阅读吃力，容易造成视疲劳，以及出现眼睛酸痛、头痛等症状。对比眩光是光环境中存在着过大的亮度对比形成的眩光，例如当室内主灯与台灯明暗比过大时，即会有对比眩光。

根据眩光对视觉影响的程度，可分为失能眩光和不舒适眩光。失能眩光的出现会导致视力下降，甚至丧失视力。不舒适眩光的存在则使人感到不舒服，影响注意力的集中，时间长会增加视觉疲劳，但不会影响视力。室内光环境经常遇到的基本上都是不舒适眩光。只要将不舒适眩光控制在允许限度以内，失能眩光也就自然消除了。

2.5.3 天然采光与人工照明

人眼只有在良好的光照条件下，才能有效地进行视觉工作。室内采光有两种方式，一种是天然采光，一种是人工照明。天然采光直接利用太阳能，可有效减少建筑照明能耗，人工照明耗费不可再生能源，间接造成环境污染，不利于生态环境的可持续发展。

1. 天然采光

天然采光是利用太阳这一天然光源来保证建筑室内光环境。随着现代建筑的发展，室内光环境对人工光源的依赖性逐渐增加，造成了建筑照明的能耗增大。而天然采光则是对太阳能的直接利用，将适当的昼光引进室内照明，可有效降低建筑照明能耗。另外，近年来的研究表明，太阳的全光谱辐射是人们在生理上和心理上感到舒适满意的关键因素之一，将适当的昼光引进室内照明，并且让人透过窗看见室外的景物，是提高工作效率、保证人体身心舒适满意的重要条件。因此，建筑物充分利用天然采光的意义，不仅在于获得较高的视觉功效、节约能源，而且还是一项长远的保护人体健康的措施。另外，天然光也是表现建筑艺术造型、材料质感、渲染室内环境气氛的重要手段。

（1）天然光源的特点

天然光就是室外昼光，太阳是昼光的光源。太阳辐射透过大气层入射到地面，一部分为定向透射光，称为太阳直射光，它具有一定的方向性，会在被照射物体背后形成明显的阴影；另一部分日光在通过大气层时遇到大气中的尘埃和水蒸气，产生多次反射，形成天空扩散光，使白天的天空呈现出一定的亮度，这就是天空扩散光。扩散光没有一定的方向，不能形成阴影。昼光是直射光与扩散光的总和。直射光和扩散光的比例取决于大气透明度和天空中的云量。若两种光线所占比例发生变化，则地面上的照度和物体阴影浓度也将发生变化。

通常，按照云量（指云块占据天空的面积份数，云量划分为0～10级，表示天空总面积分为10份，其中被云遮住的份数）的多少将天气分为三类：晴天——云量为0～3；多云天——云量为4～7；全阴天——云量为8～10。晴天时，地面照度主要来自直射日光，直射光在地面形成的照度占总照度的比例随太阳高度角的增加而加大。全阴天时室外天然光全部为天空扩散光，物体背后没有阴影，天空亮度分布比较均匀且相对稳定。多云天介于二者之间，太阳时隐时现，照度很不稳定。图 2-61 给出了晴天时天空直射光与扩散光的照度变化。

在采光设计中提到的天然光往往指的是天空扩散光，它是建筑采光的主要光源。由图 2-61可知，直射日光强度极高，而且逐时有很大变化。为防止眩光或避免房间过热，工作房间常要遮蔽直射日光，所以在采光计算中一般不考虑直射日光的作用。

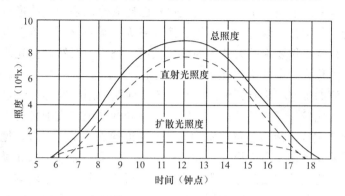

图 2-61　天空直射光与扩散光随时间的照度变化

（2）光气候分区

影响天然光变化或变动的一些气象因素称为光气候。例如，太阳高度角、云量、云状、日照率（实际日照总时数占可照总时数的百分率）等都属于光气候的范围。我国地域辽阔，同一时刻南北方的太阳高度角相差很大。从日照率看来，由北、西北往东南方向逐渐减少，而以四川盆地一带为最低；从云量看来，自北向南逐渐增多，四川盆地最多；从云状来看，南方以低云为主，向北逐渐以高、中云为主。这些均说明，南方以天空扩散光照度占优，北方以太阳直射光为主（西藏为特例），并且南北方室外平均照度差异较大。显然，在采光设计中若采用同一标准值是不合理的。为此，中国气象科学研究院和中国建筑科学研究院通过对全国各地不同气候特点的气象站进行逐时的照度和辐射的对比观测，将全国光气候划分为 5 个分区，编制出全国光气候分区图，即全国年平均总照度分布图，分别取相应的采光设计标准。

（3）采光标准

1）采光系数

在天然采光的设计中采光量的评价指标是采光系数。采光系数是指全阴天条件下，室内测量点直接或间接接受天空扩散光所形成的水平照度与室外同一时间不受遮挡的该天空半球的扩散光在水平面上产生的照度的比值，以百分数表示为：

$$C = \frac{E_n}{E_w} \times 100\% \tag{2-68}$$

式中　E_n——室内某一点的天然光照度，lx；

E_w——与 E_n 同一时间，室外无遮挡的天空扩散光在水平面上产生的照度，lx。

在给定的天空亮度分布下，计算点和窗户的相对位置、窗户的几何尺寸确定以后，无论室外照度如何变化，计算点的采光系数是保持不变的。利用采光系数，可以根据室内要求的照度换算出需要的室外照度，也可以根据室外某时刻的照度值求出当时室内任一点的照度。

2）采光系数标准

作为采光设计目标的采光系数标准值，是根据视觉工作的难度和室外临界照度确定的。室外临界照度是人为设定的一个照度值。由于室外天然光照度是逐时变化的，室内也不可能全天采用自然采光，所以只有当室外照度高于临界照度时，才考虑室内完全用天然光照明，以此规定最低限度的采光系数标准。所以说，室外临界照度值相当于可利用天然采光的室外照度值下限。

采光标准综合考虑了视觉试验结果，经过对已建成建筑采光现状进行的现场调查、采光口的经济分析、我国光气候特征和国民经济发展等因素的分析，将视觉工作分为 Ⅰ～Ⅴ级，提出了各级视觉工作要求的天然光照度最低值。把室内天然最低光照度对应采光标准规定的室外照度值称为"室外临界照度"，也就是开始需要采用人工照明时的室外照度极限值。临界照度值的确定将影响开窗的大小及人工照明使用时间等。经过不同临界照度值对各种费用的综合比较，考虑到开窗的可能性，采光标准规定我国Ⅲ类光气候区的临界照度值为 5000lx。确定这一值后就可将室内天然光照度换算成采光系数，见表 2-46。

由于不同的采光类型在室内形成不同的光分布，故采光标准按采光类型，分别提出不同要求。侧面采光房间的照度随距窗户的距离下降很快，分布很不均匀，所以采光系数标准采用室内最低值。顶部采光的室内照度分布均匀，因而采光系数标准取室内平均值。

我国各地光气候有很大区别，若在采光设计中采用同一标准值显然是不合理的。表 2-33 中所列采光系数值适用Ⅲ类光气候区，其他光气候区的采光系数标准值则等于第Ⅲ区的采光系数标准乘以该地区的光气候系数 K。光气候系数见表 2-34。

视觉作业场所工作面上的采光系数标准值　　　　　　　　　　表 2-33

采光等级	视觉作业分类		侧面采光		顶部采光	
	作业精确度	识别对象的最小尺寸 d（mm）	室内天然光临界照度（lx）	采光系数最低值 C_{min}（%）	室内天然光临界照度（lx）	采光系数平均值 C_{min}（%）
Ⅰ	特别精细	$d \leqslant 0.15$	250	5	350	7
Ⅱ	很精细	$0.15 < d \leqslant 0.3$	150	3	225	4.5
Ⅲ	精细	$0.3 < d \leqslant 1.0$	100	2	150	3
Ⅳ	一般	$1.0 < d \leqslant 5.0$	50	1	75	1.5
Ⅴ	粗糙	> 5.0	25	0.5	35	0.7

光气候系数　　　　　　　　　　表 2-34

光气候分区	Ⅰ	Ⅱ	Ⅲ	Ⅳ	Ⅴ
K 值	0.85	0.90	1.00	1.10	1.20
室外临界照度值 E（lx）	6000	5500	5000	4500	4000

（4）采光口和室内光环境

天然采光的形式主要有侧面采光和顶部采光，即在侧墙上或者屋顶上开采光口采光。另外也有采用反光板、反射镜等，通过光井、侧高窗等采光口进行采光的形式。不同种类的采光口设置和采用不同种类的玻璃，形成的照度水平及照度分布有很大的不同。

在侧窗面积相等、窗台标高相等的情况下，正方形窗口获得的光通量最高，竖长方形次之，横长方形最少。但从照度均匀性角度看，竖长方形在进深方向上照度均匀性好，横长方形在宽度方向上照度均匀性好。

顶窗形成的室内照度分布比侧窗要均匀得多。顶部采光常用锯齿形天窗、矩形天窗和平天窗。很多大型空间如商用建筑的中庭、体育馆、高大空间等常用天窗采光，但侧窗采光仍然是最容易实现并最常用的采光方式。

2. 人工照明

天然光具有很多优点，但它的应用受到时间、地点的限制。因此，在夜间或白天，天然光达不到要求时，需要采用人工照明。人工照明的目的是按照人的生理、心理和社会的需求，创造一个人为的光环境。人工照明主要可分为工作照明（或功能性照明）和装饰照明（或艺术性照明）。前者主要着眼于满足人们生理、生活和工作上的实际需要，具有实用性的目的；后者主要满足人们心理、精神上的观赏需要，具有艺术性的目的。

（1）人工光源

人工光源按其发光机理可分为热辐射光源、气体放电光源和半导体光源。热辐射光源靠通电加热钨丝，使其处于炽热状态而发光，包括白炽灯、卤钨灯；气体放电光源借助两极之间的气体激发而发光，包括荧光灯、节能灯、高压汞灯、金属卤化物灯、高/低压钠灯；半导体光源主要包括半导体发光二极管，简称 LED，采用半导体材料制成，可直接将电能转成光能、电信号转成光信号的发光器件。它们都借助于电工作，故俗称电光源。

电光源的性能评价需要综合照明性能及能耗特性两个方面，可由以下几个主要指标描述：

1）光通量

表征电光源的发光能力，单位为 lm。能否达到额定光通量是考核电光源质量的首要评判标准。

2）光效

定义为电光源发出的光通量与其消耗的电功率之比，单位为 lm/W。它是衡量电光源节能性能的指标。

3）光源色表

指灯光颜色给人的直观感受，有冷、暖与中间色之分，常以色温或相关色温为数量指标，单位为 K。

4）显色指数

反映光源照射下物体呈现颜色的逼真性。

5）寿命

电光源寿命以小时计，有有效寿命和平均寿命之分。电光源从开始使用至光通量衰减到初始额定光通量的某一百分比（通常是 70%～80%）经过的点燃小时数为有效寿命。超过有效寿命的灯继续使用就不经济了，其中白炽灯、荧光灯多采用有效寿命指标。一批试样灯从点燃到有 50% 的灯失效（50% 保持完好）所经历的时间称这批灯的平均寿命。高强度电灯常用平均寿命指标。

6）平均亮度

它对室内光环境表面亮度比、眩光控制有一定作用，单位为 cd/m²。

除了上述指标外，还有启动及再启动时间、电特性、发热特性等性能指标。

（2）照明方式

在照明设计中，照明方式的选择对光质量、照明经济性和建筑艺术风格都有重要的影响。合理的照明方式应当既符合建筑的使用要求，又和建筑结构形式相协调。

照明方式可分为一般照明、分区一般照明、局部照明和混合照明，如图 2-62 所示。

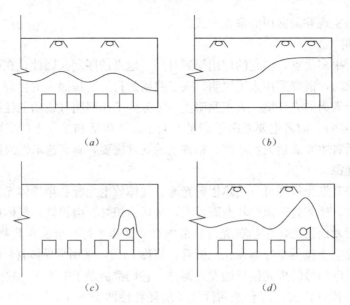

图 2-62　不同照明方式及照度分布

(*a*) 一般照明；(*b*) 分区一般照明；(*c*) 局部照明；(*d*) 混合照明

1）一般照明

在工作场所内不考虑特殊的局部需要，以照亮整个工作面为目的的照明方式称一般照明。一般照明时，灯具均匀分布在被照面上空，在工作面形成均匀的照度。这种照明方式适合于工作人员的作业对象位置频繁变换的场所，以及对光的投射方向没有特殊要求，或在工作面内没有特别需要提高视度的工作点，或工作点很密的场合。但当工作精度较高，要求的照度很高或房间高度较大时，单独采用一般照明会造成灯具过多，功率过大，导致投资和使用费太高。

2）分区一般照明

同一房间内由于使用功能不同，各功能区所需要的照度不同，因而先将房间进行分区，再对每一分区根据需要做一般照明，称为分区一般照明。这种照明方式不仅满足了各区域的功能需求，还达到了节能的目的。例如在开敞式办公室中有办公区、休息区等，它们要求不同的一般照明的照度，就常采用这种照明方式。

3）局部照明

局部照明是在工作点附近专门为照亮工作点而设置的照明装置，它常设置在要求照度高或对光线方向性有特殊要求处。但不允许单独使用局部照明，因为这样会造成工作点与周围环境间极大的亮度对比，不利于视觉工作。车间内的车床灯、商店里的重点照明射灯以及办公桌上的台灯等均属于局部照明。

4）混合照明

混合照明是在同一工作场所，既设有一般照明解决整个工作面的均匀照明，又有局部照明以满足工作点的高照度和光方向的要求。在高照度时，这种照明方式是较经济的，也是目前工业建筑和照度要求较高的民用建筑（如图书馆）中大量采用的照明方式。为保证工作面与周围环境的亮度比不致过大，获得较好的视觉舒适性，需要合理设计一般照明与局部照明的比例。在车间内，一般照明的照度占总照度的比例不小于10%；在办公室建筑中，一般照明提供的照度占总照度的比例在 35%～50%。

本 章 小 结

本章主要介绍建筑环境的基础知识，包括建筑外环境、建筑热湿环境、室内空气质量、建筑声环境及建筑光环境五部分内容。建筑外环境主要介绍建筑外环境的形成及其影响因素、建筑外环境对室内环境的影响、可持续发展理念对建筑环境的要求。建筑热湿环境主要介绍建筑热湿环境的形成及影响因素、热湿环境控制要求及控制方法。室内空气质量主要介绍室内空气质量及其影响因素、室内空气质量标准、评价方法及控制方法。建筑声环境主要讲述建筑声环境基本知识（声音的产生与传播、声音的传播规律）、人体对声音环境的反应原理与噪声评价、噪声的控制与治理方法。建筑光环境主要讲述建筑光环境基本知识（光的性质与度量、视觉与光环境）、光环境控制要求、天然采光与人工照明。

通过本章的学习，应了解热、空气质量、声、光等物理环境因素对人的健康、舒适的影响，了解人类需要什么样的建筑室内环境；应了解外部自然环境的特点和气象参数的变化规律，掌握这些外部因素对建筑环境各种参数的影响，掌握人类生产和生活过程中热量、湿量、空气污染等产生的规律及对建筑环境形成的作用；了解建筑环境中热、空气质量、声、光等环境因素控制的基本原理、基本方法和手段。

练 习 题

1. 室内热湿环境的形成及其受到的主要影响因素有哪些？
2. 得热量和冷负荷的区别？
3. 空调房间中，人的热舒适感主要受哪些客观因素影响？
4. 解释 PMV-PPD 指标的涵义。
5. 常见的被动式热湿环境控制技术有哪些？
6. 阐述室内空气质量的评价方法。
7. 常见的空气净化方法有哪些？比较它们的优缺点。
8. 在声音的物理计量中采用"级"，有什么实用意义？
9. 解释掩蔽效应现象。
10. 解释双耳听闻效应现象。
11. 分析评价噪声的几个指标。
12. 声强和声压有什么关系？声强级和声压级是否相等？为什么？
13. 什么是声音的指向性？
14. 描述光环境的基本物理量有哪些？
15. 光环境的控制主要包括哪些要素？

第3章 建筑智能环境要素

建筑智能环境以安全、高效、舒适、便捷、节能、环保、健康为目标，以智能化技术为手段，通过建筑智能化系统创建具有感知、推理、判断和决策综合智慧能力并实现人、建筑、环境互为协调的室内环境。通常所说的建筑环境主要是指建筑热湿环境、建筑室内空气环境、建筑光环境和建筑声环境等室内物理环境。建筑智能环境一方面是在建筑物理环境的基础上，以实现舒适、健康、节能、环保为目标，通过建筑设备管理系统监测、控制和改善室内热湿环境、空气质量、气流环境、光环境、声环境等建筑物理环境，创建具有感知、推理、判断和决策综合智慧能力的智能热湿环境、智能空气环境、智能光环境和智能声环境等智能物理环境；另一方面，建筑智能环境拓展了建筑环境的概念，赋予其信息时代和知识经济的特征，应用信息技术创建智能安全、信息通信、智能办公和智能管理环境等智能人工环境。其中，通过公共安全系统创建的智能安全环境具有危险源识别、风险响应与处理以及应急保障的能力，通过信息设施系统创建的信息通信环境实现高效、便捷的语音、数据、图像和多媒体信息通信，通过信息化应用系统创建智能办公环境具有信息收集、处理、存储和检索能力、提供快捷高效办公信息服务，通过建筑设备管理系统和智能化集成系统创建的智能管理环境对建筑设备、建筑内的各种能源以及建筑智能环境系统实施智能化和科学化管理。因而建筑智能环境的要素包括智能热湿环境、智能空气环境、智能光环境、智能声环境、智能安全环境、信息通信环境、智能办公环境和智能管理环境。

3.1 智能物理环境要素

由第1章可知，室内物理环境是指通过人体感觉器官对人的生理发生作用和影响的物理因素，内容包括室内热湿环境、空气质量、气流环境、光环境、声环境等。因而智能物理环境要素包括智能热湿环境、智能空气环境、智能光环境和智能声环境。

3.1.1 智能热湿环境

由第2章可知，建筑室内热湿环境是指室内空气温度、空气湿度、空气流速及环境平均辐射温度等因素综合作用形成的室内空气环境。室内热湿环境是居住者在所居建筑环境中舒适与否的关键要素。人们活动场所的温度、湿度、气流速度及环境平均辐射温度的高低与维持人体的热平衡有着十分密切的关系，人体失去热平衡，就会感到不舒适。适宜的热湿环境对于人体健康非常重要，是人们正常工作、学习、生活的基本保证。在舒适的热湿环境中，人的知觉、智力、手工操作能力得以最好的发挥，偏离舒适条件，效率就随之下降，严重偏离时，就会感到过冷或过热甚至使人无法进行正常的工作和生活。

作为建筑智能环境的要素之一，智能热湿环境以营造健康、舒适、节能的热湿环境为目标，以建筑设施、设备为对象，以智能化技术为手段，通过对温度与湿度等环境指标的监测，控制建筑物的设施（包括门窗、遮阳板等）与设备系统（包括采暖系统、通风系统、空调系统），充分利用自然资源，保证建筑设备系统在营造舒适的室内热湿环境过程中更加高效地发挥作用。

1. 建筑智能热湿环境的产生背景

热湿环境的控制方式有被动式和主动式之分，被动式是从建筑场地规划、建筑设计和围护结构设计的角度来构建居住者所需的舒适热湿环境，主动式是采用建筑设备控制室内热湿环境参数，创造满足人类舒适性需求及工艺需求的人工环境。

（1）被动式热湿环境控制

被动式热湿环境控制是在场地规划和建筑设计中尽可能多地利用天然资源和地理条件，采取被动式构造设计手段，尽量不依靠设备来营造舒适的热湿环境，满足人们对热湿环境各参数的要求，降低内部热负荷，实现最小化能源消耗，减少对自然环境的冲击与破坏。

建筑效能规划设计是被动式热湿环境控制的重要内容之一，通过对建筑的总平面布置，建筑平、立、剖面形式，太阳辐射、自然通风等气候参数对建筑热湿环境及能耗的影响进行分析，使建筑物在冬季最大限度地利用太阳辐射能量，降低采暖负荷，夏季最大限度地减少太阳辐射产生的热量并利用自然通风降温冷却。图 3-1 为合理利用太阳辐射的房顶设计，图 3-2 为利用自然通风的风帽和门窗设计。

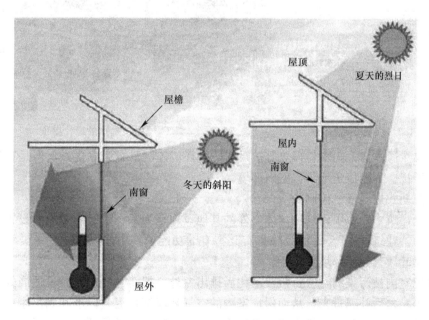

图 3-1　合理利用太阳辐射的房顶设计

围护结构热工设计减少室外热作用对室内热湿环境的影响，夏季使室外热量尽量少传入室内，而且希望室内热量在夜间室外温度下降后能很快地散发出去，以免室内过热，冬季要求围护结构有良好的保温性能。建筑的围护结构包括墙体、屋顶、门窗、遮阳设备等，其中门窗是建筑物热交换、热传导最活跃、最敏感的部位，是墙体热损失的 5～6 倍。

据统计，在采暖或空调条件下，冬季单玻璃窗所损失的热量约占供热负荷的30%～50%，夏季因太阳辐射热透过单窗玻璃射入室内而消耗的冷量约占空调负荷的20%～30%，因而减少门窗的能耗，是改善室内热湿环境质量和提高建筑节能水平的重要环节。图3-3为目前普遍采用的双层玻璃窗。图3-4为用于隔热的绿化屋顶。

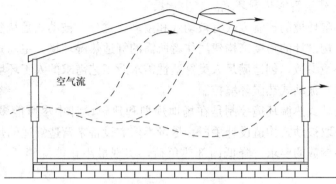

空气流

图3-2　利用自然通风的风帽和门窗设计

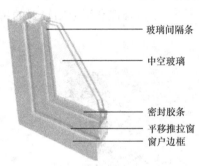

玻璃间隔条
中空玻璃

密封胶条
平移推拉窗
窗户边框

图3-3　双层玻璃窗

图3-4　用于隔热的绿化屋顶

　　虽然自然通风与太阳辐射得热等被动式热湿环境控制具有诸多优点，但是容易受到外界条件的干扰，不能稳定地改善室内环境。

　　（2）主动式热湿环境控制

　　在现代建筑中，除了建筑物本体之外的其他设施是为了实现建筑功能所设置的，这些设施统称为"建筑设备"。每种设施具有其特有的功能，其中通风系统、采暖系统与空调系统主要是起改善热湿环境的作用。

　　通风把室内被污染的空气直接或净化后排出室外，把新鲜的空气经过适当处理（如净化、加热等）之后补充进来，从而保证室内的空气环境符合卫生标准和满足生产工艺的要求。通风系统包括进风口、排风口、送风管道、风机、降温及采暖、过滤器、控制系统以及其他附属设备。通风系统使室内气流按某种气流流型流动，从而形成某一特定的气流组织，以保证工作区的温度、湿度、气流速度满足要求。图3-5为通风系统与某建筑物顶层的通风风机。

　　采暖系统由热源或供热装置、散热设备和管道组成，其作用是在冬季当室外温度低于室内温度时，为了维持室内所需的温度，向室内供给相应的热量。在南北回归线两侧的

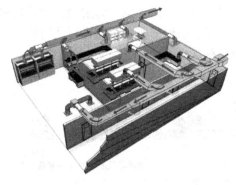 

（a）   （b）

图 3-5　通风系统及某建筑物顶层的通风风机

（a）通风系统；（b）某建筑物顶层的通风风机

寒冷地区的冬季，为了维持日常生活、工作和享有一个舒适的环境，都存在着冬季供热采暖问题。目前，应用最广泛的是以蒸汽或热水作为热媒的集中供热系统，图 3-6 为集中式供热系统的综合应用图。城市集中供热，又称区域供热，是在城市的某个或几个区域乃至整个城市，利用集中热源向工业企业、民用建筑供应热能的一种供热方式，是现代城市建设中公共事业的一项重要设施。

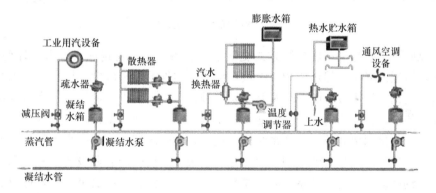

图 3-6　集中供热系统

空气调节是采用技术手段把某种特定空间内部的空气环境（内容包括温度、湿度、气流速度和空气洁净度等）控制在一定的状态下，满足人体舒适性或工艺生产的要求。空气调节的基本手段是将室内空气送到空气处理设备中进行冷却、加热、除湿、加湿、净化等处理，然后再送回室内，以达到消除室内余热、余湿、有害物或室内加热、加湿的目的；通过向室内送入一定量的经过处理的室外空气的办法来保证室内空气的新鲜度。图 3-7 为空调系统工作原理图。

由于建筑能耗最终由建筑设备来体现，而用于改善建筑热湿环境的采暖、通风与空气调节是建筑物中能耗最大的建筑设备。

（3）建筑智能热湿环境控制

综上所述，被动式热湿环境控制方式，在满足人们对热湿环境要求的前提下，让使用空间尽可能处在"自然状态"而非"人造状态"，这样既有利于健康，又可以最大限度地减少能源使用量，但是受限于自然条件，不能稳定地改善室内环境。而主动式的采暖通风和空气调节虽然能弥补被动式控制方式的欠缺，但因不能根据实际负荷进行实时调控，从而造成不必要的能源浪费。建筑智能热湿环境即是在这样的背景下产生。

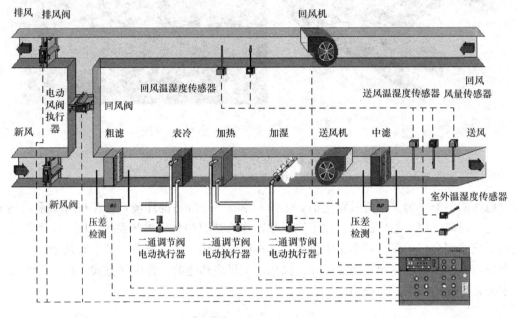

图 3-7　空调系统工作原理图

为了克服被动式热湿环境控制方式受限于自然条件不能稳定地改善室内环境的弊端，智能热湿环境通过采集自然环境相关参数，比如室内外温度与湿度、风速、太阳光强及角度，实现对门窗、遮阳设备的开启及开启幅度进行智能控制，从而最大限度地利用自然资源改善室内热湿环境，节约能源。例如，根据室外空气的热湿属性，自动开启门窗，利用室外气流形成自然通风，节省通风系统的能耗；在炎热的夏季，根据太阳的角度实时调整遮阳设备的位置，达到良好的遮阳效果，在冬季最大限度收起遮阳设备，充分利用太阳的辐射热，节约能源。当检测到室外空气质量不达标，无法打开门窗进行自然通风或者通过对门窗、遮阳设备实施控制仍然无法满足人们对热湿环境的要求时，则自动开启采暖系统或空调系统。

为了克服传统的采暖系统无法根据用户需求自动检测与调节造成温度不达标或造成能源浪费，智能热湿环境是通过设置室温测控装置，用户根据实际需要通过该装置分室设定室内温度，温控系统自动检测室内温度值，并与设定值比较，根据偏差量自动调节热水阀的开度，既满足用户舒适性的要求，又实现了节能。另外，智能热湿环境通过设置分户计量装置准确计量每个用户的用热量，不仅方便计量收费，促进用户行为节能，也为能耗监测与能源管理提供基础数据。空调系统是建筑物重要的建筑设备之一，对调节室内热湿环境有着举足轻重的作用。

传统的空调系统不能根据实际负荷实时调整系统状态，控制效果不理想，还造成能源的浪费。建筑智能热湿环境控制系统通过室内热湿环境参数检测，实时对空调系统实施控制，使空调系统在创建舒适热湿环境的同时，降低不合理或不必要的能耗，实现节能的目标。为了使空调系统更具舒适性与节能性，目前的智能热湿环境研究将热舒适指标作为控制目标，而不只是室内空气环境的某个参数。因为热舒适指标反映了各环境因素对人热舒适感产生的整体性的结果，使空调的控制变得人性化，带给人们更大的舒适程度，而且在控制温度与湿度的同时，对室内气流速度进行控制，由于达到相同的热舒适度效果，气流速度的控制相比于温度控制更为节能，所以将热舒适指标作为室内热湿环境控制目标，更具有舒适性与节能性。

良好的室内热湿环境包括适当的温度、湿度、空气流速和环境辐射温度等，建筑智能热湿环境通过对室内外热湿环境参数的检测与分析，进而对建筑设施（门窗、遮阳设备）和通风、采暖、空调等建筑设备进行智能控制，遵循现代建筑绿色、环保和节能的理念，优先利用自然条件来构建舒适的热湿环境，在达到改善室内热湿环境目的的同时，节约能源。

2. 建筑智能热湿环境的实现

建筑智能热湿环境的实现基于建筑设备管理系统，按我国最新《智能建筑设计标准》中对建筑设备管理系统的定义，该系统是为实现绿色建筑的建设目标，具有对建筑机电设施及建筑物环境设施实施综合管理和优化功效的系统。对于空调、通风等建筑机电设备的智能控制等是通过建筑设备管理系统中的建筑设备监控系统实现，归属于建筑设备管理系统管理，而对于自成体系的专项设备监控系统（比如遮阳、门窗自动控制系统）也需纳入建筑设备管理系统管理。

建筑智能热湿环境的实现要素包括检测、判断和响应。检测是通过各种监测传感器实时检测室内外环境参数，判断是根据传感器检测得到的空气温湿度、各污染物浓度以及气流速度等各类数据通过计算机与环境参数理想值比较，判断其是否处于正常范围内，而响应是根据判断的结果，采用优先利用自然资源的控制策略对建筑设施（门窗、遮阳设施）、建筑设备（采暖、通风及空调）进行控制，创建舒适节能的热湿环境。若室外环境可以改善室内热湿环境，则联动控制门窗和遮阳设备，并根据实时采集的室内外热湿影响因子数据，确定门窗、遮阳设备开启时间、角度等，可调节角度的智能门、窗如图 3-8 所示；若室外环境加重室内热湿环境的"不舒适"性，则联动控制门窗的关闭，并根据相关数据确定遮阳设备的开启及开启角度。利用自然条件调节室内热湿环境效果不佳时，则通过建筑设备监控系统开启空调系统。空调监控系统原理如图 3-9 所示。

图 3-8　可调节角度的智能门、窗

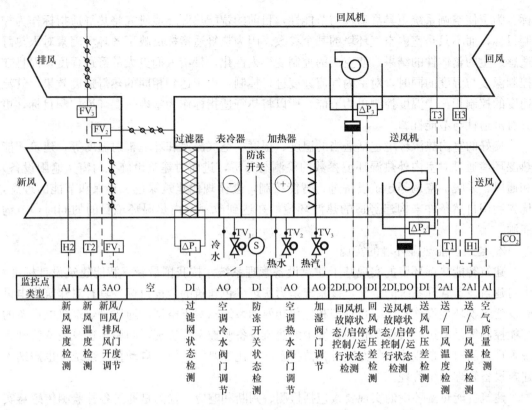

监控点类型	AI	AI	3AO	空	DI	AO	DI	AO	AO	2DI,DO	DI	2DI,DO	DI	2AI	2AI	AI
	新风湿度检测	新风温度检测	新风/回风/排风门开度调节		过滤网状态检测	空调冷水阀门调节	防冻开关状态检测	空调热水阀门调节	加湿阀门调节	回风机故障状态/启停控制/运行状态检测	回风压差检测	送风机故障状态/启停控制/运行状态检测	送风压差检测	送/回风温度检测	送/回风湿度检测	空气质量检测

图 3-9　空调监控系统原理图

由图 3-9 可见，空调机组在新风机组的基础上，增加了回风系统和排风系统，其目的是为了节约能源，净化室内空气，并可与消防系统联合排烟。因此空调监控系统除了对新风温湿度进行监控，还需对回风的温湿度进行监控。对于新风温度监控，是由送风通道的温度传感器实测送风温度，并将信号送入现场控制器中，与送风温度设定值进行比较，由控制器发出指令控制表冷器（或加热器）上的电动调节阀的阀门开度，调节冷水流量（或热水流量），使送风的温度控制在设定的范围内，保持室内的温度相对恒定。对于新风湿度监控，由送风通道的湿度传感器实测送风通道的湿度信号，送入现场控制器中与湿度设定值进行比较，由控制器输出信号，控制冷水阀（或蒸汽阀）的开度。比如，夏季环境温度高、湿度大，可以通过开大表冷器的冷水阀门进行去湿冷却；如果在冬季，环境比较干燥，则可通过调节加湿器的阀门控制蒸汽流量，使室内的湿度控制在设定范围。除了对新风温湿度进行监控外，还需监控新风与回风的比例，新风与回风比例过高，造成对新风系统的压力过大，浪费能源；比例过小，则室内空气质量有可能降低。根据新风通道中的温、湿度传感器、回风通道中的温、湿度传感器实测出新风温湿度、回风温湿度，以及对空气质量（CO_2 浓度）的检测结果，调节新风电动风门和回风电动风门的开度，在保证温湿度满足舒适、健康要求的同时，实现节约能源的目标。

3.1.2　智能空气环境

建筑空气环境的质量直接决定着其居住者的健康与舒适。良好的空气环境既要保证室内人员的热舒适，同时也需要满足室内人员对新鲜空气的需要以及保证室内污染物浓度不超标。通常情况下良好的建筑室内空气环境是依靠合理的通风气流组织来营造的，它不仅对人体的健康有益，而且能使人体长时间处于最佳工作状态。建筑智能空气环境是以安全、舒适、节能、环保、健康为目标，以智能化技术为手段，实时检测室内外空气质量指标，通过对建筑设施（门窗等围护结构开口）、建筑设备（通风、空调）的智能控制，创建具有感知、推理、判断和决策综合智慧能力的空气环境。

1. 建筑智能空气环境的起源与发展

由第 2 章可知，人们创造良好建筑空气环境的手段主要有自然通风、机械通风和空气净化三种。自然通风是通过建筑体型、朝向和建筑群的布局设计，通过气流组织的计算和分析，合理设计建筑开口位置、大小、自然通风结构、运行策略等，获得舒适而高效的室内通风效果；机械通风通过各种形式的送风排风设备来实现对于室内空气环境的控制；空气净化利用空气净化技术，从空气中分离和去除某些污染物，从而达到净化室内空气的目的。但这三种手段在满足人们对于良好空气环境的需求方面均有不足。自然通风受外界气象条件影响较大，其驱动力、风速、风向随时间和季节变化，通风效果不稳定，难以满足人们对于室内空气的舒适度和满意度的需求。机械通风作为自然通风的补充，与自然通风相比，具有比较强的可控性，通过调整风口大小、风量等因素，调整室内的气流分布，可以取得比较满意的效果，但不能根据实际情况实时、及时地控制设备的启停以及调节风速，不仅影响舒适度，而且造成能源的无谓消耗。空气净化技术能够净化空气，但也存在不能根据实际情况实时、及时地控制设备工作状态的问题。针对以上控制手段的局限性，人们开始考虑采用主动的智能手段来创建令人满意的空气环境，智能空气环境即是在这样的背景下产生。智能空气环境自动检测室内外空气质量，根据检测到的参数进行智能判断，而后制订出相应的策略（比如，在室外空气质量良好时，启动自然通风模式，否则关闭自然通风，或开启空气净化模式；若自然通风不足以营造令人满意的环境时，开启相应的机械通风设备，并根据需要开启或关闭空气净化设备）来改善室内空气质量。下面从自然通风、机械通风以及空气净化技术对于空气环境的控制入手，分析其优缺点，以说明建筑智能空气环境的内涵。

（1）自然通风对空气环境的控制

从节能和环保的角度出发，在空气环境的营造过程中，首先应该考虑的就是自然通风。而自然通风主要通过建筑设计来实现，其中包括建筑体型及建筑群的布局设计、围护结构开口设计、竖井通风设计等。

建筑群的布局对自然通风的影响效果很大，考虑单体建筑得热与防止太阳过度辐射的同时，尽量使建筑的法线与夏季主导风向一致，并综合考虑建筑群的间距及排列组合方式，是合理利用自然通风的有力措施。

围护结构包括墙体、屋顶、门窗等。围护结构开口的设计直接影响建筑物内部的空气流动及通风效果。通风屋顶是自然通风系统最为常用的建筑形式之一，可以作为屋顶进出口的构造包括天窗、烟囱、风斗等。屋顶的形状和高度会影响室外风压，进而影响自然通风效果，许多建筑为了形成较为明显的高低压区而采用翼型屋顶，这样向外出挑的深远屋檐或者可开启的弧状屋顶可以方便地捕捉到室外风，翼型屋顶图例如图 3-10 所示。通风墙是把需要隔热的外墙做成带有空气夹层的墙体，它利用烟囱效应，上下开口，冷空气从下口进入，夹层内的空气受热后上升，形成墙体内外的压力差，带动内部气流运动，从而改善室内的空气环境。竖井也是建筑设计中实现自然通风的形式之一，它利用烟囱效应使气流按一定的路径流动。竖井主要有中庭和风塔两种形式。中庭属于纯开放式建筑空间，利用竖直通道所产生的"烟囱效应"以及层高所引起的热压形成自然通风。在夏季，当中庭上部受到太阳光的照射后，里边的空气温度升高引起向上气流，中庭内部温度梯度较大，空气流动加快，可以有效改善室内环境。目前，大量的大中型建筑内设有中庭，可以改善自然通风效果，但主要目的是采光。图 3-11 为中庭图例。风塔是古老的自然通风装置之一，在世界各国的绿色建筑中得到广泛使用。风塔通常由垂直竖井和风斗组成，有的房间会在排风口末端安装太阳能空气加热器以对从风塔顶部进入的空气产生抽吸作用。当室内温度高于室外温度时，室内热空气便经由竖井自然上升，透过风斗从高层部分渗出，同时室外空气由底层补充进入室内。

图 3-10　翼型屋顶图例　　　　　　　　　图 3-11　中庭图例

　　除了上述影响自然通风的因素之外，建筑结构同样会对自然通风起到重要作用，室内空间的分割直接影响自然通风的气流组织和通风量。一套房间若含有多个内部互相联系的隔间，那么进入室内的气流则需要改变数次方向才能到达出口离开室内，而这些偏转会对气流产生较大阻力，使得室内通风效果不佳。故此，合理的建筑空间组合对于良好的自然通风十分重要。在设计建筑结构时，单体平面敞开，室内空间通透，进深适当调小，均有利于风顺利穿过建筑，迅速带走室内热量以及各污染物。

　　（2）机械通风对于空气环境的控制

　　机械通风是利用机械手段产生压力差来实现空气流动，从而达到改善室内空气环境的目的。机械通风从实现形式上又分为三种：稀释法、置换法、局域保障法，根据不同的方法，形成多种不同的通风形式。

　　稀释法又称为混合通风，其主要方式是通过送入的空气与房间内空气充分混合来改善室内空气环境。其送风口形式多种多样，常见的送风口类型如图 3-12 所示，主要有喷口风口、条缝风口、散流器等。

　　置换通风以极低的送风速度将新鲜的冷空气由房间底部送入室内，在室内底部形成一个凉空气湖，当遇到人员或设备等热源之时，新鲜空气被加热上升，形成室内空气流的主导气流，从而将热量和污染物带离人的停留区。置换法通常分为两类，一类是热羽流置换通风，它是借助室内热源的热羽流形成近似活塞流进行室内空气的置换；另一类是单向流置换通风，可以将处理过的空气直接送入到人的工作区，使人率先接触到新鲜空气，从而改善呼吸区的空气质量，常见于工艺用的洁净空间通风。

　　局部保障法适用于面积大、人员少且位置相对固定的场合。一般由局部送风系统和局部排除系统组成。实际室内环境中，不同使用者在生理和心理反应、衣着量、活动水平以

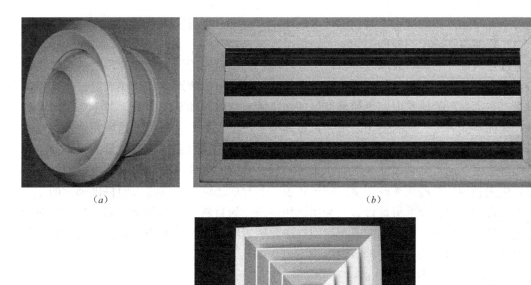

图 3-12　常见的送风口类型
(a) 喷口风口；(b) 条缝风口；(c) 散流器

及对空气的要求，存在着很大的个体差异。为了实现室内环境保障系统节能、舒适、空气质量和个性化需求，出现了局部送风方式。另外，也可通过局部排除来控制有害物在室内的扩散和传播，比如食堂操作间即采用局部排风系统，在热、湿、尘杂和有害气体产生地点直接把它们捕集起来并排除出去。

（3）空气净化技术对空气环境的控制

以上所述的两种改善空气环境的方式，只有在室外空气质量良好的前提下才能起到优化室内空气质量的作用。而在工业文明和城市文明高度发展的今天，人类把大量的废气和废物排入大气之中，人类赖以生存的大气圈已成了空中垃圾库和毒气库。在自然通风以及机械通风都已不能为室内引进清洁健康的新风时，就需要运用空气净化技术对空气加以净化，而后再将净化后的空气送入室内，以达到改善室内空气环境的目的。

目前空气净化的方法主要有过滤器过滤、吸附净化法、臭氧法和等离子体净化法等。过滤器过滤主要功能是处理空气中的颗粒污染，根据其过滤效率的高低可分为粗效过滤器、中效过滤器、高效过滤器和静电集尘器。吸附净化法对于室内 VOCs 和其他污染物是一种比较有效而又简单的消除技术，目前比较常用的吸附剂主要是活性炭，其他的吸附剂还有人造沸石、分子筛等。臭氧净化法利用臭氧的强氧化性、高效的消毒和催化作用，在室内净化方面可以高效灭菌，同时还可以除臭。等离子体净化法处理的气体主要包括 VOCs、CO、CO_2、H_2S、SO_2 和 NH_3 等，这种方法会产生大量的有害副产物，阻碍了其在室内空气净化方面的应用，其技术还未成熟，有待进一步研究。

（4）智能空气环境的控制

通过建筑设计的自然通风改善室内空气环境，无需消耗能源，无需专门的机房、无需维护，经济舒适而且环保。但是采用这种方法受气候环境影响严重，往往难以控制建筑的通风量，在大而深的建筑内，更加难以保证新风的充分输入和平衡分配，对于要求较高的建筑，往往不能满足人们的使用需求，需要其他手段加以补充。而机械通风完全依靠建筑设备的运行来调整室内空气环境，不能根据室内的污染程度自动调整通风量的大小，不仅会影响舒适度，而且会造成能耗浪费严重等问题。智能空气环境自动检测室内外空气环境质量，优先利用自然通风来改善室内空气环境，当自然通风不足以为人们提供满意的空气环境时，自动开启相应的机械设备，利用机械通风作为自然通风的补充，同时根据实时检测的室内外空气洁净度，根据需要开启空气净化装置净化空气，来为人们营造健康而舒适的空气环境，同时也最大限度地节约能源。

2. 建筑智能空气环境的要素

建筑智能空气环境的基本要素包括监测、判断和响应。

空气环境的监测，由安装在室内各个区域的温湿度传感器、风速传感器、室内空气质量传感器、空气灰尘颗粒浓度 PM 传感器和挥发性有机物 VOC 传感器及其他各类监测室内空气质量的传感器完成。传感器将检测到的空气质量信号传送到直接数字控制器，控制器对建筑物内各区域监测点的空气质量数据进行统计和分析。精准地监测与数据采集分析，是有效控制和治理室内空气环境的前提。

判断是将对检测到的空气质量信号的统计与分析结果与国家规范有关室内空气质量的各项指标进行对比，判断室内空气环境质量是否满足舒适、健康的要求，为智能化门窗以及各机械通风设备的控制提供依据。

而响应则是依据判断的结果，采取自然通风优先，机械通风补充的控制策略，对建筑设施（门窗、屋顶等）、建筑设备（通风设备、空调设备等）进行控制。若室内空气环境良好，则关闭各通风设备，以避免不必要的浪费；若室内空气环境较差，室外空气质量良好时，自动开启门窗、屋顶等自然通风设施，必要时再开启机械通风设施，使室内空气环境符合国家所指定的各项规范指标；在室外空气受到污染时，则开启机械通风并辅以空气净化技术，给室内引进新鲜清洁的室外新风，最终达到改善室内空气环境的目的。

3. 智能空气环境的实现

智能空气环境主要是通过建筑设备管理系统实现的。由前述可知，建筑设备管理系统综合管理的范围包括建筑设备监控系统、建筑能效监管系统、自成控制体系方式的专项设备监控系统、与集成功能关联其他智能化系统以及建筑物内需纳入管理的其他建筑设施（设备）系统等。智能空气环境的控制可以是一个独立的控制系统，也可以是将对自动天庭、智能化门窗以及通风空调等的控制纳入建筑设备监控系统，通过对自动天庭、智能化门窗以及通风空调等各通风系统的监测和控制，为人们营造良好空气环境的同时也可以减少能耗。

（1）自然通风控制

自然通风通过建筑物本身的合理设计为人们引进室外新风，改善室内空气质量，节能、健康、环保，符合绿色建筑的设计理念。在建筑可持续发展愈来愈重要的今天，自然通风优先的控制策略也变得更加重要和明显。建筑智能空气环境，通过自然通风控制系统自动检测室内外的空气质量，在室外空气质量良好时，自动开启相应的建筑开口，以改善室内空气质量，在室外空气污染严重时，自动关闭各建筑开口，或通过空气过滤/净化等方式处理进风，改善室内空气。自然通风控制系统主要包括可自动开启天窗的中庭系统以及智能化门窗系统。

合理的中庭设计可以为建筑引进大量的新风，然而传统的中庭设计不能根据建筑内外实际的空气质量及温湿度而调整所引进的新风量大小，智能化中庭设计则可以实时检测建筑内外的空气各项指标，据此控制中庭天窗的开启与关闭，实时为建筑引进适量的新风，为人们营造最为满意的空气环境。图 3-13 为可自动调整天窗中庭示例。

图 3-13　可自动调整天窗中庭示例

智能化门窗的理念伴随着人类社会的信息化和数字化进程而产生，用电机驱动以及曲柄连杆机构，替代执手转动和启闭动作，实现门窗的电动开启与关闭，这是实现建筑设施智能控制的前提。在锁点处或室外安装传感器，采集有关门窗启闭状态和外界气候以及空气质量等的数据，通过数据处理和联动控制，实现对楼宇门窗启闭的监控，以及与通风空调系统的协调控制。智能化门窗示例见图 3-8。

（2）机械通风控制

机械通风控制系统，根据实时检测的室内温湿度、室内空气质量和室内气流速度，经过分析处理、决策判断，控制空调以及各机械通风设备的运行状态，从而使室内温湿度达到令人舒适的范围，室内空气保持一定的新鲜度，每一种污染物浓度都降低到该污染物浓度标准以下，整体空气质量达到"净洁"状态，最终使室内空气质量得到有效改善。

机械通风作为建筑最为主要的通风系统，其控制可纳入建筑设备监控系统，也可采用自成独立体系的专业化监控系统，通过自动检测空气质量参数，自动控制主风机和支路风机转速，调节送、排风量，既满足建筑室内通风功能需求，保障室内环境的舒适、健康，又节能降耗。

（3）自然通风和机械通风综合控制

良好空气环境的营造需要对自然通风和机械通风进行综合控制。首先用温湿度传感器、风速传感器、各类污染物浓度传感器等对室内外的温湿度、气流速度、空气质量进行实时监测。其次分析从各监测点得到的数据，而后对室内空气环境进行判断。最后根据判断结果执行决策，在室外空气良好时，优先利用自然通风，开启各建筑开口，引进室外新风，在开启所有建筑开口后，仍然不能将室内空气环境改善至令人满意的地步时，则开启相应的机械设备，利用机械通风来改善室内空气环境；若室外空气遭到污染时，则关闭所有建筑开口，利用机械通风来为人们营造良好的室内空气环境（必要时利用空气净化技术）。

3.1.3 智能光环境

由第2章可知，建筑光环境是建筑环境一个非常重要的组成部分，是给予建筑内各种对象以适宜的光强分布、满足人视觉正确识别对象物和确切了解所处环境状况的建筑环境要素。在人们进行生产、工作和学习的场所，保持适宜的光环境，不仅能充分发挥人的视觉功效，使人轻松愉快、安全有效地完成视觉作业，同时又在视觉和心理上感到舒适满意，提高工作效率、保持视力健康。建筑智能光环境是以安全、高效、舒适、便捷、节能、环保、健康为目标，以智能化技术为手段，通过建筑设备管理系统创建的具有感知、推理、判断和决策综合智慧能力并实现人、建筑、环境互为协调的室内光环境。

1. 建筑智能光环境的起源与发展

建筑光环境的目标是安全、舒适、健康、节能。其中，安全、舒适、健康是指光照清晰、柔和、不产生紫外线、眩光等有害光照，不产生光污染；节能是要求在营造建筑光环境的过程中尽可能降低能耗。由第2章建筑环境基本知识可知，建筑光环境营造和改善的主要方式是建筑设计中的采光口和人工照明，即在建筑设计环节合理设置采光口，充分考虑利用自然光，在建筑设备设计环节通过电气照明满足自然光照不能满足的需求。但这两种方式在实现光环境的安全、舒适、健康、节能目标上还存在局限性，比如建筑设计的采光口利用自然光受时间、地点的限制，并可能因为太阳光直射产生眩光；而电气照明消耗能源，据统计，照明能耗一般占整个建筑能耗的25%~35%，占全国总电力消耗量的13%。因而变被动式自然采光为主动式自然采光和电气照明运行管理的科学化和智能化成为迫切需要，建筑光环境的智能控制即在这样的背景下产生。以下从分析建筑设计和电气照明对光环境的控制入手，说明采用智能控制手段如何提高和改善建筑光环境的品质，以实现光环境的安全、高效、舒适、便捷、节能、环保、健康的目标。

（1）建筑设计对光环境的控制

从建筑设计的角度对室内光环境的控制是最基本的控制方式，室内光照是建筑设计重要的考虑因素。为了获得充足的天然光，建筑设计在房屋的外围护结构（墙、屋顶）上开了各种形式的采光口，按照这些装有透光材料采光口的位置，其采光形式有侧面采光（侧窗）、顶部采光（天窗）和混合采光（中庭）。

侧窗是在房间的外墙上开的采光口，是最常见的一种采光形式。侧窗的构造简单，不受建筑物层数的限制，布置方便，造价低廉，光线具有明确的方向性，有利于形成阴影，对观看立体物件特别适宜，并可通过它看到外界景物，与外界取得视觉联系，扩大视野，故使用普遍。侧窗适用于进深不大的房间采光，如教室、住宅、办公室，其缺点是窗位置低，人眼易造成眩光。不同侧窗的形式及其光线分布如图3-14所示。

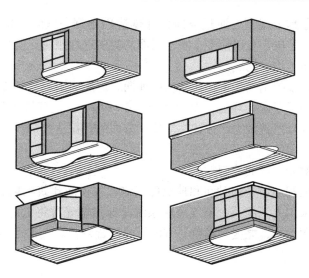

图 3-14　不同侧窗的形式及其光线分布

天窗是在单层房屋中利用房屋屋顶设置的采光口，这种采光方式称为天窗采光或顶部采光。它适用于大型工业厂房和大厅房间。其特点是采光效率高，约为侧窗的 8 倍，照度均匀性较好，很少受到室外的遮挡，但仅适宜于屋顶层设置。按使用要求的不同，天窗可分为矩形天窗、锯齿形天窗、平天窗、横向天窗和井式天窗等多种形式，这五种不同的天窗开窗形式及其光线分布如图 3-15 所示。

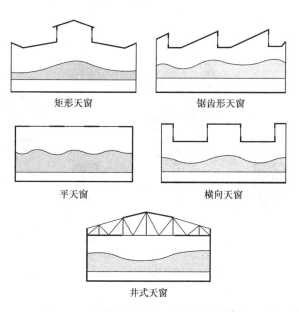

矩形天窗　　　　　　　　锯齿形天窗

平天窗　　　　　　　　横向天窗

井式天窗

图 3-15　不同天窗开窗形式及光线分布

中庭是指建筑内部的庭院空间，是建筑设计中营造一种与外部空间既隔离又融合的特有形式，或者说是建筑内部环境分享外部自然环境的一种方式。中庭图例参见图 3-11。现代建筑在功能上趋于综合，体量也越来越复杂，围绕一个或几个中心空间形成建筑群或大型建筑综合体的现象越来越多。通过空间设计创造出中庭、庭院、光井、天井等共享空间，作为自然采光的手段，可以使多个水平层面从侧面进行照明，但也存在侧窗采光存在的房间空间的光分布不均匀问题。

建筑设计对光环境控制的要素还包括房屋朝向，房屋周围遮挡环境等。但建筑设计中的制约因素较多，除了考虑光环境，热湿环境、声环境、空气环境也是主要的考虑因素。为了使各个因素的综合效益最大，往往不能使单方面的效益达到最大，所以建筑设计对光环境的控制效果是有限的。

（2）电气照明对光环境的控制

人们对天然光的利用，受到时间和地点的限制，在夜间建筑物内必须采用人工照明，某些场合白天也要采用人工照明。电气照明系统是通过电光源将电能转化为光能的系统，其目标是通过对光源数量、亮度、颜色、方向等的设置来营造人工光环境，以达到改善建筑光环境的目的。

1）电光源

电光源将电能转换为光能，根据其发光机理的不同，分为热辐射光源、气体放电光源、固体发光光源。不同类别的电光源的发光效率及光电特性也不相同。

热辐射光源的原理是任何物体的温度高于绝对温度零度，就向四周空间发射辐射能，当金属加热到500℃时，就发出暗红色的可见光，温度愈高，可见光在总辐射中所占的比例愈大。白炽灯即是利用电流通过细钨丝所产生的高温而发光的热辐射光源，卤钨灯也是热辐射光源。热辐射光源虽然制作简单、成本低，但发光效率低，大部分能量均以热的形式消耗掉，我国已强调在公共场所取消使用白炽灯。图3-16为热辐射光源图例。

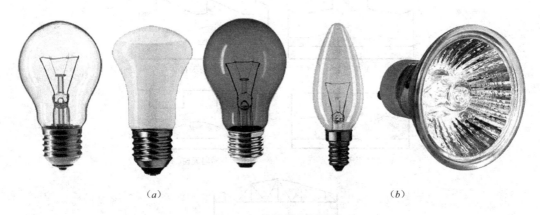

（a）   （b）

图 3-16　热辐射光源图例
（a）白炽灯；（b）卤钨灯

气体放电光源的工作原理是电流流经气体或金属蒸汽，使之产生气体放电而发光。其典型应用有荧光灯、紧凑型荧光灯（节能灯）、高压钠灯等，如图3-17所示。气体放电灯电光源的发光效率为普通白炽灯的4～8倍，因此从它诞生之日起就一直受到人们的广泛关注，目前已逐步替代热辐射电光源。

电致发光光源是在电场作用下使固体物质发光的光源，它将电能直接转变为光能。以

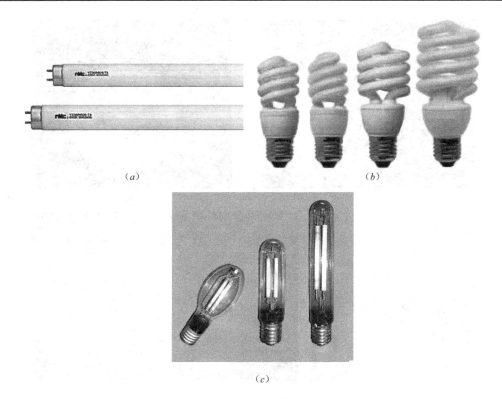

图 3-17　放电光源
(a) 荧光灯；(b) 节能灯；(c) 高压钠灯

LED（发光二极管）为发光体的 LED 光源即是一种固态冷光源，它可以直接把电转化为光，主要优点是高效节能。LED 较同等亮度的白炽灯耗电减少约 80%，比汞灯、钠灯节电 60%以上。另外 LED 光源还具有使用寿命长（半导体芯片发光，无灯丝，无玻璃泡，不怕振动，不易破碎）、健康（光线中含紫外线和红外线少，产生辐射少）、绿色环保（不含汞和氙等有害元素，利于回收）、保护视力（直流驱动，无频闪）、光效率高（发热小，90%的电能转化为可见光）、安全系数高（所需电压、电流较小，安全隐患小）、市场潜力大（低压、直流供电，电池、太阳能供电）等特性。LED 节能灯作为新一代固体冷光源，已成为全球最具发展前景的第四代照明光源。图 3-18 为 LED 光源图例。

2）灯具

灯具是光源、灯罩及其附件的总称。灯具可分为装饰性灯具和功能性灯具两大类。装饰性灯具以美化室内环境为主，同时也适当照顾效率等要求；功能性灯具是指满足高效、低眩光的要求而采用一系列控制设计的灯罩，重新分配光源的光通量，把光投射到需要的地方，以提高光的利用率，避免眩光以保护视觉，保护光源。

3）照明系统

照明控制与光源、灯具、线路一起构成了照明系统。传统的照明系统主要是手动控制，在办公大楼及一些公共场所人为造成照明能源浪费的现象严重，无论房间有人还是无人，灯经常处于长明状态，而且控制方式单一，只有简单的开和关，不能根据室外自然光强弱调节室内照度，不仅不能满足舒适、健康的需求，同时造成能源的浪费。

图 3-18　LED 光源图例

(a) LED 节能灯；(b) LED 光源灯具；(c) LED 日光灯；(d) LED 背光照明

(3) 智能化光环境控制

1) 自然采光智能控制

由图 3-14 和图 3-15 可见，无论是侧窗采光口还是天窗采光口，均存在房间空间的光分布不均匀的问题，特别是侧窗，空间内部自然光照不足，而在侧窗和天窗中还会因阳光直射带来眩光问题。为了克服这种被动式天然采光的弊端，现代建筑采用主动式采光方法，即在采光口设置反光板、百叶窗、光导照明系统等附加设施，利用集光、传光和散光等设备与配套的智能控制系统，控制这些附件设施将自然光引入房间深处，传送到需要照明的部位，使房间深处都能从采光口得到较高照度，使空间的光分布更均匀。另外，还可在不减少进入室内的自然光的前提下，控制直射阳光，减少眩光和冷负荷。这种主动式采光方式不受被动式采光的限制，可以人为地对整个视觉环境进行有效控制，人处于主动地位，故称为主动式采光法。智能控制系统的作用是自动检测自然光线，根据光线变化而主动调节反光板、百叶窗等设施的角度，尽可能多地将自然光引入室内空间，使房间深处有充分的光照，改善室内光环境质量，使室内空间有较高的照度水平，同时减少人工照明能耗，节约能源。

2) 电气照明智能控制

照明系统是建筑物的重要组成部分，其基本功能是为人们创造一个良好的人工视觉环境，一般情况下是以"明视条件"为主的功能性照明，在某些特殊场合照明还以装饰功能出现，成为以装饰为主的艺术性照明。由于照明系统在建筑中是仅次于空调的能耗大户，当前国际上照明节能所遵循的原则是在保证照明品质的前提下，尽可能做到对照明能耗的节约。其节能的途径一方面是采用节能环保的绿色光源和灯具，另一方面即是采用先进的智能照明控制系统，通过分区、定时、设定程序、预设时钟、红外跟踪检测、动静检测和照度合成等方式，根据各照明区域的具体需求来控制各分区中各组照明灯具的开关，根据房间有无人，控制灯的开关，根据室内自然光照度调节电气照明的照度，充分利用自然光，在保证照明品质的条件下，最大限度地实现照明系统的节能，降低系统的维护费用，给用户带来较大的经济效益。

2. 智能光环境的实现

智能光环境主要是通过建筑设备管理系统实现的。建筑设备管理系统以实现绿色建筑为建设目标，具有对各类建筑机电设施实施优化功效和综合管理的功能，确保各类设备系统运行稳定、安全可靠及满足对物业管理的需求，其综合管理的范围包括以自成控制体系方式的专项设备监控系统、与集成功能关联其他智能化系统、建筑物内需纳入管理的其他建筑设施（设备）系统等。建筑自然采光控制系统即为自成控制体系的专项设备监控系统，建筑智能照明控制系统是与集成功能关联的智能化系统，是建筑设备监控系统中相对独立的一个控制系统。

（1）自然采光控制系统

自然采光是利用天然光源来保证建筑室内光环境，建筑物充分利用天然照明的意义，不仅在于获得较高的视觉功效、节能环保，而且还是一项长远的保护人体健康的有效措施。因而在被动式采光的基础上，辅之以主动式采光，是充分利用天然光采光实现建筑可持续发展的有效途径之一，也是实现建筑光环境安全、高效、舒适、便捷、节能、环保、健康目标的有效方法。

反光板是一种典型的主动式自然采光系统，用于将光反射至顶棚表面，有效调节室内光线强度，并可遮挡来自天空光的直接自然光，从而避免眩光。图 3-19 为可控的反光板应用示例。另外还有由室外反光板和室内反光板组成的追踪式反光板，其中，室外反光板的追踪对象是太阳，它通过传感器探测实时太阳角度，进而调整自身角度，尽可能多地反射太阳光。室内反光板配合室外板运行，将光反射到室内空间，从而提高室内光照度，改善室内照度的均匀度，防止眩光，达到改善室内光环境的目的。

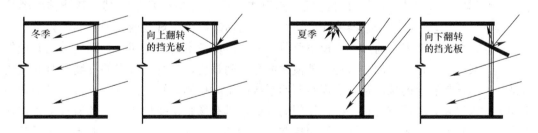

图 3-19　可控的反光板应用示例

光导照明系统运用光导纤维传导光的特性，在室外设置若干自然光采集器，将收集的自然光通过大量光纤，传递到室内的发光器件上，再传播到室内空间，室内发光器件相当于室内光源。光导照明系统的智能控制是在室内设置照度传感器，将室内照度反馈给控制器，从而调整采光装置的开度和光学透镜的角度，使光线充足、柔和，避免过亮或光照不足。当采光装置开度最大依然满足不了室内照度要求时，开启人工照明进行补偿。光导照明的优势在于它可以应用于远离自然光的地下空间。图 3-20 为光导照明的组成结构及工作原理和室内效果图例。

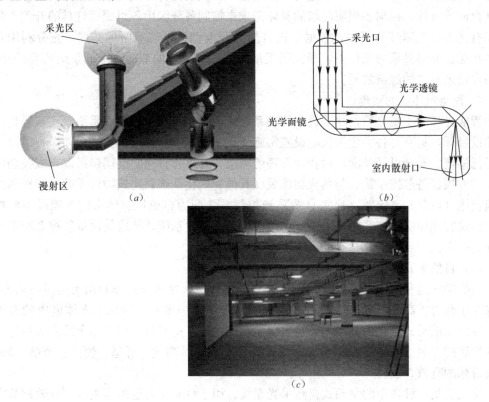

采光区

漫射区

(a)

采光口

光学透镜

光学面镜

室内散射口

(b)

(c)

图 3-20 光导照明
(a) 组成结构；(b) 工作原理示意；(c) 室内效果图例

（2）智能照明控制系统

智能照明系统是基于计算机控制平台的模块化、分布式总线型控制系统，主要由调光模块、开关模块、控制面板、液晶显示触摸屏、智能传感器、PC 接口、时间管理模块、手持式编程器、监控计算机等部件组成，其组成结构如图 3-21 所示。其中智能传感器检测光线及人员活动，红外传感器感知房间有无人的活动以控制灯具或其他负载的开关，照度传感器检测室外照度，通过调光模块调节灯光，以保持室内恒定照度，既使室内有最佳光环境，又达到节能的目的；时钟管理模块内含时间日历，具有按规定的日期和时间完成对某一区域选择特定的预设置，实现对照明系统的定时控制；触摸式场景面板及可编程面板均为输入设备，是操作者直接操作使用的界面，具有场景切换控制功能和通过编程实现程序控制的功能；调光模块是智能照明控制系统中的主要部件，主电源经调光模块后分为多路可调光的输出回路供照明灯用电，通过编程实现对每路灯进行开/关和亮度调节等各种控制，由此产生不同的灯光场景和灯光效果；PC 监控机装有用于调试编程、启动和监控的软件，用于对照明系统的监控与管理。智能照明控制系统采用"预设置"、"合成照度控制"和"人员检测控制"等不同的控制方式，对不同时间、不同区域的灯光进行开关及照度控制，使整个照明系统可以按照经济有效的最佳方案来准确运作，降低运行管理费用，最大限度地节约能源。

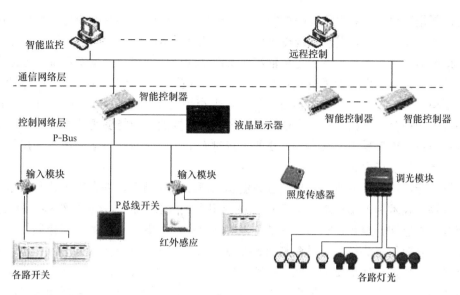

图 3-21　智能照明系统组成

3.1.4　智能声环境

建筑的声环境是指建筑内各种声源在室内环境中形成的对使用者在生理上和心理上产生影响的声音环境。声环境的好坏直接影响人们的工作效率和听力，良好的声环境能提高人们的工作效率和保护人们的听力。由第 2 章建筑环境基础知识可知，良好的声环境是指需要的声音能够听清并且音质优美，不需要的声音应降到最低程度，不干扰人的工作、学习和生活。智能声环境即是以此为目标，以智能化技术为手段，通过智能化系统创建具有感知、推理、判断和决策的综合智慧能力的声音环境。建筑智能声环境是建筑智能环境的要素之一。

1. 建筑智能声环境的产生背景

良好声音环境的创立包含多方面的内容，首先是建筑本身在选址、设计、结构、材料方面对声音环境的考虑，其次是在设备的选取时对声音环境的考虑。

（1）建筑规划设计中的声环境控制

建筑选址及规划时，按照"闹静分开"的原则划分不同的功能区，办公区、住宅区与工业、商业用房分开布置，高噪声的机房等与办公室、住房分开布置，将耐受噪声的商业等辅助用房临街布置，形成声屏障，根据隔声原理减弱噪声。另外，也可充分利用天然地形如山岗、土坡或已有的建筑物的声屏障作用和绿化带的吸声作用降噪。对于建筑外围护构件，主要考虑隔绝空气声，而室内维护构件要同时考虑隔绝空气声和固体传声。

（2）建筑设备设计时的声环境控制

建筑设备会产生振动，形成噪声。为此，在设备选型时，要尽量选择低噪声设备，设备用房及其安装要采取减振措施。对于水泵等设备运行时沿设备基础、支撑构件、管路等部件将振动传递给建筑结构而产生的噪声，通过在设备基础底面铺设弹性垫层隔振、水管软连接、弹性支撑等措施，可降低噪声，也可以考虑在设备周边设置隔声屏障，隔绝向外界辐射的噪声。

（3）建筑智能声环境控制

建筑自身及设备的设计是创建良好的室内声环境的基础，但是，建筑自身及设备对声环境的控制是被动的，对声环境的控制能力不能根据室内外声环境的变化而变化。随着电子工业日新月异的发展，电声系统逐渐成为使建筑满足听闻功能要求的重要设备系统，它改变了在自然声状态下室内音质完全依赖建筑声学处理的情况，由设备系统与建声环境共同创造理想的音质效果。为了达到理想的声环境，使讲话、音乐等需要的声音高度保真，使不需要噪声不干扰人的工作、学习和生活，电声系统采用主动方式对声环境进行控制，在一些特定的场合（比如礼堂、会场等）扩声，使需要的声音能够听清并且音质优美；利用背景音乐系统掩蔽噪声，减小不需要的声音对人工作、学习和生活的影响，建筑智能声环境即在此背景下产生。

建筑智能声环境是在建筑自身及设备创建的声环境基础上，综合应用感测技术、通信技术、计算机技术和控制技术，构建具有声音识别、声音分析与处理的智能声环境系统，通过声音探测感知、声音判断和声音处理来实现对噪声和电声系统的智能控制。其中，声音探测感知是应用感测技术通过探测装置探测声源的位置以及声音的大小；声音判断是应用计算机技术依据声环境质量标准对探测的信息进行判断和决策；声音处理是应用控制技术通过建筑设施、设备把决策体现出来，从而创建具有感知、推理、判断和决策的综合智慧能力的智能声环境。

2. 建筑智能声环境的要素

建筑智能声环境的要素包括声音探测感知、声音判断和声音处理。

（1）声音探测感知

声音探测感知是应用感测装置探测声源的位置以及声音的大小，主要采用噪声传感器对噪声声源和噪声声级进行测量，采用声级计及语言传输仪器等对电声的效果进行测量。

噪声的探测是通过噪声传感器实现的。无线噪声传感器如图 3-22（a）所示。

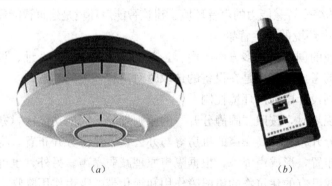

(a)   (b)

图 3-22　声音探测装置

(a) 无线噪声探测器；(b) 声级计

电声系统检测指标主要包括声压级、清晰度（以语言为主的房间）和混响时间（以音乐为主的房间）等。声压级的测量主要是通过声级计来实现，图 3-22（b）为声级计。语言清晰度的测量有主观和客观两种方法，其中客观测量常用的指标为语言传输指数 STI，其测定方法为：声源发出模拟语音音节的一系列不同频率的调制信号，这些信号在室内声场的作用下，在接收点上由于混响和背景噪声的存在而发生畸变，比较原始信号与接收点的信号，经过计算可以得到语言传输指数。根据 STI 的测量原理，许多公司已开发出语言清晰度测量软件，将传声器探测到的声音上传到计算机，通过测量软件分析出语言清晰度。混响时间是表示声音混响程度的参数量，当室内声场达到稳态，声源停止发声后，声压级降低 60dB 所需要的时间称为混响时间，记作 T60 或 RT，单位是秒（s）。混响时间直接影响厅堂音质的效果，混响时间过短，声音发干、枯燥、不圆润，混响时间过长，声音含混不清。稳态噪声切断法是最常见也是使用起来最方便的混响时间的测量方法。它先在房间内用声源建立一个稳定的声场，然后使声源突然停止发声，用声音探测器监视室内声压级，同时记录衰变曲线，最后从衰变曲线计算声压级下降 60dB 的时间即为混响时间。

（2）声音判断

声音判断是根据声音各项指标，利用计算机技术对声音探测器采集到的数据进行处理、分析、计算，判断是否需要人为控制并制定出相应的控制策略。用噪声探测器对噪声进行采集，探测器给出的数据就是所测的噪声在一定条件下的声级值。噪声探测器采集的数据包括室外声音数据和室内声音数据，通过声音分析处理仪器和计算机处理，根据噪声指标范围判断噪声是否超标，若没有超标，则无需进行降噪，若噪声超标，则需判断噪声源的位置，若噪声源主要为室外噪声，则关闭门窗隔断噪声源；若噪声源主要为室内噪声，则开启背景音乐系统掩蔽噪声。用声级计对扩声环境中声音的声压级进行测量，通过分析处理仪和计算机对采集到的以及计算得到的数据进行分析判断，若指标处于正常值范围内，则无需进行声音处理，若不在正常值范围内，则应主动采取改善措施。

（3）声音处理

声音处理是利用控制技术，将控制器制定出的控制策略体现出来。降低室内噪声可通过对窗户、电动窗帘以及背景音乐系统的控制来实现，如图 3-23 所示。室内的音质调节，

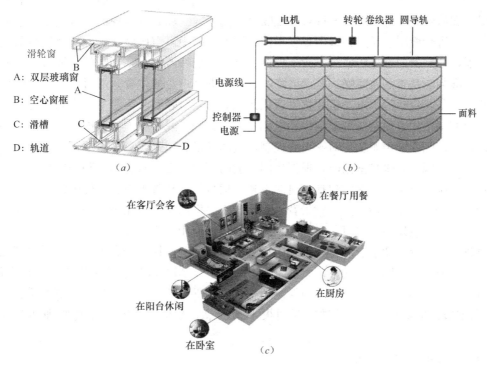

图 3-23　降噪设备图例

（a）滑轮窗；（b）电动窗帘；（c）背景音乐系统

即声压级、清晰度及混响时间的调节，主要是通过调音台、功放等设备进行调节，如图 3-24 所示。

图 3-24　音质调节设备

(a) 调音台；(b) 功放

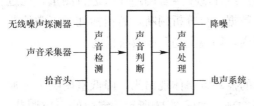

图 3-25　声环境控制原理图

3. 智能声环境的实现

智能声环境控制的内容包括噪声控制和电声系统控制两部分，两者都是通过检测声音信号、判断声音信号和处理声音信号实现的，其控制原理如图 3-25 所示。

（1）噪声智能控制

建筑智能声环境对噪声的控制是根据隔声、吸声和掩蔽效应等原理，通过对环境噪声检测、判断和处理实现的。首先是对室内环境中的噪声进行检测，通过在室内布置噪声探测器检测噪声声压级，噪声探测器将数据送给控制器，控制器通过分析室内不同位置探测器探测的噪声大小，判断噪声源位置，并根据噪声标准判断是否需要降噪，若需要降噪，则根据噪声源的位置，通过不同的降噪原理控制相应设备，包括门、电动窗和背景音乐系统等。当检测到噪声源主要来自室外时，控制器给出控制信号，通过对电动门窗和电动窗帘的控制，隔断噪声源。电动门窗是利用隔声原理，通过隔断噪声源实现对噪声的控制，电动窗帘利用隔声和吸声原理实现对噪声的控制。当噪声源主要来自室内时，根据房间功能的不同开启背景音乐，利用掩蔽效应实现对噪声的控制。背景音乐系统包括节目源设备、信号处理与放大设备、传输线路和扬声器系统四个部分。在正常情况下，背景音乐系统的主要作用是掩盖噪声并创造一种轻松和谐的听觉气氛，一旦发生火灾时，立即切换为事故广播使用，指挥疏散。

背景音乐系统的智能控制是在系统中增加噪声探测器，探测器布置于建筑需要背景音乐覆盖的地方，通过噪声探测器自动检测环境中噪声，当检测到环境中噪声超过正常值，背景音乐系统自动开启，并根据噪声探测器检测到的噪声值的大小，自动调节音乐音量大小，以掩蔽环境噪声，也可通过控制面板手动调节背景音乐，智能控制原理如图 3-26 所示。

（2）智能电声控制系统

电声系统主要应用于大型的厅堂、观演建筑等。大型的厅堂，听众人数多，自然的口语声声压级一般难以满足全部席位的听闻要求，需要提高口语声声压级和减弱室内外背景

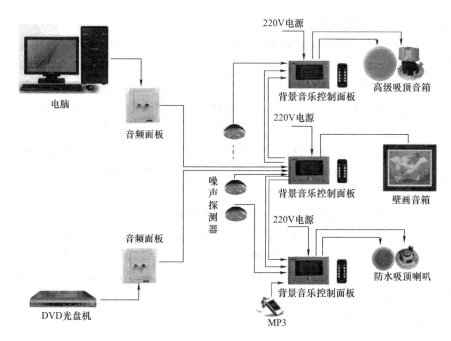

图 3-26　背景音乐智能控制原理图

噪声的干扰，需要有扩声系统；观演建筑对室内音质要求较高，需设置电声系统，其主要作用是用人工混响补充大厅混响时间不足，以满足听觉要求和得到若干其他声音的效果。

电声系统中最常用的是扩声系统。扩声系统包括把声信号转变为电信号的传声器、用于放大电信号并对信号加工处理的功率放大器和把电功率信号转为声音信号的扬声器三部分。智能电声控制系统在听众席增加了声音探测器，拾取环境中电声效果，探测观众席的声压级、信噪比，并根据声压级计算得到混响时间，将检测信号转化成电信号，通过调音台和音频处理器对信号进行处理，若声压级不够、信噪比或者混响时间达不到要求，则需要对信号进行放大和处理，使满足声压级、信噪比和混响时间的要求，经过处理的电信号由扬声器再次转换成声音信号释放到环境中，改善声音效果。

3.2　智能人工环境要素

随着时代的进步和技术的发展，人们对建筑环境的要求不仅仅局限于热湿环境、空气环境、光环境和声环境等物理环境，还包括建筑内的安全环境、信息通信环境、办公环境和管理环境等人工环境，因而智能人工环境要素包括智能安全环境、信息通信环境、智能办公环境和智能管理环境。

3.2.1　智能安全环境

安全环境是建筑的基本要求，良好的建筑安全环境是居住者和使用者人身财产以及生活工作的重要保证，也是建筑各种功能得以实现的保障。建筑安全包括多方面的内容，涉及建筑的选址、设计、结构、材料以及设施设备。智能安全环境是通过建筑智能化设施系统创建的具有感知、推理、判断和决策的综合智慧能力的安全环境，是建筑智能环境的要素之一。

1. 建筑智能安全环境的起源

安全是原始建筑的主要功能，最早人类面对恶劣天气、猛兽侵袭等恶劣环境的安全行为就是寻找庇护所，比如山顶洞人就是以自然山洞作为庇护所，早期的庇护所即是建筑的雏形。随着人类生产力的提高，人们开始自己建造庇护所，从半穴居的居住建筑、用原始石头材料堆砌起来的防御建筑，到用木材和石材建造的宫廷建筑，直至采用钢、钢筋混凝土结构的现代建筑，建筑的组成部分及设计内容越来越丰富，建筑物的基础、墙体和柱、屋顶、楼地层、楼梯、门窗等建筑构件保证建筑在结构上的安全，良好的承力结构、坚固耐久的材料、合理的建造地址，以及应对地震、火灾等灾害的建筑抗震设计、防火设计都是维持建筑安全的重要保障。

但这种安全保障会因自然因素或人为因素遭到破坏，比如火灾或人为破坏建筑门窗结构的非法入侵、盗窃财物、伤害人身、破坏建筑设施设备等。为了应对这种危险，防盗门、防盗窗、围墙上的各种物理屏障等被动防范措施和巡逻、值守等人力防范措施应运而生，但随着入侵手段和方法的更新，这些被动的屏障和人力防范措施在防止外来的入侵方面的作用越来越小。同样对于建筑物内的电气火灾、意外或人为火灾等，虽然建筑防火设计了防火门、疏散通道等，但如何及时发现火灾，如何在确认火灾后及时联动灭火装置、减灾装置和应急疏散装置设施实现消防自动化却是建筑安全设计所不能及的。

智能建筑的公共安全系统在建筑自身安全设计基础上，综合应用感测技术、通信技术、计算机技术和控制技术，将主动防范和被动防范相结合、技术防范和人力防范相结合，以维护公共安全和应对危害社会安全的各类事件为目的，构建具有危险源识别、风险响应与处理以及应急保障能力的安全保障体系，创建具有感知、推理、判断和决策的综合智慧能力的智能安全环境。

2. 建筑智能安全环境的要素

智能安全环境中的"智能"主要体现在感知能力、思维能力、行为能力三个方面。感知能力是应用感测技术探测风险事件的发生，即危险源识别；思维能力是应用计算机技术对探测的信息进行判断和决策，即风险响应和处理；行为能力是应用控制技术把决策体现出来，即应急保障。因而建筑智能安全环境的要素为危险源识别、风险响应与处理以及应急保障。

（1）危险源识别

危险源识别是采用感测技术通过各类感测装置探测风险事件的发生。对建筑安全环境构成威胁的危险源主要有非法入侵、盗窃财物、破坏设施、窃取机密、伤害人身、电气火灾、人为或意外火灾等，针对不同的危险源，其识别方式也不相同。

对于非法入侵，建筑自身的防范有围墙、门窗等，公共安全系统对入侵者翻越围墙、破坏门窗等危险的识别方式是在围墙上设置电子围栏检测有无人翻越围墙、在出入口设置读卡器或指纹机等进行身份识别、在门窗上分别安装门磁开关和红外幕帘等探测有无人破门窗而入、在需要保护的重要场所安装人员活动探测装置或摄像机等探测房间有无异常情况，一旦探测到非法入侵立刻报警，防患于未然。

对于盗窃财物、破坏设施、窃取机密以及人身伤害等危险源的探测，主要是在财务室、库房、重要设备机房和信息中心机房等重要场所的出入口设置身份识别装置，在重要场所内设置人员活动探测装置、视频监控设备和手动报警按钮，一旦出现危险，立刻报警，防止事故发生。

对于电气火灾，采用电气火灾探测器检测被保护线路参数的变化，比如检测线路温度参数的变化或可能引发电气火灾危险的剩余电流参数的变化，发现异常立刻报警；对于意外或人为火灾，由于可燃物在燃烧过程中一般先产生烟雾，同时周围环境温度逐渐上升，并产生可见与不可见的光，因此对火灾的探测主要是通过设置感烟式、感光式、感温式探测器及时探测火灾初期所产生的热、烟或光，实现早期火灾探测与报警。

（2）风险响应与处理

风险响应与处理是通过对危险源识别获取的信息进行判断和处理，产生策略信息，输出控制信号执行策略信息，实施控制行为。

对于火灾风险响应与处理，火灾报警控制器接收火灾探测器发送的火灾探测信号，将其转换和处理，启动报警装置声光报警，并将报警信息传送到消防控制中心，消防控制中心记录火灾信息，显示报警部位，协调联动控制灭火装置、减灾装置和应急疏散装置等。

对于非法入侵、盗窃财物、破坏设施、窃取机密以及人身伤害等风险的响应与处理，入侵报警控制器接收到探测器传来的报警信号时，控制末端报警装备发出声光报警，同时将入侵报警情况传送到报警中心；出入口控制系统的控制器识别进出人员的身份信息，并根据人员身份是否合法，对现场各个控制设备（电子门锁、闸机）进行控制，同时将现场的各种出入信息、通道开启/关闭的信息及时传递给中央控制计算机；视频监控系统的前端摄像机将检测到的视频图像信号通过视频信号线传输到控制中心，通过图像显示和记录设备显示并记录图像，值班人员根据实际监控的需要，通过控制中心发出控制信号控制前端设备，用于调整摄像机镜头的焦距和光圈大小、控制云台移动来获取合适的监控图像用于了解监控区域的实时动向。

（3）应急保障

应急保障主要是对突发紧急事件进行应急响应与指挥，采用多种通信方式对火灾、非法入侵、自然灾害、重大安全事故、公共卫生事件、社会安全事件实现本地和异地报警、指挥调度、紧急疏散与逃生导引、事故现场应急预案处置等，组织人员迅速控制危害范围并停止危害继续，将危害降到最小，最大限度保障人民的生命财产安全。

3. 建筑智能安全环境的实现

建筑智能安全环境是由包括火灾自动报警系统、安全技术防范系统和应急响应（指挥）系统的公共安全系统实现的。

（1）火灾自动报警系统

火灾自动报警系统包括火灾探测报警系统、可燃气体探测报警系统、电气火灾监控系统和消防联动控制系统。前三者的作用是将现场探测到的温度或烟雾浓度、可燃气体的浓度及电气系统异常等信号发给报警控制器，报警控制器判断、处理检测信号，确定火情后，发出报警信号，显示报警信息，并将报警信息传送到消防控制中心，消防控制中心记录火灾信息，显示报警部位，协调联动控制。联动控制系统的作用是按一系列预定的指令控制消防联动装置动作，比如开启疏散警铃和消防广播通知人员尽快疏散；打开相关层前室的正压送风及排烟系统，排除烟雾；关闭相应的空调机及新风机组，防止火灾蔓延；开启紧急诱导照明灯，诱导疏散；迫降电梯回底层，普通电梯停止运行，消防电梯投入紧急运行等。当着火场所温度上升到一定值时，自动喷水灭火系统动作，在发生火灾区域进行灭火，实现消防自动化。

（2）安全技术防范系统

安全技术防范系统包括安全防范综合管理系统、入侵报警系统、视频安防监控系统、出入口控制系统、电子巡查管理系统、访客对讲系统、停车库（场）管理系统及各类建筑物业务功能所需的其他相关安全技术防范系统。

入侵报警系统根据建筑物安全防范技术的需要，应用传感器技术和电子信息技术，通过在建筑物的周界、门窗及无人值守的重要地点和区域设置探测装置（在必要场所设置手动报警装置，比如电梯内的报警按钮、人员受到威胁时使用的紧急按钮、脚踏开关等），探测非法进入或试图非法进入设防区域的行为，在探测到非法侵入时发出报警信号，并将信号传送给报警控制主机，报警控制主机经识别、判断后发出声响报警和灯光报警，指示事件来源和发生的时间，还可控制多种外围设备，比如打开事故现场照明灯和相关的摄像机和录像机，将报警信息输送至上一级指挥中心或者有关部门。入侵报警系统可以实现建筑群园区周界（或建筑物）、建筑群园区内部、建筑物门窗、建筑物内重要区域（重要机房）等多层次的纵深防护。入侵报警及周界防范示例如图 3-27 所示。

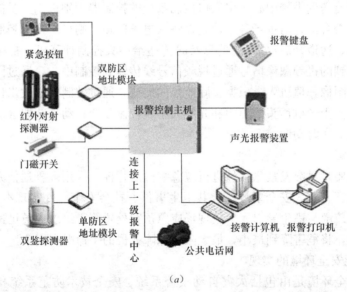

（a）

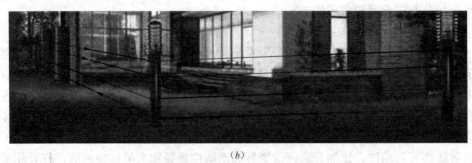

（b）

图 3-27　入侵报警与周界防范示例

（a）入侵报警系统示例；（b）周界防范系统示例

视频监控系统通过在公共场所（大厅、停车场、楼道走廊等）和主要设备间（电梯间、配电房、空调主机房等）以及重要的部门（财务室、金库、重要实验室等）设置前端摄像机，在监控室设置显示与记录等后端设备，利用视频技术探测、监视设防区域，实时显示、记录建筑内各个监控点设备的运行和人员的出入活动情况，使安防人员实时了解建筑内的主要地点和设备是否处于安全状态，一旦检测到危险情况，及时产生相应的预警信号，设备记录的图像信息可以作为证据和事后调查的依据。视频监控系统示例如图 3-28所示。

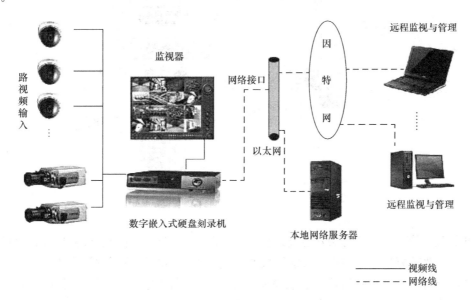

图 3-28　视频监控系统示例

出入口控制系统利用智能识别技术，对智能建筑出入口通道实现身份识别和控制于一体的安全管理，通过读卡装置或人体生物特征（指纹、掌纹、视网膜、面部特征等）识别装置（见图 3-29）对出入建筑物、出入建筑物内特定的通道或者重要场所的人员进行身份识别，对出入人员及其出入时间进行记录，保证大楼内的人员在各自允许的范围内活动，避免未授权人员非法进入。人脸（人物面部特征）识别出入口控制系统应用示例如图 3-30 所示。

(a)　　　　　　　　　　　(b)　　　　　　　　　　　(c)

图 3-29　人体生物特征识别装置示例
(a) 指纹识别；(b) 掌纹识别；(c) 视网膜识别

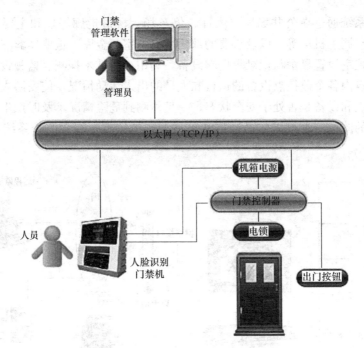

图 3-30　人脸识别出入口控制系统示例

电子巡查管理系统是对保安巡查人员的巡查路线、方式及过程进行管理和控制的电子系统，其主要功能是保证巡查人员能够按照规定的巡更路线和巡更时间，依次对巡查点进行巡查，及时发现出现的问题或者危险，增加防范区域的安全性并保证巡查人员的安全。电子巡查管理系统在巡查点上设置巡查按钮或者读卡器，巡查点一般设置在重点要巡视的地点，比如大楼的主要出入口、主要通道、各个紧急出入口、各个主要部门所在地、配电室等重要公共设施处，巡查人员按照系统预先设定的时间和路线，用巡更棒或巡更卡接触巡查按钮或者读卡，巡更按钮或读卡器向控制中心发出"巡查到位"的信号，控制中心接收并记录巡查到位信息并记录到达的时间。如果在规定的时间范围内，巡查点未向控制中心发出"巡查到位"的信息，系统将发出报警信号，由临近巡查人员赶往该巡查点查看具体情况，从而保障巡查人员的生命安全。如果巡查人员未按照规定的顺序完成巡查，控制中心也会做相应的记录。电子巡查系统管理系统示例如图 3-31 所示。

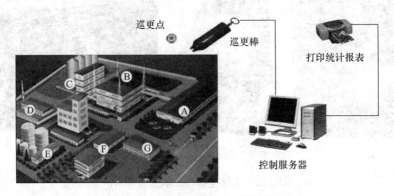

图 3-31　电子巡查管理系统示例

访客对讲系统是一种访客识别与出入控制管理系统，一般应用于住宅小区和商用办公楼，用于实现访客与住户之间的对讲（或可视对讲）。用户根据对讲（或可视对讲）信息遥控开锁，防止无关人员进入，保证家居安全。访客对讲系统有可视与非可视之分，非可视对讲系统利用内部电话系统使访客和住户进行对讲，确认来访者身份后按动室内分机上的开关开启大门，访客进入后闭门器使大门自动关闭；可视对讲装置在非可视对讲系统的基础上增加了影像传输功能，不仅可与访客对讲，而且可以看到访客图像。图 3-32 是访客对讲系统示例。

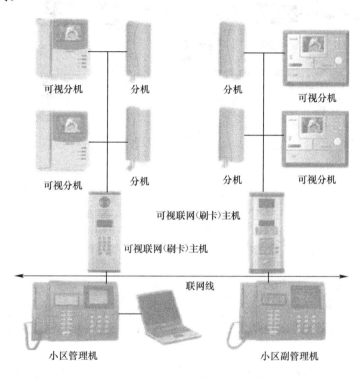

图 3-32　访客对讲系统示例

停车场（库）管理系统是利用现代的机电设备，对停车场（库）提供高效率的管理和维护，不仅减少了人员的配置数量，还提高了停车的安全性。停车场（库）管理系统具有车辆自动识别、收费和保安监控等功能。图 3-33 是停车场（库）管理系统示例。

安全综合防范管理系统通过集成化的综合管理平台对安全技术防范系统中的入侵报警系统、视频安防监控系统、出入口控制系统、电

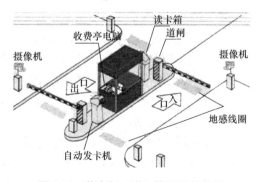

图 3-33　停车场（库）管理系统示例

子巡查管理系统、访客对讲系统、停车场（库）管理系统等子系统实现有效的管理，实现对各子系统的运行状态进行监测和控制，对系统运行状况和报警信息数据等进行记录和显示，实现各个子系统之间的通信和联动，对各种安全防范装置和人员进行统一的指挥和协调，对事故作出应急响应，并记录安全防范系统的日常运作情况。安全综合防范管理系统

示例如图 3-34 所示。

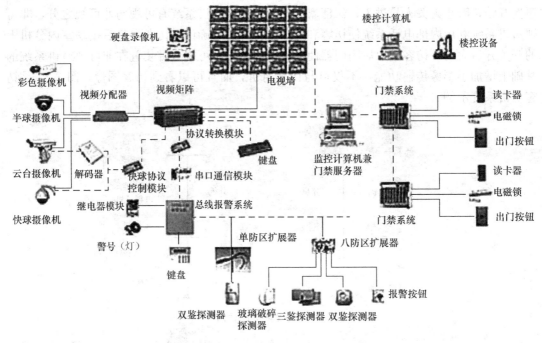

图 3-34　安全综合防范管理系统示例

（3）应急响应（指挥）系统

应急响应（指挥）系统包括有线/无线通信、指挥、调度系统、多路报警系统、消防—建筑设备联动系统、消防—安防联动系统和应急广播—信息发布—疏散导引系统等。

指挥、调度系统以计算机网络、监控系统、显示系统、有线/无线通信系统、图像传输系统等为支撑平台，在组织整合与信息整合的基础上，建立应急处置预案数据库，根据积累的经验，对各类事件总结出一套有效的处理方案，使事件处理程序化。当系统接收到紧急事件发生的信息时，有总结出的处理方案以供参考。有线/无线通信系统提供应急联动系统需要的有线/无线通信链路。图像监控系统对监控场所进行实时集中监控，对所需的各种视频、音频、计算机文字、图形信息等进行收集、选取、存储，并控制显示在大屏幕、大尺寸视频监视器和指挥者多媒体终端显示设备上，实现直观、完整、准确、清晰、灵活的各项信息显示。

多路报警系统主要功能是在紧急情况发生时，利用应急联动系统的外部通信功能，在智能建筑自身采取应急措施的同时，及时向城市其他安全防范部门和应急市政基础设施抢修部门报警，综合各种城市应急服务资源，联合行动，为大楼用户提供相应的紧急救援服务，为公共安全提供强有力的保障。当发生重大的安保事故，如盗窃、强行入侵等情况，及时向公安部门 110 或者当地报警电话报警；当出现人员受伤情况时及时自动拨通急救中心电话 120，请求急救中心进行紧急医疗处理；当火警发生时，一方面应急系统启动智能建筑内自动灭火装置，同时拨通火警电话 119，请求当地消防部门消除火灾，当建筑物内出现电力供应中断、停水、停气等情况时，及时向市政设施抢修中心报警，及时排除故障。

消防—建筑设备联动系统是指当出现火灾时，建筑设备要采取相应联动措施，防止火灾蔓延和方便人员疏散，联动对象有供配电系统、应急照明系统、电梯控制系统、空调设备系统及排烟正压送风设备等。如火灾信息确认后，一方面切断非消防电源，并将动作信号反馈至消防中心，另一方面在正常照明电源中断后，联动设备电源自动投入为应急照明供电；联动控制信号强制所有电梯停于首层或电梯转换层，停下开门后的反馈信号作为电梯电源切断的触发信号，切断消防电梯之外其他电梯的电源；空调系统防火阀自动关闭，送风机和回风机立即关闭，避免有毒气体通过空调系统扩散到未发生火灾的区域，启动报警区域有关的排烟阀及排烟风机并返回信号。

消防—安防联动系统一方面是与视频监控设备的联动，火灾时开启相关层安全技术防范系统的摄像机监视火灾现场，及时掌握现场情况。另一方面与出入口控制系统联动，主要是疏散通道控制，在火灾时自动打开疏散通道上由门禁系统控制的门及出现火情层面的所有房门的电磁锁，并自动打开涉及疏散的电动栅杆、门厅的电动旋转门和庭院的电动大门以确保人员迅速疏散。

应急广播—信息发布—疏散引导系统是在收到事件发生的信息后，向建筑中突发事件发生的区域进行应急广播，同时向楼内暂时还没有受到突发事件影响的楼层发布事件信息，启动相关的疏散引导设备，按照一定的紧急疏散预案进行有组织疏散，以确保人员安全。

应急响应（指挥）系统示例如图 3-35 所示。

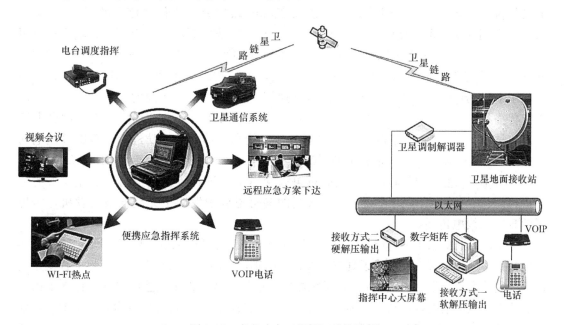

图 3-35　应急响应（指挥）系统示例

3.2.2　信息通信环境

信息通信是人类社会传递信息、交流文化、传播知识的有效手段，随着社会的进步和科学技术的发展，人们对信息通信的需求日益增长。尤其是进入信息化社会之后，信息资源成为与材料和能源同等重要的战略资源，信息通信已成为社会组成的重要内容，信息通信业务已经深入人们的日常生活和工作之中。建筑作为人们工作、生活、居住的场所，需要良好的信息通信环境，信息通信环境是建筑智能环境的要素之一。

1. 信息通信的概念及发展

（1）信息的概念

信息是客观事物和主观认识相结合的产物，是表征事物的运动状态、事物之间的差异或相互关系的一种形式，是对客观世界的直接或间接描述。人类的社会生活离不开信息，人类的社会实践活动不仅需要对周围世界的情况有所了解，以帮助人类做出正确的反应，而且还要与周围的人群沟通才能协调地行动，亦即人类不仅时刻需要从自然界获得信息，而且也需要进行人与人之间的通信，交流信息。

（2）信息通信的发展

通信即信息传递，其作用就是将含有信息的消息从信源传送到一个或多个目的地。消息是信息的表现形式，例如符号、文字、音乐、图像、图片等，不同形式的消息可以包含相同的信息，如用语音或文字发送的天气预报所包含的信息是相同的。

通信的发展历史可以分为古代通信和近现代通信。古代通信的手段有烽火传信、鸣锣击鼓、飞鸽传书、驿马邮递、灯塔、通信塔、旗语等。近现代通信的发展可分为电通信阶段和电子信息通信阶段。

电通信是利用"电"来传递消息的通信方式。1753年《苏格兰人》杂志上发表了一封署名C.M的书信，在这封信中，作者提出了用电流进行通信的设想；1793年法国人查佩兄弟俩在巴黎和里尔之间架设了一条长230km以接力方式传递信息的托架式线路；1837年美国人塞缪乐·莫乐斯（Samuel Morse）成功地研制出世界上第一台电磁式电报机，并于1844年在华盛顿国会大厦用自制的电报机发出了人类历史上的第一份电报，开创了人类利用电传递信息的历史。1864年，英国物理学家麦克斯韦（J. c. Maxwell）发表了电磁场理论，提出电磁波的存在，说明电磁波与光具有相同的性质，两者都是以光速传播的。1875年，出生于苏格兰的亚历山大·贝尔（A. G. Bell）发明了世界上第一部电话机，并于1878年在相距300km的波士顿和纽约之间成功进行了首次长途电话实验，开启了语音实时通信的时代。1887年，德国物理学家海因里斯·赫兹（H. R. Hertz）通过实验证实了电磁能量可以穿过空间进行传播，证明了麦克斯韦的电磁理论。1895年，俄国的波波夫、意大利的马可尼分别发明了无线电报收发机，实现了信息的无线电传播。

电子信息通信始于20世纪初，1903年英国电气工程师弗莱明发明了二极管，1906年美国物理学家德福莱斯特发明了真空三极管，同年，美国科学家费森登在世界上首次用调制无线电波发送音乐和讲话；1920年美国无线电专家康拉德在匹兹堡建立了世界上第一家商业无线电广播电台，从此广播事业在世界各地蓬勃发展，收音机成为人们了解时事新闻的方便途径。1907年英国发明家坎贝尔·斯温顿在《自然》杂志上提出了一种电子式电视系统的构想，1925年，英国人J.L.贝尔德发明了机械扫描式电视机，并在伦敦做了一次播发和接收电视的表演，引起轰动。1928年美国西屋电器公司的兹沃尔金发明了光电显像管，并同工程师范瓦斯合作，实现了电子扫描方式的电视发送和传输。1935

年美国纽约帝国大厦设立了一座电视台，并于次年成功地把电视节目发送到 70km 以外的地方。1936 年英国广播公司建立电视发射台，定时播出电视节目，世界电视事业正式开启。随着电子技术的高速发展，军事、科研迫切需要解决的计算工具也大大改进，1946 年美国宾夕法尼亚大学的确埃克特和莫希里研制出世界上第一台电子计算机。1964 年美国兰德公司研究员保尔·罗兰设计了一种交互式的电脑网络，1969 年美国国防部高级研究计划署（ARPA）根据保尔·罗兰设计的方案，兴建了用于支持军事研究的计算机网络 ARPANET，这就是今天 Internet 的前身。1985 年美国新建的国家科学基金会网（NSFNET）采用了 TCP/IP 协议，1989 年该网向公众开放，转为民用和商用，从而使 Internet 成为全球重要的通信骨干网。随着因特网的出现，开启了现代通信的新阶段。

2. 信息通信环境

在信息化社会之中，信息的形态多种多样，按照信息源的性质划分，有语音信息、图像信息、数据信息以及多媒体信息等。建筑智能环境中的信息通信环境的要素包括语音通信环境、数据通信环境、图像通信环境和多媒体通信环境。

（1）语音通信环境

建筑智能环境中的语音通信环境主要包括电话通信环境和广播通信环境。

在当今信息时代，信息传递的方式日新月异，但在所有的通信方式中，电话通信依然是应用最为广泛的方式。一个完整的电话通信系统包括使用者的终端设备（用于语音信号发送和接收的话机）、传输线路及设备（支持语音信号的传输）和电话交换设备（实现各地电话机之间灵活地交换连接），其中电话交换设备是整个电话通信网络中的枢纽。建筑智能环境中的电话通信环境主要是通过采用计算机程序控制的数字程控用户交换设备，或通过本地电信业务经营者提供的虚拟交换方式以及基于 Internet 的 IP 电话等实现电话自动交换，为用户提供方便、快捷、经济、可靠的电话通信。另外，随着移动通信的快速发展，移动电话已经成为人民群众日常生活中广泛使用的一种现代化通信工具。而采用钢筋混凝土为骨架和全封闭式外装修方式的现代建筑，对移动电话信号有很强的屏蔽作用，以至于在大型建筑物的地下商场、地下停车场等底层环境以及受基站天线高度限制的高层环境形成通信覆盖盲区，手机无法正常使用。因而建筑智能环境中的语音通信环境利用室内移动通信覆盖系统，将基站的信号通过有线的方式引入到室内的每一个区域，再通过小型天线将基站信号发送出去，同时也将接收到的室内信号放大后送到基站，从而消除室内覆盖盲区，给人们创造良好的移动通信环境，提高无线通信质量。室内移动通信覆盖系统应用示意图如图 3-36 所示。

广播通信是传播信息的一种重要途径，也是信息通信环境中不可或缺的内容。按广播的内容，公共广播可分为业务性广播、服务性广播和紧急广播。业务性广播是以业务及行政管理为主的语言广播，主要应用于院校、车站、客运码头及航空港等场所；服务性广播以欣赏性音乐类广播为主，主要用于宾馆客房的节目广播及大型公共场所的背景音乐；紧急广播是以火灾事故广播为主，用于火灾时引导人员疏散。其中服务性广播中的背景音乐，其作用是掩盖环境噪声并创造一种轻松和谐的气氛，广泛应用于宾馆、酒店、餐厅、商场、医院、办公楼等。公共广播系统历史悠久，早期的公共广播系统主要用于转播新闻、发布通知及作息信号，随着计算机技术及网络技术的发展，公共广播系统的智能化和

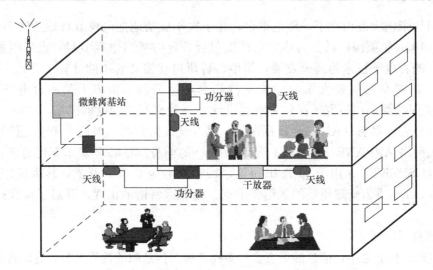

图 3-36　室内移动通信覆盖系统应用示意图

网络化已经成为趋势。智能化是指采用计算机对公共广播系统进行管理，改变传统人工广播方式，实现曲目编程、自动播放控制和任意插入/删除/修改等功能，并可监控整个系统的正常运行；网络化是指把传统的公共广播网变成一个数据网（即数字化公共广播系统），把播发终端、点播终端、音源采集/寻呼终端、远程控制终端等各种终端联网，实现资源共享，并可根据用户需要实现分控及远程控制播放功能，数字化公共广播系统的应用示例如图 3-37 所示。

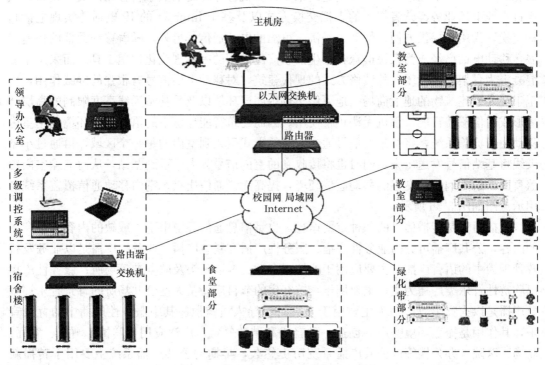

图 3-37　数字化公共广播系统应用示例

（2）图像通信环境

建筑智能环境中的图像通信媒介主要是电视。随着技术的进步和更新，电视媒介经历了卫星电视、有线电视、数字电视、网络电视等从低级向高级、从单一向多样化的发展阶段。

电视问世初期，它的信号只在地面依靠微波传送。1962 年 7 月美国发射了"电星一号"通信卫星，第一次把电视信号送上卫星，借助卫星上的转发器进行同西欧之间的越洋电视传播。随后西方发达国家的同步卫星相继升空，完善了各自的电视传播系统。1965 年 4 月"国际通信卫星组织"发射了第一颗商用同步通信卫星"国际通信卫星一号"，以后又发射了几十颗通信卫星，分别置放在大西洋、印度洋、太平洋上空，担负着全球通信任务，并使国际间电视新闻交换经常化。由于通信卫星是多用途的，可供电视传输的信道有限，而且发射功率很小，只有技术设备很高的地面站才能接收到，然后依靠地面传输将电视图像传送到各地。为此，20 世纪 70 年代起又有专门的广播卫星出现，广播卫星上的转发器功率大，普通的电视机用户安装简单的接收装置（包括小型碟式天线等）就能直接收看卫星传送来的节目，这便是卫星直播电视，也叫做直接入户电视。20 世纪 80 年代以后，卫星直播电视广泛使用于跨越国界的电视传播，成为国际电视的重要传播和接收方式。

有线电视（Cable Television，CATV，也称电缆电视）最早出现在 20 世纪 40 年代末的美国，当时为了提高偏远地区的收看效果，人们在山头竖起接收装置，将收到的电视信号用电缆传送到用户家中。20 世纪 70 年代它被推广到城乡各地，众多的电缆电视系统将电视台传来的信号转送给用户。由于它图像清晰，抗干扰性强，频道多，因而很受观众欢迎。现在这种电视通常同卫星传播结合起来，将卫星传送来的各种电视信号转送给用户。

数字电视是将传统电视的模拟电视信号转变为数字电视信号进行处理、传输、接收和记录，数字压缩技术使得原来传输一套节目的频道可以传输多套节目，从而大大增加受众可收看的节目数量，而且数字技术能够大大提高信号处理和传输的质量，极大地改进接收效果，不仅图像清晰，音响效果也得到大大大改善。

20 世纪 90 年代以来，世界各国积极推进信息基础设施建设，大力发展计算机信息网络，并且实现国际连接。这种以卫星和光缆、电缆为基本通道，以电子计算机和个人电脑为基本载体的网络传播具有多媒体的性能，集文字、语言、音响、图像、数据传播于一体，也为电视信号的传送开辟了新的天地。现在各国广播电视台都在因特网上建立了网站，传送自己的电视节目。随着数字技术、多媒体技术和网络技术的发展和推广应用，随着多媒体电脑和新型电视机的发展和相互兼容，人们将会越来越广泛地通过互联网传输和接收电视节目，单向传播的电视转变为传受双方互动的电脑网络电视。

建筑智能环境中的图像通信主要是通过建筑物或建筑群中的有线电视系统（Cable Television，CATV）接收来自城市有线电视光节点的光信号，并由光接收机将其转换成射频信号，通过传输分配系统传送给用户。它也可以建立自己独立的前端系统，通过引向天线和卫星天线接收开路电视信号和卫星电视信号，经端处理后送往传输分配系统。卫星电视广播与有线电视传输网相结合形成的星网结合模式，是实现广播电视覆盖的最佳方式，也可成为信息网络的基础框架。随着社会需求的不断增长和科学技术的飞速发展，人们对于电视系统的要求已不仅仅是单向传输多套模拟电视节目，而是需要它能够具有综合信息传输能力、能够提供多功能服务的宽带交互式网络，其应用如图 3-38 所示。有线电视系统将融合在信息高速公路中，成为未来信息网络不可缺少的组成部分。

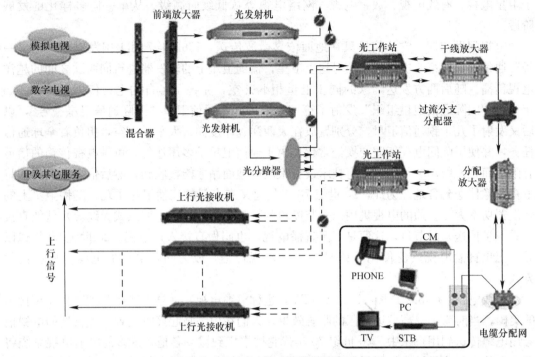

图 3-38　交互式有线电视系统应用示例

（3）数据通信环境

数据通信是通信技术和计算机技术相结合而产生的一种通信方式，主要是利用电信网络和计算机网络传递数据。数据是客观事物（包括概念）的数量、时空位置及相互关系的抽象表达，可以是数字、字母或者是各种符号，数据中蕴含着信息，数据是信息的载体，是信息的表示形式。

数据通信是计算机与计算机或计算机与终端之间的通信。数据通信系统由信源（数据的发送方）、信宿（数据的接收方）和信道（信源和信宿之间传送信号的物理通道）三部分组成，数据通信系统的组成结构如图 3-39 所示。信源和信宿一般是计算机或其他一些

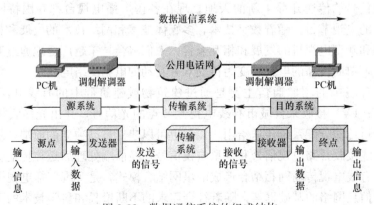

图 3-39　数据通信系统的组成结构

数据终端设备，信道有双绞线通道、同轴电缆通道、光纤通道或者无线电波通道等，其中还包括线路上的交换机和路由器等设备。

　　建筑智能环境中的数据通信环境由信息网络系统营造。信息网络系统通过传输介质和网络连接设备将分散在建筑物中具有独立功能、自治的计算机系统连接起来，通过功能完善的网络软件，实现网络信息和资源共享，为用户提供高速、稳定、实用和安全的网络环境，实现系统内部的信息交换及系统内部与外部的信息交换。另外，信息网络系统还是实现建筑智能化系统集成的支撑平台，各个智能化系统通过信息网络有机地结合在一起，形成一个相互关联、协调统一的集成系统。信息网络系统的组成结构如图 3-40 所示。

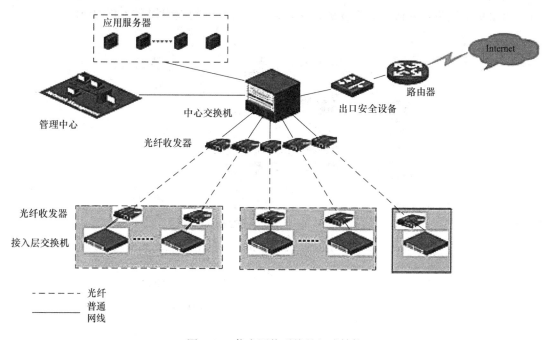

图 3-40　信息网络系统的组成结构

（4）多媒体通信环境

　　多媒体是指多种媒体（如声音、图像、图形、数据、文本等）的综合，多媒体技术是把文本、图形、图像、动画和声音等多种信息类型综合在一起，并通过计算机进行综合处理和控制，能支持完成一系列交互式操作的信息技术。多媒体通信是多媒体技术与通信技术的有机结合，通过对多媒体信息进行采集、处理、表示、存储和传输，向人们提供图、文、声、像并茂的多媒体信息。

　　建筑智能环境中的多媒体通信环境主要是通过信息引导及发布系统和会议系统实现的。信息导引及发布系统为公众或来访者提供告知、信息发布和查询等功能，满足人们对信息传播直观、迅速、生动、醒目的要求。信息导引及发布系统主要包括大屏幕信息发布系统与触摸屏信息导览系统，其组成结构如图 3-41 所示。会议系统采用计算机技术、通信技术、自动控制技术及多媒体技术实现对会议的控制和管理，提高会议效率，目前已广泛用于会议中心、政府机关、企事业单位和宾馆酒店等。会议系统主要包括数字会议系统和视频会议电视系统。数字会议系统是一种集计算机、通信、自动控制及多媒体技术于一体的数字化会务自动化管理系统。为了适应不同会议层次要求，数字会议系统采用模块化结构，将会议签到、发言、表决、扩声、照明、跟踪摄像、显示、网络接入等子系统根据需求有机地连接成一体，由会议设备总控系统根据会议议程协调各子系统工作，从而实现对各种大型的国际会议、学术报告会及远程会议服务和管理，数字会议系统的应用示例如图3-42所示。视频会议电视系统是指两个或两个以上不同地方的个人或群体，通过传输线路及多媒体设备，将声音、影像及文件资料互传，实现即时且互动的沟通，用于异地间进行音像会议，实现与对方会场的与会人员面对面地进行研讨与磋商，拓展了会议的广泛性、真实性和便捷性，不仅节省时间，节省费用，减少交通压力及污染，而且对于紧急事件，可更快地决策，更快地处理危机。视频会议电视系统的应用如图3-43所示。

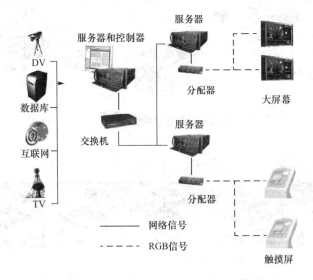

图 3-41　信息导引及发布系统的组成结构

图 3-42　数字会议系统的应用示例

3. 信息通信环境的实现

　　信息通信环境的实现主要是通过建筑智能环境系统中的信息设施系统，如上节所述的电话交换系统、室内移动通信覆盖系统、广播系统、信息网络系统、时钟系统、有线电视及卫星通信系统、会议电视系统、信息发布与查询系统等，除此之外，信息设施系统中的

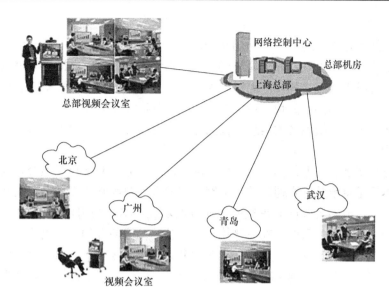

图 3-43　视频会议电视系统的应用示例

通信接入系统和综合布线系统是创建建筑智能环境中信息通信环境不可或缺的要素。通信接入系统将建筑物外部的公用通信网或专用通信网的接入系统引入建筑物内，提供电话、数据、图形图像等业务，满足建筑物内用户各类信息通信业务的需求，将智能建筑与外部通信网络相连接，使智能建筑成为数字城市、智慧城市的一个节点。综合布线系统是建筑物及建筑群中信息传输的基础设施，它将语音、数据、图像、多媒体等不同的信号线经过统一的规划和设计，综合兼容到一套标准布线中，解决了过去各系统设备配线不兼容的问题，而且由于其分层星形和模块化结构，不仅管理和使用方便，而且易于扩充及重新配置，为传输语音、数据、图文、图像以及多媒体信号提供了实用、灵活、可扩展的模块化通道。

（1）通信接入系统

最早的通信接入主要针对语音，随着人们对信息需求的日益增长以及网络技术的发展，传统的语音业务逐渐向非语音业务发展，模拟业务向数字业务过渡，特别是随着 Internet 的发展和 IP 技术的普及，采用先进的宽带接入是必然和必要的步骤和措施，也是创建建筑信息通信环境的重要内容。通信接入系统根据传输介质的不同，分为有线接入和无线接入两种方式，其发展趋势是电信网络、计算机网络及广播电视网络三网融合。

1）有线接入

有线接入方式根据采用的传输介质分为铜线接入、光纤接入和混合接入。铜线接入主要是利用电信网存在的对绞铜线，采用 xDSL 技术在用户双铜线接入网上传输高速数据。光纤接入是指本地交换机模块与用户之间全部或部分采用光纤作为传输媒介。光纤具有损耗低、频带宽、不受电磁干扰、传输距离远、信号传输质量高等优点，作为接入网可以满足用户对电话、电视、高速网络接入、家庭办公、视频点播、远程医疗诊断、远程教学以及高清晰度电视（HDTV）等业务的需求。光纤同轴混合接入（Hybrid Fiber Coaxial，HFC）是基于有线电视网络发展起来的一种新型宽带网络，它综合了模拟/数字传输技术、光纤/同轴电缆技术，可提供 CATV 业务、语音、数据和其他交互型业务。

2）无线接入

无线接入技术是指在终端用户和局端间的接入网部分全部或部分采用无线传输方式，利用卫星、微波等传输手段，在端局与用户之间建立连接，为用户提供固定或移动接入服务的技术。与有线接入方式相比，无线接入初投资少、覆盖范围广、系统规划简单、扩容方便、建设周期短、提供服务快，在发展业务上具备很大灵活性，可解决边远地区、自然灾害严重地区、难于架线地区的信息传输问题，是当前发展最快的接入网之一。

3）三网融合

三网融合是指现有的电信网络、计算机网络及广播电视网络相互融合，互联互通，资源共享，其本质是将承载语音通信的电话网、传播音视频业务的广播电视网和交换数据的计算机网建设改造成为具备同时承载多项业务的功能，实现利用任何一种网络提供语音、视频、数据等多种业务的目的。在信息技术日新月异发展的推动下，电话、计算机、电视三种技术融合及其相关产业的融合成为未来发展的必然趋势。"三网融合"的最终目的是为了满足不断增长的各种业务需求，最有效地利用资源。三网融合应用示意图如图 3-44 所示。

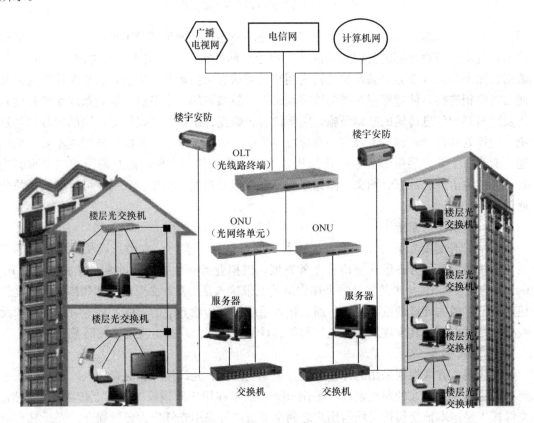

图 3-44　三网融合应用示意图

（2）综合布线系统

建筑物与建筑群综合布线系统是建筑物或建筑群内的传输网络，由支持信息电子设备相连的各种缆线、跳线、接插软线和连接器件组成，支持语音、数据、图像、多媒体等多种业务信息的传输。

综合布线系统分为建筑群子系统、干线子系统、配线子系统（水平布线子系统）、工作区、设备间、管理、进线间七个部分，其组成结构如图 3-45 所示。其中，建筑群子系统将一个建筑物中的通信电缆延伸到建筑群中另外一些建筑物内的通信设备和装置上，干线子系统提供设备间至各楼层接线间的干线电缆路由，配线子系统将干线子系统线路延伸到用户工作区。工作区是指需要设置终端设备的独立区域，设备间是在每幢建筑物的适当地点进行网络管理和信息交换的场地，管理是指对工作区、电信间、设备间、进线间的配线设备、缆线、信息插座模块等设施按一定的模式进行标识和记录。规模较大的综合布线系统可采用计算机进行管理，简单的综合布线系统一般按图纸资料进行管理。进线间是建筑物外部通信和信息管线的入口部位，并可作为入口设施和建筑群配线设备的安装场地。

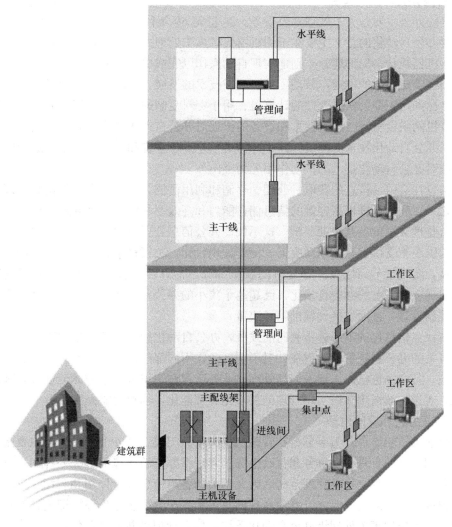

图 3-45　综合布线系统的组成结构

综合布线系统是实现建筑信息通信环境的基础设施，随着数字化技术的应用，综合布线的应用范围也在不断地扩展，已经延伸到公共安全、楼宇自控等领域。

3.2.3 智能办公环境

办公是指办理公务，处理公事，一般将从事非物质生产的活动统称为办公。办公活动的内容很多，比如公文的撰写、阅读或转批，文档的收发、保存与检索，数据的收集、统计与分析，资源的分配与调度，会议的准备与组织等，其主要任务是制定计划、组织实施、监督控制，其核心是实现管理。而管理是一个运用信息对人力、物力、财力进行控制和调节的过程，是一个通过信息流对人才流、资金流、能量流进行操纵的过程，所以办公活动的主要特征是处理信息流。智能办公环境综合运用现代科学与技术，对来自建筑物内外的各类信息予以收集、处理、存储和检索，为建筑物的管理者和使用者创建良好的信息环境并提供快捷有效的办公信息服务，提高办公质量和办公效率，实现科学管理和科学决策。智能办公环境是建筑智能环境的要素素之一。

1. 智能办公环境的起源

传统的的办公主要是人工处理办公事务。20世纪60年代美国人提出了办公自动化的概念。当时办公自动化的意义主要在于用机器代替人工处理办公事务，使办公程序的某些重要环节用机器执行，局部地、个别地实现自动操作以完成单项业务的自动化。

办公自动化概念的出现，带动了办公领域技术的发展，出现了各种现代化的办公设备与设施。比如用于办公信息处理的计算机、用于资料复制的复印机、用于办公通信的传真机、计算机网络设备等。这些技术和设备的出现对办公自动化提供了有力的支持，并极大地推动了办公自动化技术的发展。其中计算机信息处理系统和构成办公信息通信的计算机网络系统对办公自动化技术的推动作用尤为突出。

在信息社会中，信息的获取、处理、存储和利用已成为人类社会进行信息处理最迫切的任务之一，利用计算机高容量的信息储存能力和高效率的信息处理和运算能力，可帮助办公人员整理大量信息并协助分析，这不仅使办公信息处理能力得到极大的提高，而且为管理层提供决策支持信息，辅助决策，使管理现代化，决策科学化。而计算机网络通信技术的发展，实现了不同地点的办公室的联机办公，信息传输快捷方便，超越了空间的界限。因而现今意义上的办公自动化，已超越了狭小的办公室，从办公事务处理进入到各类信息的控制管理，进而发展到辅助领导决策。

随着社会信息化的不断进步和向前发展，办公自动化的应用范围也愈来愈广，从以前只是在机关的办公系统发展到现在针对不同行业、不同部门、不同业务开发定制的信息化应用系统，其内涵也已深入到融信息处理、业务流程和知识管理于一体，通过处理信息获取知识，通过有效运用知识实现管理的科学化和智能化，创建智能办公环境。

2. 智能办公环境的内涵

办公活动按功能可分为事务型、管理型和决策型三类。事务型办公活动主要是处理比较确定的例行性的日常办公事务和行政事务。管理型办公活动包括事务处理和信息管理两部分，其中信息管理是指对管理范畴之内及相关的各类信息进行控制和利用。决策型办公活动是根据出现的问题及要求，寻求实现的对策和方法。智能办公环境即是针对这三类办公活动，分别应用事务处理级办公自动化系统、信息管理级办公自动化系统和决策支持级办公自动化系统实现这三类办公活动的自动化和智能化。

这三种办公自动化系统实质是办公自动化系统的三个层次（见图3-46），在这三者中，事务型办公自动化系统是基础层，它由基础数据库和单机或多机组成，负责文字处理、文档管理、行文管理等办公事务工作；管理型自动化系统是中间层，它由各种较完善的信息数据库和具有通信功能的多机网络组成，能对大量的各类信息综合管理，使数据信息、设备资源共享，使办公效率得到很大的提高；决策型办公自动化系统为最高层，它综合了事务型和管理型的全部功能，

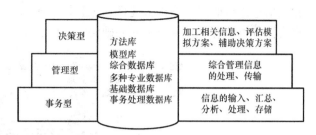

图 3-46　三种办公自动化系统之间的层次关系

以事务型和管理型办公自动化系统的大量数据为基础，以其自有的决策模型为支持，辅助领导决策。决策型办公自动化系统的数据库是在事务型、管理型办公自动化系统的数据库基础上，加入综合数据库和大型知识库。综合数据库把各专业数据库的内容进行归纳处理，把与全局或系统目标有关的重要数据和历史数据存入综合数据库。大型知识库包括模型库和方法库。模型库和方法库也是数据库，只是内容是各种模型和开发模型的方法。它们的存储管理工具仍然是数据库管理系统，可以认为大型知识库是系统中最高层次的数据库。

3. 智能办公环境的实现

建筑智能办公环境是以集中利用信息资源、提高办公质量和办公效率为目的，综合运用现代科学与技术，在建筑物信息设施系统的基础之上，通过信息化应用系统实现的。由前面的分析可见，办公信息处理的方方面面均需要计算机信息处理系统的支持。而对于一个企业或行业来说，办公业务是由许多办公部门协同完成的，因而支持办公管理系统的基础是计算机及其网络系统。智能办公环境实现的基础即是信息设施系统中的综合布线系统和计算机网络系统。而信息化应用系统是以迅速获取信息、加工信息，利用信息达到高效率工作的目的，对建筑物主体业务提供高效的信息化运行服务及完善的支持，因而智能办公环境即是通过信息化应用系统实现的。

信息化应用系统根据各类建筑物的使用功能需求，分为通用型信息化应用系统和专业型信息化应用系统两大类。通用型信息化应用系统主要是对建筑物的物业管理营运信息及建筑物内的各类公众事务提供服务和管理，内容包括信息设施运行管理系统、物业管理系统、公共服务系统、公众信息系统、智能卡应用系统和信息网络安全管理系统等。而专业型信息化应用系统是针对建筑物所承担的具体工作职能与工作性质而设置的，根据建筑物类别的不同，可分为商业建筑信息化应用系统、文化建筑信息化应用系统、体育建筑信息化应用系统、医院建筑信息化应用系统、学校建筑信息化应用系统等，属于专用业务领域的信息化应用系统，又叫工作业务应用系统。信息化应用系统的组成结构如图 3-47 所示。

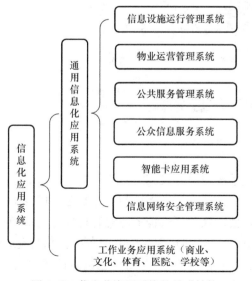

图 3-47　信息化应用系统的组成结构

其中信息设施运行管理系统对建筑内各类信息设施的资源配置、技术性能、运行状态等

相关信息进行监测、分析、处理和维护，满足对建筑物信息基础设施的信息化高效管理，是支撑各类信息化系统应用的基础保障。信息设施运行管理系统应用图例如图 3-48 所示。

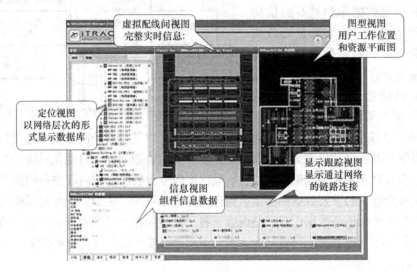

图 3-48　信息设施运行管理系统应用图例

物业运营管理系统采用计算机技术，通过计算机网络、数据库及专业软件对物业实施即时、规范、高效的管理，实现物业管理信息化，提高工作效率和服务水平，使物业管理正规化、程序化和科学化。物业运营管理系统应用图例如图 3-49 所示。

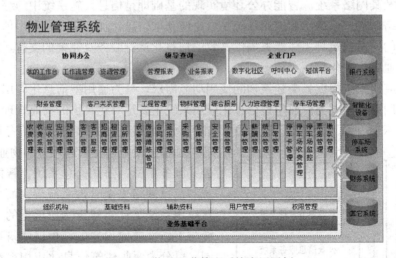

图 3-49　物业运营管理系统应用图例

公共服务管理系统整合公共数字化资源、管理手段与服务设施，对建筑物各类服务事务进行常规管理与应急管理。应急管理主要为在紧急情况、突发事件与危机状态下的公共管理与公共服务提供信息化和高效化的技术支持，使民众得到最佳的应急管理保障与应急服务。常规管理与常规服务系统为一切非应急状态下的公共管理与公共服务提供信息化、高效化的技术支持，包括日常的政/事务信息收集、整理、归档与分发，也包括日常的政/事务信息发布、检查、监督、跟踪、反馈与调整，形成了一系列极为快捷、方便、高效而规范的日常管理机制与日常服务机制。图 3-50 为公共服务管理系统应用图例。

图 3-50　公共服务管理系统应用图例

公众信息服务系统基于信息设施系统之上，集合各类共用及业务信息的接入、采集、分类和汇总，并建立数据资源库，通过触摸屏查询、大屏幕信息发布、Internet 查询向建筑物内公众提供信息检索、查询、发布和引导功能等。公众信息服务系统包括触摸屏查询系统、大屏幕信息发布系统、Internet 查询系统。其中，触摸屏查询系统是公众信息服务系统的重要组成部分，它应用计算机多媒体技术和网络技术，以文字、声音、图像、三维动画等丰富多彩的方式为用户提供方便快捷的信息检索查询服务。图 3-51 是公众信息服务系统应用图例。

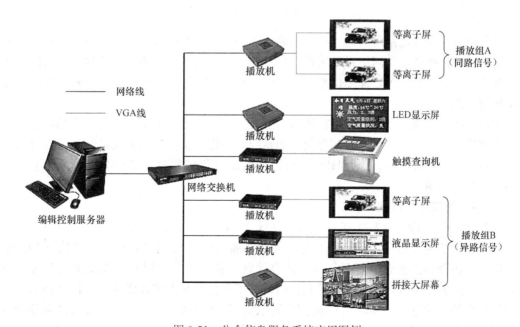

图 3-51　公众信息服务系统应用图例

　　智能卡应用系统将不同类型的 IC 卡管理系统连接到一个综合数据库，通过综合性的管理软件，实现统一的 IC 卡管理功能，从而使得同一张 IC 卡在出入口管理系统、电子巡更管理系统、IC 卡收费管理系统、考勤管理系统、停车场管理系统、电梯控制管理系统等各个子系统之间均能使用，真正实现一卡通，从而实现识别身份、门钥、重要信息系统密钥、消费计费、票务管理、资料借阅、物品寄存、会议签到等管理功能。智能卡应用系统的应用图例如图 3-52 所示。

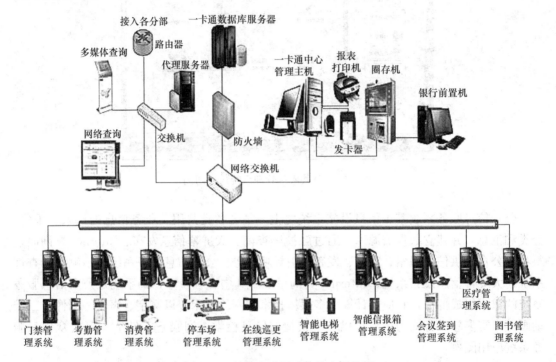

图 3-52　智能卡应用系统的应用举例

　　信息网络安全管理系统通过采用防火墙、加密、虚拟专用网、安全隔离和病毒防治等各种技术和管理措施，使网络系统正常运行，确保经过网络传输和交换的数据不会发生增加、修改、丢失和泄露等，保障信息网络的运行和信息安全。信息网络安全管理系统应用图例如图 3-53 所示。

　　工作业务应用系统是针对建筑物所承担的具体工作职能与工作性质而设置的，根据建筑物类别的不同，分为商业建筑信息化应用系统、文化建筑信息化应用系统、体育建筑信息化应用系统、医院信息系统（HIS）、学校建筑信息化应用系统等。医院信息化应用系统的应用图例如图 3-54 所示。

3.2.4　建筑智能管理环境

　　管理过程学派的创始人亨利·法约尔（Henri Fayol）在其名著《工业管理与一般管理》中对管理的定义为：管理是所有的人类组织都有的一种活动，这种活动由计划、组织、指挥、协调和控制五项要素组成。其中计划是确定未来发展目标以及实现目标的方式，是管理的首要因素；组织是对计划执行的分工；指挥是为实现既定目标而开展的引导和施加影响的活动过程；协调是和谐地配合工作；控制是按既定目标和标准对各项活动进行监督、检查，发现偏差，采取纠正措施，使工作能按原定计划进行，或适当调整计划以

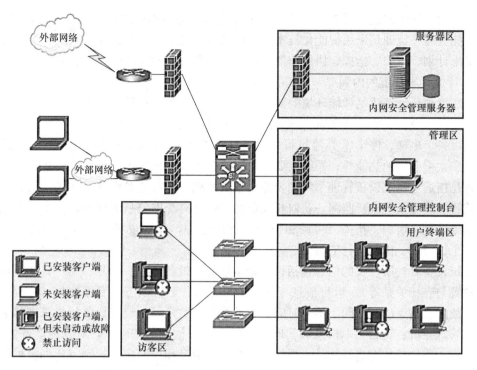

图 3-53　信息网络安全管理系统应用图例

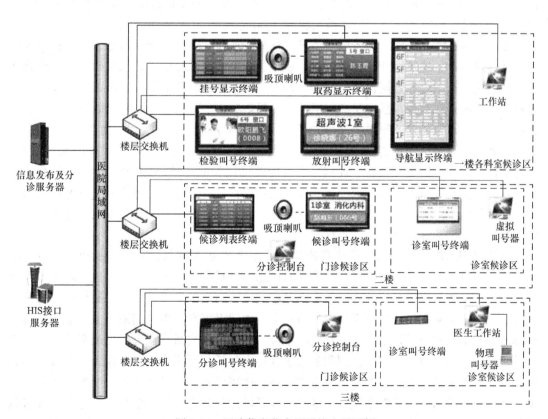

图 3-54　医院信息化应用系统应用图例

达预期目的。法约尔这五要素在现代管理中已成为普遍遵循的准则，具有普遍的适用性。建筑智能管理环境即是采用智能化技术对建筑设备、建筑内的各种能源以及建筑智能环境系统实施计划、组织、指挥、协调和控制，实现管理活动的智能化和科学化。

1. 智能管理环境的内涵

智能管理环境是建筑智能环境的要素之一，其内容主要包括设备管理、能源管理和系统管理。其中设备主要是指建筑物内的空调与通风、变配电、照明、给水排水、冷热源与热交换设备、电梯、停车库等建筑设备；能源主要是指建筑物内的各种能源，包括水、电、气和太阳能、地热能等；系统主要是指建筑智能环境系统中的各个智能化系统。而智能管理是指通过建筑设备管理系统和智能化集成系统分别对建筑设备、建筑中的各类能源和建筑智能环境系统进行监测，获取相关信息，通过对获取信息的处理、再生、利用和组织，实施计划、组织、指挥、协调和控制的管理过程，实现设备、能源、系统高效、节能、安全、可靠、优化运行的目标。

建筑设备管理所涉及的信息包括设备基本信息（设备名称、型号、出厂日期、设备的安装位置与连接关系等）、运行信息（累计运行时间、运行状态、启停次数）、故障/维修信息（故障类型、故障时间、维修时间、累计维修次数）等。建筑设备智能管理是通过建筑设备管理系统在设备基本信息和实时监测设备运行信息的基础上，对各种设备的现状、使用过程、维修等情况进行统计，根据这些统计参数及预先制定的规则（比如根据累计和连续运行时间、各台设备间的相互备用以及季节性使用设备的时间特点等），自动编排设备的维修计划，并根据故障/维修信息，进行故障诊断，采取积极的预防性维护措施，确保各类设备运行稳定、安全可靠，满足物业管理的需求。

能源管理所涉及的信息主要包括建筑物基本信息和分类分项能耗信息。建筑物基本信息包括建筑名称、建筑地址、建筑层数、建筑总面积、空调面积、建筑结构形式、建筑外墙保温形式；分类能耗数据包括电、水、燃气、集中供热、集中供冷、可再生能源等的耗能数据；分项能耗数据包括照明插座用电、空调用电、动力用电等的耗能数据。建筑能源智能管理通过建筑能效监管系统和绿色建筑可再生能源监管系统实现，前者采集、统计、分析、处理、显示、维护建筑冷热源、供配电、照明、电梯等建筑机电设施的能耗信息，通过对能耗数据的统计、分析、评判，进行能效评测和能耗预警/报警，建立科学有效的节能模式与优化策略方案，实现降耗升效的能效监管；后者综合应用智能化技术，对太阳能、地源热能等可再生能源应用系统进行实时监测和动态分析，保证其安全、可靠、高效地运行，确保实现绿色建筑整体目标。

系统管理所涉及的信息包括建筑智能环境系统的基本信息、实时控制和各类事件信息、突发事件报警信息、各智能化系统关联信息等。基本信息包括各智能化系统主要设备位置信息，比如建筑设备监控系统中主要机电设备（如空调机组、照明控制柜等）的位置信息、公共安全系统前端探测设备（如摄像机、入侵报警探测器、门磁开关、烟感、温感探测器等）的位置及编码信息、信息设施系统（如综合布线系统、有线电视系统、广播系统等）点位分布信息等。实时控制和各类事件信息包括各智能化系统及设备的运行状态和故障信息，比如建筑设备监控系统中空调设备、通风设备、给排水设备、变配电设备、照明设备、电梯设备、冷热源系统等主要机电设备的运行状态、运行参数、启停记录及过载报警，公共安全系统中入侵报警探测器的正常/报警状态、防区的布防和设防状态、视频监控设备的状态及图像信息、门禁系统读卡器的控制状态、各管制门的开闭状态、消防喷淋、消防水泵运行状态及过载报警、停车场车辆的流量、车位资料及收费与主要管理信息等。突发事件报警信息主要是入侵报警、火灾报警、设备事故报警等信息。各智能化系统关联信息主要是指智能化系统之间的联动响应信息。建筑智能化集成系统通过对以上信息的采集、处理、利用和组织，实现计划、组织、指挥、协调和控制等集成管理活动，把原来相互独立的系统有机地集成至一个统一环境之中，使管理人员在统一的图形界面下实现对各子系统集中监视和管理，以动态图标显示系统的实时状态，用图形及颜色等方式标识系统或设备的各种异常情况，当发生火警、盗警、设备事故等严重事件时，不仅显示界面有颜色变化，有警铃、警笛与光信号的闪烁，而且以各集成系统的状态参数为基础，实现各子系统之间的相关联动，从更高的层次协调管理各子系统之间的关系，提高对突发事件的响应能力，提高服务和管理的效率。比如，当大楼火警探测器探测到火警信号，可联动火情区域视频监控系统的摄像机转向报警区域进行确认，并将火警画面切换给主管人员和相关领导，门禁系统打开通道门的电磁锁，保证人员疏散，停车场系统打开栅栏机，尽快疏散车辆。图 3-55 为系统联动过程图例。

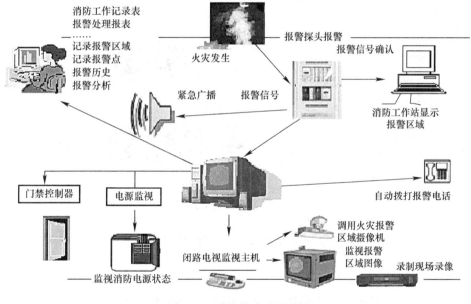

图 3-55　系统联动过程图例

2. 建筑智能管理环境的实现

建筑智能管理环境包括设备智能管理环境、能源智能管理环境和系统智能管理环境。其中设备智能管理环境和能源智能管理环境通过建筑设备管理系统实现，系统智能管理环境通过智能化集成系统实现。

（1）建筑设备管理系统实现设备和能源的智能管理

建筑设备管理系统基于对建筑设备综合管理的集成平台，具有对各类机电设备系统运行监控信息互为关联和共享应用，实施对建筑机电设备监控系统、建筑能效监管系统综合管理策略，在创建智能热湿环境、智能光环境、智能空气环境和智能声环境的同时，创建设备智能管理环境和能源智能管理环境。其中,建筑设备管理功能主要是通过建筑设备管理系统中的建筑设备监控系统实现,能源管理功能是通过建筑设备管理系统中的建筑能效监管系统和绿色建筑可再生能源监管系统实现。

1)设备智能管理环境的实现

建筑机电设备监控系统的主要功能是对冷热源系统、空调系统、给排水系统、供配电系统、照明系统和电梯系统等建筑机电设备进行测量、监视和控制,创建智能热湿环境、智能空气环境、智能光环境、智能声环境,同时还具有监视建筑设备的运行状态、统计系统设备运行参数、提示维护保养、诊断设备故障等设备管理功能。设备管理功能主要包括:自动检测、显示、打印各种设备的运行参数及其变化趋势或历史数据,统计设备运行参数及各台设备的连续运行时间,结合事先输入的经验知识,应用不同的推理技术及诊断策略,构成在线的设备管理专家系统,自动编排维护保养计划,实施运行数据的上下限报警、故障报警和故障诊断等。图3-56为建筑设备监控系统界面图例。

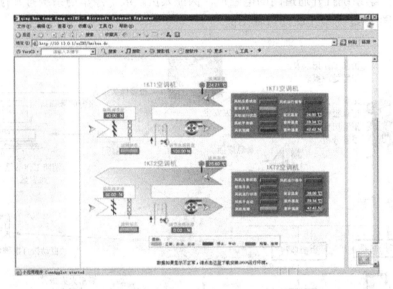

图 3-56　建筑设备监控系统界面图例

2)能源智能管理环境的实现

建筑能效监管系统的主要功能是对包括冷热源、供配电、照明、电梯等建筑机电设施的耗能进行采集,对采集的能耗数据进行统计、分析、处理,实施降低能耗、提升节能功效的能效监管。能耗采集功能是通过对包括冷热源、供配电、照明、电梯等建筑机电设施分类分项实时计量实现的。建筑能耗的实时记录与准确计量是建筑能效监管的基础,通过能耗分项计量可以详细了解建筑物各类负荷的能耗,开展基于分项计量的节能诊断,诊断影响能效的因素,及时改变不合理的能耗状况,对建筑物各功能空间实际需要进行系统优化调控,对系统配置进行适时整改,使各建筑设备系统高能效运行,实现降耗升效的能效监管,实现能源管理的精细化和科学化。图3-57为能耗分项计量管理的界面图例。

绿色建筑可再生能源监管系统是以实现低碳经济下的绿色环保建筑为目标,综合应用智

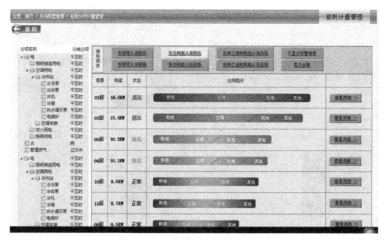

图 3-57　能耗分项计量管理的界面图例

能化技术，对在建筑中应用的太阳能、地源热能等可再生能源的有效利用进行管理。其中，绿色建筑是在建筑的全寿命周期内（物料生产、建筑规划、设计、施工、运营维护及拆除、回用过程），最大限度地节约资源（节能、节地、节水、节材），保护环境和减少污染，为人们提供健康、适用和高效的使用空间，与自然和谐共生的建筑。可再生能源是指在自然界中可不断再生并可以持续利用的资源，主要包括太阳能、风能、水能、地热能、生物质能等。目前太阳能在建筑中的应用主要有光电利用和光热利用两种形式，太阳能光电利用是通过光电器件直接将太阳能转换成电能，即太阳能光伏发电。太阳能光热利用是将太阳辐射能收集起来，通过物质的相互作用转换成热能加以利用，比如太阳能热水系统/太阳能供热采暖系统。地热能是来自地球深处的可再生热能，根据地热能温度的高低，地热能分为高品位地热能和低品位地热能。高品位地热能的温度较高，可以直接利用，可直接用于采暖、供热和供热水；低品位地热能温度相对较低，虽然这些低品位地热能不能直接利用，但可以通过输入少量的高位电能，实现低位热能向高位热能转移，并加以利用。地源热泵技术即是利用地下的土壤、地表水、地下水中蕴藏着的低品位热能，经过电力做功，提供可被人们所用的高品位热能。可再生能源监管系统的主要功能是对可再生能源进行监测和管理，监测是对可再生能源应用系统的运行参数进行监测，管理是基于对监测信息的统计分析，对系统进行调控，提高可再生能源的利用效率和效益。以太阳能热水系统/太阳能供热采暖系统监管为例，其监测太阳能日总辐射量、室外温度、集热系统进口温度、集热系统出口温度、集热系统流量、辅助热源耗能量，分析计算集热系统得热量、集热系统效率、太阳能保证率、全年常规能源替代量、费效比、二氧化碳减排量（吨/年）、二氧化硫减排量（吨/年），采用能源数据判断机制判断能源使用是否符合标准，根据实际需要进行系统优化调控，并将施效结果反馈回系统。比如监测系统检测到集热器的出水温度过低，则集热器会转动角度跟随太阳一起运动，以能够实现集热器采集到更多阳光，而后系统会将温度反馈至主控制中心，当达到户主设定集热器采集温度时，集热器停止转动。通过可再生能源监管系统，可掌握可再生能源的应用现状，预测未来用能趋势，使各类可再生能源资源得到合理配置，提高资源的利用效率和效益，实现绿色建筑整体目标。图 3-58 为可再生能源监管系统应用图例。

　　（2）智能化集成系统实现系统智能管理

　　智能化集成系统以绿色建筑为目标，实现对智能化各系统监控资源共享和集约化协同

图 3-58 可再生能源监管系统应用图例

管理。智能化集成系统的功能主要体现在两个方面，一方面是实现建筑中的信息资源和任务的综合共享与全局一体化的综合管理，实现对各子系统集中监视和管理，将各子系统的信息统一存储、显示和管理在同一平台上，用相同的环境、相同的软件界面进行集中监视，系统管理人员可以通过生动、直观的人机界面浏览各种信息，监视环境温度/湿度参数，空调、电梯等设备的运行状态，大楼的用电、用水、通风和照明情况，以及保安、巡更的布防状况，消防系统的烟感、温感的状态，或停车场系统的车位数量等，使决策者便于把握全局，及时作出正确的判断和决策。另一方面以满足建筑物的使用功能为目标，在实现子系统自身自动化的基础上，优化各子系统的运行，实现子系统与子系统之间关联的自动化，即以各子系统的状态参数为基础，通过智能化集成系统的集中管理和综合调度，实现各子系统之间的相关联动。比如当入侵探测器探测到有人非法闯入时，可联动该区域的照明系统打开灯光，同时联动该区域的视频监控系统将摄像机转向报警区域，并记录现场情况，联动门禁系统防止非法入侵者逃逸，提高对突发事件的响应能力。图 3-59 为智能化集成系统集中监视与管理界面图例，图 3-60 为智能化集成系统的系统联动图例。

图 3-59 智能化集成系统集中监视与管理界面图例

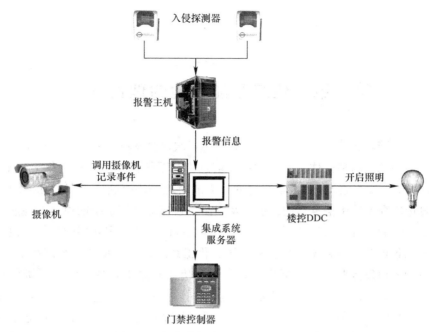

图 3-60　智能化集成系统的系统联动图例

本 章 小 结

　　建筑智能环境采用计算机控制技术对建筑物理环境进行监测与控制，创建建筑智能热湿环境、智能空气环境、智能光环境、智能声环境等智能物理环境，应用信息技术创建智能安全、信息通信、智能办公和智能管理环境等智能人工环境，赋予建筑环境智能的内涵和信息时代及知识经济的特征。通过本章学习，应掌握建筑智能环境八大要素的内容，了解其发展背景和过程，掌握其内涵和实现方法。

练 习 题

1. 试说明建筑智能环境包括哪些要素？
2. 智能物理环境与通常所说的建筑环境的区别是什么？
3. 通过学习建筑智能物理环境的发展背景和过程，对理解建筑智能环境有何帮助？
4. 简述建筑各智能物理环境的内涵及实现方法？
5. 试述智能人工环境的内容和意义？
6. 智能人工环境与哪些智能化系统相关？
7. 智能安全环境的要素是什么？智能安全环境怎样实现？
8. 信息通信环境的内容和实现？
9. 办公活动的核心和特征是什么？智能办公环境的智能如何体现？
10. 智能管理环境包括哪些内容？其智能如何体现和实现？

第4章 建筑智能环境的理论基础

信息社会是继农业社会、工业社会之后的第三次社会变革，系统论、控制论和信息论是信息社会最为基础的理论体系。控制论、信息论和系统论三大理论是科学技术整体化、综合化的产物，是20世纪自然科学取得的重大成就之一。控制论研究系统控制和调节的规律，信息论研究系统中信息运动的过程及规律，系统论研究系统的模式、性能、行为和规律。这里所说的系统是由相互制约的各个部件组成的具有一定功能的整体，包括人在内的生物系统和各种非生物系统（如工程系统、化工系统、通信系统、经济系统等）。三大理论各有不同的出发点和内容，但它们是在同一历史背景下，从不同侧面研究同一个问题，其手段有很多共同之处。与其他基础科学不同，控制论、信息论和系统论研究的对象既不是客观世界中哪一种结构，也不是物质的某种运动形态，而是从横向综合的角度，研究物质运动的规律，从而揭示世界各种互不相同的事物在某些方面的内在联系和本质特性，为科学研究提供新的方法，在解决复杂的科学、技术、经济和社会问题等方面，有着其他科学不可替代的重要作用，是建筑智能环境的理论基础。

4.1 控 制 理 论

控制论一词Cybernetics，来自希腊语，原意为掌舵术，包含了调节、操纵、管理、指挥、监督等多方面的涵义。控制论是研究各种系统的控制和调节一般规律的科学，它是数学、自动控制、电子技术、数理逻辑、生物科学等学科和技术相互渗透而形成的综合性科学。

4.1.1 控制论发展的三个阶段

控制论的发展分为经典控制理论、现代控制理论和智能控制理论三个不同的阶段，体现了由简单到复杂、由量变到质变的辩证发展过程。

1. 经典控制理论阶段

经典控制理论20世纪初开始形成并于50年代趋于成熟，它是以传递函数为基础，在频率域对单输入——单输出（SISO）控制系统进行分析与设计的理论。

（1）控制系统的特点

经典控制理论适用于单输入——单输出系统，它是基于传递函数的"反馈"和"前馈"控制思想，运用频率特性分析法、根轨迹分析法、描述函数法、相平面法、波波夫法等，实现系统的分析与设计。

（2）主要贡献

PID控制规律的产生。PID控制原理简单，易于实现，具有一定的自适应性与鲁棒性，对于无时间延迟的单回路控制系统很有效，在过程控制中被广泛应用。

2. 现代控制理论阶段

现代控制理论是 20 世纪 50~60 年代在线性代数的数学基础上发展起来的，是基于时域内的状态空间分析法，着重时间系统最优化控制的研究。

（1）控制系统的特点

现代控制理论的研究对象为多输入——多输出（MIMO）系统，系统可以是线性或非线性，定常或时变的，单变量或多变量，连续或离散系统。现代控制理论是基于时域内的状态方程与输出方程对系统内的状态变量进行实时控制，运用极点配置、状态反馈、输出反馈的方法，解决最优化控制、随机控制、自适应控制等问题。

（2）主要贡献

现代控制理论的提出，促进了非线性控制、预测控制、自适应控制、鲁棒性控制、智能控制等分支学科的发展，从而为解决复杂的工业过程控制问题提供了理论上的支持。

3. 智能控制理论阶段

智能控制理论 20 世纪 60 年代中期开始萌芽，在发展过程中综合了人工智能、自动控制、运筹学、信息论等多学科的最新成果，正在朝着"大系统理论"、"智能控制理论"和"复杂系统理论"的方向发展。大系统理论是用控制和信息的观点，研究各种大系统的结构方案、总体设计中的分解方法和协调等问题的技术基础理论；智能控制理论是研究与模拟人类智能活动及其控制与信息传递过程的规律，研制具有某些拟人智能的工程控制与信息处理系统的理论；复杂系统理论是把系统的研究拓展到开放复杂系统的范畴，以解决复杂系统的控制为目标。

（1）控制系统的特点

智能控制系统是具有众多因素复杂的控制系统，如宏观经济系统、资源分配系统、生态和环境系统、能源系统等。系统控制以时域法为主，通过大系统的多级递阶控制、分解——协调原理、分散最优控制和大系统模型降阶理论，解决大系统的最优化问题。

（2）主要贡献

智能控制理论使控制技术更进一步智能化，为整个生产过程实现计划、调度、管理、运输、销售和维修服务的优化和高度自动化提供了支持。

4.1.2　经典控制理论

经典控制理论（classical control theory）即古典控制理论，也称为自动控制理论。它是以自动控制系统为对象，以传递函数为数学工具，以描述自动控制系统输入量、输出量和内部量之间关系的数学模型为分析和设计控制系统的基础，基于传递函数的"反馈"和"前馈"控制思想，运用频率特性分析法、根轨迹分析法、描述函数法、相平面法、波波夫法等，研究"单输入——单输出"线性定常控制系统的分析与设计。

1. 基本概念

（1）自动控制是指不需要人直接参与，通过控制器使被控量自动地按预定规律变化的过程称为自动控制。

（2）自动控制系统是指为实现某一控制目标所需要的所有物理部件的有机组合体。

2. 系统结构和组成

自动控制系统的结构和组成如图 4-1 所示。主要包括控制器、执行机构、被控对象和检测装置等。

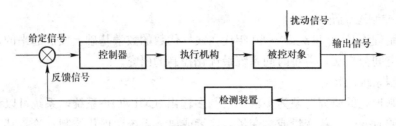

图 4-1　自动控制系统的结构和组成

3. 自动控制系统的类型

（1）开环控制系统与闭环控制系统

按控制方式有无反馈可分为开环控制系统和闭环控制系统。

1）开环控制系统

开环控制是一种最简单的控制方式，在控制器与被控对象之间只有正向控制作用而没有反馈控制作用，即系统的输出量对控制量没有影响，其结构如图 4-2 所示。

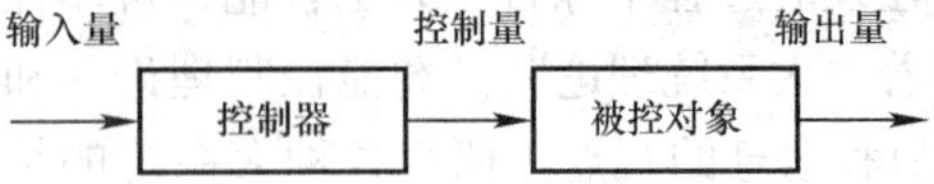

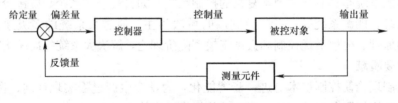

图 4-2　开环控制系统

开环控制系统的优点是结构简单、成本低，缺点是对扰动没有自动控制能力，常常被用于输出精度要求低的场合。若出现扰动，只能靠人工操作，使输出达到期望值。

2）闭环控制系统

控制器与被控对象之间既有正向作用，又有反向联系的控制过程，这种控制方式称为闭环控制，也称为反馈控制，其系统结构如图 4-3 所示。

图 4-3　闭环控制系统

闭环控制系统的主要特点有：

系统的输出参与控制，系统构成回路；

依靠偏差进行控制，只要偏差存在，就有控制作用；

控制精度高；

对系统内部扰动和外部扰动具有抑制作用。

（2）线性系统和非线性系统

按输出输入特性可分为线性系统和非线性系统。

1）线性系统

若控制系统的所有环节或元件的状态（特性）都可以用线性微分方程（或线性差分方程）描述，则该系统为线性系统。线性系统可分为线性定常（时不变）系统和线性时变系统两种。线性定常（时不变）系统描述系统运动规律的微（差）分方程的系数不随时间变化；线性时变系统描述系统运动规律的微（差）分方程的系数随时间变化。

线性系统的性质：满足叠加定理；系统的输出随输入按比例变化。

2）非线性系统

系统中的环节或元件有一个或一个以上具有非线性特性的系统称为非线性系统。

非线性系统可分为本质非线性和非本质非线性两种类型。本质非线性是输出输入曲线上存在间断点、折断点或非单值。否则为非本质非线性。本质非线性只能作近似的定性描述、数值计算。非本质非线性可在一定信号范围内线性化。

非线性系统的特点是暂态过程与初始条件有关，直接影响系统的稳定性。

（3）连续系统和离散系统

按传输信号与时间的关系可分为连续系统和离散系统。

1）连续系统

系统各环节的输入、输出信号都是时间的连续函数的系统称为连续系统，可用微分方程描述。

2）离散系统

离散系统是各环节中至少有一个是离散信号为输入或输出的系统。

该系统分为脉冲控制系统和数字控制系统两种。脉冲控制系统的离散信号为脉冲形式；数字控制系统的离散信号为数字形式。

（4）恒值系统、随动系统和程序控制系统

按传输信号与时间的关系可分为恒值系统、随动系统和程序控制系统。

恒值系统是给定输入量为常值的系统；随动系统是给定量随时间任意变化的系统；程序控制系统是给定量按照事先给定的时间函数变化的系统。

4. 自动控制系统的性能指标

自动控制系统的性能指标主要包括系统的稳定性、稳态性能和暂态性能三个方面。

（1）稳定性

当系统受到扰动时，输出量将偏离原来的稳定值，由于系统的反馈作用，通过系统自动调节，系统输出量回到原来的稳定值或在新的稳定值稳定下来，把这种系统称为稳定系统。当系统受到扰动时，不能通过调节使输出量达到稳态值，使系统输出值发散而处于不稳定状态，这种系统称为不稳定系统。稳定是系统正常工作的首要条件。

（2）稳态性能

描述系统稳态时的系统输出量与给定量（输入量）的偏差称为稳态精度，用稳态误差表示。在输入信号作用下，当系统达到稳态后，其稳态输出值与输入期望值（给定量）之差叫做给定稳态误差。显然，这种误差越小，表示系统的输出跟随参考输入的精度越高。

（3）暂态性能

暂态也称为动态，暂态性能是描述系统从一个稳态到达另一个稳态期间所表现的动态调节能力，其性能指标有上升时间、超调量、过渡过程时间（调节时间）、振荡次数等。以阶跃信号（给定信号）的动态响应为例，其输出动态响应曲线如图 4-4 所示。

在图 4-4 中，

上升时间 t_r：为响应从零第一次上升到稳态值所需时间。

超调量 $\delta\%$：输出最大值 x_{max} 与输出稳态值 $x_c(\infty)$ 的相对误差，即

$$\sigma\% = \frac{x_{max} - x(\infty)}{x(\infty)} \times 100\%$$

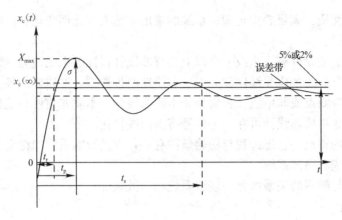

图 4-4　阶跃信号动态响应曲线

调节时间 t_s：系统的输出量进入允许误差范围对应的时间。

峰值时间 t_p：过渡过程到达峰值 x_{max} 所需要的时间。

振荡次数 μ：在调节时间内，输出量在稳态值附近上下波动的次数，反映系统过渡过程的平稳性。

5. 经典控制理论的局限性

经典控制理论虽然具有很大的实用价值，但也有着明显的局限性。主要表现在两个方面：一是经典控制理论建立在传递函数和频率特性的基础上，而传递函数和频率特性均属于系统的外部描述（只描述输入量和输出量之间的关系），不能充分反映系统内部的状态；二是无论是根轨迹法还是频率法，只适于解决"单输入——单输出"线性定常系统，对"多输入——多输出"系统及非线性、时变系统问题不能采用经典控制理论解决。

4.1.3　现代控制理论

随着社会不断进步，对控制系统的性能要求越来越高，很多复杂系统的控制问题无法用经典控制理论加以解决，这为现代控制理论的发展提供了重要的条件，同时现代数学，例如泛函分析、现代代数等为现代控制理论提供了多种多样的分析工具，计算机为现代控制理论发展提供了应用的平台。

1. 现代控制理论的应用

在现代控制理论中，对控制系统的分析和设计主要是通过系统的状态变量进行描述，基本的方法是时间域方法。现代控制理论比经典控制理论所能处理的控制问题要广泛得多，包括线性系统和非线性系统，定常系统和时变系统，单变量系统和多变量系统。它所采用的分析与设计方法更适合于在计算机上进行。现代控制理论还为设计和构造具有指定的性能指标的最优控制系统提供了可能性。

现代控制理论已在航空航天技术、军事技术、通信系统、生产过程等方面得到广泛的应用。现代控制理论的某些概念和方法，还被应用于人口控制、交通管理、生态系统、经济系统等的研究中。

2. 现代控制理论的内容和研究方法

现代控制理论内容主要包括：线性系统理论、非线性系统理论、最优控制理论、随机控制理论和自适应控制理论五个方面，研究方法是状态空间法。

线性系统理论是现代控制理论中最基本和比较成熟的一个分支，着重于研究线性系统中状态的控制和观测问题，其基本的分析和综合方法是状态空间法。按所采用的数学工具，线性系统理论通常分成为三个学派：基于几何概念和方法的几何理论，代表人物是W. M. 旺纳姆；基于抽象代数方法的代数理论，代表人物是 R. E. 卡尔曼；基于复变量方法的频域理论，代表人物是 H. H. 罗森布罗克。

由于非线性系统的分析和综合理论尚不完善，非线性系统理论研究领域主要限于系统的运动稳定性、双线性系统的控制和观测问题、非线性反馈问题等。从 20 世纪 70 年代中期以来，由微分几何理论得出的某些方法对分析某些类型的非线性系统提供了有力的理论工具。

最优控制理论是设计最优控制系统的理论基础，主要研究控制系统在指定性能指标实现最优时的控制规律及其综合方法。在最优控制理论中，用于综合最优控制系统的主要方法有极大值原理和动态规划。最优控制理论的研究范围正在不断扩大，诸如大系统的最优控制、分布参数系统的最优控制等。

随机控制理论的目标是解决随机控制系统的分析和综合问题。维纳滤波理论和卡尔曼-布什滤波理论是随机控制理论的基础。随机控制理论的主要组成部分是随机最优控制，这类随机控制问题的求解有赖于动态规划的概念和方法。

自适应控制系统是在模仿生物适应能力的思想基础上建立的可自动调节本身特性的控制系统。自适应控制系统的研究常可归结为如下的三个基本问题：识别被控对象的动态特性；在识别被控对象的基础上选择决策；在决策的基础上做出反应或动作。

3. 状态空间模型的表示法

现代控制理论是建立在"状态空间"基础上的控制系统分析和设计理论，是控制理论的重要组成部分。它用"状态变量"来描述系统的内部特征，用"一阶微分方程组"来描述系统的动态特性。系统的状态空间模型描述了系统输入、输出与内部状态之间的关系，揭示了系统内部状态的运动规律，反映了控制系统动态特性的全部信息。

（1）基本术语

1）状态：动态系统的状态是指能完全描述系统时域行为的一组相互独立的变量组，由给定变量组的初始值 $x(t_0)$ 和输入函数 $u(t \geqslant 0)$，就能完全确定输出 $y(t)$。

2）状态向量：系统有 n 个状态变量 $x_1(t)$，…，$x_n(t)$，用这 n 个状态变量作为分量所构成的向量（通常以列向量表示）称为系统的状态向量：$x(t) = (x_1(t) \cdots x_n(t))^T$

3）状态空间：以状态变量 x_1，x_2，…，x_n 为坐标轴所组成的 n 维空间，称为状态空间。X^n 状态空间的每一个点均代表系统的某一特定状态。反过来，系统在任意时刻的状态都可用状态空间中的一个点来表示。

（2）状态空间模型的一般形式

以状态空间模型描述系统行为的方法与传递函数不同，它把输入对输出的影响分成两段来描述。第一段是输入引起系统内部状态发生变化，由一阶向量微分方程 $\dot{x}(t) = f(x(t)，u(t)，t)$（状态方程）来描述；第二段是系统内部状态变化引起系统输出的变化，用一个代数方程 $y(t) = \phi(x(t)，u(t)，t)$（输出方程，也称观测方程）来描述。图 4-5 为系统示意图。

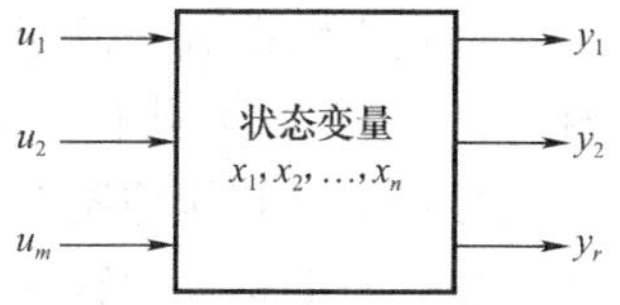

其中，状态向量：$x(t) = (x_1(t) \cdots x_n(t))^T$，为 n 维，T 表示转置；

输入向量：$u(t) = (u_1(t) \cdots u_m(t))^T$，为 m 维；

图 4-5　系统示意图

输出向量：$y(t)=(y_1(t) \cdots y_r(t))^T$，为 r 维。

对线性时变系统，上式可写成如下规范形式：

$$\dot{x}(t) = A(t)x(t) + B(t)u(t), \quad y(t) = C(t)x(t) + D(t)u(t)$$

对线性定常系统，可写成如下规范形式：

$$\dot{x}(t) = Ax(t) + Bu(t), \quad y(t) = Cx(t) + Du(t)$$

其中，A——系数矩阵：描述状态量本身对状态量变化的影响；

$\qquad$ B——输入（控制）矩阵：描述输入量对状态量变化的影响；

$\qquad$ C——输出矩阵：描述状态量对输出量变化的影响；

$\qquad$ D——直接转移矩阵：描述输入量对输出量变化的直接影响。

在实际系统中，很少有输入量直接传递到输出端，因而常常 $D=0$，故线性定常系统通常用（A，B，C）表示。

系统的输出量和状态变量是两个不同的概念，系统输出量是人们希望从系统外部能测量到的某些信息，它们可能是状态分量中的一部分，也可以是一些状态分量和控制量的线性组合；系统的状态变量是完全描述系统动态行为的一组量，在许多实际系统中往往难以直接从外部测量得到，甚至根本就不是物理量。所以，在选择输出量时，要根据需要确定，其数量不能超过状态分量的个数。

（3）状态空间模型的建立

要建立状态空间模型，必须先选取状态变量，状态变量一定是系统中相互独立的变量。对于同一系统，状态变量选取的不同，所建立的状态空间表达式也不同，通常选取状态变量采取以下三种途径：

1）选择系统中贮能元件的输出物理量作为状态变量，然后根据系统的结构，用物理定律列写出状态方程。

2）选择系统的输出及其各阶导数作为状态变量。

3）选择能使状态方程成为某种标准形式的变量作为状态变量。

现代控制理论在复杂的多变量系统中有很多成功的应用实例。

4.1.4 智能控制理论

智能控制是针对被控对象及其环境、目标和任务的不确定性和复杂性，通过自适应、自学习、规划、逻辑推理和判断等，来达到对复杂系统实施有效控制。智能控制应用越来越广，在越来越多的领域替代传统模拟控制。随着微电子技术、集成电路技术、计算机技术的快速发展，尤其是微处理器的计算能力、实时性等方面的明显突破，为智能控制理论的应用提供技术保证，其应用前景十分广阔。

1. 智能控制理论的起源与发展

（1）智能控制理论的起源

经典控制理论和现代控制理论依赖于控制对象模型的精确性，使得现代控制理论在处理难以建立精确数学模型的一些复杂工业过程和系统时，显示出了严重的不适应性和局限性。20 世纪 70 年代初，美国普渡大学（Purdue University）电气工程系的美籍华人傅京孙教授提出"智能控制"这一概念，把人工智能领域中的启发式规则应用于学习控制系统，这一时期称为"智能控制"思想的萌芽阶段。1985 年，在美国首次召开了智能控制学术讨论会。1987 年又在美国召开了智能控制的首届国际学术会议，标志着智能控制作为一个新的学科分支得到承认。

（2）智能控制理论的发展

20 世纪 70 年代以来，计算机技术和人工智能技术迅速发展，为提高控制系统的自学习能力，学者开始将人工智能技术应用于控制系统。

1965 年，美籍华裔科学家傅京孙教授首先把人工智能的启发式推理规则用于学习控制系统，1966 年，Mendel 进一步在空间飞行器的学习控制系统中应用了人工智能技术，并提出了"人工智能控制"的概念。1967 年，Leondes 和 Mendel 首先正式使用"智能控制"一词。

20 世纪 70 年代初，傅京孙、Glofiso 和 Saridis 等学者从控制论角度总结了人工智能技术与自适应、自组织、自学习控制的关系，提出了智能控制就是人工智能技术与控制理论的交叉的思想，并创立了人机交互式分级递阶智能控制的系统结构。

20 世纪 70 年代中期，以模糊集合论为基础，智能控制在规则控制研究上取得了重要进展。1974 年，Mamdani 提出了基于模糊语言描述控制规则的模糊控制器，并用于工业过程控制，之后又成功地研制出自组织模糊控制器，使得模糊控制器的智能化水平有了较大提高。模糊控制的形成和发展，以及与人工智能的相互渗透，对智能控制理论的形成起了重要的推动作用。

20 世纪 80 年代，专家系统技术的逐渐成熟及计算机技术的迅速发展，使得智能控制和决策的研究也取得了较大进展。1986 年，K. J. Astrom 发表的著名论文《专家控制》中，将人工智能中的专家系统技术引入控制系统，组成了另一种类型的智能控制系统——专家控制系统。目前，专家控制方法已有许多成功应用的实例。

总之"智能控制"概念提出以来，智能控制已经从二元论（人工智能和控制论）发展到四元论（人工智能、模糊集理论、运筹学和控制论），在取得丰硕研究和应用成果的同时，智能控制理论也得到不断的发展和完善。智能控制具有多学科交叉的特点，它的发展得益于人工智能、认知科学、模糊集理论和生物控制论等许多学科的发展，同时也促进了相关学科的发展。智能控制是发展较快的新兴学科，尽管其理论体系还远没有经典控制理论那样成熟和完善，但智能控制理论和应用研究所取得的成果显示出其旺盛的生命力，受到相关研究和工程技术人员的关注。随着科学技术的发展，智能控制的应用领域将不断拓展，理论和技术也必将得到不断的发展和完善。

2. 智能控制的主要方法

智能控制技术的主要方法有模糊控制、基于知识的专家控制、神经网络控制和集成智能控制等，以及常用的优化算法：遗传算法、蚁群算法和免疫算法等。

（1）模糊控制

模糊控制是以模糊集合、模糊语言变量、模糊推理为其理论基础，以先验知识和专家经验作为控制规则，运用模糊控制器逻辑推理等手段，实现系统的有效控制。其特点是：控制机理和策略易于接受与理解，设计简单，便于应用，它是模糊数学同控制理论相结合的产物，对难以建立精确数学模型的对象是一种有效的控制方法。

（2）专家控制

专家控制是将专家系统的理论与控制理论相结合，仿效专家的经验，实现对系统控制的一种智能控制。主体由知识库和推理机构组成。通过对知识的获取与组织，按某种策略适时选用恰当的规则进行推理，以实现对控制对象的控制。专家控制可以灵活地选取控制率，灵活性高；可通过调整控制器的参数，适应对象特性及环境的变化，适应性好；通过专家规则，系统可以在非线性、大偏差的情况下可靠工作，鲁棒性强。

（3）神经网络控制

神经网络是模拟人脑神经元的活动，利用神经元之间的连接与权值的分布来表示特定的信息，通过不断修正连接的权值进行自我学习，以逼近理论为依据进行神经网络建模，并以直接自校正控制、间接自校正控制、神经网络预测控制等方式实现智能控制。

（4）学习控制

1）遗传算法学习控制

智能控制是通过计算机实现对系统的控制，因此控制技术离不开优化技术。快速、高效、全局化的优化算法是实现智能控制的重要手段。遗传算法是模拟自然选择和遗传机制的一种搜索和优化算法，它模拟生物界生存竞争、优胜劣汰、适者生存的机制，利用复制、交叉、变异等遗传操作来完成寻优。遗传算法作为优化搜索算法，一方面希望在宽广的空间内进行搜索，从而提高求得最优解的概率；另一方面又希望向解的方向尽快缩小搜索范围，从而提高搜索效率。如何同时提高搜索最优解的概率和效率，是遗传算法的一个主要研究方向。

2）迭代学习控制

迭代学习控制是模仿人类学习的方法，即通过多次的训练，从经验中学会某种技能，来达到有效控制的目的。迭代学习控制能够通过一系列迭代过程实现对二阶非线性动力学系统的跟踪控制。整个控制结构由线性反馈控制器和前馈学习补偿控制器组成，其中线性反馈控制器保证了非线性系统的稳定运行、前馈补偿控制器保证了系统的跟踪控制精度。它在重复运动的非线性机器人系统的控制中得到成功应用。

3. 智能控制的应用

（1）工业过程中的智能控制

生产过程的智能控制主要包括局部级和全局级两部分。局部级的智能控制是指将智能引入工艺过程中的某一单元进行控制器设计。例如智能 PID 控制器、专家控制器、神经网络控制器等。全局级的智能控制主要针对整个生产过程的自动化，包括整个操作工艺的控制、过程的故障诊断、规划过程操作和异常处理等。

（2）机械制造中的智能控制

在现代先进制造系统中，需要依赖那些不够完备和不够精确的数据来解决难以或无法预测的情况，人工智能技术为解决这一难题提供了有效的解决方案。智能控制被广泛地应用于机械制造行业，它利用模糊数学、神经网络的方法对制造过程进行动态建模；利用传感器融合技术来进行信息的预处理和综合；采用专家系统的"Then-If"逆向推理作为反馈机构，修改控制机构或者选择较好的控制模式和参数；利用模糊集合和模糊关系的鲁棒性，将模糊信息集成到闭环控制的外环决策来选择控制动作；利用神经网络的学习功能和并行处理信息的能力，进行在线的模式识别，处理残缺不全的信息。

（3）电力电子学研究领域中的智能控制

电力系统中发电机、变压器、电动机等电机电器设备的设计、生产、运行、控制是一个复杂的过程，国内外的电气工作者将智能控制技术引入到电气设备的优化设计、故障诊断及控制中，取得了良好的控制效果。遗传算法是一种先进的优化算法，采用此方法来对电器设备的设计进行优化，可以降低成本，缩短计算时间，提高产品设计的效率和质量。

4. 智能控制与传统控制的比较

(1) 传统控制的特点

以稳定性的理论和反馈理论为基础的自动控制理论，使传统控制得到了迅速的发展，主要形成了四方面的特点：

1) 具有完整的理论体系。形成了以反馈理论为核心，以精确的数学模型为基础，以微分和积分为主要数学工具，以线性定常系统为主要研究对象的完善的理论和应用方法。

2) 较成熟的系统分析方法。形成了以时域法、根轨迹法、线性系统为基础的分析方法。

3) 具有严格的性能指标体系。对系统的稳态性能和动态性能都有具体而严格的性能指标描述。

4) 应用广泛。在单机自动化，不太复杂的过程控制及系统工程领域中得到了广泛应用。

(2) 传统控制的不足

传统控制也具有明显的局限性，其局限性主要表现在：

1) 传统控制理论是建立在以微分和积分为数学工具的精确模型上，而这种模型通常是经过简化后获得的，对于高度非线性和复杂系统，数学模型将丢失大量的重要信息而失去使用价值。

2) 传统控制理论虽然可通过自适应控制和鲁棒控制来处理对象的不确定性和复杂性，但在实际应用中，当被控对象存在严重的非线性、数学模型的不确定性及系统工作点变化剧烈的情况下，自适应和鲁棒控制存在难以弥补的严重缺陷，所以应用方面受到很大的限制。

3) 传统的控制系统输入的信息比较单一，而现代的复杂系统不仅输入信号复杂多样和容量大，并且要求对各种输入信息进行融合推理和分析，所以传统控制方式难以满足。

4) 传统控制系统的自学习、自适应、自组织功能和容错能力较弱，不能有效地进行不确定的、高度非线性、复杂的系统控制任务。

(3) 智能控制的特点

智能控制具有交叉学科和定量与定性相结合的分析方法和特点。其基础是人工智能、控制论、运筹学和信息论等交叉的学科融合，具有以下特点：

1) 对多变量非线性系统有很强的适应性。很多非线性复杂系统，难以用常规的控制理论去进行定量计算和分析，而必须采用定量方法与定性方法相结合的控制方式。智能控制是一种有效的方法，它重点不是放在数学公式的表达、计算和处理上，而是放在对非数学模型的描述、符号和环境的识别以及知识库和推理机的开发上，建立智能系统模型，从而对多变量非线性系统实施有效的控制。

2) 智能控制的核心是高层控制，即组织控制。其任务是对实际环境或过程进行组织、决策和规划，实现广义问题求解。为了完成这些任务，需要采用符号信息处理、启发式程序设计、知识表示、自动推理和决策等相关技术。

3）智能控制是一门边缘交叉学科。它是人工智能、自动控制、运筹学和信息论的交叉融合，形成了完善的智能控制理论体系。

4）智能控制是一个新兴的研究和应用领域，具有广泛的发展前景。自"智能控制"概念提出以来，该领域的专家和学者提出了各种智能控制理论，有些已经在实际中发挥了重要作用。其中应用较多的有递阶控制、模糊逻辑、神经网络、专家系统、遗传算法等理论和自适应控制、自组织控制、自学习控制等。

总之，智能控制系统具有较强的学习能力，能对未知环境提供的信息进行识别、记忆、学习、融合、分析、推理，并利用积累的知识和经验不断优化、改进和提高自身的控制能力；具有较强的自适应能力，能适应被控对象动力学特性变化、环境特性变化和运行条件变化；具有较强的容错能力，系统对各类故障具有自诊断、屏蔽和自恢复能力；具有较强的鲁棒性，系统性能对环境干扰和不确定性因素不敏感；具有较强的组织功能，对于复杂任务和分散的传感信息具有自组织和协调功能，使系统具有主动性和灵活性；具有较强的实时响应能力，系统对扰动的影响具有较强的在线实时响应调节能力。

（4）智能控制与传统控制的关系

智能控制与传统控制有密切的关系，有效地使传统控制与智能控制相互关联、紧密结合与交叉综合，是控制领域研究的重要内容。常用的方法有：

1）常规控制包含在智能控制之中，智能控制通常利用常规控制的方法来解决"底层"的控制问题，例如在分级递阶智能控制系统中，组织级采用智能控制，而执行级采用的是传统控制。

2）将传统控制和智能控制进行有机结合可形成更为有效的智能控制方法。

3）对数学模型基本成熟的系统，采用在传统数学模型控制的基础上增加一定的智能控制方法，提高控制效果。

各种控制理论都有其优点、缺点和适用范围，如果能够取长补短，则必然能够扩大其应用的范围，这也是控制理论的发展方向。事实上，现在已经出现了集经典控制理论、现代控制理论和智能控制理论于一身的各种复合控制理论，如模糊 PID 复合控制、模糊变结构控制、自适应模糊控制、模糊预测控制、模糊神经网络控制、专家 PID 控制、专家模糊控制等等，实现传统控制策略与智能控制策略的有机结合，改善控制系统的性能指标。

4.2　信息理论

信息论是关于信息的理论，由于其内涵和外延不断地发展变化，信息论的研究内容也随着时代的发展而得到不断丰富和完善。按照发展阶段的递进，通常将信息论分为经典信息论、一般信息论和广义信息论。经典信息论主要研究信息的测度、信道容量以及信源和信道编码理论等。一般信息论主要研究通信问题，包括噪声、信息滤波与预测、信号调制与信号处理等。由于经典信息论和一般信息论都主要讨论通信问题，因此被统称为狭义信息论；广义信息论不仅包括以上内容，而且包括与信息有关的所有领域，如生物有机体的神经系统、人类社会的管理系统、工程物理系统等。可见，信息论起源于通信工程，但目前的研究领域已完全超越了通信工程的范畴，广泛地渗透于其他领域。

4.2.1　信息的定义及其属性

信息（Information）从广义上说，就是自然界和一切人类活动所传达出来的信号和消息，是客观事物运动和变化的一种反映，是伴随人类社会并深刻影响着人们日常生活的一种存在形式，是人类生活中不可或缺的部分。不同的人群从不同的角度对信息的理解不同，给出的定义也不同。迄今为止，尚没有关于"信息"的确切定义，人们对信息的认识和理解在不断地深化。

（1）信息的定义

英国牛津辞典定义"信息就是谈论的事情、新闻和知识"，美国韦氏字典定义"信息是在观察或研究过程中获得的数据、新闻和知识"，辞海（1989 年版）给出的定义"信息是通信系统传输和处理的对象，泛指消息和信号的具体内容和意义，通常需要通过处理和分析来提取"。

在日常生活中，信息通常被认为是"消息"、"情报"、"知识"、"情况"等的统称。例如，人们通过电视、电话、广播、报刊等各种媒体，每时每刻都在获取、加工、传递和利用着大量的信息。在行政管理工作中，看材料、学文件是获取信息，做决策、批阅文件是处理信息，做指示是传递信息。用文字、符号、数据、语言、音符、图片、图像等能够被人们感知的形式，把客观世界运动和主观思维活动的状态表达出来称之为"消息（Message）"。消息中包含了信息，消息是信息的载体。

在各种实际的通信系统中，通常是把通信双方的信息转换成适合信道传输的物理量，称之为"信号（Signal）"，例如电信号、光信号、声信号、生物信号等。信号携带着消息，是消息的运载工具，同时信号也携带信息，但携带的不是信息本身。同一信息可用不同的信号来表示，同一信号也可以表示不同的信息。因此，信息、消息和信号，是既有区别又有联系的三个不同概念。

美国科学家维纳（Norbert Wiener，1894-1964）在其《控制论—动物和机器中通信与控制问题》（1948 年）一书中提出："信息就是信息，不是物质，也不是能量"，明确了信息、物质和能量三者具有不同的属性。能量是一切物质运动的动力，信息是人类认识世界、了解自然和从事社会活动的凭据。信息、物质和能量是人类社会赖以生存和发展的三大要素，并可以将其引伸为"信息是物质（事物）的一种普遍属性，是事物运动的状态、方式及其改变的反映"。

香农（Claude Elwood Shannon，1916-2001）从通信系统传输的实质出发，对信息的含义进行了深入阐述。他在 1948 年发表的一篇著名论文《通信中的数学理论》中对信息定义为："信息是事物运动状态或存在方式不确定性的描述"。

（2）信息的本质

作为技术术语广泛使用的"信息"是指技术上可收集、识别、提取、转换、存储、传递、处理、检索、分析和利用的对象，它主要是指信息的具体表达形式而不是信息的内容。如计算机把数据库中的数据整理成所需形式的报表，仅是完成了信息从一种形式到另一种形式的转换。因此，作为技术术语的"信息"实际上是指一切符号、记号、信号等表达信息所用的形式或载体，即把信息的形式或载体与其具体内容区分开来。

信息作为一个可用严格数学公式定义的科学名词，首先出现在统计数学中，随后又出现在通信技术中，其定义的信息都是一种统计意义上的信息，简称为统计信息。统计信息反映了信息表达形式中统计方面的性质，是统计学中的一个抽象概念，与信息内容无关，而且不随信息具体表达形式的变化（如把文字翻译成二进制码）而变化，因此也独立于形式。香农定义的信息即属此类。

在通信系统中，其传输的形式是消息，但接收方（收信者）在收到消息之前是无法判断发信者将会发送何种事物的何种运动状态。即使接收到对方来的消息，由于各种干扰的存在，也不能断定所得到的消息是否正确可靠，这就是通信系统中信息的不确定性。因此，通信过程就是一种消除不确定性的过程。不确定性消除得越多，获得的信息就越多；若原先的不确定性全部消除了，就获得了全部信息；若原先的不确定性没有任何消除，就没有获得任何信息。因此，香农的定义揭示了信息的本质，获取信息就是消除或部分消除不确定性的过程。

（3）信息的度量

通信的目的是为了获取信息。通信系统中传输信息的多少采用信息量来度量。根据香农对信息的定义，信息量与不确定性消除的程度有关，消除多少不确定性就得到多少信息量。从数学的角度来看，不确定性就是随机性，具有不确定性的事件就是随机事件，因此可以用概率论和随机过程来测度不确定性的大小。某一事物状态出现的概率越小，其不确定性越大；反之，某一事物状态出现的概率接近于1，说明事件是预料中肯定会出现的，其不确定性就越接近于零。

由此可见，某一事物状态不确定性的大小与该事物可能出现的状态数目，以及各状态出现的概率大小有关。既然不确定性的大小可以度量，那么信息就是可以测度的。把某事物各种可能出现的不同状态即所有可能选择的消息的集合称之为样本空间，每个可能选择的消息就是这个样本空间中的一个元素。对于离散消息的集合，概率测度就是对每个可能选择的消息指定一个概率（非负数且所有消息的概率和为1）。一个样本空间和它的概率测度称之为概率空间。

一般情况下，用概率空间 $[X，P(x)]$ 来描述信息的不确定性。

在离散状态下，X 的样本空间可以写为 $[a_1，a_2，\cdots，a_n]$，样本空间中任选一元素的概率可以表示为 $P(a_i)$，因此在离散情况下，概率空间可表示为：

$$\begin{bmatrix} X \\ P(x) \end{bmatrix} = \begin{bmatrix} a_1 & a_2 & \cdots\cdots & a_n \\ P(a_1) & P(a_2) & \cdots\cdots & P(a_n) \end{bmatrix}$$

综上所述，香农将概率测度、随机过程和数理统计的方法引入通信理论，把信息论转换成一个抽象的数学模型，将信号的物理特性与其所传输的信息完全分开讨论，开辟了研究信息论的新方法。

为了评估信源的平均信息量，克劳修斯于1865年引入了熵的概念，以孤立系统熵增加定律的形式表述热力学第二定律；继而波尔兹曼和普朗克给出了熵的微观统计公式，用熵代表系统的无序度，从此确立了熵的重要地位。香农将统计熵作为基本组成部分用于信息理论中，给熵以新的意义，以表示信源的不确定性。在信息理论中称统计熵为信息熵 $H(X)$。信息熵是从平均意义上表征总体信息测度的一个量，因此可以用概率分布函数 $P(x)$ 来表达，又称之为熵函数。熵用以解决信息量化度量问题，是信息量与信息价值的比值，熵值越低，代表用户获取信息价值越大。

如果将概率分布函数 $P(x_i)$，$i=1，2，\cdots，n$，记为 $p_1，p_2，\cdots，p_n$，则熵函数又可

以写成矢量函数 $P=(p_1, p_2, \cdots, p_n)$ 的函数形式，记为 $H(P)$。

$$H(X) = H(p_1, p_2, \cdots, p_n) = H(P) = -\sum_{i=1}^{n} p_i \log p_i$$

4.2.2　信息理论的发展及其意义

信息论作为一门学科始于 20 世纪 40 年代，其理论上最主要的标志是香农的论文《通信的数学理论》（1948）和维纳的专著《控制论——动物和机器中的通信与控制问题》（1948）。因此，人类认识和利用信息的历史可以粗略地以 1948 年为界来划分。在随后的几十年中，相继提出了关于信源和信道特性的通信理论，噪声理论，信号滤波、预测、统计、检测与估计理论，调制以及信息处理理论等。这些理论的特点在于，运用概率和数理统计的方法系统地讨论了通信的基本问题，并扩展到广义的信息传输、提取和处理系统中一般规律的研究，得到了一些重要而带有普遍意义的结论，并由此奠定了现代信息论的基础。将信息论应用于工程测试领域始于 20 世纪 60 年代，如将一个检测系统看作广义通信系统，应用信息论的有关理论来分析研究检测过程中的一些问题等。

1. 信息理论的发展

信息理论的发展经历了三个阶段。

第一个阶段是经典信息论。由于此理论主要由香农提出，故又称香农信息论。香农信息论以通信系统模型为对象，以概率论和数理统计为工具，主要研究通信过程中消息的信息量、信道容量和消息的编码等问题。它只是对信息的符号作定量的描述，而不考虑信息的意义和效用方面的问题，这是香农信息论的不足之处。

第二个阶段是一般信息论。这种信息论虽然主要还是研究通信问题，但是新增加了噪声理论，信号的滤波、检测、调制解调，以及信息处理等问题。由于前两个阶段主要讨论通信、信号、控制类问题，所以一般统称为狭义信息论。

第三个阶段是广义信息论。它是随着现代科学技术纵横交错的发展而逐渐形成的。广义信息论突破了香农信息论的局限性，由对语法信息的研究深入到语义信息和语用信息的探索问题。

2. 香农信息理论及其信息方法

1）香农信息理论

香农第一次从理论上阐明了通信的基本问题。首先，他把通信视为一个宏观系统，把复杂的通信机构简化成信源、编码、信道、噪声、译码及信宿模型。把通信过程简化为一个信息的发送、传递、加工、接收系统。他的这种通信模式、技术系统，具有普遍的意义，可以推广到生命系统和社会系统，为实现社会信息化提供了理论基石。其次，他把统计和概率观点引入通信理论，以概率为基础重新定义了信息和信息量，使信息成为可以精确度量的科学概念。他认为信源发出的信息具有不确定性，因此确定把统计信息源的概率作为工作中心。香农把信息定义为是对不确定性的排除或用来消除不确定性的东西，认为信息就是负熵，是系统组织程度、有序程度的标记。这是人类对信息的第一次科学定义，实现了通信科学由定性阶段到定量阶段的飞跃。香农在信息概念上的突破，超过了牛顿时期力的概念的突破，对科学与社会的发展产生了更大的贡献。而且，香农还对通信的技术问题进行了全面研究，从而解决了如何提取有用信息；怎样才能充分利用信道的信息容量、传递最大信息量以及怎样编、译码等问题。

2) 香农信息理论的抽象信息方法

香农信息论提供了一种更为广泛的科学方法，即信息方法。所谓信息方法，就是运用信息的观点，把对象抽象为一个信息变换系统，把对象的运动看作是信息的获取、传递、加工处理、输出、反馈，即信息流动过程，是从信息系统的活动中揭示对象的运动规律的一种科学方法。

信息方法具有的特点：

第一，以信息作为分析和处理问题的基础。用这种方法处理问题，撇开对象的具体物质运动形态，把对象抽象为一个信息交换过程，根据对象与发出信息之间的某种确定的对应关系，通过信息来揭示事物的本质和运动规律。这种研究方法大大节省了时间和费用，缩短了人们认识事物的过程，它能帮助人们及时发现运用传统方法不易发现的问题，达到了运用传统方法不易达到的良好效果。

第二，把人们的认识和研究过程抽象为一个信息流，通过对信息的获取、传递、加工处理、输出、反馈等环节来揭示对象的性质与规律。这种研究方法揭示了认识活动的信息过程，为人们提供了研究认识活动的新模式。

第三，由于人们在处理多因素、动态复杂系统时，信息量剧增，单靠人脑进行加工，单凭人工来进行处理，已经远不能适应客观要求，而借助信息方法就便于将信息处理机引进认识过程和实践环节，组成人—机交互系统，帮助人们处理信息，解决单靠人脑无法处理的复杂课题和繁重的计算任务，从而大大增强了认识主体在认识世界和改造世界中的能动作用。

目前信息化已广泛应用于人类生产、生活与科学实验之中，并取得巨大成效。例如，卫星通信、微波通信、光通信、电子计算机、互联网等现代信息系统。过去只能为少数机构使用的信息，已经进入寻常百姓家，被越来越多的普通人广泛利用。于此同时，越来越多的信息物化到各种产品中，从而减少了产品的物质损耗，提高了产品价值中智能和信息的比重，出现了新兴的知识密集型产业。信息在使生产自动化的同时，也在使办公室工作、服务行业和家庭生活走向自动化。而上述这些与信息方法的广泛应用是分不开的，这也是香农信息论方法论的意义。

3. 广义信息理论

广义信息理论在横向上把有关信息的规律和理论研究成果与系统论、控制论相互整合，并广泛运用于物理学、地质学、地理学、生物学、生理学、心理学、社会学、经济学、历史学、管理学等等学科领域的研究中去，从而拓宽了信息论的研究方向，使得人类对信息现象的认识与揭示不断丰富和完善，形成一门研究信息的产生、获取、变换、传输、存储、处理、显示、识别和利用的广义信息论，即信息科学。

信息科学是以信息为基本研究对象，以信息的运动规律和应用方法为主要研究内容，以扩展人类的信息功能为中心研究目标的一门新兴的、横断的综合性学科群体。以信息为基本研究对象，是信息科学区别于一切传统科学的最基本的特征。信息科学可以定义为"研究信息及其运动规律的科学"，其更为精确的表述为："信息科学是以信息作为主要研究对象、以信息的运动规律作为主要研究内容、以信息科学方法论作为主要研究方法、以扩展人的信息功能（特别是其中的智力功能）作为重要研究目标的一门科学。"随着人类社会的信息实践活动不断深入、信息运用规模不断扩大、社会信息化进程日益加快、信息环境问题日益多样化和复杂化，人们迫切需要探索信息运动的本质规律并掌握信息管理的科学理论和技术方法，从而促进了信息科学的形成和发展。与此同时，现代科学技术的飞速发展为信息科学的成长提供了肥沃的土壤，社会信息实践和导向为信息科学的研究提供了必备的条件。总之，信息科学的产生是社会信息化大势所趋，是人类社会由农业时代、工业时代走向信息时代的必然产物。

信息科学的研究范畴包括以下几个方面：（1）探讨信息的本质并创立信息的基本概念；（2）建立信息的数值度量方法，包括语法信息、语义信息和语用信息的度量方法；（3）研究信息运动的一般规律，包括信息的感知、识别、变换、传递、存储、检索、处理、再生、表示、检测、施效（"信息施效"可以理解为是指认识主体对客体的运动状态和运动方式所进行的控制和调整）等过程的原理和方法；（4）揭示利用信息进行有效控制的手段和开发利用信息资源实现系统优化的方法；（5）寻求通过加工信息来生成智能和发展智能的动态机制与具体途径。

4.2.3　信息论研究内容

1. 狭义信息论的研究内容

狭义信息论主要应用于电子通信领域。它利用数理统计方法研究信息计量、发送、传递、交换、接收和存储中的一般规律和本质属性。随着计算机技术、通信技术、网络技术为代表的现代信息技术的高速发展，信息论的一些基本理论不仅在通信、计算机、网络、数字音像、信息处理等工程实践中得到广泛应用，而且其应用范畴已远远超出了通信及相近学科，已在生命科学、人类学、物理学、电子学、经济学和管理科学等学科领域得到了广泛应用。不同的学科领域对信息论关注的内容是不一样的，但就信息论的基本研究内容而言有其共性特征。

归纳起来，信息论的研究内容主要包括以下几个方面：

（1）信息统计理论的研究

主要是利用统计数学工具，分析信息和信息传输的规律，如信息的度量、信息熵、信息传输效率、信息传输容量等。

（2）信源信宿的统计特性研究

香农信息论关于信源信宿特点的基本观点如下：

1）形式化假说：通信的任务是在信宿端把信源发出的消息进行恢复，消息的语义、语用的多样化，与传送消息的通信系统无关。信息论的研究内容只保留了数学可描述的内容。

2）非决定论：一切有通信意义的消息的发生都是随机的，消息传递中遇到的噪声干扰也是随机的，通信系统的设计应采用概率论、随机过程、数理统计等数学工具。

3）不确定性：通信的目的就是获得信息从而消除不确定性。

鉴于此，在信息论体系研究中，通信中信源和信宿的所有内容都以符号来替代，其特性都以数理统计、随机过程的方法来进行分析。

（3）编码理论与技术

编码系统的主要功能在于利用相关的数学机理，完成通信系统各个环节中的任务，其主要包含 3 个方面：信源编码、信道编码和保密编码。

1）信源编码。对信源输出的信号进行变换，包括连续信号的离散化，即将模拟信号通过采样和量化变成数字信号，以及对数据进行压缩，提高数字信号传输的有效性而进行的编码。

2）信道编码。对信源编码器输出的信号进行再变换，包括区分通路、适应信道条件和提高通信可靠性而进行的编码。

3）保密编码。对信道编码器输出的信号进行再变换，即为了使信息在传输过程中不易被人窃取而进行的编码。

编码理论在数字化遥测遥控系统、电气通信、数字通信、图像通信、卫星通信、深空通信、计算技术、数据处理、图像处理、自动控制、人工智能和模式识别等方面都有广泛的应用。

（4）提高信息传输效率的方法研究

以宏观的角度来看，要提高信息传输的效率，必须最大限度地利用信道特性，引入各种编码手段，压缩冗余信息量，降低平均码长，此项工作主要通过各种编码手段来实现。

信息传输速率是衡量系统传输能力的主要指标。它有以下几种不同的定义：

1）码元传输速率：携带数据信息的信号单元叫做码元，每秒通过信道传输的码元数称为码元传输速率，单位是波特，简称波特率。码元传输速率又称调制速率。

2）比特传输速率：每秒通过信道传输的信息量称为比特传输速率，单位是比特/秒，简称比特率。

3）消息传输速率：每秒从信息源发出的数据比特数（或字节数）称为消息传输速率，单位是比特/秒（或字节/秒），简称消息率。

码元传输速率与比特传输速率具有不同的定义，不应混淆，但是它们之间有确定的关系。对二进制来说，每个码元的信息含量为 1 比特。因此，二进制的码元传输速率与比特传输速率在数值上是相等的。对于 M 进制来说，每一码元的信息含量为 $\log_2 M$ 比特。

通常在传输数据的过程，一般都会加入冗余，增加的比特所携带的不是数据信息，而是为数据可靠传输而提供保障的信息，因此，一般情况下传输效率 η 总是小于 1 的。

香农编码、费诺编码和霍夫曼编码是三种经典编码方法，这些编码手段都可以提高信息传输可靠性。

① 二进制香农编码：

将信源符号按概率从大到小排序；

按下式求 i 个信源符号对应的码长 l_i，并取整

$-\log P(u_i) \leqslant l_i < -\log P(u_i) + 1$；

按下式求 i 个信源符号的累加概率 P_i；

$$\begin{cases} P_1 = 0 \\ P_i = \sum_{k=1}^{i-1} P(u_k) & i = 2, 3, \cdots, q \end{cases}$$

将累加概率 P_i 转换成二进制数；

取 P_i 二进制数小数点后 l_i 个二进制数字作为第 i 个信源符号的码字。

② 二进制费诺编码：

将信源符号按概率从大到小排序；

将信源符号分成 2 组，使 2 组信源符号的概率之和近似相等，并给 2 组信源符号分别

赋码元"0"和"1";

接下来再把各小组的信源符号细分为 2 组并赋码元，方法与第一次分组相同；

如此一直进行下去，直到每一小组只含一个信源符号为止；

由此即可构造一个码树，所有终端节点上的码字组成费诺码。

③ 二进制霍夫曼编码：

将信源符号按概率大小排序；

对概率最小的两个符号求其概率之和，同时给两符号分别赋予码元"0"和"1";

将"概率之和"当作一个新符号的概率，与剩下符号的概率一起，形成一个缩减信源，再重复上述步骤，直到"概率之和"为 1 为止；

按上述步骤实际上构造了一个码树，从树根到端点经过的树技即为码字。

例如：

码长	编码	信符	信符概率
1	0	S_1	0.64
2	10	S_2	0.16
3	110	S_3	0.16
3	111	S_4	0.08

（5）抗干扰理论与技术研究

一般抗干扰系统中都采用编码的方式来提高鲁棒性，大致可分为两个层次上的编码：一是如何正确接收载有信息的信号，称为信道编码；二是如何避免少量差错信号对信息内容的影响，称为纠错编码。信道编码受到物理信道的限制，方法较为固定，而纠错码种类较多，可进行如下分类：

1）从功能角度：检错码、纠错码。

2）对信息序列的处理方法：分组码、卷积码。

3）码元与原始信息位的关系：线性码、非线性码。

4）差错类型：随机纠错码、突发纠错码、介于中间的随机/突发纠错码。

5）构码理论：代数码、几何码、算术码、组合码等

总之，通信中的抗干扰系统的作用是使差错率最小，其实质是增加冗余度，扩大信号空间，增大信号间距离。最后通过信道编码的方法，降低误码率，增加信息传输的可靠性，可以用不可靠的信道实现可靠的传输。

（6）信号检测与信息识别

信号检测与信息识别是假定信号和噪声是两种特定分布。噪声有时强有时弱，但从总体上看可以假设为一个特定分布。此外，附加在背景噪声上的信号也具有一定的分布特性。两个分布之间的距离 d 取决于信号的相对强度，信号越强，信号分布与噪声分布的重叠程度越小，信号越弱，两个分布重叠的区域就越大。识别阈值标准对信号的判别是非常重要的，如果阈值设定很低，则会做出较多的虚报反应；如果识别阈值标准定得很高，则可能会漏掉很多信号。一般来说，阈值总是在既可最少漏报信号，又可最大程度避免虚报的地方。

2. 广义信息论的研究内容

20 世纪以来，哲学界和自然科学界的学者们都在讨论信息的本质以及其科学定义。

哲学理论认为信息理论是认识论的一部分；物理学则认为其是熵的理论；数学家则把它作为概率论的延伸；通信领域又将其描述为不确定度。各个学科都对信息的内涵做出了重新的定义，也有各自不同的实现方式。

广义信息论对信息的定义更为抽象，信息为物质在相互作用时，表征外部情况的一种普遍属性，它是一种物质系统的特性，以一定形式在另一种物质系统中的再现。广义信息论包括了狭义信息论的内容，但其研究范围比通信领域更为广泛，是狭义信息论在各个领域的应用和推广，因此，它的规律也更一般化，适用于各个领域。

（1）广义信息论的哲学与自然科学定义

信息需要一个哲学和各自然科学都能适用的定义。自然界处在普遍联系和永恒的相互作用之中，信息反映这个普遍联系和相互作用。如果物质体现了自然界的统一性，那么信息表征了自然界的多样性。物质是从世界多样性中抽象出的共性特征，是一切运动、变化过程以及各种形式、关系、结构、规律性的实体，而信息则是物质实体的一种联系与作用形式。信息（形式）和物质（内容）是作为自然界的两个不同侧面，二者对立统一且不可分割。因此，信息就可以作为和物质并列的范畴纳入哲学体系中了。

在自然科学中，任何物质系统的运动状态和过程都离不开它在空间上互相联系的结构形式和时间上变化发展的有序形式，所以我们仍然可以把信息定义为自然界普遍抽象出来的客观实在形式，定义为宇宙中所有存在内容普遍联系的结构，即世界上一切实体、能量和场，乃至语言、意识等及其运动过程（包括意识活动）抽象出的形式。这就是说，实体（包括能量和场）和意识相对于信息的关系，是内容和形式的关系，是元素与结构的关系。

（2）信息的获取、传递、处理与施效

在信息的获取与传递过程中，信息的载体虽然可以有差异，但信息却是保持不变的。同构是信息进行传递和交换的前提和条件。两个实体或事物的层次之间没有同构就没有信息交换。同构需要满足两个基本条件，一是各个系统之间的要素必须一一对应；二是各个系统中要素间的关系网络也是一一对应的。由于水银材料具有热胀冷缩特性，才能说温度计水银柱的升降和气体分子集合的热运动同构；声波的强弱导致的传感材料的变化，才使得录音材料与演唱家的一曲音乐同构；或者更抽象地说，某一艺术品乃至人脑的某种思维和特定的自然事件同构。再例如大多数人只和书信语言文字的侧面同构，而侦探则要更深入地了解书信的纸张和墨水，从而得到更多的信息量。在现实生活中，每个人也只懂得与自己同构的语言文字符号，而几个人共同阅读一本书，由于同构的侧面和方式不同，得到的信息量也是各异。信息不仅通过同构传递和交换，而且还能改变其形态并向新的层次转换。

信息处理是指通过判别、筛选、分类、排序、分析和再造等一系列过程，使收集到的信息成为能够满足用户需要的信息，即信息处理的目的在于发掘信息的价值，方便用户的使用。

最后，信息不能去解决具体的实际问题，而是通过信息施效来实现。要使信息施效，必须使反映事物运动表征和变化状态的信息，能够具有改变这种表征、状态的能力，信息施效要求使用信息获得效能、效益。为此，信息施效应从三个方面体现出"效"来：信息施效要求信息可以转化为能效；信息施效的对象，是用来解决具体的实际问题；信息施效所得之"效"应大于施效之所费，应获得经济效益、社会效益和生态效益。

（3）信息量的数学模型

信息以一种物质和能量的存在形式有着秩序性和差异性；作为某些系统中的要素相互联系则又体现出多样性和有序性；其作为过程和变化趋势又有不可逆性和目的性；同时信息在传递和交互的过程中还会出现选择性。所以只有根据信息的特征才能够对信息实现测量。而对信息的量度即称为信息量，是以上述的各类特性来定义和测量的。当然在通信理论中，信息量通过概率函数来进行描述。

（4）同构、异构和信息增殖律

众所周知热量只能从高温传向低温，这使热传导方向上的不确定性被消除。各种物理系统的不可逆过程，同样是由于过程不同而使得轨迹不同，由此得到了依赖过程变化的信息量。实际上，任何相互作用的万物都可以通过同构来传递和接收信息，因此它们都可以作为信源和信宿。而不同构的信息是无法传递的，要传递信息就必须把两种结构、两种形式即两种信息作比较，而比较本身必然会带来某种新东西。也就是说，信息在比较中，在积累和重新整合（重组）中会发生异构，或者人脑在利用外部信息思维时产生"创造性"，从而使信息量发生"增殖"。

其实，信息增殖的规律过去是因为没有清晰的表达而容易被忽略，即不同信息的重组和整合导致了信息的增殖。由于信息本身含有结构，当某些部分的结构重新组合成一个新的整体结构时，这个整体结构远不是组成它的那些部分结构简单相加的代数和，而是大于各孤立部分的总和，这就造成了信息的增殖。两个以上的不同信息整合必然产生新的信息，这就是信息增殖律。比如一张简单的花卉图片，可以从花的种类判别拍摄的地点和季节，或者根据当时的光线以及太阳或阴影的大小和位置来判断拍摄的时间，这些信息内容远远超出了图片本身的信息，也就实现了信息的"增殖"。

（5）信息的时间要素和空间要素的融合

时间和空间是物质运动的客观存在形式，此"基本形式"的本质也就是信息。时间和空间的真正含义存在信息之中，任何信息也都是由一定的时空模式构建。空间决定了物质运动的自由度和相互作用力的性质，其本质就是一种架构；而时间则体现了运动过程的非可逆性，其本质为单向信息流。信息、物质和能量是不可分的，时间与空间也同样是不可分的。当物质的信息量绝对为零时，它也就失去了任何联系与关联结构，同样也不能占有空间，而运动时间也自然不复存在了。信息的本质就是时间和空间的耦合，或者说时间和空间都是信息的外在表现。

（6）信息论在智能建筑系统中的体现

智能建筑是人们通过对建筑物的结构、系统、服务和管理四个基本要素以及它们之间的内在关联的最优化组合，以提供一个合理、高效、舒适、安全而便利的环境。一般来说，智能建筑是以计算机为主的控制管理中心。它通过大厦的通信网络与各种信息终端来"感知"大厦内各个空间的信息，经过计算机处理做出相应的对策，使大厦具有某种"智能"。目前许多"智能建筑"的子系统都可以实现集成运作，比如智能建筑的建筑设备管理系统包括建筑设备监控系统、建筑能效监管系统，并对相关的公共安全系统进行监视及联动控制，犹如信息理论中的各个单元，本来相互独立，但又协同工作。各个子系统的相关参数应该在整个建筑设备管理系统内流转，便于建筑设备集约化数字管理平台做出优化、决策。各个子系统内部所产生的数据犹如自信息量，而各个系统之间需要通信则必须遵循统一的数据格式与规范，数据格式的统一就是信息的同构，而信息传输的规范则是各个系统在时间与空间上的耦合，当相关的信息可以自由通信，汇聚之后通过数据的分析与综合，使得智能建筑具有自学习、自适应、自组织功能，就是信息的增值。总之，信息理论在智能建筑领域的具体实现，能够为智能建筑的建筑智能化系统提供最优控制和决策支持，最终实现真正意义上的智能。

4.3 系 统 理 论

系统理论主要包括一般系统论和现代系统论。

4.3.1 一般系统论

系统一词，来源于古希腊语，是由部分构成整体的意思。通常把系统定义为：由若干要素以一定结构形式联结构成的具有某种功能的有机整体。在这个定义中包括了系统、要素、结构、功能四个概念，表明了要素与要素、要素与系统、系统与环境三方面的关系。一般系统论是美籍奥地利生物学家贝塔朗菲创立的，其基本出发点是把研究对象作为一个有机整体来加以考察，以寻求解决整体与部分之间相互关系的模式、原则和方法。系统论认为，整体性、关联性、等级结构性、动态平衡性、时序性等是所有系统的共同的基本特征，这些既是系统所具有的基本思想观点，也是系统方法的基本原则，表现了系统论不仅是反映客观规律的科学理论，而且具有科学方法论的含义。

1. 一般系统论的观点

（1）系统观点

系统论的核心思想是系统的整体观念，任何系统都是一个有机的整体，它不是各个部分的机械组合或简单相加，系统的整体功能是各要素在孤立状态下所没有的新质。例如，在人身体上的眼睛，跟离开人体的眼睛其功能是大不一样的。同样人体不能看成是由躯体和五脏六腑的简单相加，而是一个有机的结合，系统的性质不能仅用孤立部分的性质来加以解释，还取决于复合内部各部分的特定关系。当然一只钟表并不等于一堆钟表零件；一堆水泥、钢筋、砖瓦也不等于一幢建筑物，由部分构成的整体，就会有部分不具有的性质和功能。

（2）动态观点

系统论认为事物不是一成不变的，系统是动态变化的。对于开放系统，系统与外界环境会不断进行物质、能量与信息的交换。稳态系统要维持动态平衡，系统有相对稳定的一面，它是系统存在的根本条件；另一方面，系统又是动态的，既要看到系统的现状，也要看到系统的变化和发展，从而就能预测系统的将来，掌握系统发展的规律。

（3）层次观点

一般系统论认为各种有机体都按严格的等级组织起来，具有层次结构。处于不同层次的系统，具有不同的功能。系统由一定的要素组成，这些要素是由更低一层要素组成的子系统；另一方面，系统本身又是更大系统的组成要素，这就是系统的层次性。系统的层次越高，可变化和组合的可能就越复杂，其结构和功能就多样化。层次观点强调整体与层次、层次与层次之间相互制约的关系。

2. 系统论的基本思想

系统论的基本思想方法就是把所研究和处理的对象当作一个系统，分析系统的结构和功能，研究系统、要素、环境三者的相互关系和动态规律性，实现系统的优化。世界上任何事物都可以看成是一个系统，系统是普遍存在的。系统是多种多样的，可以根据不同的原则来划分系统的类型。按人类干预的情况可划分为自然系统、人工系统；按学科领域可分成自然系统、社会系统和思维系统；按范围划分则有宏观系统、微观系统；按与环境的关系划分有开放系统、封闭系统、孤立系统；按状态划分有平衡系统、非平衡系统、近平衡系统、远平衡系统等。

3. 系统论的任务和意义

系统论的任务不仅在于认识系统的特点和规律，更在于利用这些特点和规律去控制、管理、改造或创造系统，使它的存在与发展满足人们的要求。也就是说，研究系统的目的在于调整系统结构，协调各要素关系，使系统达到优化目标。

系统论的出现使人类的思维方式发生了深刻变化。以往研究问题，一般是把事物分解成若干部分，抽象出最简单的要素，然后再以部分的性质去说明复杂事物。这是笛卡尔奠定理论基础的分析方法。这种方法的着眼点在局部或要素，遵循的是单项因果决定论，不能全面地说明事物的整体性，不能反映事物之间的联系和相互作用，它只适于认识较为简单的事物，不能胜任于对复杂问题的研究。在现代科学的整体化和高度综合化发展的趋势下，人类面临许多规模巨大、关系复杂、参数众多的复杂问题，系统分析方法能站在时代前列，高屋建瓴，纵观全局，为现代复杂问题的解决提供有效的思维方式。所以系统论、控制论、信息论所提供的新思路和新方法，为人类的思维开拓了新路，促进了各门科学的发展。

4.3.2　现代系统论

现代系统论包括耗散结构理论、协同学理论、突变论、超循环理论、参量型系统理论、泛系理论等。

（1）耗散结构理论

比利时物理学家普利高津 1969 年提出耗散结构学说，阐述了开放系统如何从无序走向有序的问题。该理论观点是：对于一个与外界有关物质和能量交换的开放系统，熵的变化可以分两部分，一部分是由于不可逆过程，系统本身引起的熵增加，永远为正，另一部分是分系统与外界交换物质和能量引起的熵流，可以为负。在孤立系统中无熵流，熵不会减少，而开放系统的有序性来自非平衡态。在一定条件下，当系统处于非衡态时，它能够产生、维持有序性的自组织，不断和外界交换物质和能量，系统本身尽管在产生熵，但系统由于熵流同时向环境输出熵，输出大于产生，使系统的总熵在减少，而向有序方面发展。这里"耗散"的含义是这种有序结构依赖于能量的耗散。系统只有耗散能量才能保持有序结构。

（2）协同学理论

物理学家哈肯在 1976 年创立了另一种系统理论，称为协同学。它研究各种不同系统从混沌无序状态向稳定有序结构转化的机理和条件。耗散结构认为，非平衡是有序之源，而哈肯通过许多实验，提出了多维相空间理论，认为无论是非平衡系统还是平衡系统，在一定条件下，由于子系统之间的协同作用，系统会形成一定功能的自组织结构，产生时间、空间的有序结构，达到新的有序状态，揭示了协同和有序的因果关系，对解释波动现象及复杂事物的发展过程，作出了数学描述。该理论用"序参量"作为系统有序程度的度量，并可以通过求解序参量方程来得到序参量的变化规律，既系统从无序到有序的变化规律。因为协同学理论可应用到无热交换的领域，比耗散结构理论又进了一步。

（3）突变理论

突变理论是法国数学家托姆于1972年创定的，它是以系统结构稳定性的研究为基本出发点，采用数学方法研究不连续现象。他认为突变现象的本质是在一定条件下，从一种稳定状态跃变到另一种稳定状态。因为系统的稳定状态是系统的结构决定的，所以突变现象也可以看作是系统从一种稳定结构跃迁到另一种稳定结构。具体方法是从研究系统势函数的变化入手，建立突变数学模型来说明事物突变的本质和规律，从而可预测突变将在什么条件下产生，又怎样改变参数来促进有利突变和防止不利突变。该理论已广泛应用于研究自然界、社会活动及人的决策行为中突发质变过程。此外，突变理论因应用于耗散结构理论和协同理论的定量研究，从而推动了系统理论的发展。

（4）超循环理论

超循环理论是德国生物学者艾根1971年提出的，它是从生物领域入手研究非平衡系统的自组织现象。该理论对于生物大分子的形成和进化提供了一种模型。对于具有大量信息并能遗传复制和变异进化的生物分子，其结构十分复杂，是携带信息并进行处理的一种基本形式。这种从生物分子中概括出来的超循环模型对于一般复杂系统的分析具有重要作用，已成为系统学的重要组成部分，对研究系统演化规律、系统自组织方式以及对复杂系统的处理具有深刻的影响。

（5）参量型系统理论

参量型理论是苏联学者奥也莫夫提出的，他认为贝塔得朗菲提出的一般系统是类比型系统理论，这种理论有其局限性，不可能确定一般系统特征的普遍规律。他提出原始信息应该用"系统参量"来表达，以确定一般系统的共同规律。

（6）泛系理论

泛系理论是由中国学者吴学谋创立的，是一种研究广义系统关系的理论和方法，又称泛系分析或泛系方法论。它的特点是宏观、微观兼顾并具有多层次网络体系。泛系一词是泛系概念及其有关方法的简称，有时也指按泛系方法发展起来的广义对象群，在特定情况下指广义系统。泛系理论侧重于研究广义系统、广义关系和泛对称以及它们的联系、转化等，发展跨学科的概念、原理、模式、方法、定理和技术。泛系理论是从集合论基础发展起来的系统理论，其特点是把逻辑方法和系统方法有机地结合。

4.3.3 系统理论的发展趋势

系统理论反映了现代科学发展的趋势，反映了现代社会化大生产的特点和现代社会生活的复杂性，所以它的理论和方法得到广泛应用。系统论不仅为现代科学的发展提供了理论和方法，而且也为解决现代社会中的政治、经济、军事、科学、文化等方面的各种复杂问题提供了方法论的基础，系统观念正渗透到每个领域。

当前系统论发展的趋势和方向是将各种理论融合，建立统一的系统科学体系，主要表现在：

（1）系统论与控制论、信息论、运筹学、系统工程、电子计算机和现代通信技术等新兴学科相互渗透、紧密结合的趋势。

（2）系统论、控制论、信息论，正朝着"三归一"的方向发展，现已明确系统论是其它两论的基础。

（3）耗散结构论、协同学、突变论、模糊系统理论等新的科学理论，从各方面丰富发展了系统论的内容，有必要概括出一门系统学作为系统科学的基础科学理论。

（4）系统科学的哲学和方法论问题日益引起人们的重视。在系统科学的这些发展形势下，国内外许多学者致力于综合各种系统理论的研究，探索建立统一的系统科学体系的途径。

本 章 小 结

控制论、信息论和系统论是科学技术整体化、综合化的产物，是信息社会最为基础的理论体系，也是建筑智能环境的理论基础。控制论、信息论和系统论从横向综合的角度，研究物质运动的规律，从而揭示世界各种互不相同的事物在某些方面的内在联系和本质特性，为科学研究提供新的方法。本章介绍了控制论、信息论、系统论的发展过程、研究内容、研究方法及其应用，通过本章学习应了解控制论、信息论、系统论的起源和发展，熟悉其重要的发展阶段及其特点和意义，熟悉控制论、信息论、系统论的研究内容、方法及其应用。

练 习 题

1. 控制论的发展经历了哪三个阶段？各自有什么特点？
2. 简述经典控制理论的特点？
3. 现代控制理论的内容及研究方法？
4. 智能控制的特点及主要方法？
5. 信息理论的发展经历了哪三个阶段，各自有什么特点？
6. 比较广义信息论与狭义信息论，试说明各自的应用。
7. 试述系统论的任务和意义。
8. 试比较一般系统论和现代系统论，试述一般系统论的观点和基本思想。
9. 简述系统理论的发展趋势。

第3篇　建筑智能环境控制原理及方法

第5章　自动控制原理基础

5.1　自动控制的基本概念与方式

5.1.1　自动控制的基本概念

自动控制作为重要的技术手段，在现代科学技术发展中起着极其重要的作用。

所谓的自动控制，是指在没人直接参与的情况下，利用自动控制装置，使机械、设备或生产过程（统称被控对象）的某个工作状态或参数（称为被控量）自动地按预定的规律运行。例如：空调系统自动调温；数控机床按预定的程序自动地切削工件；人造卫星按预定的轨道运行；导弹制导系统引导导弹准确命中目标等，所有这一切都是以自动控制技术为前提的。

自动控制理论是研究自动控制规律的技术科学，是自动控制技术的基础理论，根据发展阶段不同，其内容可分为经典控制理论、现代控制理论和智能控制理论。

5.1.2　自动控制方式

自动控制系统的控制方式多种多样，采用什么样的控制方式，要根据具体系统的用途和目的而定。控制系统中最常见的控制方式有开环控制和闭环控制，以及两种组合的复合控制。

1. 开环控制

如果系统在控制器与被控对象之间只有正向控制作用而不存在反馈控制作用，这种控制方式叫作开环控制方式。开环控制系统由控制器和被控对象等组成。图 5-1为直流电动机转速开环控制系统图。

（1）系统组成及工作原理

系统主要由电位器、功率放大器、直

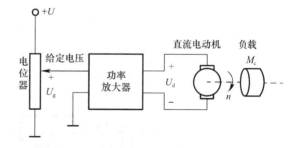

图 5-1　直流电动机转速开环控制系统图

流电动机等组成。其工作原理是：由电位器对功率放大器加给定电压，通过功率放大器对给定电压进行功率放大，输出直流电压，电动机在直流电压作用下转动，从而带动负载工作。

（2）系统工作特点

1）电动机的转速由电位器的输出电压控制

移动电位器的触头，可改变功率放大器的输入电压，使功率放大器的输出电压（电动机的输入电压）发生变化，从而改变电动机的转速。

2）转速对电位器的控制作用没有影响，即无反作用。

（3）开环系统结构图

图 5-2 是直流电动机转速开环控制系统结构图，其中，M_c 电动机负载力矩，n 为电动机输出转速，对恒速控制系统来说，作用于电动机轴上的负载力矩 M_c 将对系统的输出起到破坏作用，这种作用称之为干扰或扰动。

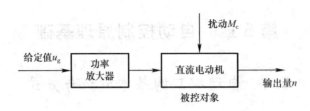

图 5-2　直流电动机转速开环控制系统结构

（4）开环系统的特点

1）信号由输入到输出单方向传递，不对输出量进行任何检测，或虽然进行检测但对系统不起控制作用。

2）当外部条件和系统内部参数不变时，对于一个确定的输入量总存在一个与之对应的输出量。

3）当系统受到外部扰动或内部扰动时，会直接影响被控量，系统不能进行自动调节。

2. 闭环控制

开环系统主要缺点在于：当系统受到扰动产生偏差时，只能通过操作人员调整给定输入量，使输出量恒定，而系统不能自动地进行补偿、纠正偏差，实时性差，难以达到较高的控制精度。闭环控制系统是在开环控制系统的基础上，将系统的输出量通过检测装置反馈到系统的输入端，构成闭环控制系统。图 5-3 是直流电动机转速闭环控制系统图。

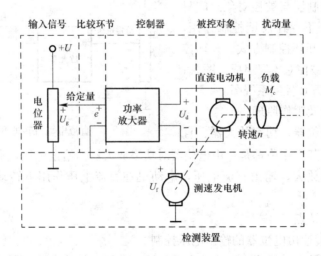

图 5-3　直流电动机转速闭环控制系统图

(1) 系统组成及工作原理

图 5-3 是在开环系统的基础上，增加了一个由测速发电机组成的反馈回路，检测直流电动机输出转速的变化并作反馈。由于测速发电机的反馈电压的大小与直流电动机的转速成正比，反馈电压与给定输入电压作差值运算后，经过功率放大器来控制直流电动机的转速，可以实现电动机转速的自动调节。

其调节原理如下：

$$M_c \uparrow \rightarrow n \downarrow \rightarrow U_f \downarrow \rightarrow e=(U_g-U_f) \uparrow \rightarrow U_d \uparrow$$
$$n \uparrow \longleftarrow$$

当负载力矩 M_c 增大时，导致直流电动机转速 n 下降，由于测速发电机是机械能转换为电能的元件，其输入转速 n 与输出电压 U_f 成正比，所以，U_f 减小，则功率放大器的净输入 $e=(U_g-U_f)$ 增加，经功率放大器的输出电压（直流电动机）U_d 增加，从而使直流电动机的转速升高，从而补偿了由于负载增大所造成的电动机转速下降。这样，无需人的干预，系统就可以通过系统自动调节使电动机转速近似保持不变。

(2) 闭环系统的结构

1) 基本结构

一般闭环控制系统主要由控制器、被控对象和检测装置等组成。为了分析计算方便，将系统图用系统结构图等效代替，图 5-4 是闭环控制系统的结构图。图中"○"表示比较环节，负号"一"表示负反馈，输入信号与反馈信号进行比较，其差值为误差信号。

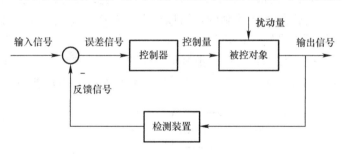

图 5-4 闭环控制系统结构图

2) 控制系统常用术语

被控对象：它是控制系统所控制和操纵的对象，它接受控制量并输出被控量。

控制器：接收变换和放大后的偏差信号，转换为对被控对象进行操作的控制信号。

检测装置：用来测量被控量，将其转换成与给定输入相同的物理量，并反馈到输入端，与给定量进行比较，输出误差信号。

输入信号（给定量）：指对系统的输出信号具有直接影响的外界输入信号，包括控制信号和扰动信号。

输出信号（被控量）：指系统中被控制的物理量，它与输入信号之间保持一定的函数关系。

反馈信号：将系统的输出信号经变换、处理送到系统的输入端的信号称为反馈信号。反馈分为主反馈和局部反馈。

误差信号：指系统输出量的实际值与期望值之差。在单位反馈情况下，系统期望值就是系统输入信号，误差信号等于偏差信号。

扰动量：与控制作用相反，是影响系统输出的不利因素。扰动信号可分为内部扰动和外部扰动。

前向通道：从输入端到输出端的单方向通道。

反馈通道：从输出端到输入端的反向通道。对一个复杂系统，前向通道及反馈通道可能有多条。

（3）闭环控制系统的特点

1）从控制系统的结构上看：开环控制系统只有从信号的输入端到信号的输出端的前向通道，而闭环系统除了有前向通道外，还有从输出端到输入端的反馈通道。

2）从控制的特点上看：开环控制系统只有输入量对输出量产生控制作用，而闭环控制系统输出信号通过反馈通道也参与控制。

3）从控制的方法上看：闭环控制系统利用偏差信号来纠正偏差，整个调节过程都是自动完成的，而开环控制系统不能自动纠正偏差，需要靠人工干预。

4）从抗扰能力上看：闭环控制系统当受到内扰或外扰时，可自动地减小或消除扰动对系统造成的影响，而开环控制系统不具备自动消除扰动对系统影响的能力。

3. 复合控制方式

复合控制是两种或两种以上的控制方式结合的一种控制策略。闭环控制只有在外部（输入或干扰）对被控对象的被控量产生影响之后才能做出相应的控制。由于大部分自动控制系统为滞后系统，当被控对象的被控量受扰后，其被控量的变化不能及时地反映出来，而闭环控制是通过偏差进行控制的，所以会造成控制不及时，影响系统的控制性能。基于上述原因，系统可以采用一种开环控制和闭环控制相结合的复合控制策略。图 5-5 为复合控制系统图，在复合控制系统中，带有负反馈的闭环控制起主要调节作用，而带有前馈的开环控制则起辅助补偿作用，这样使系统能达到良好的控制精度和实时性。

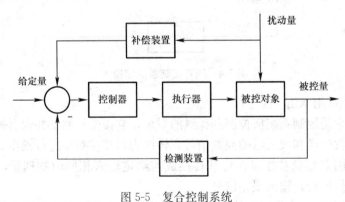

图 5-5　复合控制系统

5.2　控制系统的数学模型

5.2.1　控制系统的时域数学模型

在分析和设计控制系统时，首先要建立系统的数学模型。所谓系统的数学模型就是描述控制系统输入、输出变量，以及系统内部各变量之间关系的数学表达式。如果系统中各变量随时间变化缓慢，对时间的导数可以忽略不计，称为系统处于静态或稳态。在稳态条件下，描述变量之间关系的代数方程叫静态数学模型。当系统中的变量对时间的导数不可忽略时，称系统处于动态（暂态），在动态条件下，描述变量之间关系的微分方程叫动态数学模型。常用的数学模型有微分方程、传递函数、结构框图、信号流程图、状态方程和传递矩阵等。

1. 控制系统的微分方程

控制系统中的输出量和输入量通常都是时间 t 的函数。很多常见的元件或系统的输出量和输入量之间的关系都可以用微分方程表示，微分方程中含有输出量、输入量及它们对时间的导数或积分，是在时域中描述系统（或元件）动态特性的数学模型。

要建立控制系统的微分方程，首先必须了解整个系统的组成、工作原理，然后根据各组成元件的物理定律，列写出整个系统输出变量与输入变量之间的动态关系式。

2. 列写微分方程的一般步骤：

（1）确定系统（或元件）的输入量和输出量，并根据需要引进一些中间变量。系统的输入量包括给定量和扰动量，而输出量是指被控量。对于一个元件或系统而言，输入输出量的确定可以根据信号传递的先后顺序来确定。

（2）按照信号传递的顺序，根据各变量所遵循的运动规律列写各环节的微分方程。

（3）消除中间变量，导出只含输入量（或扰动量）和输出量的系统微分方程，即系统的数学模型。

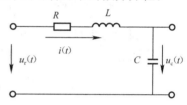

（4）整理微分方程，将输出项放到方程左侧，输入项放在方程右侧，各阶导数项按阶次从高到低的顺序排列。

图 5-6　RLC 无源网络

例 5-1　RLC 无源网络如图 5-6 所示，图中 R、L、C 分别为电阻（Ω）、电感（H）、电容（F），建立输入电压 $u_r(t)$ 和输出电压 $u_c(t)$ 之间的微分方程。

解：

（1）确定系统的输入变量为电压 $u_r(t)$，输出变量为电压 $u_c(t)$。

（2）列微分方程

根据电路理论中的基尔霍夫定律，可得

$$u_r(t) = Ri(t) + L\frac{\mathrm{d}i(t)}{\mathrm{d}t} + \frac{1}{C}\int i(t)\,\mathrm{d}t \tag{5-1}$$

$$u_c(t) = \frac{1}{C}\int i(t)\,\mathrm{d}t \tag{5-2}$$

（3）消去中间变量 $i(t)$，则

$$u_r(t) = LC\frac{\mathrm{d}^2 u_c(t)}{\mathrm{d}t^2} + RC\frac{\mathrm{d}u_c(t)}{\mathrm{d}t} + u_c(t) \tag{5-3}$$

令 $LC = T^2$，$RC = 2\zeta T$

（4）整理微分方程：

$$T^2\frac{\mathrm{d}^2 u_c(t)}{\mathrm{d}^2(t)} + 2\zeta T\frac{\mathrm{d}u_c(t)}{\mathrm{d}t} + u_c(t) = u_r(t) \tag{5-4}$$

式中：T 称为时间常数，单位为秒，ζ 称为阻尼比。

5.2.2 控制系统的复域数学模型

微分方程是在时域内描述系统动态性能的数学模型，这种方法比较直观。但是，当要研究系统结构或参数变化对输出有影响时，利用这种方法，需要求解微分方程，既不方便，又很难求得一个规律性的结论。对于复杂的系统，直接求解微分方程往往非常困难，于是人们利用拉氏变换方法将微分方程转变为代数方程求解，使运算变得简单。拉氏变换可将时域的微分方程描述简化为复数域的传递函数描述。这样，许多时域中的问题，就可以方便地在复数域进行。而且，传递函数不仅可以表征系统的动态特性，还可以研究系统的结构和参数变化对系统的影响。

1. 传递函数的概念

在零初始条件下，系统（或环节）输出量的拉氏变换与输入量的拉氏变换之比，称为系统（或环节）的传递函数。

传递函数是基于拉氏变换而得到的，拉氏变换是将时域（t 域）中复杂的微分、积分运算转化为复数域（s 域）中的代数运算，进而将系统在时域中的微分方程描述转化为复数域中的传递函数描述。

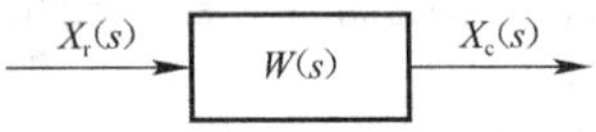

图 5-7　传递函数方框图

传递函数通常用 $W(s)$ 表示，即 $W(s)=X_c(s)/X_r(s)$，传递函数也可以用图 5-7 方框图来描述。其中 $X_c(t)$ 表示输出量，$X_r(t)$ 表示输入量，箭头表示信号的传递方向。

2. 微分方程与传递函数

线性定常系统一般由下列微分方程来描述，即：

$$a_o\frac{d^n x_c(t)}{dt^n}+a_1\frac{d^{n-1}x_c(t)}{dt^{n-1}}+\cdots+a_{n-1}\frac{dx_c(t)}{dt}+a_n x_c(t)$$

$$=b_o\frac{d^m x_r(t)}{dt^m}+b_1\frac{d^{m-1}x_r(t)}{dt^{m-1}}+\cdots+b_{m-1}\frac{dx_r(t)}{dt}+b_m x_r(t)\quad n\geqslant m\quad(5-5)$$

式中：$X_c(t)$ 为系统输出量，$X_r(t)$ 为系统输入量；a_0，a_1，$\cdots a_{n-1}$，a_n；b_0，b_1，$\cdots b_{m-1}$，b_m 为实常数。

在零初始条件下，对上式进行拉氏变换得：

$$(a_0 s^n+a_1 s^{n-1}+\cdots+a_{n-1}s+a_n)X_c(s)$$
$$=(b_0 s^m+b_1 s^{m-1}+\cdots+b_{m-1}s+b_m)X_r(s)\quad(5-6)$$

输出量为：

$$X_c(s)=\frac{b_0 s^m+b_1 s^{m-1}+\cdots+b_{m-1}s+b_m}{a_0 s^n+a_1 s^{n-1}+\cdots+a_{n-1}s+a_n}X_r(s)$$

则系统的传递函数为：

$$W(s)=\frac{X_c(s)}{X_r(s)}=\frac{b_0 s^m+b_1 s^{m-1}+\cdots+b_{m-1}s+b_m}{a_0 s^n+a_1 s^{n-1}+\cdots+a_{n-1}s+a_n}\quad(5-7)$$

很显然，传递函数可由微分方程通过拉氏变换得到，只要把微分方程式中各阶导数用相应阶次的变量 s 代替，就很容易求得系统（或环节）的传递函数。

3. 传递函数的几点说明

（1）传递函数是经拉氏变换导出的，而拉氏变换是一种线性积分运算，因此传递函数仅适用于线性定常系统。

（2）传递函数只取决于系统的结构和参数，而与输入量的大小和形式无关。

（3）传递函数只表示单输入、单输出系统信号的传递关系，对多输入、多输出可用传递矩阵来表示。

（4）传递函数是在零初始条件下定义的，因此它不能反映在非零初始条件下系统的运动规律。

（5）传递函数分母是系统的特征方程，分母中 s 最高次表示系统的阶数，如式（5-5）分母中 s 的最高阶次为 n，则成为 n 阶系统，分子中 s 的最高阶次为 m，一般有 $n \geqslant m$。

（6）传递函数分母多项式的根称为系统的极点；分子多项式的根称为系统的零点。

传递函数是研究线性系统动态特性的重要工具，利用这一工具可以大大简化系统动态性能的分析过程。例如，对初始状态为零的系统，可不通过拉氏反变换求解研究在输入信号作用下的动态过程，而直接根据系统传递的某些特征来研究系统的性能，这给分析系统带来很大的方便。另一方面，也可以将对系统性能的要求转换成对传递函数的要求，从而为系统设计提供简便的方法。

4. 传递函数的求取

（1）直接法

列出微分方程，然后进行拉氏变换，由定义可得传递函数。

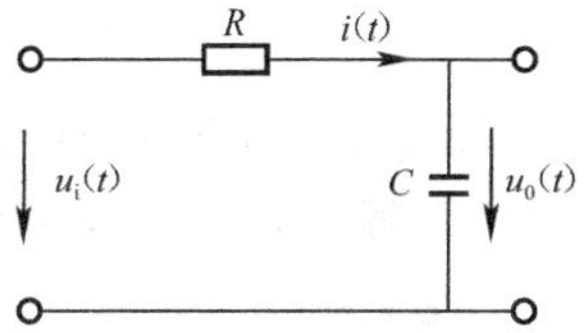

例 5-2　求图 5-8 所示 RC 电路的传递函数 $W(s) = \dfrac{U_o(s)}{U_i(s)}$，

图 5-8　RC 电路

其中 $u_i(t)$ 为输入电压，$u_o(t)$ 为输出电压。

解：由电路定律得：

$$\begin{cases} Ri(t) + u_0(t) = u_i(t) \\ i(t) = C\dfrac{\mathrm{d}u_0(t)}{\mathrm{d}t} \end{cases}$$

RC 电路的微分方程为：

$$RC\frac{\mathrm{d}u_0(t)}{\mathrm{d}t} + u_0(t) = u_i(t)$$

初始条件为零时，取拉氏变换：

$$(RCS + 1)U_0(s) = U_i(s)$$

该电路的传递函数为：

$$W(s) = \frac{U_0(s)}{U_i(s)} = \frac{1}{RCS + 1} = \frac{1}{T_c s + 1}$$

令：$T_c = RC$，其中 T_c 为电路的时间常数。

（2）复阻抗法

将电路电阻 R、电容 C、电感 L 对应的复阻抗分别用 R、$\dfrac{1}{SC}$、SL 代替，电流和电压分别用 $I(s)$ 和 $U(s)$ 表示，通过电路直接求出传递函数。

例 5-3　求图 5-8 所示的传递函数 $W(s) = \dfrac{U_0(s)}{U_i(s)}$。

解：将原电路化成运算电路：

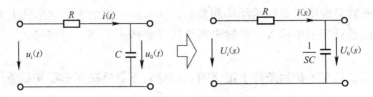

图 5-9　RC 运算电路的转换

$$U_0(s) = \frac{U_i(s)}{R + \dfrac{1}{SC}} \frac{1}{SC} = \frac{1}{1 + RCS} U_i(s)$$

传递函数:

$$W(s) = \frac{U_0(s)}{U_i(s)} = \frac{1}{1 + RCS} = \frac{1}{T_c S + 1}$$

式中　$T_c = RC$

5.2.3　控制系统的结构图与信号流图

1. 控制系统的结构图

控制系统的结构图是将控制系统图形化的数学模型,用结构图表示系统,不仅能清楚表明系统的组成和信号的传递方向,而且能表示系统信号传递过程中的数学关系。

(1) 控制系统结构图的组成

控制系统的结构图由许多对信号进行单向运算环节和一些信号线组成,是系统中每个环节的功能和信号流向的图解表示,它表明系统中各环节之间的相互关系。控制系统结构图的组成如图 5-10 所示,包括函数方块、信号线、分支点和相加点四种基本单元。

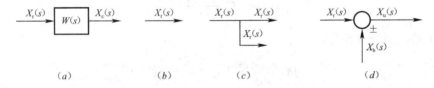

图 5-10　控制系统结构图组成
(a) 函数方块;(b) 信号线;(c) 分支点;(d) 相加点

函数方块表示元件或环节输入到输出变量之间的函数关系。方块中为元件或环节的传递函数,起信号运算、转换作用,表示信号通过此元件时的运动特性,图 5-10 (a) 描述了环节的输入和输出之间的关系,即:

$$X_c(s) = W(s) X_r(s)$$

信号线是带有箭头的直线,箭头表示信号的传递方向,在信号线上标明信号的时间函数或象函数,如图 5-10 (b) 所示。

分支点也称引出点,表示把一个信号分成两路(或多路)输出。需要明确的是,在信号线上只传递信号,不传递功率,所以信号虽然分成多路输出,但是每一路信号都与原信号相等,信号关系如图 5-10 (c) 所示,即 $X_r(s) = X_r(s)$。

相加点也称比较点或综合点,是对两个或两个以上性质相同的信号进行取代数和的运算。每个箭头旁"＋"号或"－"号表示信号是相加还是相减,有时"＋"号可以省略,进行相加或相减的信号应该有相同的因次和量纲。如图 5-10（d）所示，其信号关系为：

$$X_u(s) = X_r(s) \pm X_b(s)$$

结构图表示系统的优点是只要依据信号的流向将系统的各环节连接起来，就能组成系统的结构图，还可以通过结构图评价每个环节对整个系统性能的影响。

（2）控制系统结构图的等效变换

当系统结构比较复杂时，为了便于对系统进行分析，一般把复杂的系统结构，通过等效变换转化成结构简单的系统，以便求出总的传递函数。结构图等效变换必须遵循等效原则，即对结构图和任一部分进行变换时，变换前后该部分的输入量、输出量及其相互之间的数学关系应保持不变。

1）结构图的基本运算

结构图的基本组成形式分为串联、并联和反馈三种，相应的基本运算也有三种。

① 环节串联连接

控制系统的多个环节顺序相连，即前一个环节的输出是后一个环节的输入，这就是环节的串联。如图 5-11 所示，两个环节传递函数 $W_1(s)$ 和 $W_2(s)$ 串联方式连接，其等效传递函数等于两个环节传递函数之积，即：

$$W(s) = \frac{X_c(s)}{X_r(s)} = W_1(s)W_2(s) \tag{5-8}$$

图 5-11　环节串联变换

若系统由 $W_1(s)$、$W_2(s)$、……$W_n(s)$ n 个传递函数串联组成，则系统总的传递函数为：

$$W(s) = W_1(s)W_2(s)\cdots\cdots W_n(s) = \prod_{i=1}^{n} W_i(s) \tag{5-9}$$

结论：环节串联后总的传递函数等于串联的各个环节传递函数的乘积。

② 环节并联连接

环节并联的特点是各环节有同一个输入信号，以各自环节输出信号的代数和作为总输出。图 5-12 为三个环节传递函数 $W_1(s)$、$W_2(s)$ 和 $W_3(s)$ 并联方式连接，其等效传递函数等于三个环节传递函数代数和，即：

$$W(s) = \frac{X_c(s)}{X_r(s)} = W_1(s) \pm W_2(s) \pm W_3(s) \tag{5-10}$$

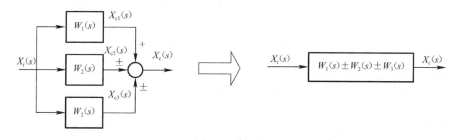

图 5-12　环节并联变换

若系统由 $W_1(s)$、$W_2(s)$ ……$W_n(s)$ 的 n 个环节并联连接，则系统总的传递函数为：

$$W(s) = W_1(s) \pm W_2(s) \pm \cdots \cdots \pm W_n(s) \qquad (5\text{-}11)$$

结论：环节并联后总的传递函数等于所有并联的各个环节传递函数的代数和。

③ 反馈连接

对于一个反馈回路，按照控制信号的传递方向，可将闭环回路分成两个通道，即正向通道和反向通道。正向通道传递正向信号，通道中的传递函数称为正向通道的传递函数，反向通道是把输出信号反馈到输入端，它的传递函数称为反向通道的传递函数。

若闭环系统正向通道的传递函数为 $W_1(s)$，反馈通道的传递函数为 $H(s)$，其反馈连接变换如图 5-13 所示。

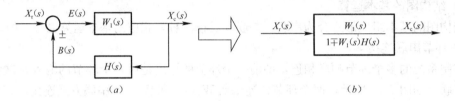

图 5-13　反馈连接变换

则该系统的传递函数为：

$$W(s) = \frac{X_c(s)}{X_r(s)} = \frac{W_1(s)}{1 \mp W_1(s)H(s)} \qquad (5\text{-}12)$$

在此应说正负号对应正负反馈。

2）结构图的等效变换

由于实际系统往往比较复杂，信号传递互相交叉，结构图复杂，所以在求传递函数时，一般不能直接利用上述公式，需要对结构图进行一定的等效变换，设法解决相互交叉的问题，然后才能应用上述公式求传递函数。需要注意的是，对结构图的任一部分进行变换时，变换前后输入与输出总的数学表达式应保持不变。结构图化简的关键是解除环路与环路之间的交叉，设法使其分开形成无交叉的多回路结构。解除交叉连接的有效方法是移动相加点或分支点。

① 相加点的前移

如图 5-14 所示，相加点从环节的输出端移到输入端。

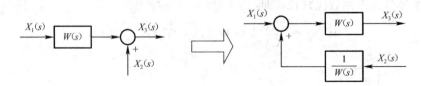

图 5-14　相加点前移变换

变换前：

$$X_1(s)W(s) + X_2(s) = X_3(s)$$

变换后：

$$\left[X_1(s) + \frac{1}{W(s)} X_2(s) \right] W(s) = X_3(s)$$

由此可见，变换前后输入与输出总的数学表达式保持不变，所以这一变换是等效的。

② 相加点的后移

如图 5-15 所示，相加点从环节的输入端移到输出端。

图 5-15   相加点后移变换

变换前：

$$\big[X_1(s) + X_2(s)\big]W(s) = X_3(s)$$

变换后：

$$X_1(s)W(s) + X_2(s)W(s) = X_3(s)$$

结论：变换前后输入与输出总的数学表达式保持不变，所以这一变换是等效的。

在进行结构图化简时，需要注意的是，系统结构图中相邻的相加点可以彼此互换，相邻的分支点也可彼此互换。但是，分支点与相加点相邻时，它们的位置就不能简单地进行互换。

③ 结构图变换规则总结

结构图的变换规则见表 5-1。

结构图变换规则表   表 5-1

原方框图	等效方框图	等效运算关系
$X_r(s) \rightarrow \boxed{W_1(s)} \rightarrow \boxed{W_2(s)} \rightarrow X_c(s)$	$X_r(s) \rightarrow \boxed{W_1(s)W_2(s)} \rightarrow X_c(s)$	（1）串联等效 $X_c(s) = W_1(s)W_2(s)X_r(s)$
$X_r(s)$，$\boxed{W_1(s)}$，$\boxed{W_2(s)}$，$\pm \rightarrow X_c(s)$	$X_r(s) \rightarrow \boxed{W_1(s) \pm W_2(s)} \rightarrow X_c(s)$	（2）并联等效 $X_c(s) = \big[W_1(s) \pm W_2(s)\big]X_r(s)$
$X_r(s) \rightarrow \pm \rightarrow \boxed{W_1(s)} \rightarrow X_c(s)$，$\boxed{H(s)}$	$X_r(s) \rightarrow \boxed{\dfrac{W_1(s)}{1 \mp W_1(s)H(s)}} \rightarrow X_c(s)$	（3）反馈等效 $X_c(s) = \dfrac{W_1(s)\ X_r(s)}{1 \mp W_1(s)\ H(s)}$
$X_r(s) \rightarrow \pm \rightarrow \boxed{W_1(s)} \rightarrow X_c(s)$，$\boxed{H(s)}$	$X_r(s) \rightarrow \boxed{\dfrac{1}{H(s)}} \rightarrow \ominus \rightarrow \boxed{H(s)} \rightarrow \boxed{W_1(s)} \rightarrow X_c(s)$	（4）等效单位反馈 $\dfrac{X_c(s)}{X_r(s)} = \dfrac{1}{H(s)}\dfrac{W_1(s)H(s)}{1+W_1(s)H(s)}$
$X_r(s) \rightarrow \boxed{W(s)} \rightarrow \pm \rightarrow X_c(s)$，$X_1(s)$	$X_r(s) \rightarrow \pm \rightarrow \boxed{W(s)} \rightarrow X_c(s)$，$\boxed{\dfrac{1}{W(s)}} \leftarrow X_1(s)$	（5）比较点前移 $X_c(s) = X_r(s)W(s) \pm X_1(s)$ $\quad = \Big[X_r(s) \pm \dfrac{X_1(s)}{W(s)}\Big]W(s)$
$X_r(s) \rightarrow \pm \rightarrow \boxed{W(s)} \rightarrow X_c(s)$，$X_1(s)$	$X_r(s) \rightarrow \boxed{W(s)} \rightarrow \pm \rightarrow X_c(s)$，$X_1(s) \rightarrow \boxed{W(s)}$	（6）比较点后移 $X_c(s) = \big[X_r(s) \pm X_1(s)\big]W(s)$ $\quad = X_r(s)W(s) \pm X_1(s)W(s)$

续表

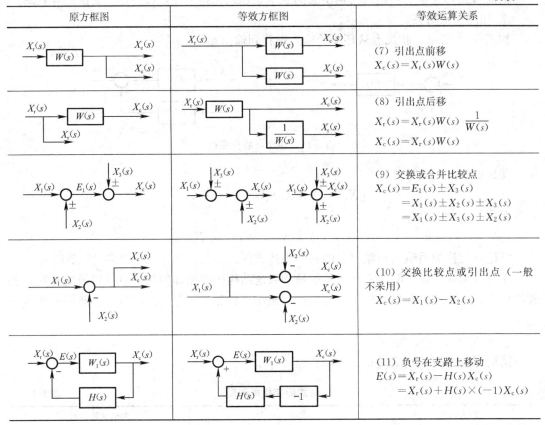

原方框图	等效方框图	等效运算关系
		(7) 引出点前移 $X_c(s) = X_r(s)W(s)$
		(8) 引出点后移 $X_r(s) = X_r(s)W(s)\dfrac{1}{W(s)}$ $X_c(s) = X_r(s)W(s)$
		(9) 交换或合并比较点 $X_c(s) = E_1(s) \pm X_3(s)$ $= X_1(s) \pm X_2(s) \pm X_3(s)$ $= X_1(s) \pm X_3(s) \pm X_2(s)$
		(10) 交换比较点或引出点（一般不采用） $X_c(s) = X_1(s) - X_2(s)$
		(11) 负号在支路上移动 $E(s) = X_r(s) - H(s)X_c(s)$ $= X_r(s) + H(s) \times (-1)X_c(s)$

2. 信号流图

信号流图和结构图都是描述系统各元部件之间信号传递关系的数字图形，是控制理论中描述复杂系统的一种简便方法。与结构图相比，信号流图符号简单，便于绘制和应用。

（1）信号流图的基本要素

信号流图是由节点、支路和传输三种基本要素组成。

节点：代表系统中的一个变量或信号，用符号"○"表示。

支路：是连接两个节点的有向线段。用符号"→"表示，其中箭头表示信号的传送方向。

传输：两个节点之间的增益叫传输。

支路增益：表明变量从支路一端沿箭头方向传送到另一端的函数关系，用标在支路旁边的传递函数 W 表示支路增益。

（2）结构图与信号流图

图 5-16 表示了结构图输入输出变量和传递函数与信号流图变量之间的对应关系。

图 5-16　结构图与信号流图

图 5-17 表示了系统结构图与信号流图的对应关系。

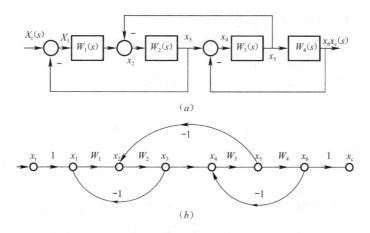

图 5-17　系统结构图与信号流图

(*a*) 结构图；(*b*) 信号流图

为了清楚说明两者的对应关系，在以下介绍常用术语时，结合本图进行具体说明。

(3) 信号流图的常用术语

1) 源节点（输入节点）：只有信号输出的支路，而没有信号输入的支路的节点称为源节点或输入节点。它一般代表输入变量。如图 5-17 中的节点 x_r 就是源节点。

2) 汇节点（输出节点）：只有输入支路而没有输出支路的节点称为汇节点或输出节点，它一般表示系统的输出变量。如图 5-17 中的节点 x_c 就是汇节点。

3) 混合节点：既有输入支路又有输出支路的节点称为混合节点。如图 5-17 中的节点 x_1、x_2、x_3 就是混合节点。

4) 通路：又称为通道或路径，从一节点开始，沿支路箭头方向经过各相连支路到另一节点构成的路径，称为通路。如图 5-17 中的 x_r 与 x_c 之间的通路为：$x_r \to x_1 \to x_2 \to x_3 \to x_4 \to x_5 \to x_6 \to x_c$。

5) 回路：如果通路的终点就是通路的起点，并且通路中每个节点只经过一次，则该通路称为回路或回环。如图 5-17 中 $x_1 \to x_2 \to x_3 \to x_1$ 的通路就是回路。

6) 前向通道：从源节点开始终止于汇节点，且与任何节点相交不多于一次的通道称为前向通道，该通道的各传递函数的乘积称为前向通道的传递函数。如图 5-17 中的源节点 x_r 与汇节点 x_c 之间的前向通道为 $x_r \to x_1 \to x_2 \to x_3 \to x_4 \to x_5 \to x_6 \to x_c$，其前向通道的传递函数为 $W_1 W_2 W_3 W_4$。

7) 不接触回路：如果信号流图中的一些回路之间没有任何公共节点，这些回路称为不接触回路。

8) 支路增益：两个节点之间的增益。

9) 通道增益：通路中各支路增益的乘积叫做通道增益。如图 5-17 中前向通道 $x_r \to x_1 \to x_2 \to x_3 \to x_4 \to x_5 \to x_6 \to x_c$ 的通道增益为 $W_1 W_2 W_3 W_4$。

10) 回路增益：回路中所有支路增益的乘积称为回路增益。如图 5-17 中 $x_1 \to x_2 \to x_3 \to x_1$ 回路的增益为 $-W_1 W_2$。

(4) 信号流图的基本性质

1) 节点代表系统的变量。通常，节点自左向右顺序设置。输入节点代表输入量，输出节点代表输出量，混合节点表示变量的汇合。

2）支路表示变量或信号的传输和变换过程，支路相当于乘法器，信号流经支路时，被乘以支路增益而变换成为另一信号。

3）信号在支路上只能沿支路箭头方向单向传递，后一个节点对前一个节点没有负载效应。

4）对于同一个系统，节点变量的设置是任意的，因此信号流图的形式不是唯一的。

（5）控制系统信号流图的绘制

控制系统信号流图可以根据系统的微分方程或系统的结构图绘制。这里只介绍由系统结构图绘制信号流图的方法。

由系统结构图绘制系统信号流图时，只需要将结构图信号线上的变量或信号，用信号流图的节点（即小圆圈）代替，用标有传递函数的支路（即定向线段）代替系统结构图函数方框（环节），就可以得到系统的信号流图。

需要注意的是，在系统结构图中，如果相加点之前没有信号引出的分支点，则在绘制信号流图时，只将相加点设置一个节点；如果相加点之前有分支点，就要在分支点和相加点各设置一个节点，分别表示两个变量，它们之间的支路增益为1。支路增益为1的相邻两个节点，通常可以合并为一个节点，但对输入节点和输出节点却不能合并。

例 5-4　控制系统结构如图 5-18 所示，试绘制对应的信号流图。

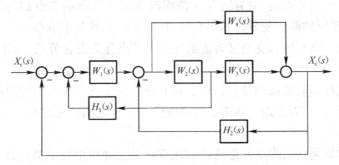

图 5-18　控制系统结构图

解：

（1）在系统结构图的信号线上，用小圆圈标注各变量的节点，相加点之后有分支点，可合为一个节点，如图 5-19（a）的 x_3 和 x_c。

（2）将结构图中的各方框（环节）用具有相应增益的支路代替，并用有向线段连接各节点，便得到信号流图，图 5-19（b）所示。

5.2.4　梅逊（SJ. Mason）增益公式

利用信号流图的等效变换可以对信号流图进行简化并求出系统的传递函数，但是，如果系统复杂，采用信号流图方法求传递函数其简化过程需要反复多次才能完成。所以，在控制工程中通常应用梅逊增益公式，不需要对信号流图或系统结构图做任何变换和简化，便能直接求出系统的传递函数。

梅森公式为：

$$T = \frac{X_c}{X_r} = \frac{1}{\Delta} \sum_{k=1}^{n} T_k \Delta_k \tag{5-13}$$

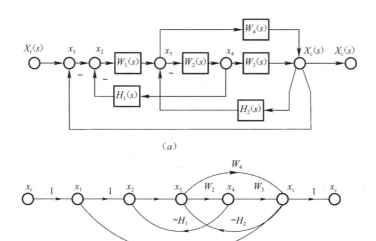

(a)

(b)

图 5-19　系统信号流图

式中　T——系统总的传递函数；

　　　X_r——系统的输入量；

　　　X_c——系统的输出量；

　　　n——前向通道数；

　　　T_k——第 k 条前向通道的传递函数；

　　　Δ——信号流图的特征式。

　　Δ 的意义为：

$$\Delta = 1 - \sum L_1 + \sum L_2 - \sum L_3 + \cdots + (-1)^m \sum L_m \qquad (5\text{-}14)$$

式中　$\sum L_1$——信号流图中所有不同回路传递函数之和；

　　　$\sum L_2$——信号流图中每两个互不接触回路的传递函数乘积之和；

　　　$\sum L_3$——信号流图中每三个互不接触回路的传递函数乘积之和；

　　　$\sum L_m$——信号流图中 m 个互不接触回路的传递函数乘积之和；

　　　Δ_k——第 k 条前向通道特征式的余子式，也就是除去了与第 k 条前向通道接触的各回路传递函数（即将其置零），特征式 Δ 余下的部分。

　　上述公式中的接触回路是指有共同节点的回路，反之称为不接触回路。

　　例 5-5　利用梅逊公式求图 5-20 系统的传递函数。

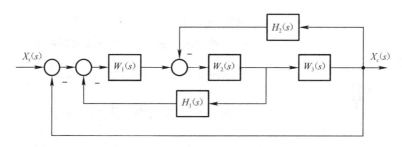

图 5-20　系统结构图

解：

（1）绘制信号流图

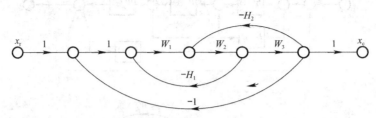

（2）应用梅逊公式求传递函数

$$T = \frac{X_c}{X_r} = \frac{1}{\Delta}\sum_{k=1}^{n}T_k\Delta_k$$

1）输入输出之间只有一条前向通道，$n=1$，其传递函数为：

$$T_1 = W_1 W_2 W_3$$

2）有 3 个独立回路分别为：

$$L_a = -W_1 W_2 H_1, L_b = -W_2 W_3 H_2, L_c = -W_1 W_2 W_3$$

3）该系统没有互不接触的回路，其特征式为：

$$\Delta = 1 - \sum L_1 = 1 - (L_a + L_b + L_c)$$

4）由于前向通道与三个回路都接触，因此有：

$$\Delta_1 = 1 - 0 = 1$$

5）代入梅逊公式得传递函数：

$$W(s) = \frac{X_c}{X_r} = \frac{1}{\Delta}\sum_{k=1}^{1}T_1\Delta_1 = \frac{T_1\Delta_1}{\Delta} = \frac{W_1 W_2 W_3}{1 + W_1 W_2 H_1 + W_2 W_3 H_2 + W_1 W_2 W_3}$$

本 章 小 结

本章介绍了自动控制系统的基本概念、系统组成、工作原理，以及数学模型的相关知识，重点阐述了闭环控制系统的控制原理、闭环传递函数的概念、系统结构图及等效变换方法，并介绍了控制系统信号流图相关概念。

练 习 题

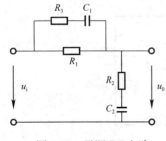

图 5-21 无源 RC 电路

1. 试阐述开环控制系统和闭环控制系统的区别。

2. 试举例说明开环控制系统和闭环控制系统工作原理。

3. 试求图 5-21 无源网络的传递函数 $\dfrac{U_o(s)}{U_i(s)}$。

4. 求图 5-22 有源网络的传递函数 $\dfrac{U_o(s)}{U_i(s)}$

5. 系统结构如图 5-23 所示，求系统的传递函数 $\dfrac{X_c(s)}{X_r(s)}$。

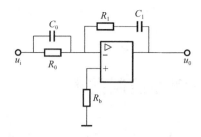

图 5-22　有源 RC 电路

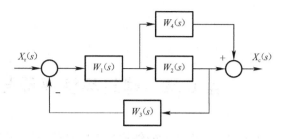

图 5-23　系统结构图

第6章　建筑环境评价要素及智能控制需求

建筑智能物理环境的创建基于控制理论,为了学习和掌握建筑智能环境控制原理和方法,一方面要学习控制理论的基本原理,另一方面应了解建筑环境的评价要素和控制需求。第5章介绍了自动控制原理的基本知识,本章主要分析建筑环境评价要素及智能控制需求。建筑环境包括建筑热湿环境、建筑空气环境、建筑光环境和建筑声环境,以下依次分析各建筑环境的评价要素和评价指标,明确建筑智能物理环境的实现目标,在此基础上,分析各建筑智能环境的智能控制需求,明确检测内容、控制对象和控制策略。

6.1　热湿环境评价要素及智能控制需求

由前面章节介绍可知建筑热湿环境的影响因素包括空气温度、空气湿度、气流速度和环境热辐射。这些因素一方面受到建筑内外环境的影响,另一方面,人工控制也是改善这些因素的重要手段。我国《民用建筑室内热湿环境评价标准》将室内热湿环境分为人工冷热源热湿环境与非人工冷热源热湿环境。人工冷热源热湿环境指使用供暖、空调等人工冷热源进行热湿环境调节的房间或区域。非人工冷热源热湿环境指未使用人工冷热源,只通过自然调节或机械通风进行热湿环境调节的房间或区域。建筑智能热湿环境,是通过对建筑内外温度、湿度等环境指标的监测,比对建筑室内热湿环境质量的各项评价指标,实现对门窗、遮阳板、通风设备、空调系统等建筑设施、设备进行智能化控制,营造健康、舒适、节能的热湿环境。出于节能、环保的考虑,建筑智能热湿环境优先考虑创建非人工冷热源热湿环境,在前者不能满足需求时再考虑人工冷热源热湿环境。因而本节根据热湿环境影响因素及其质量评价指标提出改善室内环境的控制需求的顺序为环境热辐射、气流速度、空气温度和湿度。

6.1.1　环境平均辐射温度及控制需求

1. 环境平均辐射温度

室内热辐射主要指房间内各表面和设备对人体的热辐射作用。室内热辐射的强弱通常用"平均辐射温度"代表。环境平均辐射温度是指环境四周表面对人体辐射作用的平均温度。人体与围护结构内表面的辐射热交换取决于各表面的温度及人与表面间的相对位置关系。实际环境中围护结构的内表面温度各不相同也不均匀,如冬季窗玻璃的内表面温度比内墙壁表面低得多,人与窗的距离及相互之间的方向直接影响人体的热损失。因此辐射温度的平均值是假定人作为黑体在一均匀的黑色内表面的空间内产生的热损失与在真实的内表面温度不均匀的环境的热损失相等时的温度,其数值可由各表面温度及人与表面位置关系的角系数确定或用黑球温度计测量。平均辐射温度的意义是一个假想的等温围合面的表面温度,它与人体间的辐射热交换等于人体周围实际的非等温围合面与人体间的辐射热交换量。其数学表达式为:

$$\bar{T}_r^4 = \frac{\sum_{j=1}^{k} (F_j \varepsilon_j T_j^4)}{\varepsilon_0} \tag{6-1}$$

式中　$\bar{T}_r$——平均辐射温度，K；

　　　F_j——周围环境第 j 个表面的角系数；

　　　T_j——周围环境第 j 个表面的温度，K；

　　　ε_j——周围环境第 j 个表面的黑度；

　　　ε_0——假想围合面的黑度。

对于人体所处的实际环境温差来说，把上式简化为一次方表达的结果会比实际平均辐射温度略小一些，但对于实际应用来说已经足够精确。另外，在实际的建筑室内环境里，室内各主要表面的温度一般差别并不大，因此可假定人体周围各非等温围合面的黑度均等于假想围合面的黑度 ε_0，这样就可以得出比较简单的采用摄氏温标的平均辐射温度近似表达式：

$$\bar{t}_r = \sum_{j=1}^{k} (F_j t_j) \tag{6-2}$$

式中　$\bar{t}_r$——平均辐射温度，℃；

　　　t_j——周围环境第 j 个表面的温度，℃

测量平均辐射温度最早、最简单且仍是最普遍的方法就是使用黑球温度计。它是由一个涂黑的薄壁铜球内装有温度计组成，温度计的感温包处于铜球的中心。使用时把黑球温度计悬挂在测点处，使其与周围环境达到热平衡，此时测得的温度为黑球温度 T_g。如果同时测出空气的温度 T_a，则当平均辐射温度与室内空气温度差别不是很大时，可按下式求出平均辐射温度：

$$\bar{T}_r = T_g + 2.44\sqrt{v}(T_g - T_a) \tag{6-3}$$

2. 环境平均辐射对室内热湿环境的影响

平均辐射温度对室内热环境有很大影响。在炎热地区，夏季室内过热的原因除了夏季气温高外，主要是由于外围护结构高温内表面的长波热辐射，以及通过窗口进入的太阳辐射造成的。而在寒冷地区，如外围护结构内表面的温度过低，将降低室温，也严重影响室内热环境及人体舒适性。

3. 环境辐射温度控制需求

平均辐射温度的控制需求主要是针对可调节围护结构设施提出的，主要实现对遮阳设施的控制。即当室内平均辐射温度对居住者热湿舒适度产生负向影响时，控制相应的遮阳设备，如遮阳板、百叶窗的角度，减小室外阳光对室内的辐射，从而改善室内热湿舒适度。

除此之外，近年来通过创建人工冷热源热湿环境实现对平均辐射温度的控制技术也逐渐成熟，辐射空调就是其中的代表。辐射空调系统是一种基于辐射换热原理进行传热的空调系统，与传统空调系统对流换热方式不同，辐射空调系统通过控制某一辐射表面温度，在夏季降低围护结构内表面的温度，以加强人体的辐射散热量；在冬季提高室内的平均辐射温度，进而减小人体的辐射散热量，使得空调系统能在减小吹风感与空气流动噪声的同时保持室内热环境的舒适性。

因此，平均辐射温度的控制需求为：检测室内各表面温度、黑球温度、室内空气温度及室内风速等，通过对一系列控制指标的检测，间接得到辐射温度，当室内平均辐射温度对居住者热湿舒适度产生负向影响时，控制相应的遮阳设备（遮阳板、百叶窗）、辐射空调系统辅助室内得到适宜的辐射温度，从而改善室内热湿舒适度。

6.1.2 空气流速及控制需求

1. 空气流速及其对人体舒适度的影响

空气流速是建筑热湿环境的重要影响因素之一，它对改善建筑室内热湿环境舒适度和人体体温调节有着重要作用。不同季节，空气流速对人体的热湿舒适度有着不同的影响：空气的流动可促进人体散热，这在夏季可使机体感到舒适（但当气温高于人体皮肤温度时，空气的流动反而会促使人体从外界环境吸收更多的热，对机体热平衡可产生不良影响），而在冬季空气的流动使机体感到更加寒冷，特别是在低温高湿的环境中，如果风速比较大，往往会由于散热过多而引起过冷。

空气流速对于人体热湿舒适度的影响与空气温度与湿度、人体着装都有着很大的关系。空气流速在一定程度上能够抵消不适宜的温度或者湿度给人体带来的不舒适感。在我国制定的《中等热环境 PMV 和 PPD 指数的测定及热舒适条件的规定》GB/T 18049 中提出的舒适条件为：

（1）冬季工况下主要进行坐姿的活动（有供热），其舒适条件：作业温度应在 20℃～24℃之间（22℃±2℃）；平均气流速度不大于 0.15m/s；相对湿度在 30％～70％之间。

（2）夏季工况下主要进行坐姿的活动（有空调），其舒适条件：作业温度应在 23℃～26℃之间（24.5℃±1.5℃）；平均气流速度不大于 0.25m/s；相对湿度在 30％～70％之间。

以上热舒适条件的前提：人员是坐姿，从事轻体力活动（新陈代谢率 $M \leqslant 1.2$met），所穿着服装的热阻夏季为 0.5clo，冬季为 1.0clo，并对适用条件具有一定的约束，适用于健康男性和女性，适用于室内工作环境的设计或对现有室内工作环境进行评价。

2. 空气流速的控制需求

《民用建筑供暖通风与空气调节设计规范》GB 50736—2012 规定，除有特殊需求外，建筑物内的空气气流速度宜符合表 6-1 的要求：

建筑室内气流速度的要求   表 6-1

参数	冬季	夏季
气流（m/s）	冬天＜0.2	夏天＜0.3

在实际控制过程中，对室内空气流速的调节主要通过控制门窗、通风设备、空调系统来实现，因此，室外空气热湿条件及空气质量对于利用气流速度改善室内热湿环境非常重要。一方面是外界空气环境质量达标，另一方面则是建筑室外的空气热湿环境能够对室内的热湿环境向着使居住者拥有更高舒适度的方向影响。借助于天然热湿环境中的空气流动来改善居住者在室内的热湿舒适度契合智能建筑节能、环保、健康的理念，故应首先利用建筑本身的自然通风设计，通过控制门窗来实现创建适宜居住者的空气流速，当室外空气环境不能有效改善室内居住者的热湿舒适度时或保证空气质量时，再借助对于通风设备

或空气净化设备的智能化控制来进行辅助的空气流速改善，或通过控制空调系统的风量来实现气流速度的改善。图 6-1 为带有空气过滤功能的通风设备和自然或机械通风管道设备。

因此，空气流速的控制需求为：检测室外空气流速、室外温湿度、室外空气中各种固体和气体污染物浓度情况，综合分析外部热湿环境对于室内热湿环境的影响，判断和控制门窗的开合大小或通风设备的风量大小，以及是否启动空调系统和空调系统风量的大小，实现气流速度对室内人体热湿舒适度正影响。

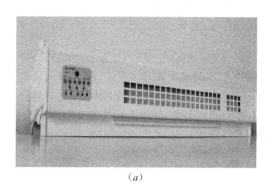

(a)　　　　　　　　　　　　　　　　　(b)

图 6-1　通风设备
(a) 带有空气过滤功能的通风设备；(b) 自然或机械通风管道设备

6.1.3　温度、湿度及其控制需求

1. 建筑室内空气温度及其评价指标

(1) 室内空气温度

室内空气温度是影响人体热舒适的最主要因素，它直接影响人体通过对流及辐射的显热交换。人体对温度的感觉相当灵敏，当室内温度过高时，会影响人的体温调节功能，如果温度过低，则会使人体代谢功能下降。自从国家正式实施《室内空气质量标准》GB/T 18883，室内温度已经成为室内空气质量的一个重要组成部分。标准中明确规定夏季空调房间室内温度的标准值为 22℃～28℃，冬季采暖时室内温度的标准值为 16℃～24℃。达到这个标准的室内温度就是舒适的室内温度。

(2) 室内空气温度评价指标

建筑室内热湿环境指标有多种，使用起来各有利弊，最简单方便且应用最为广泛的是室内空气温度。在日常生活中，人们往往以温度作为简单估计室内热环境的标准。但仅用室内空气温度作为评价室内热湿环境指标，虽然方便，但却很不完善，因为人体热感觉的程度依赖于室内热环境四要素的共同作用。比如不考虑气流速度，室温为 30℃ 比 28℃ 感觉要热，但当室温为 30℃、气流速度为 3.0m/s 时，组合起来要比室温为 28℃、气流速度为 0.1m/s 时感觉舒适。因此，对于多因素评价，人们往往寻找能够代替多因素共同作用的单一指标。比如综合考虑环境空气温度和平均辐射温度的操作温度，综合考虑空气温度、空气湿度和气流速度的有效温度，以及不仅考虑了空气温度、空气湿度、气流速度和环境辐射温度四个环境要素，而且还考虑了人的活动量和衣着情况的热感觉 PMV-PPD 指标。以下仅对常用于温度评价的几项指标作以介绍，PMV-PPD 指标在后面章节专门介绍。

1) 操作温度

操作温度（Operation Temperature）反映了环境空气温度 t_g 和平均辐射温度 $\bar{t_r}$ 的综合作用，是空气温度和平均辐射温度对各自的换热系数的加权平均值，当空气温度与平均辐射温度相同时，操作温度等于空气温度。

其表达式为：

$$t_0 = \frac{h_r\bar{t_r} + h_c t_g}{h_r + h_c} \tag{6-4}$$

h_r——辐射换热系数，W/(m² · K)

h_c——对流换热系数，W/(m² · K)

2）有效温度 ET

有效温度 ET（Effective Temperature）是将干球温度、湿度、空气流速对人体温暖感或冷感的影响综合成一个单一数值的综合指标。它在数值上等于产生相同感觉的静止饱和空气的温度。有效温度通过人体实验获得，并将相同有效温度的点作为等舒适线系绘制在湿空气焓湿图上或绘成诺模图的形式。它的缺陷是过高地估计了湿度在低温下对凉爽和舒适状态的影响，因此已经被新有效温度 ET* 所代替。

3）新有效温度 ET*

新有效温度 ET* 是同样着装和活动的人，在某环境中的冷热感与在相对湿度为 50% 空气环境中冷热感相同，则后者所处环境中的空气干球温度就是前者的 ET*。它的数值是通过对身着 0.6clo 服装、静坐在流速为 0.15m/s 空气中的人进行热舒适实验，并采用相对湿度为 50% 的空气温度作为与其冷热感相同环境中的等效温度而得出的。它的优点在于改变了有效温度过高地估计了湿度在低温下对凉爽和舒适状态的影响，把皮肤湿润度的概念引进来。该指标适用于着装轻薄、活动量小、风速低的环境。

4）标准有效温度 SET*

标准有效温度 SET* 是身着标准热阻服装的人，在相对湿度为 50%，空气静止不动，空气温度等于平均辐射温度的等温环境下，若与他在实际环境和实际服装热阻条件下的平均皮肤温度和皮肤湿润度相同时，则必将具有相同的热损失，这个温度就是上述实际环境的标准有效温度 SET*。该指标是目前最通用的指标，它是在有效温度 ET* 的基础上进行扩展，综合考虑了不同的活动水平和衣服热阻。它以人体生理反应模型为基础，由人体传热的物理过程分析得出，不同于以往的仅从主观评价由经验推导得出的有效温度指标，因而被称为是合理的导出指标。

2. 建筑室内空气湿度及其评价指标

（1）室内空气湿度

湿度表示空气的干湿程度，有绝对湿度和相对湿度两种表示方法。绝对湿度是单位体积空气中所含水蒸气的重量。相对湿度是在一定温度、一定大气压力下，湿空气的绝对湿度与同温同压下的饱和水蒸气量的百分比。空气的湿度主要影响人体皮肤表面水分蒸发及其排汗过程，相对湿度过高或过低都会引起人体的不良反应。在一定温度下，空气中所含水蒸气的量有一个最大的限度，当空气中水蒸气含量达到该温度下的极限值时，该空气称为饱和湿空气。

湿度对人体的影响因为季节的不同也会有所不同，在夏天，当室内相对湿度过大时，会抑制人体散热，使人感到十分闷热、烦躁。在冬天，室内相对湿度大时，则会加速热传导，使人觉得阴冷。室内相对湿度过低时，因上呼吸道黏膜的水分大量散失，人会感到口干舌燥，并易患感冒。

（2）湿度的评价指标

空气湿度是表示空气中水汽多寡亦即干湿程度的物理量，常用水蒸气分压力、绝对湿度、相对湿度和露点温度等表示。

1）水蒸气分压力

水蒸气分压力是在一定温度下湿空气中水蒸气部分所产生的压力，用 P 表示，单位为Pa。处于饱和状态的湿空气中的水蒸气所呈现出的压力，称为"饱和水蒸气分压力"，用 P_b 表示，单位为 Pa。

2）绝对湿度

绝对湿度是单位体积的空气中含有的水蒸气的重量，用 f 表示（g/m³）。饱和状态下的绝对湿度用饱和水蒸气量 f_{max}（g/m³）表示。绝对湿度虽然能具体表征单位体积空气中所含水蒸气的真实数量，但从室内热湿环境的要求来看，这种表示方法并不能恰当地说明问题，这是因为绝对湿度相同而温度不同的空气环境，对人体热湿感觉的影响是不同的。因而绝对湿度只有与温度一起才有意义，因为空气中能够含有的湿度的量随温度而变化，在不同的温度中绝对湿度也不同，因为空气的体积随着温度的变化而变化。

绝对湿度的计算公式为：

$$\rho_w = \frac{e}{R_w \cdot T} = \frac{m}{V} \tag{6-5}$$

式中　e——蒸汽压，Pa；

　　　R_w——水的气体常数=461.52J/(kg·K)；

　　　T——温度，K；

　　　m——在空气中溶解的水的质量，g；

　　　V——空气的体积，m³。

3）相对湿度

相对湿度用空气中实际水汽压与当时气温下的饱和水汽压之比的百分数表示，或者湿空气的绝对湿度与相同温度下可能达到的最大绝对湿度之比，也可表示为湿空气中水蒸气分压力与相同温度下水的饱和压力之比。建筑热湿环境的实际表示中，一般用相对湿度来表示湿度。

相对湿度的计算公式为：

$$U = (E/E_w) \times 100\% \tag{6-6}$$

式中　U——相对湿度；

　　　E——水气压，Pa；

　　　E_w——干球温度 t（℃）所对应的纯水平液面（或冰面）饱和水气压，Pa。

4）露点温度

露点温度是在大气压力一定、空气含湿量不变的情况下，未饱和的空气因冷却而达到饱和状态时的温度，也就是空气中的水蒸气变为露珠时候的温度，用 T_d（℃）表示。露点温度本是个温度值，之所以用它来表示湿度，是因为当空气中水汽已达到饱和时，气温与露点温度相同；当水汽未达到饱和时，气温一定高于露点温度。所以露点与气温的差值可以表示空气中的水汽距离饱和的程度。气温降到露点以下是水汽凝结的必要条件。

3. 建筑室内温湿度控制需求

对于建筑热湿环境实施控制的建筑设备主要有供暖、通风、空调以及遮阳系统。从智能控制的角度出发，影响室内热湿环境质量的可控因子包括温度、湿度、气流速度和平均辐射温度。

（1）温度控制需求

我国《民用建筑供暖通风与空气调节设计规范》GB 50736 规定了室内热湿环境设计参数的范围。对于设置供暖的民用建筑，考虑到不同供暖地区居民生活习惯的不同，分别对寒冷、严寒地区和夏热冬冷地区的冬季室内计算温度进行了规定，寒冷地区和严寒地区主要房间应采用 18℃～24℃；夏热冬冷地区主要房间冬季宜采用 16℃～22℃。结合人体对于热湿的舒适度要求，在夏季空调环境与冬季采暖环境下，一般民用建筑室内温湿度标准值略有不同，其主要原因是在不同的季节环境中，人们的着装不同，造成了服装热阻值的差异，从而影响温湿度对于居住者体感的舒适程度。

1）对非人工冷热源热湿环境的温度控制

出于健康与节能，非人工冷热源热湿环境的创建是首选，比如自然通风、遮阳、机械通风等。借助天然室外环境来改善室内热湿舒适度的同时，必须保证室内空气环境的维持与改善，因此室外空气质量、温度等都是智能控制需要考虑的因素。当室外空气温度满足人体舒适度需求，同时室外空气质量满足各项指标的时候，可通过控制可调节的围护结构设施（门窗）改善室内热湿环境。若天然室外空气环境无法满足室内热湿需求或空气质量要求，则需借助机械通风设备或空气净化设备创建非人工冷热源热湿环境，从而达到舒适的建筑室内热湿环境。

智能热湿控制系统通过前端数据采集器采集建筑外界自然环境的相关参数，比如室内外温度与湿度、污染物浓度情况、风速、太阳光强及角度，实现对门窗、机械通风设备、遮阳设备的开启及开启幅度或角度进行智能控制。例如，当室外空气的热湿度、空气质量均能改善室内环境时，实现开启门窗，利用室外气流形成自然通风，节约通风系统的能耗；在室外空气质量满足标准而自然通风无法达到舒适的热湿环境时，则控制机械通风设备辅助改善室内热湿环境；根据太阳的角度及在不同季节的热辐射强度实时调整遮阳设备的角度位置，在夏季达到良好的遮阳效果，在冬季则提高室内热辐射量，实现夏季辅助降低室内温度，冬季辅助升高室内温度，达到节约能耗。图 6-2 为智能遮阳板与智能开合门的应用举例。

综上所述，对非人工冷热源热湿环境的温度控制需求为：检测室内外温度、室外空气中污染物浓度情况、风速、太阳光强及角度，根据我国《室内空气质量标准》GB/T 18883 与《民用建筑供暖通风与空气调节设计规范》GB 50736 规定的室内空气质量标准及热湿环境温度设计参数的范围，比对检测数据，控制门窗开合大小、遮阳板角度及百叶窗行程范围、机械通风设备风量大小等。

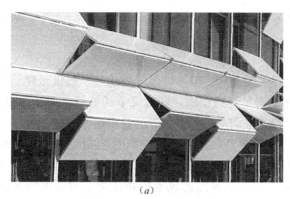 

（a）　　　　　　　　　　　　　　　（b）

图 6-2　智能遮阳板与智能开合门的应用举例

（a）某建筑智能遮阳板应用；（b）某建筑智能开合门应用

2）对人工冷热源热湿环境的温度控制

当室外空气温度不满足人体舒适度需求或者室外空气质量不达标时，需要创建人工冷热源热湿环境，即通过空调设备、采暖设备来达到需求。从智能控制的角度，当检测到室外空气质量或者热湿指标不达标，无法打开门窗进行自然通风或者通过对门窗、遮阳设备、机械通风设备实施控制仍然无法满足人们对热湿环境的要求时，则自动开启并根据实际需要实时调节空调系统或采暖系统。

建筑智能热湿环境控制系统通过对室内外热湿环境参数检测及分析，判断施效方式。比如空调系统根据室内冷（热）负荷情况，自动调节空调机组冷（热）水量、风量大小等，使空调系统在创建舒适热湿环境的同时，降低不合理或不必要的能耗，实现节能的目标。为了使空调系统更具舒适性与节能性，目前的智能热湿环境研究将热舒适指标作为控制目标，而不只是室内空气环境的某个参数，因为热舒适指标反映了各环境因素对人热舒适感产生的整体性的结果，使空调的控制变得人性化，带给人们更大的舒适程度。

采暖系统是我国北方建筑冬季必备的设施。供暖系统有多种方式，对于目前较多采用的地暖来说，一般有电地暖和水地暖两种供暖方式。电采暖供热系统直接利用电能，通过发热电缆或电热膜产生热能，加热地面，通过地面以辐射传热方式向室内供热。水地暖则以不高于60℃的热水作热媒，在埋置于地面填充层中的加热管内循环流动，加热地面，通过地面以辐射传热方式向室内供热。

智能化的采暖系统加入了对室内环境参数的检测、分析，并对热量产生或热媒输送过程进行控制。检测前端通过对室温的检测及对其施效方式的判断分析，来控制电地暖发热装置的发热量或水地暖热媒输送管道的热水调节阀开合大小，从而实现热源的输送量随室内空气热湿环境的改变而改变，在室内温度始终保持在适宜的热舒适度范围的同时，达到最大化的节能。

综上所述，对人工冷热源热湿环境的温度控制需求为：检测室内外温度、室外空气中各种固体和气体污染物浓度情况，根据我国《室内空气质量标准》GB/T 18883 与《民用建筑供暖通风与空气调节设计规范》GB 50736 规定的室内空气质量标准及热湿环境温度设计参数的范围，比对检测数据，控制空调机组冷（热）水量、风量大小等，对采暖系统则控制电采暖发热装置的发热量或水采暖热媒输送管道的热水调节阀开合大小，从而改变室内温度。

（2）湿度控制需求

冬季空气集中加湿能耗较大，我国供暖设计一般不做湿度要求。一般供暖建筑中人员采用自调节手段向房间加湿，这样基本满足舒适要求，同时又节约能耗。对于湿度控制，可以通过控制门窗、通风设备、加湿器、空调中的除湿加湿装置实现。

与建筑室内温度的控制相同，若建筑室外热湿环境及空气环境指标满足室内舒适需求，则优先选择非人工冷热源热湿环境的创建。检测前端通过对相关空气指标的采集与分析，判断建筑外部热湿环境通过控制门窗实现自然通风等能否使得室内湿度满足舒适需求。若无法满足，则智能系统选择开启机械通风设备辅助增强室内外空气交换除湿或采用加湿器、空调加湿模式加强空气湿度或者空调除湿模式降低空气湿度，从而达到适宜的热湿舒适度。

因而建筑室内湿度控制需求为：检测室内外湿度、室外空气中各种固体和气体污染物浓度情况，根据我国《室内空气质量标准》GB/T 18883 与《民用建筑供暖通风与空气调节设计规范》GB 50736 规定的室内空气质量标准及热湿环境温度设计参数的范围，比对检测数据，首先选择控制门窗开合大小，若仍无法满足室内湿度需求，则进而控制通风设备、加湿器、空调中的除湿加湿装置等，实现对室内热湿环境的控制。

6.1.4 PMV 指标及控制需求

环境热辐射、气流速度、空气温度和湿度均是影响建筑室内热湿环境的重要指标，它们对于居住者的热湿舒适度都有着非常重要的意义。但是，在实际环境中，建筑室内的温度、湿度、气流速度及环境热辐射等都是相互影响的。比如，环境热辐射越强室内温度越高；室内气流速度改变引起温湿度也随之变化等。同时，对于人体热湿舒适度来说，以上单一因子的改变也会影响人体对于其他因子的舒适接受程度。比如，夏季高温情况下室内湿度的升高会降低居住者在相同温度下的热湿舒适度，空气流速适度提高会抵消居住者对于室内温度升高产生的不舒适感等。因此，对于以上各个控制因子进行单一控制来提高建筑室内的热湿舒适度也有其局限性，这就促使了 PMV 综合指标的提出。

由第 2 章可知 PMV（Predicted Mean Vote）即预测平均投票数它是一个反映人体热湿舒适度的综合性指标，由于考虑了各种因素的综合影响，与实际的环境情况相吻合，所以该指标的提出受到了广泛好评，被誉为最为综合、全面的环境指标，已被列为国际标准。PMV 指标是 Fanger 教授在大量实验数据统计分析的基础上，结合人体的热舒适方程，综合考虑了空气温度、平均辐射温度、空气湿度、空气流速、人体活动程度和衣服热阻六个因素，并以心理学、生理学主观热感觉的等级为出发点，提出的表征人体热舒适的一个较为客观的指标，也是 20 世纪 80 年代初得到国际标准化组织 ISO 承认的一种较为客观、相对全面的反映冷热感觉程度的环境指标。它代表了同一环境中大多数人的冷热感觉的平均。PMV 指标代表了同一环境下绝大多数人的热感觉，但人与人之间存在生理差别，PMV 指标并不一定能够代表所有人的感觉。因此 Fanger 又提出了预测不满意百分比 PPD（Predicted Percentage of Dissatisfied）指标来表示人群对热环境不满意的百分数，并用概率分析方法，给出了 PMV 与 PPD 之间的定量关系。Fanger 教授根据 PMV 指标统计了大量的数据并制成了表格，由这些数据推演出 PPD 指标，两者合称 PMV-PDD 评价指标。

图 6-3 为 PMV-PPD 曲线图。

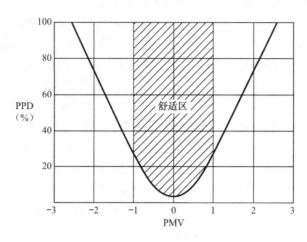

图 6-3　PMV-PPD 曲线图

PMV 值按照人体的热感觉分成七个等级，见表 6-2。

PMV 等级及相应的客观反应　　　　　　　　　　　　　　　　　　　表 6-2

PMV	-3	-2	-1	0	1	2	3
热感觉	冷	凉	微凉	舒适	微热	暖	热

由图可见，当 PMV＝0 时，PPD＝5％，这意味着在室内处于最佳的热舒适状态时，仍然有 5％的人感到不满意。因此 ISO7730 对 PPV-PPD 指标的推荐值在－0.5～＋0.5 之间，相当于人群中允许有 10％的人感觉不满意。

在热舒适指标控制中是以 PMV 指标作为直接的被控参数，由于 PMV 指标是衡量热环境对人体的综合作用效果的评价指标，直接反映了人体对环境的冷热感觉，因而系统的控制是随着人体舒适感的变化而变化。由于 PMV 指标是一个考虑了空气温度、平均辐射温度、空气湿度、空气流速、人体活动程度和衣服热阻六个因素的综合指标，因此根据该指标控制建筑设备，不仅需要综合检测室内外的温度、湿度、气流速度、空气质量指标，还需要根据居住者在各项特定的热湿指标下自身的热湿舒适度来设定所需要达到的实际室内热湿舒适指标。由于 PMV 指标能够反映出以上各个因素对于居住者热湿舒适度影响的大小，这就为室内 PMV 指标不满足于特定居住者热湿舒适度的情况下，提高热湿舒适度而选择性地控制最为有效的改善方式提供了依据。这不仅使得控制过程更为快捷、有效，而且能够在保证居住者热湿舒适度的前提下最大程度地节约能耗。

6.2　空气环境评价要素及智能控制需求

室内空气环境是建筑环境中的重要组成部分，其中包括室内热湿环境、室内空气质量环境以及气流组织环境。室内空气的热湿度以及空气质量都会对人们的健康以及舒适度产生很大影响，而且会影响室内人员的工作效率。良好的热湿度以及空气质量能够使人感到神清气爽、精力充沛、心情愉悦。热湿环境要素及智能控制需求已在前面章节做了介绍，本节着重介绍空气质量与气流组织的要素及其智能控制需求。

人们对室内空气质量的定义是随着对室内空气环境认识的不断深入而发展变化的。最初，人们把空气质量完全等价为一系列污染物浓度指标。事实上，根据研究发现不仅浓度较高的有害物对人体的舒适性有影响，很多低浓度的有气味的气体也会使人产生不适感，降低生活舒适度，影响人的工作效率，甚至危害人体健康（比如病态建筑综合症）等。1989 年丹麦的 Fanger 教授提出了一种空气质量的主观判断标准，即空气质量反映了人们的满意程度，如果人们对室内空气满意则为高品质，反之则为低品质。这种方法虽然注重了人体的舒适性，但却无法反映对那些无刺激性气味、浓度又比较低、人体无法感觉到的污染物对人体健康长期、慢性的危害。而美国供热制冷空调工程师协会颁布的标准《满足可接受室内空气质量的通风》中对空气质量的定义兼顾了主、客观评价：良好的空气质量应该是"空气中没有已知的污染物达到公认的权威机构所确定的有害物浓度指标，且处于这种空气中的绝大多数人（≥80%）对此没有表示不满意"，这一定义广为人们所接受，即空气质量的优劣需要从有害物浓度以及人对空气的满意程度两个方面进行评价。

6.2.1 有害物浓度指标及控制需求

1. 有害物种类及其指标

室内常见的空气污染物主要分为化学污染物、物理污染物和生物污染物三类。

（1）化学污染物

化学污染物包括有机挥发性化合物（VOCs）和无机污染物。有机挥发性化合物包括醛类、苯类和烯烃类等多种有机化合物。其中最为主要的是甲醛、甲苯和二甲苯等芳香族化合物，这类污染物主要来自建筑装修或装饰材料，其对人类健康的影响不仅刺激眼睛和呼吸道，使皮肤过敏，并且使人产生头痛、咽痛和乏力的症状。无机污染物主要包括氨气、燃烧产物（CO_2、CO、NO_x、SO_x）等，这类污染物主要来自室内燃烧产物，其对人体健康的影响是 CO 中毒会造成人体器官和组织不同程度的损害，以及氮氧化合物会影响人体呼吸系统和肺部的生理机能。

我国于 2002 年开始实施的《室内建筑装饰装修材料有害物质限量》包含了十个国标，分别对聚氯乙烯卷材地板、人造板及其制品、地毯及其衬垫、混凝土外加剂、建筑材料、壁纸、木家具、胶粘剂、内墙涂料、溶剂型木器涂料十类室内装饰材料中的有害物质含量或者散发量进行了限制（见表 6-3）。

民用建筑工程室内环境污染物浓度限量　　　　表 6-3

民用建筑工程室内环境污染物浓度限量		
污染物	Ⅰ类民用建筑工程	Ⅱ类民用建筑工程
甲醛（mg/m³）	≤0.08	≤0.1
苯（mg/m³）	≤0.09	≤0.09
氨（mg/m³）	≤0.2	≤0.2
TOVC（mg/m³）	≤0.5	≤0.6

注：1. Ⅰ类民用建筑包括住宅、医院、老年建筑、幼儿园和学校等；

Ⅱ类民用建筑包括办公楼、商店、文化娱乐场所、书店、图书馆、展览馆、体育馆等。

2. 污染物浓度限量除氨外均应以同步测量的室外空气相应值为基点。

（2）物理污染物

物理污染物主要指灰尘、重金属和放射性氡、纤维尘和烟尘的污染。常见的物理性污染包括颗粒物、纤维材料以及氡。

1）颗粒物

颗粒物对人体健康的危害作用主要包括：被血液吸收的颗粒物的毒害作用（铅、镉、锌等）、过敏效应（花粉、木质物质等）、细菌和真菌感染（来自生物体）、纤维变性（石棉、石英等）、致癌作用（石棉、铬酸盐等）、黏膜刺激（酸碱性物质）以及对肺功能的长期毒害作用。颗粒物浓度一般有两种表示方式：计质浓度和计数浓度。计质浓度表示单位体积悬浮颗粒物的质量，单位为 mg/m^3；计数浓度表示单位体积悬浮颗粒物的数量，单位有粒/升。成年人一天呼入约 15kg 空气，空气中颗粒物浓度越高，颗粒物进入人体内的质量越大，沉积在人体内部并造成的危害也就越大。

2）纤维材料

纤维材料也是室内污染物的一种，它们通常来自于吸声或者保温材料。长期暴露在纤维材料中会导致肺部发炎，还可能引起"办公室眼睛综合症"和"群体性皮炎"。

3）氡

氡气是天然存在的无色、无味、非挥发的放射性惰性气体，是世界卫组织（WHO）确认的主要环境致癌物之一。中国颁布了《住房内氡浓度控制标准》GB/T 16146 明确了各类建筑物的室内氡浓度控制标准。其中，《民用建筑工程内部环境污染控制规范》GB 50325—2001 规定：I类民用建筑（住宅、医院、老年建筑、幼儿园、学校教室等）氡浓度限量≤200；II类民用建筑（办公楼、商店、旅馆、图书馆、展览馆、体育馆、公共交通等候车室、餐厅、理发店等）氡浓度限量≤400。

（3）生物污染

生物污染指细菌、真菌和病毒引起的污染。微生物普遍具有个体小、繁殖快、分布广、种类繁多、较易变异以及对温度适应性强等特点。自然界中大部分微生物是有益的，少数微生物有害（病毒、细菌和真菌等）。

我国《室内空气质量标准》中的控制项目包括室内空气中与人体健康相关的物理、化学、生物和放射性等污染物控制参数，具体见表6-4。

《室内空气质量标准》中主要控制指标及其分类　　　　　　　　　　表6-4

序号	参数类别	参数	单位	标准值	备注
1	物理性	温度	℃	22-28	夏季空调
				16-24	冬季采暖
2		相对湿度	%	40-80	夏季空调
				30-60	冬季采暖
3		空气流速	m/s	0.3	夏季空调
				0.2	冬季采暖
4		新风量	$m^3/(h·人)$	30	1h均值
5	化学性	二氧化硫（SO_2）	mg/m^3	0.5	1h均值
6		二氧化氮（NO_2）	mg/m^3	0.24	1h均值
7		一氧化碳（CO）	mg/m^3	10	1h均值
8		二氧化碳（CO_2）	%	0.10	日均值

续表

序号	参数类别	参数	单位	标准值	备注
9	化学性	氨（NH_3）	mg/m³	0.20	1h均值
10		臭氧（O_3）	mg/m³	0.16	1h均值
11		甲醛（HCHO）	mg/m³	0.10	1h均值
12		苯（C_6H_6）	mg/m³	0.11	1h均值
13		甲苯（C_7H_8）	mg/m³	0.20	1h均值
14		二甲苯（C_8H_{10}）	mg/m³	0.20	1h均值
15		苯并（α）芘（B（α）P）	ng/m³	1.0	日均值
16		可吸入颗粒（PM_{10}）	mg/m³	0.15	日均值
17		总挥发性有机物（TVOC）	mg/m³	0.60	8h均值
18	生物性	细菌总数	cfu/m³	2500	依据仪器定
19	放射性	氡（Rn）	Bq/m³	400	年平均值（行动水平）

2. 有害物浓度控制需求

目前比较常用的综合评价空气环境的方法是空气质量指数法，其评价空气环境质量的指标主要有各污染物分指数、算术叠加指数 P、算术平均指数 Q、综合指数 I。各项指数能较为全面地反映出室内的平均污染水平和各种污染物在污染程度上的差异，并可据此确定室内空气的主要污染物。一般认为分指数和综合指数在 0.5 以下是清洁环境，此时 IAQ（Indoor Air Quality）等级为 I 级，可获得室内人员最大的接受率。

用空气质量指数法来评价室内空气环境，若综合指数 $I>1$ 时，则说明室内空气受到了污染，需要采取措施来改善室内空气质量。通新风是改善室内空气质量的一种行之有效的方法，其本质是提供人所必须的氧气并用室外污染物浓度低的空气来稀释室内污染物浓度高的空气。通风有自然通风和机械通风两种形式。下面分别从这两个方面论述有害物浓度的控制需求。

（1）自然通风有害物浓度控制需求

自然通风利用压力差，通过建筑开口（天窗、烟囱、风斗以及门窗等）将室外洁净的空气引进室内，以改善室内空气质量。由于室外空气质量、气象状况不稳定，随时间变化较大，因而需对其进行智能控制。

室内自然通风有害物浓度的控制需求为：检测室内外各污染物浓度，根据实时检测的室内各污染物浓度，将各污染物浓度与国标有关空气质量标准的规定值进行比较，或利用空气质量指数法对其进行评价；若室内空气质量处于污染状态，在室外空气质量良好时，则打开天窗、智能化门窗等各建筑开口，实时为室内引进新鲜且质量良好的室外新风，从而切实改善室内空气质量；而室外空气遭到污染时，则直接关闭各建筑开口，采取其他手段来改善室内空气质量。控制对象为可自动调整的中庭天窗、智能化门窗等。

（2）机械通风有害物浓度控制需求

机械通风是利用通风机的运转给空气一定的能量，造成通风压力，使室外空气不断地进入室内，沿着预定路线流动，然后将污风再排出室外的通风方法。在室外空气质量较差，或室外空气质量良好，但将所有建筑开口都开启至最大程度，自然通风依然不能将各污染物浓度降低至各标准规定范围内时，需开启机械通风作为补充，同时对引进的新风进行净化处理，为室内引进更足量的洁净新风。

室内机械通风有害物浓度的控制需求为：检测室内外各污染物浓度，根据实时检测的室内各污染物浓度，将各污染物浓度与国标有关空气质量标准的规定值进行比较，或利用空气质量指数法对其进行评价；若室内空气质量处于污染状态，通过室内空气质量法或通风量法计算或依据《民用建筑供暖通风与空气调节设计规范》得到其所需新风量，在室外空气质量良好时，控制机械通风设备、空调等的启停以及通风量的大小，补充自然通风的不足，达到改善室内空气质量的目的；在室外空气质量较差时，控制机械通风设备、空调等的启停以及通风量的大小，并辅以空气净化技术，对引进的室外空气进行过滤、净化，使得室内各污染物得到稀释，从而改善室内空气环境。控制对象为各机械通风设备、空调等。

6.2.2　人对空气的满意度及控制需求

室内空气质量的主观评价是指依靠人们在给定的环境中的自我感觉来评价室内空气中长期低浓度污染以及气流组织。主观评价主要有两个方面的工作，一是表达对环境因素的感觉，二是表达环境对健康的影响。感觉，是属于心理学的范畴，它有时会受到一些不相干因素的干扰，但进行感觉效应定性方面的评价（如气味的性质以及是否有吹风感等）是很方便的，能够公正、合理、科学地做出主观的判断。人体是一个很灵敏的传感器，对于空气中低浓度的污染物的刺激和吹风感也能感受出来，即从身体的舒适度反映环境对健康的影响。人们研究室内空气质量的目的就是要在建筑内创造出令人们满意的舒适、健康的环境，所以室内空气质量的主观评价就是人们对室内空气质量是否满意，是否能接受的调查。当大多数人都对该室内空气质量满意时，室内空气质量才应是合格的。

室内空气环境包括室内空气质量环境（由各污染物浓度决定）和气流组织环境，下面分别论述这两方面对于人满意度的影响，继而得出人对于空气满意度的控制需求。

1. 污染物对人体舒适度的影响

在低浓度下能对人健康产生损害并影响人舒适度的污染物主要有 CO、NO_x 以及有机挥发物 VOCs 等。

CO 是燃烧不完全的产物，是一种无色无味的气体，具有极强的毒性。CO 中毒对人体氧需求量大的器官和组织（心脏、脑部、皮肤、肺以及骨骼肌肉等）伤害比较大。由表 6-5 可见暴露在不同 CO 浓度和不同时间长度下人体的受伤程度。

人所处的 CO 含量及其滞留时间对人体生理的影响　　　　　　表 6-5

CO（ppm）	滞留时间/h	对人体生理的影响
5～30		对呼吸道患者有影响
30	＞8	视觉、神经机能受障，血液中 COHb 达 5%，气喘
40	8	
70～100	1	中枢神经受影响
200	2～4	头重、头痛，血液中 COHb 达到 40%
500	2～4	剧烈头痛、恶心、无力、眼花、虚脱
1000	2～3	脉搏加速、痉挛、昏迷、潮式呼吸
2000	1～2	死亡
3000	0.5	死亡
5000	0.33	死亡

NO$_x$ 包括 N$_2$O、NO$_2$、N$_2$O$_5$、NO。其中 NO$_2$ 的浓度通常作为氮氧化物污染的指标。NO$_2$ 的毒性主要体现在对呼吸系统的损害上。通常在低浓度下几个小时的暴露不会对人体的肺部造成不利影响，几周以上的低浓度暴露有可能引起肺部损伤，但是在高浓度 NO$_2$ 中短期暴露就会对健康产生不利影响。表 6-6 是 NOx 对机体产生危害作用的各种浓度阈值。

NO$_x$ 对机体产生危害作用的各种污染物浓度阈值   表 6-6

损伤作用类型	浓度阈值（mg/m³）	损伤作用类型	浓度阈值（mg/m³）
接触人群呼吸系统患病率增加	0.2	呼吸道上皮受损，产生生理学病变	0.8～1
短期暴露使人群肺功能改变	0.3～0.6	对机体产生损伤	0.94
嗅觉	0.4	肺对有害因子抵抗力下降	1
对肺部的生化功能产生不良影响	0.6	短期暴露使成人肺功能改变	2～4

有机挥发物 VOCs 是一类低沸点的有机化合物的总称，主要源自于室内建材的散发，因此通常室内的 VOCs 浓度要比室外高出很多。其对人体健康影响主要是刺激眼睛和呼吸道，皮肤过敏，使人产生头痛，咽痛与乏力的感觉。表 6-7 为总挥发性有机物 TVOC（Total Volatile Organic Compounds）浓度与人体反应的关系

TVOC 浓度与人体反应的关系   表 6-7

TVOC 浓度（mg/m³）	健康效应	分类
<0.2	无刺激，无不适	舒适
0.2～3.0	与其他因素联合作用时，可能出现刺激和不适	多因协同作用
3.0～25	刺激和不适，与其他因素联合作用时，可能出现头痛	不适
>25	除头痛外，可能出现其他的神经毒性作用	中毒

2. 气流组织对人体舒适度的影响

气流组织即空气分布状况，是指室内空气的速度分布、温度分布和污染物浓度分布状况。良好的气流组织要求设计者组织合理的空气流动，营造空气质量优良、舒适、节能的环境。通常情况下气流组织的优劣是通过"室内空气年龄"以及"换气效率"等指标反映出来的。对人体舒适度影响较大的主要是气流速度以及"空气年龄"。

（1）气流速度

气流速度一方面决定着人体的对流散热量，另一方面还关系到汗液的蒸发速度。气流速度的标准是根据人体的不同体质、运动状态而定的。当人体运动量大时，风速应该稍大，风速的标准是要满足人体表面的汗液蒸发；而运动量小或者无的时候，风速要求低，以免给人体带来不适感。针对不同季节，风速的控制也是有一定要求的。《室内空气质量标准》规定，夏季气流速度应小于 0.3m/s，冬季气流速度应小于 0.2m/s。

较快气流速度给人带来吹风感，会降低人们对空气的满意率。当皮肤没有衣服覆盖时，对吹风感最为敏感，尤其是头部区域（包括头部、颈部和肩部）和腿部区域（包括踝部、足部和腿部）。对于吹风感引起的不满意率的定量确定，ASHRAE 采用了 Fanger 教授的研究结果。由冷风引起的局部不满意率 PPD 值主要与平均空气流速、室内空气温度及紊流度有关。

(2)"空气龄"

"空气龄"是指空气在房间内已经滞留的时间，反映了室内空气的新鲜程度，它可以综合衡量房间的通风换气效果，是评价室内空气质量的重要指标。当人处于"空气龄"较大的空气中时，会因污浊感而降低人对空气的满意度。房间内不同区域的"空气龄"也是不一样的，接近送风口处的位置"空气龄"相对比较小，回风口处的"空气龄"则相对较大。而最"陈旧"空气应该出现在气流的"死角"。不同性质的建筑内的人员所最常处的位置不同，空气环境的智能控制就是要消除人们工作区的"死角"，使得人们能够在"空气龄"较小的空气中工作生活。

"空气龄"指房间内某点的空气在房间内已经滞留的时间。由于单个空气分子做的是不规则随机运动，没有哪个空气分子所做的运动是完全一样的，因此观测点附近的不同空气分子在房间内停留的时间也会各不相同。观测点的空气龄不是指位于该点的某一个空气分子在室内停留的时间，而是在该点附近的空气分子群的平均停留时间。这个分子群在宏观上是无限小的，因此具有均匀的温湿度等物理特性；在微观上是无限大的，体现出连续流体，即无限多的微观粒子的统计特性，而非单个粒子的随机运动特性。

观测点附近的空气分子群由各种不同年龄的分子组成，各种年龄的空气分子数量存在一个频率分布函数 $f(\tau)$ 和累积分布函数 $F(\tau)$。所谓频率分布函数 $f(\tau)$，是指年龄为 $\tau +\Delta \tau$ 的空气分子数量占总分子数量的比例与 $\Delta \tau$ 之比；而累积分布函数 $F(\tau)$，是指年龄小于 τ 的空气分子数量占总分子数量的比例。累积分布函数与频率分布函数之间存在下列关系：

$$\int_{0}^{\tau} f(\tau)\mathrm{d}\tau = F(\tau) \qquad (6\text{-}7)$$

由于某点空气龄是该点空气分子群的平均值，因此当频率分布函数已知时，可由下式计算任意一点的空气龄 τ_{p}：

$$\tau_{\mathrm{p}} = \int_{0}^{\infty} \tau f(\tau)\mathrm{d}\tau \qquad (6\text{-}8)$$

目前对空气龄的研究方法有示踪气体法和数值模拟法。

示踪气体法是将某种气体如二氧化碳或甲烷，在室内释放，用该气体的浓度测量仪器测量出其浓度衰减规律，再通过计算得出房间的空气龄分布。根据示踪气体释放方式的不同可以分为以下三种：

1）脉冲法

将示踪气体在送风口处间隔释放一段时间，记录测点处示踪气体随时间的变化，再通过计算得到房间内某一点或整体的平均空气龄。这种方法使用的示踪气体量较少，适用于已知空气入口和出口房间。

2）下降法（衰减法）

在送风口释放一定量的示踪气体，当房间中示踪气体浓度达到平衡后，停止释放。记录测点处浓度随时间的变化过程，计算得到房间内空气龄的分布。该方法适用于不知道室内气流组织情况，也不知道空气入口和出口的房间。

3）上升法

在送风口连续释放示踪气体，记录测点处的浓度变化（浓度上升过程），计算得到相应的空气龄分布。这种方法适用于高大空间的空气龄测量。

从对示踪气体方法的阐述中可以看出，要得到房间内某点的空气龄，必须测出该点的示踪气体浓度随时间的变化过程，故而示踪气体法测量周期长，且费用较高，而数值模拟法可以避免以上的问题。在数值模拟法中，首先根据示踪气体法推导出空气龄的输运方程，然后将该方程作为一个控制方程导入到 CFD（Computational Fluid Dynamics，计算流体力学）软件中。在求解过程中，先求解 N-S 方程，再求解空气龄输运方程，从而得到空气龄的分布。

3. 人对空气满意度的控制需求

（1）人对空气满意度的自然通风控制需求

对室内外污染物浓度以及室内不同区域空气的气流速度、"空气龄"等影响人体舒适度的指标进行检测，将检测所得数据通过计算机计算并与能令人感到舒适的各指标范围进行比较，根据室内外空气环境的实时情况，调整各建筑开口的开闭以及大小，来改善室内空气环境。

因而人对空气满意度的自然通风控制需求为：检测室内外影响人舒适度的污染物浓度、气流速度、"空气龄"等，依据不同指标给人体带来的影响，针对不同区域空气满意度的高低，在室外空气环境良好时，控制天窗、智能化门窗等各建筑开口的开闭或大小，实时为室内引进新鲜良好的室外新风，降低室内污染物浓度，合理组织气流，营造良好的室内空气环境；在室外空气质量较差时，则关闭各建筑开口，采用其他手段营造良好的空气环境。控制对象为可自动调整的中庭天窗、智能化门窗等。

（2）人对空气满意度的机械通风控制需求

自然通风受外界气象条件影响较大，其驱动力、风速、风向随时间和季节变化，通风效果不稳定，难以满足人们对于室内空气的舒适度需求。再有建筑开口固定，室内有些区域是自然通风所不能达到的，这就需要开启机械通风系统来补充。

人对空气满意度的机械通风控制需求为：检测室内不同区域影响人舒适度的污染物浓度、气流速度、"空气龄"等，根据检测到的实时数据，依据不同指标给人体带来的影响，针对不同区域空气满意度的高低，在室外空气环境良好时，控制空调、不同位置的送风设备的启停以及开口大小等，为室内引进最适量的新风，降低室内污染物浓度，营造良好的气流组织，提高人对空气的满意度；在室外空气环境较差时，控制空调、不同位置的送风设备的启停以及开口大小等，并辅以空气净化技术，对引进的室外空气进行过滤、净化，营造合理的气流组织，改善室内空气质量。

综上所述，空气环境的智能控制需求就是要实时地检测室内外各污染物浓度、室内"空气速度"以及"空气年龄"等，综合考虑主客观评价指标，在空气质量不够洁净或人们满意度较低、室外空气环境良好时，优先使用自然通风，当所有建筑开口均开启至最大程度还依然不足以营造良好空气环境时，则利用机械通风；在室外空气环境恶劣时，关闭各建筑开口，利用机械通风引进室外风，并利用空气净化技术，对引进的室外空气进行净化处理，最终为人们营造出良好的室内空气环境。

6.3 光环境评价要素及智能控制需求

人们依靠不同的感觉器官从外界获得各种信息，其中约有 80% 来自视觉器官，室内光环境是人眼获得视觉信息的必要保障。在人们进行生产、工作和学习的场所，保持适宜的光环境，给建筑内各种对象以适宜的光强分布，不仅能充分发挥人的视觉功效，轻松、安全、有效地完成视觉作业，而且在视觉和心理上感到舒适满意，提高工作效率、减少视觉疲劳。建筑光环境的影响因素主要包括室外天然光和人工照明。室外天然光主要通过采光口影响室内光环境，当天然光利用受到时间和场合的限制，无法达到舒适的光环境时，开启人工照明营造良好的室内光环境。建筑智能光环境即是通过对采光口的遮光、控光设备（包括百叶窗帘、室内外反光板、遮阳板、光导照明等）的调控和对人工照明的调控实现的。建筑智能光环境的调控标准是光环境质量指标，无论是天然光还是人工光，都可以用视觉功效和视觉舒适的指标来评价。此外，天然光的采光系数、人工光的光源色温和显色性则为其特有评价指标。由于人眼在天然光下比在人工光下有更高的灵敏度，为了保证视觉功效，提高光环境的质量，同时达到节能的目的，智能光环境采用自然光调控优先、人工照明补偿的控制策略。

本节从光环境质量评价指标出发，从自然光和人工照明两个方面分析智能控制需求。

6.3.1　视觉功效影响因素及控制需求

视觉功效是指人借助视觉器官完成视觉作业的效能，一般用完成作业的速度和精度来定量评价，它主要与视角、视觉敏锐度、照度、亮度对比和识别时间有关。其中视角是指观察物体时，从物体两端（上、下或左、右）引出的光线在人眼光心处所成的夹角。物体的尺寸越小，离观察者越远，则视角越小。视觉敏锐度是人眼分辨物体细节的能力，在数量上等于眼睛刚刚可以辨认的最小视角（分）的倒数。照度是被照面单位面积上所接受的光通量，表示被照面上的光通量的密度，符号为 E。亮度对比是指视野中目标和背景的亮度差与背景（或目标）亮度之比，符号为 C。这些指标之间相互影响和制约。自然光的光谱是最适宜人眼进行视觉作业的，在相同的亮度对比条件下，识别相同视角作业所需要的天然光照度要明显低于人工光的照度，同时太阳能是安全清洁的能源，利用自然采光有利于人的身心健康，且可以达到保护环境、节约资源的目的。但自然光的利用受到时间、空间较多的制约，要想让自然光在室内均匀适宜分布，需要运用智能化手段，对引入室内的自然光进行调控。在自然采光无法满足室内光环境的视觉功效时，开启人工照明进行补充。人工照明能耗在建筑能耗中占据很大的比例，国内外统计数据表明，在现代建筑中，照明能耗约占整个建筑能耗的三分之一。因此，在保证室内光环境满足要求的条件下，采用智能控制方法，降低人工照明能耗具有重要的社会意义和经济效益。

1. 照度及其智能控制需求

（1）我国现行的照度及照度均匀度标准

根据《建筑照明设计标准》GB 50034，表 6-8 和表 6-9 分别给出了住宅建筑和办公建筑照明照度标准值，其他类型建筑照度标准值可以查阅规范。

照度控制需求，就是根据规范的照度标准，以优先利用自然光，人工照明进行补充为原则，制定不同房间、不同场合的照明策略，实现健康、便捷、舒适、节能的光环境。

住宅建筑照明标准值　　表 6-8

房间或场所		参考平面及其高度	照度标准值（lx）	R_a
起居室	一般活动	0.75m 水平面	100	80
	书写、阅读		300 *	
卧室	一般活动	0.75m 水平面	75	80
	床头、阅读		150 *	
餐厅		0.75m 餐桌面	150	80
厨房	一般活动	0.75m 水平面	100	80
	操作台	台面	150 *	
卫生间		0.75m 水平面	100	80
电梯前厅		地面	75	60
走道、楼梯间		地面	50	60
车库		地面	30	60

注：表中 R_a 为显色指数。
　　* 指混合照明照度

办公建筑照明标准值　　表 6-9

房间或场所	参考平面及其高度	照度标准值（lx）	UGR	U_0	R_a
普通办公室	0.75m 水平面	300	19	0.60	80
高档办公室	0.75m 水平面	500	19	0.60	80
会议室	0.75m 水平面	300	19	0.60	80
视频会议室	0.75m 水平面	750	19	0.60	80
接待室、前台	0.75m 水平面	200	—	0.40	80
服务大厅、营业厅	0.75m 水平面	300	22	0.40	80
设计室	实际工作面	500	19	0.60	80
文件整理、复印、发行室	0.75m 水平面	300	—	0.40	80
资料、档案存放室	0.75m 水平面	200	—	0.40	80

注：表中 UGR 为统一眩光值、U_0 为照度均匀度、R_a 为显色指数。

（2）自然光照度控制需求

建筑环境中的自然光往往指的是天空散射光，它是建筑采光的主要光源。人员在一般建筑空间中，其视觉功效对照度的要求是 50lx～300lx（0.75m 水平面）。因此，需要采用智能化手段来对进入室内的自然光进行调控。若自然光照度过大，可通过调节遮阳板或遮阳百叶的角度进行遮阳；若自然光的角度与建筑采光口的角度配合不好，不利于自然采光，则可通过控制室内外反光板的角度，将自然光均匀反射到室内空间。在自然光不能企及的地下空间，可以利用光导照明将外界的自然光引入。

室内自然光照度的控制需求为：检测室外阳光照射角度、室内照度水平和照度均匀度，根据实时检测的室内照度水平和照度均匀度，依据《建筑照明设计标准》GB 50034 有关照度和照度均匀度的标准，通过控制遮阳板、百叶窗、室内外反光板、光导照明系统，调节自然光引入和遮挡装置的角度和开度。

（3）人工照明照度控制需求

1）人工照明智能控制方式

当自然光调节不能满足照度标准时，需开启人工照明进行补充。对室内人工照明的智能控制方式有定时分区控制、场景控制、人员活动控制和合成照度控制等。

定时分区控制方式是将照明区域划分为不同的功能组，每个功能组的照明设备受照明控制器的控制。用软件编制各组照明灯具开启、关闭的时间表，以满足不同区域、不同时间段的需要。对那些有规律的使用场所，按预定的时间自动地开启、关闭不同组别的灯具，避免其长期点亮带来的能源浪费，按预定的时间表进行照度控制如图 6-4 所示。由于完全由控制软件完成控制，不需要大量的硬件输入设备，这种控制实现起来相对比较容易，但有灵活性不够的缺点，例如遇到天气变化或临时更改作息时间等情况，则需要重新修改程序的设定时间，给使用带来不便。

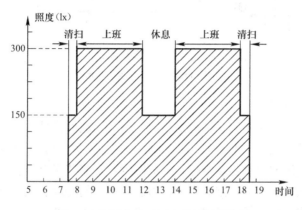

图 6-4　按预定的时间表进行照明控制

2）场景控制

可预先设置多个不同场景，比如办公建筑的会议室，在会议的不同阶段，根据需要开启不同的照明组合，以适应入场、预备、开幕式、大会发言、投影、会议休息、会议讨论等不同阶段的不同应用环境；另外，教育建筑的课堂教学、住宅建筑的功能房间等均可根据需要设置不同的场景，比如课堂教学的板书教学与多媒体教学需要不同的光环境场景，住宅建筑客厅的会客、休闲、观影等不同的应用环境也需要不同的光环境场景。与此同时，调节不同灯具的照度，与自然光照度配合，使室内光环境达到《建筑照明设计标准》GB 50034 中规定的指标。

3）合成照度控制

合成照度控制是采用光线传感器检测某区域自然光，将检测信号送到控制器，控制器根据自然光强度大小控制该区域灯具的亮度，用人工照明补偿自然光的照度合成方式，达到符合照度要求的稳定环境。合成照度控制既可充分利用自然光，达到节能的目的，又可提供一个基本不受季节与外部环境影响的相对稳定的视觉环境，以满足舒适照明的需要。采用合成照度方式对照明灯具的照度控制如图 6-5 所示，其中图（a）是分段控制，将同一区域的灯具分为三组，根据自然光的强弱，控制不同组别灯具的开启/关闭，属于有级调光控制；图（b）是连续控制，光线传感器检测信号与控制器的设定值进行比较，控制器输出为连续变化的模拟信号，这样就可以连续地改变灯具上电压的大小，从而用连续变化的人工照明补偿连续变化的自然光，得到比较稳定的视觉环境。图 6-5（b）中，距窗较近处自然光照度较高，则人工照度则低一些，有利于节能，随着距离的增加，自然光减弱，则控制器应根据传感器的检测信号连续地提高人工照度，从而使合成照度接近理论设计值。

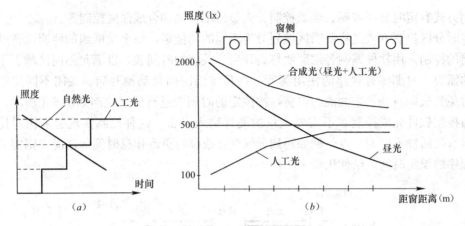

图 6-5 合成照度控制方式
(a) 分段调光；(b) 连续调光

4）人员活动检测控制

人员活动检测控制是在照明区域内安装由声、光、红外元件构成的传感器，用于检测该区域内是否有人员活动。一旦人离开该区域，控制装置按程序中预先设定的时间延时后，自动切断照明电源或控制照度维持在最低限度，从而节省电能。

因而室内人工照明照度的控制需求为：检测室内空间照度、人员活动情况以及功能性照明需求，依据《建筑照明设计标准》GB 50034 有关照度和照度均匀度的标准，对室内灯具（开关灯具和可调光灯具）实施时序控制、场景控制、行动探测控制、自然光照度补偿等控制。

2. 亮度对比及其智能控制需求

亮度对比是指视野中目标和背景的亮度差与背景亮度之比，亮度对比过大或过小都不利于视觉作业。亮度比过小，不能凸显观察的主体；而过大则造成的视觉刺激太强，形成眩光等。

根据《建筑照明设计标准》GB 50034，公共建筑的工作房间和工业建筑作业区域内的一般亮度对比不应小于 0.7，而作业面邻近周围的区域不应小于 0.5。房间或场所内的非作业区域的一般照明的照度值不宜低于作业区域一般照明照度值的 1/3。亮度对比的控制需求是检测并调节目标和背景的亮度值，从而将其比值控制在合理的范围内。

（1）自然采光智能控制需求

白天窗户的亮度应控制在作业区域亮度的 40 倍以内，墙壁的照度以达到作业区域照度的 1/2 为宜。在室内外布置的多个亮度传感器，用于检测作业区域和主要背景区域（包括顶棚、墙、窗户等）的自然光亮度，从而计算出亮度比的值。如果亮度比不足，则应提高作业区域的亮度，可以通过光导照明、自然光反射装置等可分区控制的自然光引入方式实现。如果亮度比过大，则应运用上述方式，提高背景区域的亮度。

为了达到室内亮度比指标要求，对自然光的亮度比控制需求为：检测作业区域与背景区域自然光亮度之比，依据《建筑照明设计标准》GB 50034 中有关亮度比的标准，实施对遮阳板、光导照明、反光板等装置的控制，当亮度比过大时，通过可分区控制的自然光引入装置提高背景区域的亮度；当亮度比过小时，控制反光板、光导照明等提高作业区域的亮度，从而将室内自然光亮度比控制在适宜的范围内。

（2）人工照明智能控制需求

人工照明亮度比的智能控制是根据《建筑照明设计标准》GB 50034 中有关亮度比的标准，结合室内不同的功能和视觉作业需要，合理调节室内的亮度分布，形成适宜的亮度对比。既能达到凸显观察对象的目的，也能保持眼睛的舒适，提高视觉作业的效率。人工照明控制系统检测作业区域和主要背景区域（包括顶棚、墙、窗户等）的亮度（自然光和人工光合成亮度），当其比值过大或过小时，将控制不同区域人工照明，从而改善室内亮度比。

在某些特定的场合，则需要人为增大室内的亮度比，从而凸显被观察对象。例如在会议中使用投影模式，需要关闭前排所有照明，使屏幕与周围形成较大的亮度对比（见图 6-6），保证参会人员的观看效果。这种控制方式是通过亮度传感器检测屏幕与周围墙壁天花板的亮度差，由近及远控制室内的灯具。

综上所述，室内人工照明亮度比的控制需求为：检测室内空间（作业区域和背景区域）亮度，依据《建筑照明设计标准》GB 50034 有关亮度比的标准，结合室内不同的功能和视觉作业需要，控制灯具的开关及其照度，合理调节室内不同区域间的亮度比。

图 6-6　投影模式增大亮度对比

3. 采光系数及其智能控制需求

采光系数是天然采光的定量评价标准，是室内某一点直接或间接接受天空所形成的照度与同一时间不受遮挡的该天空半球在室外水平面上产生的照度之比，如式 6-16 所示。

$$C = \frac{E_n}{E_w} \times 100\%$$　　　　　　　（6-9）

式中　C——采光系数，%；

　　　E_n——室内某点的天然光照度，lx；

　　　E_w——与 E_n 同时间，室外无遮挡的天空水平上产生的照度，lx。

在给定的天空亮度分布下，计算点和窗户的相对位置、窗户的几何尺寸确定以后，无论室外照度如何变化，计算点的采光系数是保持不变的。利用采光系数，可以根据室内要求的照度换算出需要的室外照度。采光系数标准值是室内天然光照度对应采光标准规定的室外照度极限值，也就是开始需要采用人工照明时的室外照度极限值。

采光系数的智能控制需求为：检测室外的实时照度，通过建筑外的自然光照度与采光系数标准值的比较，决定是否开启人工照明，配合采用合成照度法控制室内人工照明设施、设备。

6.3.2　视觉舒适度指标及控制需求

适宜的建筑光环境，除了满足视觉功效的要求外，还需要满足视觉舒适要求，使身处其中的人员能够高效、健康地完成视觉作业。自然光的光谱是最适宜人眼进行视觉作业的，有利于人的身心健康。因此，从视觉舒适度的角度，也要优先利用自然光。视觉舒适度指标主要是眩光，对于人工照明，还包括了光源色温和显色性，以及对环境的美化。

1. 眩光及其智能控制需求

眩光是由于视野中的亮度分布不适宜，在时间或空间上存在极端亮度对比而引起的物体可见度降低的视觉条件。

（1）眩光程度评价指标

衡量眩光的指标主要包括统一眩光值 UGR（Unified Glare Rating）和眩光值 GR（Glare Rating）。统一眩光值（UGR）是度量室内视觉环境中光源发出的光对人眼造成不舒适感主观反应的心理参量，眩光值（GR）是度量室外场地光源对人眼引起不舒适感主观反应的心理参量，UGR 和 GR 均可按国际照明委员会 CIE（Commission Internationale de L'Eclairage）眩光值公式计算。根据《建筑照明设计标准》GB 50034，在办公室、教室、起居室等普通功能房间，规范规定的统一眩光值（UGR）宜为 19；在餐厅、剧场、营业厅等特殊功能房间，规范规定的统一眩光值（UGR）宜为 22。

1）室内照明场所的统一眩光值（UGR）计算

① 当灯具发光部分面积为 $0.005\text{m}^2 < S < 1.5\text{m}^2$ 时，统一眩光值（UGR）按公式 6-10 进行计算：

$$UGR = 8\lg \frac{0.25}{L_b} \sum \frac{L_a^2 \cdot \omega}{P^2} \tag{6-10}$$

式中　L_b——背景亮度（cd/m²）；

　　　ω——每个灯具发光部分对观察者眼睛所形成的立体角（sr）如图 6-7（a）所示；

　　　L_a——灯具在观察者眼睛方向的亮度（cd/m²）（图 6-7b 为 α 角示意）；

　　　P——每个单独灯具的位置指数（位置指数表见表 6-10）

图 6-7 为统一眩光值计算参数示意图。

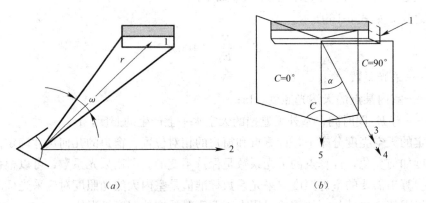

图 6-7　统一眩光值计算参数示意图

（a）灯具与观察者关系示意图；（b）灯具发光中心与观察者眼睛连线方向示意图

1—灯具发光部分；2—观察者眼睛方向；3—灯具发光中心与观察者眼睛连线；4—观察者；

5—灯具发光表面法线

② 对发光部分面积小于 0.005m^2 的筒灯等光源，统一眩光值（UGR）按式 6-11～式 6-14 进行计算：

$$UGR = 8\lg \frac{0.25}{L_b} \sum \frac{200I_a^2}{r^2 \cdot P^2} \tag{6-11}$$

$$L_\mathrm{b} = \frac{E_\mathrm{i}}{\pi} \tag{6-12}$$

$$L_\alpha = \frac{I_\alpha}{A \cdot \cos\alpha} \tag{6-13}$$

$$\omega = \frac{A_\mathrm{p}}{r^2} \tag{6-14}$$

式中　L_b——背景亮度（cd/m²）；

$\quad I_\alpha$——灯具发光中心与观察者眼睛连线方向的灯具发光强度（cd）；

$\quad P$——每个单独灯具的位置指数，位置指数应按 H/R 和 T/R 坐标系（图 6-8）及表 6-10 确定；

$\quad E_\mathrm{i}$——观察者眼睛方向的间接照度（lx）；

$A \cdot \cos\alpha$——灯具在观察者眼睛方向的投影面积（m²）；

$\quad \alpha$——灯具表面法线与其中心和观察者眼睛连线所夹的角度（°）；

$\quad A_\mathrm{p}$——灯具发光部分在观察者眼睛方向的表观面积（m²）；

$\quad r$——灯具发光部分中心到观察者眼睛之间的距离（m）。

图 6-8 为以观察者位置为原点的位置指数坐标系统（R，T，H）。

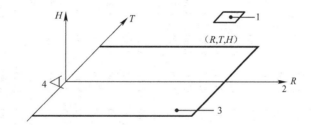

图 6-8　以观察者位置为原点的位置指数坐标系统（R，T，H）
1—灯具中心；2—视线；3—水平面；4—观测者

眩光值（GR）按式 6-15～式 6-18 计算：

$$GR = 27 + 24\lg\left(\frac{L_\mathrm{vl}}{L_\mathrm{ve}^{0.9}}\right) \tag{6-15}$$

$$L_\mathrm{vl} = 10\sum_{i=1}^{n}\frac{E_\mathrm{eyei}}{\theta_i^2} \tag{6-16}$$

$$L_\mathrm{ve} = 0.035L_\mathrm{av} \tag{6-17}$$

$$L_\mathrm{av} = E_\mathrm{horav} \cdot \frac{\rho}{\pi\Omega_0} \tag{6-18}$$

式中　L_vl——由灯具发出的光直接射向眼睛所产生的光幕亮度（cd/m²）；

$\quad L_\mathrm{ve}$——由环境引起直接入射到眼睛的光所产生的光幕亮度（cd/m²）；

$\quad E_\mathrm{eyei}$——观察者眼睛上的照度，该照度是在视线的垂直面上，由第 i 个光源所产生的照度（lx）；

$\quad \theta_i$——观察者视线与第 i 个光源入射在眼上方所形成的角度（°）；

$\quad n$——光源总数；

位置指数表

表 6-10

T/R	H/R																			
	0.00	0.10	0.20	0.30	0.40	0.50	0.60	0.70	0.80	0.90	1.00	1.10	1.20	1.30	1.40	1.50	1.60	1.70	1.80	1.90
0.00	1.00	1.26	1.53	1.90	2.35	2.86	3.50	4.20	5.00	6.00	7.00	8.10	9.25	10.35	11.70	13.15	14.70	16.20	—	—
0.10	1.05	1.22	1.45	1.80	2.20	2.75	3.40	4.10	4.80	5.80	6.80	8.00	9.10	10.30	11.60	13.00	14.60	16.10	—	—
0.20	1.12	1.30	1.50	1.80	2.20	2.66	3.18	3.88	4.60	5.50	6.50	7.60	8.75	9.85	11.20	12.70	14.00	15.70	—	—
0.30	1.22	1.38	1.60	1.87	2.25	2.70	3.25	3.90	4.60	5.45	6.45	7.40	8.40	9.50	10.85	12.10	13.70	15.00	—	—
0.40	1.32	1.47	1.70	1.96	2.35	2.80	3.30	3.90	4.60	5.40	6.40	7.30	8.30	9.40	10.60	11.90	13.20	14.60	16.00	—
0.50	1.43	1.60	1.82	2.10	2.48	2.91	3.40	3.98	4.70	5.50	6.40	7.30	8.30	9.40	10.50	11.75	13.00	14.40	15.70	—
0.60	1.55	1.72	1.98	2.30	2.65	3.10	3.60	4.10	4.80	5.50	6.40	7.35	8.40	9.40	10.50	11.70	13.00	14.10	15.40	—
0.70	1.70	1.88	2.12	2.48	2.87	3.30	3.78	4.30	4.88	5.60	6.60	7.40	8.50	9.50	10.50	11.70	12.85	14.00	15.20	—
0.80	1.82	2.00	2.32	2.70	3.08	3.50	3.92	4.50	5.10	5.75	6.60	7.50	8.60	9.50	10.60	11.75	12.80	14.00	15.10	—
0.90	1.95	2.20	2.54	2.90	3.30	3.70	4.20	4.75	5.30	6.00	6.75	7.70	8.70	9.65	10.75	11.80	12.90	14.00	15.00	16.00
1.00	2.11	2.40	2.75	3.10	3.50	3.91	4.40	5.00	5.60	6.20	7.00	7.90	8.80	9.75	10.80	11.90	12.95	14.00	15.00	16.00
1.10	2.30	2.55	2.92	3.30	3.72	4.20	4.70	5.25	5.80	6.55	7.20	8.15	9.00	9.90	10.95	12.00	13.00	14.00	15.00	16.00
1.20	2.40	2.75	3.12	3.50	3.90	4.35	4.85	5.50	6.05	6.70	7.50	8.30	9.20	10.00	11.02	12.10	13.10	14.00	15.00	16.00
1.30	2.55	2.90	3.30	3.70	4.20	4.65	5.20	5.70	6.30	7.25	7.70	8.55	9.35	10.20	11.20	12.25	13.20	14.05	15.00	16.00
1.40	2.70	3.10	3.50	3.90	4.35	4.85	5.35	5.85	6.50	7.50	8.00	8.70	9.50	10.40	11.40	12.40	13.25	14.20	15.02	16.00
1.50	2.85	3.15	3.65	4.10	4.55	5.00	5.50	6.20	6.80	7.65	8.20	8.85	9.70	10.55	11.50	12.50	13.30	14.20	15.10	16.00
1.60	2.95	3.40	3.80	4.25	4.75	5.20	5.75	6.30	7.00	7.80	8.40	9.00	9.80	10.80	11.75	12.60	13.40	14.20	15.10	16.00
1.70	3.10	3.55	4.00	4.50	4.90	5.40	5.95	6.50	7.20	8.00	8.65	9.20	10.00	10.85	11.85	12.75	13.45	14.20	15.10	16.00
1.80	3.25	3.70	4.20	4.65	5.10	5.60	6.10	6.75	7.40	8.17	8.80	9.35	10.10	11.00	11.90	12.80	13.50	14.30	15.10	16.00
1.90	3.43	3.86	4.30	4.75	5.20	5.70	6.30	6.90	7.50	8.30	8.90	9.50	10.20	11.00	12.00	12.82	13.55	14.35	15.10	16.00
2.00	3.50	4.00	4.50	4.90	5.35	5.80	6.40	7.10	7.70	8.45	9.15	9.60	10.40	11.10	12.00	12.85	13.60	14.40	15.15	16.00
2.10	3.60	4.17	4.65	5.05	5.60	6.00	6.60	7.20	7.82	8.55	9.30	9.75	10.50	11.20	12.10	12.90	13.70	14.40	15.20	16.00
2.20	3.75	4.25	4.72	5.20	5.70	6.10	6.70	7.35	8.00	8.65	9.40	9.85	10.60	11.30	12.10	12.95	13.70	14.45	15.20	16.00
2.30	3.85	4.35	4.80	5.25	5.80	6.22	6.80	7.40	8.10	8.80	9.50	9.90	10.70	11.40	12.20	13.00	13.75	14.50	15.25	16.00
2.40	3.95	4.40	4.90	5.35	5.85	6.30	6.90	7.50	8.20	8.85	9.55	10.00	10.80	11.50	12.25	13.00	13.80	14.50	15.25	16.00
2.50	4.00	4.50	4.95	5.40	5.95	6.40	6.95	7.55	8.25	8.95	9.60	10.05	10.85	11.55	12.30	13.00	13.80	14.50	15.25	16.00
2.60	4.07	4.55	5.05	5.47	6.00	6.45	7.00	7.65	8.35	9.00	9.65	10.10	10.90	11.60	12.32	13.00	13.80	14.50	15.25	16.00
2.70	4.10	4.60	5.10	5.53	6.05	6.50	7.05	7.70	8.40	9.05	9.70	10.16	10.92	11.63	12.35	13.00	13.80	14.50	15.25	16.00
2.80	4.15	4.62	5.15	5.56	6.05	6.55	7.08	7.73	8.45	9.10	9.70	10.20	10.95	11.65	12.35	13.00	13.80	14.50	15.25	16.00
2.90	4.20	4.65	5.17	5.60	6.07	6.57	7.12	7.75	8.50	9.10	9.70	10.23	10.95	11.65	12.35	13.00	13.80	14.50	15.25	16.00
3.00	4.22	4.67	5.20	5.65	6.12	6.60	7.15	7.80	8.55	9.12	9.70	10.23	10.95	11.65	12.35	13.00	13.80	14.50	15.25	16.00

L_{av}——可看到的水平照射区域的平均亮度（cd/m²）；

E_{horav}——照射区域的平均水平照度（lx）；

ρ——漫反射区域的反射比；

Ω_0——单位立体角（sr）。

根据《建筑照明设计标准》GB 50034，当眩光光源的仰角小于 27°时，眩光的影响很显著。当眩光光源的仰角大于 45°时，眩光的影响大大减小。图 6-9 为不同角度眩光效果示例。

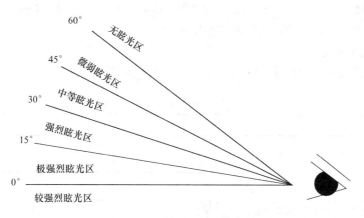

图 6-9　不同角度眩光效果示例

2）自然采光眩光智能控制需求

自然光的照射角度是实时的太阳高度角决定的，不能人为改变。在某些时刻，由于建筑的开窗角度与太阳高度角的配合不佳，导致大量自然光直射入室内，形成严重的直射眩光；阳光照射在室内光滑的平面上，如镜面、玻璃等，会形成反射眩光；当窗边的自然光照度显著高于室内进深处照度，会形成自然光对比眩光。消除自然光眩光的智能控制，主要是利用反光板、导光装置，随室外天然光变化自动调节自然光源入射角度，避免阳光直射，或采用窗帘遮阳板将过多的自然光阻挡在外，这些措施都可以有效消除自然光眩光。例如对于朝向东或西的窗，早晚的太阳高度角较小，容易形成自然光眩光，遮阳百叶可有效改善这种情况。

综上所述，自然光眩光消除的控制需求为：检测窗外自然光的强度和角度，当检测到普通功能房间 UGR 值＞19、特殊功能房间 UGR 值＞22，或光源仰角＜27°时，均意味着产生显著眩光。此时，建筑智能化系统控制百叶窗、遮阳板等装置，将过多的自然光阻挡在外，从而消除直射眩光；调节反光板、光导照明等改变入射自然光的角度，消除反射眩光和对比眩光。

3）人工照明眩光智能控制需求

因为人工光传播各环节的因素都是可控的，人工照明眩光的消除比自然光有更多的手段。主要是控制光源亮度和照射角度等。

① 限制光源亮度：

《建筑照明设计标准》GB 50034 指出：有视觉显示终端的工作场所照明应限制灯具中垂线以上等于和大于 65°高度角的亮度。灯具在该角度上的平均亮度限值宜符合表 6-11 的规定。

屏幕分类，见 ISO9241—7	I	II	III
屏幕质量	好	中等	差
灯具平均亮度限值	≤1000cd/m²		≤200cd/m²

灯具平均亮度限值　　　　　　　　　　　　　　　表 6-11

注：1. 本表适用于仰角≤15°的显示屏。
　　2. 对于特定使用场所，如敏感的屏幕或仰角可变的屏幕，表中亮度限值应用在更低的灯具高度角（如 55°）上。

光源亮度超过上述标准会产生严重的直射眩光或对比眩光。此时，需设置照度传感器检测光源的亮度，一旦超过阈值，照明控制器就应降低该光源亮度，同时调高周围灯具的亮度，从而减少直射眩光或对比眩光的不良影响。

② 控制光线角度：

根据《建筑照明设计标准》GB 50034，灯具遮光角不应小于表 6-12 的规定。

直接型灯具遮光角　　　　　　　　　　　　　　　表 6-12

光源平均亮度（kcd/m²）	遮光角（°）	光源平均亮度（kcd/m²）	遮光角（°）
1～20	10	50～500	20
20～50	15	≥500	30

图 6-10　室内反射照明示例

在照明系统中，为了有效消除眩光，往往将直接照明改为间接照明，即将光源发出的光线通过某个反射面漫反射到工作面上。这样做的好处是有效改变了光线照射的角度，分散了照度，同时隐藏了光源本身，有效地消除了直射眩光和反射眩光。图 6-10 为室内反射照明示例。运用智能化的手段，通过检测室内照度的分布情况，调节灯具照射或反光面的角度，从而重新布局光源的照度，防止对比眩光的产生。

综上所述，人工照明眩光消除的控制需求为：检测灯具亮度和照射角度，依据《建筑照明设计标准》GB 50034，对灯具进行开关控制、调光控制和遮光角度控制，当检测到灯具的亮度过大或照射角度过小，就对其加以调节和限制，从而消除眩光。

2. 色温和显色性及其控制需求：

（1）色温和显色性是表征光源颜色质量的两项指标

色温（color temperature）是表示光源光色的尺度，单位为 K（开尔文）。热黑体辐射体与光源的色彩相匹配时的开尔文温度就是该光源的色温。低色温光源的特征是能量分布中红辐射相对多一些，通常称为"暖光"；色温提高后，能量分布中蓝辐射的比例增加，通常称为"冷光"。室内照明光源色温可按其相关色温分为三组，光源色温分组按表 6-13 确定。

光源的显色性是指参考标准光源，该光源显现物体颜色的特性。显色性的判定是通过与同色温的参考或基准光源（白炽灯或日光）下物体外观颜色的比较。相同光色的光源会有相异的光谱组成，光谱组成较广的光源更有可能提供较佳的显色品质。

光源色温分组　　　　　　　　　　　　　　　　表 6-14

光色分组	颜色特征	相关色温（K）	适用场合举例
Ⅰ	暖	<3300	客房、卧室、病房、酒吧、餐厅
Ⅱ	中间	3300～5300	办公室、教室、阅览室、诊室、检验室、机加工车间、仪表装配
Ⅲ	冷	>5300	热加工车间、高照度场所

《建筑照明设计标准》GB 50034 中有明确要求：长期工作或停留的房间或场所，照明光源的显色指数（R_a）不宜小于 80；在灯具安装高度大于 6m 的工业建筑场所，R_a 可低于 80，但必须能够辨别安全色。

光源的颜色对光环境的影响很大，它可以使被照物体颜色的色知觉发生变化。人工照明色温的不同可以营造不同氛围的室内光环境，从而对人的心理感受产生直接影响。而显色性则直接影响观察者对观察对象的认识。

（2）色温控制需求

人工照明应用时，经常需要根据不同场景控制不同色温的光源，从而营造出不同的氛围。例如，会议模式下要开启冷色光源，保持安静理性的氛围；讨论模式下则要转换为暖色光源，营造热烈活跃的气氛。因而，人工照明色温的控制需求为：根据预设的现场气氛需要，检测现场气氛的调节需求，控制冷色与暖色光源的转换。

（3）显色性控制需求

某些特殊的场合对光源的显色性要求较高。例如艺术馆、美术教室、手术室等（R_a取 90），它们要求观察对象呈现出最佳的颜色。普通民用建筑的各类房间显色指数 R_a 取 80，普通工业建筑的显色指数 R_a 取 80～60。因而，人工照明显色性的控制需求为：根据不同的应用需要，采用场景控制方式，开启具有不同显色性的人工光源。对于艺术馆等特殊应用场合，结合行动探测、照度合成等控制方式，最大限度降低对展品的照射强度，缩短照射时间等。

6.3.3　环境美化功效及控制需求

建筑的光环境不仅能够满足生产、生活的需要，光环境的营造还起到装饰和美化的作用。这种作用不仅通过灯具本身的造型和装饰表现出来，而且从艺术的角度，也与建筑物的内外构造有机结合起来，利用不同的光分布和构图，形成特殊的艺术效果。

1. 室内光环境美化及其控制需求

室内光环境美化过程中，必须充分发挥光的表现力，结合建筑物的使用需要、建筑空间尺度及结构形式等实际条件，对光源照度的分布、光源颜色和质量、光线的方向等进行协调的控制和管理，使之达到预期的美化效果，并形成舒适宜人的光环境。

将光源隐蔽在建筑构件中，并和建筑的顶棚、墙、梁、柱等融合是室内光环境美化的重要手段。这种照明形式可分为两大类：一类是透光的发光顶棚、光梁、光带；另一类是反光的光檐、光龛、反光假梁等。本节着重阐述发光顶棚、光梁光带、反光照明的环境美化功效及其控制需求。

（1）发光顶棚

发光顶棚是由天窗发展而来的。为了保持稳定的照明条件，模仿天然采光的效果，在玻璃吊顶至天窗之间安装灯，构成发光顶棚。发光顶棚的优势是将自然光和人工照明结合，同时运用透光材料将灯具有效隐蔽，将分立的点光源变为照度均匀、发光面积大的面光源，避免了眩光的产生。发光顶棚效率的高低，取决于透光材料的透光比和灯具的结构，以及透光面与灯具的高度差 h。图 6-11 为发光顶棚示例

发光顶棚可充分运用智能化的控制手段，比如在顶棚上方设置自然光照度的传感器，以此为依据控制灯具的照度，也就是采用合成照度方式。另外，通过升高或降低透光面的高度，改变其与灯具的高度差 h，可以有效地组织人工照明的照度分布。高度差 h 越大，照明效果越接近面光源；反之，越接近于点光源。

（2）光梁与光带

将发光顶棚的宽度缩小为带状发光面，即形成了光梁和光带。光带表面与顶棚表面平齐，光梁则凸出于顶棚表面。光带布置的间距不应超过发光面到工作面距离的 1.3 倍，这样才能保持照度的均匀。光梁的布置与光带类似，由于它比顶棚凸出，所以有部分光线直射到顶棚上，降低了顶棚与灯具间的亮度比。图 6-12 为装饰光带运用示例

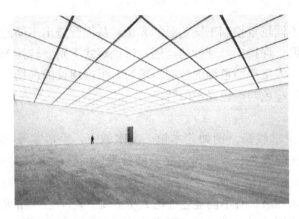

图 6-11　发光顶棚示例　　　　　图 6-12　装饰光带运用示例

光带和光梁的轴线应与内墙平行布置，并且第一排尽量靠近窗，这样人工光和自然光方向一致，有效减少了不利阴影和不舒适眩光的可能性。这样的布置格局也有利于智能控制方案的实施。以每一条光带为一个控制单元，既可以从窗边向室内逐渐增大光带亮度，实施照度合成控制，又可以关闭无人区域的光梁和光带，实施行动探测控制；既能美化光环境，又可以提高控制策略的可实施性。

（3）反光照明

反光照明是将光源隐藏在灯槽内，利用顶棚或墙面做成反光面的照明方式。它类似间接照明的原理，但是反射面积很大，光的散射性好，隐藏光源，能够有效消除室内阴影和眩光。反光照明还可以烘托气氛，将其加入到照明场景控制中很合适，它可以配合主照明，通过改变光源的亮度、方向、组合呼应不同的照明场景，同时将室内边缘的墙、柱、顶棚的照度控制在适宜的水平。图 6-13 为反光照明示例。

2. 室外光环境美化及其控制需求

在白天，明亮的天空是一个散射光源，将建筑物均匀照亮，使整个建筑立面具有相同的亮度。到了夜间，天空成为统一的暗背景，建筑物立面只要稍亮就和夜空形成明显对比，使之显现出来。建筑外立面照明可采用三种方式：轮廓照明、泛光照明、透光照明，或采用上述方式的组合。

（1）轮廓照明

轮廓照明是利用沿建筑物周边布置的灯，将建筑物轮廓勾勒出来。目前较为常用的方式是运用 LED 照明，勾勒建筑物外轮廓。对其的控制主要是运用自然光照度传感器的自动开启与关闭控制。在自然光充足的白天，不开启轮廓照明；在傍晚或清晨，自然光照度不高时，部分开启轮廓照明；夜晚则全部开启，待到天明时自动关闭。系统的调节完全是由传感器、控制器和执行器进行自适应和自调节的。图 6-14 为轮廓照明示例。

图 6-13　反光照明示例　　　　　　　　　　图 6-14　轮廓照明示例

（2）泛光照明

对于一些体积较大，轮廓不突出的建筑物可用灯光将整个建筑物或建筑物某些突出部分均匀照亮，以它不同高度层次、各种阴影或不同的光色变化，在黑暗中获得美观的照明效果。泛光照明常用发光效率高的高压气体放电灯作为光源，它能耗较低，照度高，又能产生不同的光色，丰富了建筑的夜间面貌。图 6-15 为泛光照明示例。

泛光照明的控制思路是选择合适的光线投射角，在建筑物表面形成适当的亮度。一方面根据外界自然光照度合理控制灯具的亮度；另一方面根据场景设置，为突出建筑的某些局部或整体，控制泛光照明的角度。

（3）透光照明

透光照明是利用室内照明形成的亮度，透过窗口，在黑夜中形成排列整齐的亮点，突出建筑物的外立面。为了获得必要的亮度，同时节约能源，只需开启临窗的灯具就可以满足透光照明的要求。在控制方面，由于透光照明借助的是室内照明，所以其必须依托室内照明控制系统来完成相应的控制功能。图 6-16 为透光照明示例。

图 6-15　泛光照明示例　　　　　　　　　　图 6-16　透光照明示例

6.4 声环境评价要素及智能控制需求

人们从外界获得各种信息，其中约有30%来自听觉器官，良好的声音环境是人耳获得听觉信息的必要保障。良好的声音环境是指需要的声音能够听清并且音质优美，不需要的声音应降到最低程度，不干扰人的工作、学习和生活。建筑智能声环境是以声环境质量指标为调控标准，通过对室内环境的声音进行探测、处理，并通过控制相关设备实现对噪声的控制以及对音质的调节，从而达到良好声音环境的要求。

本节从建筑声环境的质量指标出发，分析建筑声环境要素及智能控制需求，主要包括声环境污染及控制需求、声环境掩蔽效应及控制需求和电声环境要素及控制需求三个方面。

6.4.1 声环境污染及控制需求

1. 声环境污染及其控制

声环境污染主要指的是环境噪声污染。噪声污染的主要来源有交通噪声、施工噪声、工业噪声和社会生活噪声。

噪声影响和危害的范围很广泛，影响人的健康，尤其是对听力造成损害，因此必须对噪声加以控制。噪声的控制要综合考虑其经济效益和社会效益，制定一系列的噪声标准，并以噪声标准为依据，通过控制相应的设备使噪声降低到标准范围内。

2. 噪声评价指标及方法

噪声评价是对各种环境条件下的噪声作出其对接收者影响的评价，并用可测量计算的指标来表示影响的程度。噪声评价涉及的因素很多，它与噪声的强度、频谱和时间特性（持续时间、起伏变化和出现时间等）有关，与人们生活和工作性质以及环境条件有关，与人的听觉特性和人对噪声的生理和心理反应有关，还与测量条件和方法、标准化和通用性的考虑等因素有关。常用的几种噪声评价方法及其评价指标如下：

（1）A 声级 L_A（或 L_{PA}）

A 声级由声级计上的 A 计权网络直接读出，用 L_A 或 L_{PA} 表示，单位是 dB（A）。A 声级反映了人耳对不同频率声音响度的计权，此外 A 声级同噪声对人耳听力的损害程度也能对应得很好，因此是目前国际上使用最广泛的噪声评价方法。对于稳态噪声，也可以直接测量 L_A 来评价。

用以下公式可以将一个噪声的倍频带谱转换成 A 声级：

$$L_A = 10\lg \sum_{i=1}^{n} 10^{(L_i + A_i)/20} \tag{6-19}$$

式中 L_i——倍频带声压级，dB；

A_i——各频带声压级的 A 响应特征修正值，dB，其值可由表 6-14 查出。

倍频带中心频率对应的 A 响应特征（修正值）　　　　　　表 6-14

倍频带中心频率	A 响应（对应 1000Hz）	倍频带中心频率	A 响应（对应 1000Hz）
31.5	−39.4	1000	0
63	−26.2	2000	+1.2
125	−16.1	4000	+1.0
250	−8.6	8000	−1.1
500	−3.2		

（2）等效连续 A 声级

对于声级随时间变化的噪声，其 L_A 是变化的，不能直接用一个 L_A 值来表示。因此，人们提出了在一段时间内能量平均的等效声级方法，称作等效连续 A 声级，简称等效声级：

$$L_{\text{Aeq,T}} = 10\lg\left[\frac{1}{t_2 - t_1}\int_{t_1}^{t_2} 10^{L_A(t)/10}\,\mathrm{d}t\right] \tag{6-20}$$

式中 $L_A(t)$ 是随时间变化的 A 声级。等效声级的概念相当于用一个稳定的连续噪声，其 A 声级值为 $L_{\text{Aeq,T}}$ 来等效变化噪声，两者在观察时间内具有相同的能量。

一般在实际测量时，多半是间隔读数，即离散采样的，因此，上式可改写为

$$L_{\text{Aeq,T}} = 10\lg\left[\sum_{i=1}^{n} T_i\, 10^{L_{Ai}/10} \Big/ \sum_{i=1}^{N} T_i\right] \tag{6-21}$$

式中 L_{Ai} 是第 i 个 A 声级的测量值，相应的时间间隔为 T_i，N 为样本数。当读数时间间隔 T_i 相等时，上式变为：

$$L_{\text{Aeq,T}} = 10\lg\left[\frac{1}{N}\sum_{i=1}^{n} 10^{L_{Ai}/10}\right] \tag{6-22}$$

建立在能量平均概念上的等效连续 A 声级，被广泛地应用于各种噪声环境的评价。但它对偶发的短时的高声级噪声不敏感。

（3）统计声级 L_X

为了描述连续起伏的噪声，特别是道路交通噪声，也为了评价与引起公众烦恼有关的噪声暴露，利用概率统计的方法，记录随时间变化噪声的 A 声级，并进行统计分析，可得到统计百分数声级，或称统计声级，记作 L_X，表示 $x\%$ 的测量时间所超过的声级。一般来说，把低声级看作是来自所有方向和许多声源形成的"背景噪声"，人们很难辨认其中的任何声源。这种背景声级大致占测量时间的 90%，例如 $L_{90} = 70\text{dB（A）}$ 表示整个测量时间内有 90% 的测量时间，噪声都超过 70dB（A），通常将它看成背景噪声。平均噪声级大约等于 50% 的声级，如 $L_{50} = 74\text{dB（A）}$ 表示 50% 的测量时间，噪声超过 74dB（A），称它为中间值噪声。某一地区一天里特定的一段时间的城市噪声暴露，可以简单地用 L_{50}、L_{90} 和 L_{10} 给出相当可靠的描述。由于交通噪声基本符合正态分布，其等效连续声级 L_{EQ} 与统计声级的关系如下

$$L_{eq} = L_{50} + \frac{(L_{10} - L_{90})^2}{60} \tag{6-23}$$

由等时间间隔测量数据求统计声级，可将测到的 100 个数据从大到小按顺序排列，第 10 个数据即为 L_{10}，第 50 个数据即为 L_{50}。

（4）语言干扰级

语言干扰级是评价噪声对语言清晰度影响的参量，是语言清晰度的计算简化。有三种表示和计算方法：PSIL：中心频率为 500Hz、1kHz 和 2kHz 之间三个倍频带声压级的算术平均值。SIL3：中心频率为 1kHz、2kHz 和 4kHz 之间三个倍频带声压级的算术平均值。SIL4：中心频率为 500Hz、1kHz、2kHz 和 4kHz 之间四个倍频带声压级的算术平均值。其中 ISO 建议，以优先频率 500、1000、2000Hz 为中心的三个倍频带的噪声声压级的算术平均作为语言干扰级，称为优先语言干扰级（PSIL）。

利用单值评价量语言干扰级可预测多种噪声对语言清晰度的影响，所得结果与语言清

晰度指数的计算结果相近。

(5) NR 噪声评价曲线

用 NR 曲线作为噪声允许标准的评价指标，确定了某条曲线为限值曲线，就要求现场实测噪声的各个倍频带声压级值不得超过由该曲线所规定的声压级值。

NR 数与 A 声级有较大的相关性，它们之间有如下近似关系：

$$L_A = NR + 5dB \qquad (6-24)$$

NC 曲线（Noise Criterion Curves）是 Bearnek 于 1957 年提出，1968 年开始实施，ISO 推荐使用的一种评价曲线，对低频的要求比 NR 曲线苛刻。与 A 声级和 NR 曲线有以下近似关系：$L_A = NC + 10dB$，$NC = NR - 5$。

PNC（Preferred Noise Curves）是对 NC 曲线进行的修正，对低频部分更进一步进行了降低。与 NC 曲线有以下近似关系：$PNC = 3.5 + NC$。

国际标准化组织（ISO）推荐采用噪声评价曲线 NR 来进行评价。

3. 控制需求

表 6-15 是我国规定的各类建筑的室内允许噪声 NR 评价数，达到某一 NR 数的室内环境噪声，其声压级不超过相应的 A 声压级允许值，也于表中列出。在室内环境噪声控制中，应控制各频带的噪声级均不超过相应噪声评价 NR 曲线对相应频带的规定值，如果有某一频带的噪声级超出规定值，超出的差值即为应考虑的减噪值。

根据我国颁布的《城市区域环境噪声标准及其测量方法》中的规定，表 6-16 列出了城市五类区域的户外环境噪声标准。对于交通噪声和某些非稳态噪声的评价，通常是采用统计声级 L_x，常采用 L_{10}、L_{50}、L_{90} 对交通噪声进行评价。

部分建筑的室内允许噪声级 表 6-15

类别	NR 评价数	A 声级/dBA	类别	NR 评价数	A 声级/dBA
播音、录音室	15	25	住宅	30	40
音乐厅	20	30	旅馆客房	30	40
电影院	25	35	办公室	35	45
教室	25	35	体育馆	35	45
医院病房	25	35	大办公室	40	50
图书馆	30	40	餐厅	40	50

城市区域环境噪声标准（L_{Aeq}） 表 6-16

类别	昼间/dBA	夜间/dBA	类别	昼间/dBA	夜间/dBA
疗养院、高级别墅区、高级宾馆区	50	40	居住、商业、工业混杂区	60	50
			工业区	65	55
居住、文教区	55	45	交通干线两侧	70	55

建筑本身在维护结构（墙、楼板）的设计和选取时，应该考虑其隔声减噪作用，争取达到室内环境噪声标准。我国颁布的《民用建筑隔声设计规范》中规定，按建筑物实际使用要求，将隔声减噪标准分为特级、一级、二级、三级四个等级。其中除旅馆有特级标准外，对住宅、学校、医院建筑，都只分为三个等级：一级为较高标准，二级为一般标准，三级为最低限值。表 6-17~表 6-19 分别是住宅建筑室内允许噪声级、空气声隔声

标准和撞击声隔声标准，在对住宅建筑的围护结构进行设计时，应选用满足此标准的围护结构。

室内允许噪声级　　　　　　　　　　　　　　　　　　　　表 6-17

房间名称	允许噪声级/dBA		
	一级	二级	三级
卧室、书房	≤40	≤45	≤50
起居室	≤45	≤50	

空气声隔声标准　　　　　　　　　　　　　　　　　　　　表 6-18

围护结构部位	计权隔声量/dBA		
	一级	二级	三级
分户墙及楼板	≥50	≥45	≥40

撞击声隔声标准　　　　　　　　　　　　　　　　　　　　表 6-19

楼板部位	计权标准化撞击声压级/dBA		
	一级	二级	三级
分户层间楼板	≤65	≤75	

　　根据我国颁布的各项噪声标准，建筑智能声环境需要通过对环境噪声的探测、判断和处理，将室内噪声控制在各项噪声标准的正常范围。当探测到环境噪声处于正常值时，无需采取降噪措施，当检测到环境噪声超出噪声指标范围时，需采取降噪措施降低噪声，避免噪声对人们造成危害。比如：关闭门窗隔断噪声源降噪，开启背景音乐利用掩蔽效应进行降噪等，使噪声处于正常指标范围内。

　　建筑智能声环境对噪声的控制需求：探测室内外的噪声声压级，包含交通噪声、施工噪声、机械设备噪声和生活噪声等（探测室内噪声声压级是为了判断室内噪声是否超标，探测室外噪声是为了确定噪声源是否来自室外，探测声源位置，以便确定采取何种措施进行降噪），从噪声源、传播途径和接受者三个层次上实施降噪，根据探测到的室内外的噪声声压级，依据室内噪声标准值，通过比较探测值与标准值，确定噪声源来自室外还是室内，若噪声源来自室外，则自动关闭门窗，隔断噪声源，从而降低室内噪声；若噪声源来自室内，则开启背景音乐并对音乐进行音量调节，使背景音乐有效地掩蔽室内噪声，实时调节室内噪声声压级，将其控制在标准值范围内，为人们提供满意舒适的室内声音环境。

6.4.2　声环境掩蔽效应及控制需求

1. 掩蔽效应原理

掩蔽效应是人耳对一个声音的听觉灵敏度因为另一个声音的存在而降低的现象。掩蔽效应是一个较为复杂的生理和心理现象。大量的统计研究表明，一个声音对另一个声音的掩蔽量与很多因素有关，主要取决于这两个声音的相对强度和频率结构。一般来说，两个频率越接近的声音，彼此的掩蔽量就越大；声压级越高，掩蔽量也越大。此外，高频声容易被低频声掩蔽（特别是当低频声很响时），而低频声则很难被高频声掩蔽。

掩蔽现象可以适当地应用于环境噪声控制，背景音乐就是利用掩蔽效应降噪的。如果掩蔽噪声为连续的声音，而又不太响亮，且没有信息内容时，它可以成为使人易于接受的本底噪声，同时也可以抑制其他干扰的噪声，使人听到这些声音时从心理上不觉得烦躁。如刹车的刺耳声、盘子碰撞声，便可以用风扇之类较柔和的噪声来掩蔽。有时，甚至通风和空调噪声、公路上连续不断的交通车辆的噪声以及喷水池声音等都可以作为良好的掩蔽噪声源。一般来说，如果待掩蔽的噪声声压级低于掩蔽声的声压级，利用一种噪声来掩蔽另一种噪声通常可取得满意的效果。

2. 掩蔽效应控制需求

在建筑声环境中，利用掩蔽效应原理来降低室内环境中的噪声，建筑智能声环境以室内噪声标准为依据（具体指标见上文），自动开启背景音乐系统来掩蔽室内环境中的噪声，并且可以烘托室内氛围。

建筑智能声环境中掩蔽效应的控制需求：探测室内外的噪声声压级，包含交通噪声、施工噪声、机械设备噪声和生活噪声等，主要是探测室内噪声，确定噪声源是否来自室内以及是否超标，当检测到室内噪声声压级处于正常范围内，则无需开启背景音乐系统；若检测到的室内噪声声压级过大，超出噪声正常值范围，在房间功能允许的前提下，可以自动开启背景音乐系统，并根据噪声声压级的大小实时调节背景音乐的音量，使其足以达到掩蔽噪声的目的。

6.4.3 电声环境要素及控制需求

1. 电声环境要素

在各类建筑中，电声系统的应用越来越广，已成为改善建筑声环境的一个重要内容。电声系统为建筑提供了电声环境，主要包括广播通信系统、扩声系统和重放系统。

（1）广播通信系统

包括一般的有线广播、灾害警报、避难诱导系统以及有线和无线电话。其作用是可以对人们理解、接受信息提供帮助，并加以引导。

（2）扩声系统

将语言、音乐等经传声器接收，放大器放大，再在同一空间中由扬声器发出。一般是在容积较大或背景噪声较强的空间中使用，以弥补自然声响度不足，提高信号噪声比而采用的，礼堂、剧场的扩声系统即属此类。

（3）重放系统

将录制在录音磁带、唱片等上面的语言、音乐信号经过还音、放大后由扬声器发出。电影以及戏剧演出时的效果声，还有饭店、旅馆的背景音乐等都属于此类。礼堂、剧场也都有重放设备，它的放大设备、扬声器等一般都与扩声系统共用。扩声系统与重放系统都要求有较高的音质。

2. 电声环境评价指标及方法

电声环境的评价指标包含声压级、清晰度、混响时间和声场均匀度等。除此之外，还要避免出现音质缺陷，比如回声、颤动回声、声聚焦、声染声及声阴影等声现象。电声系统中最常用、最主要的是扩声系统，扩声系统声学要求应符合国标《厅堂扩声系统设计规范》GB 50371 或《演出场所扩声系统的声学特性指标》WH/T 18。

（1）声压级

声压级 $L_p = 20\lg\dfrac{p}{p_0}$（$L_p$—声压级，dB；$p_0$—参考声压），从该式可以看出，声压变化 10 倍，相当于声压级变化 20dB，人耳允许声压范围内，声压级范围为 0～120dB。不同功能的房间声压级要求也会不同。

为了保证正常听音，干扰噪声的声压级应低于要听的声音 10dB 以上。要求室内声压级根据房间功能的不同达到一定的值，这就要求电扩声系统应具备足够的输出功率和声增益，近次反射声应得到充分、合理的利用，音箱的辐射特性和摆放位置要合理选定。

（2）清晰度

扩声系统应保证声音的清晰度和语言的可懂度，这一要求对语言扩声的场合尤为重要，一般认为允许的最大辅音清晰度损失率不可超过 15%。

（3）混响时间

厅堂音质的好坏与混响时间关系很大。混响时间选择得合适，能提高语言清晰度和音色丰满度。近次反射声有助于加强直达声，特别是大厅内来自侧墙的反射声，对声音的空间感和洪亮感起重要作用，在大型厅堂中，可利用近次反射声使声场均匀。以语言为主的厅堂，要求的混响时间应在 1.0～1.2s；以电声为主的厅堂，比如立体声影院等，要求的混响时间应在 0.6～0.8s；音乐厅是以自然声为主的厅堂，它要求音乐在此演奏时，应具有亲切感、温暖感、活跃感和丰满感。各种不同风格的音乐要求的混响时间不同，对于巴洛克音乐，混响时间约稍高于 1.0s，古典乐和近代乐一般用 1.5s，浪漫乐稍高于 2.0s。以演奏音乐为主和兼顾其他用途的厅堂，最合适的混响时间约为 1.7s，音乐厅的混响时间一般在 1.7～2.1s，多功能厅堂大都采用电声设备，混响时间应为 1.2s 左右。

（4）声场均匀度

整个厅堂内各点声能分布均匀，即声场分布均匀，可保证各区域内听众听到的响度基本一致。声场均匀的厅堂中，最大声压级与最小声压级之差不超过 6dB，最大声压级（或最小声压级）与平均声压级之差不超过 3dB。

（5）音质缺陷

回声、颤动回声、声聚焦、声染声四种音质缺陷一般容易发生在大厅中，解决的方法是应用几何声学的有关规律予以消除，而声阴影则多发生于小室，应从波动声学的角度加以考虑，消除音质缺陷。避免厅堂音质缺陷的方法，主要是从厅堂的体形设计和吸声材料布置两方面入手，消除产生音质缺陷的条件。例如，为了消除回声，应在可能引起回声的部位布置强吸声材料，使反射声减弱；另一种方法是调整反射面角度，将后墙与顶棚交接处做成比较大的倾角，将声音反射给后区观众，彻底消除回声，取得化害为利的效果。为了消除声聚集现象，应尽量控制厅堂界面的曲面弧度，采用凸形结构，并在弧面上布置合适的吸音材料。为了消除音质缺陷，可根据厅堂内声源的位置，采用几何作图法，用声线的分布找出各种声缺陷的条件和部位，再采取必要的措施进行抑制。

3. 电声环境控制需求

表 6-20 是根据《厅堂扩声系统设计规范》GB 50371—2006，列出的会议类扩声系统声学特性指标和多用途类扩声系统声学特性指标，包括最大声压级、混响时间、稳态声场不均匀度和总噪声级。

扩声系统声学特性指标 表6-20

类型	多用途类厅堂		会议类	
等级	一级	二级	一级	二级
最大声压级/dB	100～6300Hz 范围内平均声压级≥103dB	125～4000Hz 范围内平均声压级≥98dB	125～4000Hz 范围内平均声压级≥98dB	125～4000Hz 范围内平均声压级≥95dB
混响时间/s	1.2s 左右		1.0～1.2s	
稳态声场不均匀度/dB	1000Hz≤6dB 4000Hz≤8dB	1000Hz≤6dB 4000Hz≤8dB	1000Hz≤8dB 4000Hz≤8dB	1000Hz≤10dB 4000Hz≤10dB
总噪声级	NR20	NR25	NR20	NR25

电声环境控制需求：以国家颁布的声学设计标准为依据，通过探测室内环境中的声音信号，分析声音信号的声压级，根据声压级得到混响时间、清晰度以及声场均匀度等，若各项指标均满足规范的要求，则无需调节相应设备，若不满足要求，根据不满足要求的指标自动调节扩声系统中的压缩限幅器（调节音量）、均衡器（调节声音清晰度）、混响器（增加混响声，在某些混响时间偏短的大厅可改善声音的丰满度）、延时器（产生混响或回声）等设备，使该指标达到标准。

其中，压缩限幅器是压缩器和限幅器的统称。它是音频信号的一种处理设备，可以将音频电信号的动态范围进行压缩或进行限制。压缩器为可变增益放大器，其放大倍数（增益）可以随输入信号的强弱而自动变化，是成反比的。当输入信号超过称为阈值（Threshold）的预定电平（也称压缩阈或限）时，压缩器的增益就下降，这种情况称为压缩。限幅器是对超过一定电平（限幅电平）的信号进行无限压缩，即不管输入信号电平变化多大，输出信号电平都不再增加，则称为限制。过去的压缩限幅器采用硬拐点技术，输入信号一达到阈值，增益就立即变化，这样就会出现信号在拐点（增益变化的转折点）处动态突变现象，使人耳明显感觉到强信号被突然压缩的现象。为了解决这一不足，现代新型压限器采用了软拐点技术，这种压限器在阈值前后的压缩比变化是平衡的、渐变的，使压缩变化难以察觉，音质进一步提高。均衡器是一种可以分别调节各种频率成分电信号放大量的电子设备，通过对各种不同频率的电信号的调节来补偿扬声器和声场的缺陷，补偿和修饰各种声源及其他特殊作用。

本 章 小 结

建筑智能环境的创建应满足建筑环境质量评价指标。本章介绍了建筑热湿环境、空气环境、光环境、声环境的评价指标，分析了建筑热湿环境、空气环境、光环境、声环境的智能控制需求，明确了创建各智能环境需检测的内容、控制的对象和控制的策略，为学习第7章建筑智能环境控制原理与方法奠定基础。通过本章学习应熟悉建筑热湿环境、空气环境、光环境、声环境的评价指标，掌握创建智能物理环境需检测的内容、控制的对象和控制的策略。

练 习 题

1. 学习建筑环境评价要素及智能控制需求的目的和意义？

2. 建筑热湿环境的影响因素包括哪些内容？试述其主要评价指标及控制需求。

3. 为何要优先考虑创建非人工冷热源热湿环境？如何实施优先创建非人工冷热源热湿环境的策略？

4. 试列举室内空气温度评价指标，并说明这些评价指标各自具有什么特点？

5. 试说明温度控制的策略与需求？

6. 什么是空气质量的主观评价？什么是空气质量的客观评价？应该如何评价空气质量？

7. 分别从有害物浓度指标和人对空气的满意度两方面说明建筑空气环境控制需求。

8. 建筑光环境的影响因素主要有哪些？控制的策略是什么？

9. 试说明视角、视觉敏锐度、照度、亮度对比这些指标的含义，举例说明它们之间的相互影响和制约。

10. 简述自然光照度及人工照明照度的智能控制需求。

11. 视觉舒适度指标包括哪些？自然光优先的意义？

12. 衡量眩光的指标主要包括哪些？自然采光眩光控制和人工照明眩光控制的需求？

13. 试说明噪声评价指标及评价方法，并说明噪声的智能控制需求。

14. 试说明声环境掩蔽效应原理及控制需求。

15. 电声环境的评价指标包括哪些？说明电声环境的控制需求？

第7章　建筑环境控制原理及方法

建筑环境控制的任务是提供舒适、健康的室内环境，保证室内温度、湿度、空气质量和声光等环境参数都控制在一定范围内。由第2章、第3章对室内环境影响因素的分析可知，尽量利用外界自然资源解决室内热湿、光照等问题，不仅节能环保，而且使人亲和自然，利于身心健康。这种利用自然资源的控制方法主要是通过绿色建筑设计，以及对建筑设施（门窗、遮阳、反光板等）的辅助控制来实现的。但仅从建筑设计方面考虑，室内环境的改善是有限的，还需要在建筑内设置各类建筑设备，包括供暖、通风、空调、人工照明、降噪等设备，同时根据不同建筑室内外各类环境状态，以舒适、节能为控制原则，对各类建筑设施、设备实施智能控制，优先考虑自然能（外界新风、自然光等）的利用，实现舒适、健康、高效、节能的建筑环境的目标。要实现建筑环境参数有效控制，需要明确各建筑环境参数的控制原理和控制方法。第6章分别介绍了建筑热湿环境、空气环境、声环境和光环境等建筑物理环境的评价要素和智能需求，本章在第6章的基础上，分析建筑物理环境的控制原理。由于在分析和设计控制系统时，首先要建立系统的数学模型，所以本章首先介绍系统数学模型的相关知识，而后分别介绍建筑热湿环境、空气环境、光环境和声环境的控制原理和建筑环境各参数的控制方法。

7.1　建筑环境控制系统的数学模型

控制系统的数学模型是控制系统分析与设计的基础，建立数学模型是过程控制系统设计的第一步。只有掌握了过程的数学模型，才能深入分析被控过程的特性，选择正确的控制方案。

7.1.1　控制系统数学建模的概念

控制系统数学模型是描述控制系统各变量之间关系的数学表达式，是从系统概念出发，对现实世界的一小部分或几个方面抽象的"映像"。系统数学建模就是将真实系统抽象成相应的数学表达式（一些规则、指令的集合）。为此，控制系统数学模型需要建立输入、输出、状态变量及其之间的函数关系，这种抽象过程称为模型构造。抽象中，必须联系真实系统与建模目标，其中描述变量起着很重要的作用，它可观测，或不可观测，如图7-1所示。

从外部对系统施加影响或干扰的可观测变量称为输入变量，系统对输入变量的响应结果称为输出变量，输入、输出变量对的集合，表征着真实系统的"输入——输出"关系。真实系统可视为产生一定性状数据的信息源，而模型则是产生与真实系统相同性状数据的一些规则、指令的集合，抽象在其中则起着媒介作用。

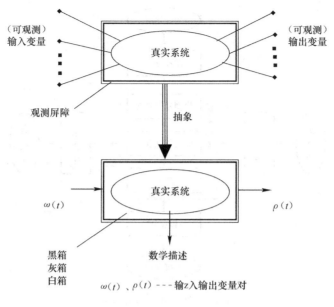

图 7-1　真实系统的抽象过程

建立系统数学模型的途径主要有机理建模法（演绎法或理论分析法）和实验建模（归纳法或系统辨识法）。对于内部结构和本身机理（物理、化学规律）特性清楚的系统，即所谓的白箱（多数的工程系统都是），可以利用已知的一些基本规律，经过分析和演绎确定系统模型结构和参数，推导出系统的数学模型；对那些内部结构和特性不清楚或不很清楚的系统，即所谓的灰箱和黑箱，如果允许直接进行实验性观测，则可假设模型并由测量得到的大量输入、输出数据，推断出被研究系统的数学模型，并通过实验验证和修正；对于那些属于黑箱但又不允许直接实验观测的系统（非工程系统多属于这一类），则采用数据收集和统计归纳的方法来假设模型。

系统数学建模有三类主要的信息源：建模目的、先验知识和实验数据。同一个实际系统中可能有多个等待研究的具体对象，而这些对象又是相互耦合的，选择的建模目的不同将导致建模过程沿不同方向进行。建模过程是从已知的先验知识出发进行的，建模时关于过程的信息也能通过试验与量测而获得，合适的定量观测是解决建模的另一途径。

建模者根据建模的目的、已掌握的先验知识以及实验数据（它们是通过为建模而设计的实验获得的），通过目标协调、演绎分析和归纳程序三种途径构造模型，然后通过可信性分析，获得最终模型。通常可将模型看作由框架、结构和参数构成，框架是指输入——输出行为模型和状态结构模型；结构是指状态结构模型，函数关系，任意状态集合的输入——输出模型；参数是指模型定义中的常数。建模过程可以用图 7-2 表示。

建立系统数学模型时，要根据建模目的和精确性要求，忽略一些次要因素，使系统数学模型简化，便于数学上的处理。同时根据所采用的分析方法，建立相应形式的数学模型（微分方程、传递函数等），有时还要考虑便于计算机求解。

考虑模型的有效性水平，在建模和模型使用时应重点考虑以下几个方面：

（1）先验知识的可信性（建模前提的正确性、数学描述的有效性取决于先验知识的可信性）；

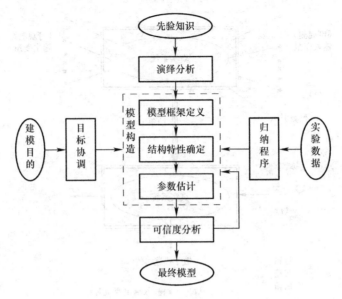

图 7-2 数学建模过程框架

(2) 实验数据的可信性（所选择的数据段是否能反映系统行为特征，模型数据与实际系统数据的偏离程度）；

(3) 模型应用的可信性（从实际出发，考虑模型运行能否达到预期目标）。

7.1.2 系统数学建模方法概述

1. 系统数学建模方法分类

常见系统数学建模方法包括机理建模法、实验建模法和混合建模法三大类。

机理建模方法（白箱）是依据基本的物理、化学等定律，进行机理分析，确定模型结构、参数，使用该方法的前提是对系统的运行机理完全清楚。

实验建模方法是基于实验数据的建模方法（白箱、灰箱、黑箱），可分为系统辨识建模、统计回归、神经网络和模糊方法等。系统辨识建模方法适于线性、非线性系统，建立动态、静态模型；统计回归方法一般为静态的线性模型；神经网络方法理论上可以对任何数据建模，但学习算法是关键。实验建模方法使用的前提是必须有足够正确的数据，所建的模型也只能保证在这个范围内有效。足够的数据不仅仅指数据量多，而且数据的内容要丰富（频带要宽），能够充分激励要建模系统的特性（白噪声、最优输入信号设计、数据的质量）。要清楚每种方法的局限性，掌握适用范围；在实际应用中往往组合采用、互补。

混合建模方法适用于那些对内部结构和特性有一些了解但又不十分清楚的系统，利用机理建模法确定模型结构，利用实验建模法确定模型参数。

2. 机理建模方法

机理建模是应用最广泛的一种建模方法。一般是在若干简化假设条件下，以各学科专业知识为基础，通过分析系统变量之间的关系和规律，而获得解析型数学模型。其实质是应用自然科学和社会科学中被证明是正确的理论、原理和定律或推论，对被研究系统的有关要素（变量）进行理论分析、演绎归纳，从而构造出该系统的数学模型。

演绎法建模步骤如下：

（1）分析系统功能、原理，对系统作出与建模目标相关的描述；

（2）找出系统的输入变量和输出变量；

（3）按照系统（部件、元件）遵循的物化（或生态、经济）规律列写出各部分的微分方程或传递函数等；

（4）消除中间变量，得到初步数学模型；

（5）进行模型标准化；

（6）进行验模（必要时需要修改模型）。

3. 系统辨识建模方法

某些系统的数学模型很难用机理建模法来完成，可以用系统的输入输出历史数据来推测系统的数学模型，这种方法就是所谓的系统辨识建模。1962 年，Zadeh 给出系统辨识的定义，就是在输入和输出数据的基础上，从一组给定的模型类中，确定一个与所测系统等价的模型。1974 年，P. Eykhoff 给出系统辨识的定义，辨识问题可以归结为用一个模型来表示客观系统本质特征的一种演算，并用这个模型把对客观系统的理解表示成有用的形式。1978 年，L. Ljung 给出系统辨识的定义，辨识有三个要素，即数据、模型类和准则，辨识就是按照一个准则在一组模型类中选择一个与数据拟合得最好的模型。辨识的实质就是从一个模型类中选择一个模型，按照某种准则，使其能最好地拟合所关心的实际过程的动态特性。

明确了辨识的三要素，即输入输出数据（辨识的基础），模型类（寻找模型的范围），等价准则（辨识的优化目标），即可进行系统辨识建模，一般步骤如图 7-3 所示。

（1）明确辨识目的和验前知识：辨识目的决定采用的辨识方法、模型的类型、精度要求和形式要求，先验知识对预选系统数学模型种类和辨识试验起指导性作用。

（2）实验设计：变量的选择，输入信号的形式、大小，正常运行信号还是附加试验信号，数据采样速率，辨识允许的时间及确定量测仪器等，记录输入和输出数据。

（3）确定模型结构：利用先验知识，选择一种适当的验前模型结构，用辨识方法确定模型的结构参数，如差分方程中的阶次、纯延迟等。

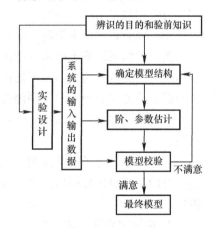

图 7-3　系统辨识步骤

（4）阶、参数估计：模型结构确定后，选择估计方法，利用测量数据对系统中的未知参数进行估计。

（5）模型校验：检验模型是否可靠、模型的实际应用效果，验证模型是否恰当表示了被辨识的系统。

如果所确定的模型合适，则辨识结束。否则，改变系统的验前模型，重新执行辨识过程，直到获得一个满意的模型为止。

以下重点介绍系统辨识建模方法。

7.1.3 系统辨识建模方法

1. 系统辨识的内容

系统辨识是根据系统的输入输出时间函数来确定描述系统行为的数学模型。通过辨识建立数学模型的目的是估计表征系统行为的重要参数，建立一个能模仿真实系统行为的模型，用当前可测量的系统的输入和输出预测系统输出的未来演变，以及设计控制器。

对系统进行分析的主要问题是根据输入时间函数和系统的特性来确定输出信号。对系统进行控制的主要问题是根据系统的特性设计控制输入，使输出满足预先规定的要求，而系统辨识所研究的问题恰好是这些问题的逆问题。

通常，预先给定一个模型类 $\mu=\{M\}$（即给定一类已知结构的模型），一类输入信号 u 和等价准则 $J=L(y, y_M)$（一般情况下，J 是误差函数，是过程输出 y 和模型输出 y_M 的一个泛函）；然后选择使误差函数 J 达到最小的模型，作为辨识所要求的结果。

系统辨识包括两个方面：结构辨识和参数估计。在实际的辨识过程中，随着使用的方法不同，结构辨识和参数估计这两个方面并不是截然分开的，而是可以交织在一起进行。

2. 系统辨识的目的

系统辨识的目的在提出和解决一个辨识问题时，明确最终使用模型的目的是至关重要的。它对模型类（模型结构）、输入信号和等价准则的选择都有很大的影响。通过辨识建立数学模型通常有四个目的：

（1）估计具有特定物理意义的参数，有些表征系统行为的重要参数是难以直接测量的，例如在生理、生态、环境、经济等系统中就常有这种情况。这就需要通过能观测到的输入输出数据，用辨识的方法去估计那些参数。

（2）仿真，仿真的核心是要建立一个能模仿真实系统行为的模型。用于系统分析的仿真模型要求能真实反映系统的特性。用于系统设计的仿真，则强调设计参数能正确地符合它本身的物理意义。

（3）预测，这是辨识的一个重要应用方面，其目的是用迄今为止系统的可测量的输入和输出去预测系统输出的未来的演变。例如最常见的气象预报，洪水预报，其他如太阳黑子预报，市场价格的预测，河流污染物含量的预测等。预测模型辨识的等价准则主要是使预测误差平方和最小。只要预测误差小就是好的预测模型，对模型的结构及参数则很少再有其他要求。这时辨识的准则和模型应用的目的是一致的，因此可以得到较好的预测模型。

（4）控制，为了设计控制系统就需要知道描述系统动态特性的数学模型，建立这些模型的目的在于设计控制器。建立什么样的模型合适，取决于设计的方法和准备采用的控制策略。

3. 系统辨识的方法

（1）经典方法：经典的系统辨识方法的发展已经比较成熟和完善，包括阶跃响应法、脉冲响应法、频率响应法、相关分析法、谱分析法、最小二乘法和极大似然法等。其中最小二乘法（LS）是一种经典的和最基本的、也是应用最广泛的方法。但是，最小二乘估计是非一致的，是有偏差的，所以为了克服它的缺陷，而形成了一些以最小二乘法为基础的系统辨识方法：广义最小二乘法（GIS）、辅助变量法（IV）、增广最小二乘法（ELS），以及将一般的最小二乘法与其他方法相结合的方法，有最小二乘两步法（COR—LS）和随机逼近算法等。

经典的系统辨识方法还存在着一定的不足：利用最小二乘法的系统辨识法一般要求输入信号已知，并且必须具有较丰富的变化，然而，这一点在某些动态系统中，系统的输入常常无法保证；极大似然法计算耗费大，可能得到的是损失函数的局部极小值；经典的辨识方法对于某些复杂系统在一些情况下无能为力。

（2）现代方法：随着系统的复杂化和对模型精确度要求的提高，系统辨识方法在不断发展，特别是非线性系统辨识方法。主要有：

1）集员系统辨识法。在 1979 年集员辨识首先出现于 Fogel 撰写的文献中，1982 年 Fogel 和 Huang 又对其做了进一步的改进。集员辨识是假设在噪声或噪声功率未知但有界 UBB（Unknown But Bounded）的情况下，利用数据提供的信息给参数或传递函数确定一个总是包含真参数或传递函数的成员集（例如椭球体、多面体、平行六边体等）。不同的实际应用对象，集员成员集的定义也不同。集员辨识理论已广泛应用到多传感器信息融合处理、软测量技术、通信、信号处理、鲁棒控制及故障检测等方面。

2）多层递阶系统辨识法。多层递阶方法的主要思想为：以时变参数模型的辨识方法作为基础，在输入输出等价的意义下，把一大类非线性模型化为多层线性模型，为非线性系统的建模给出了一个十分有效的途径。

3）神经网络系统辨识法。由于人工神经网络具有良好的非线性映射能力、自学习适应能力和并行信息处理能力，为解决未知不确定非线性系统的辨识问题提供了一条新的思路。与传统的基于算法的辨识方法相比较，人工神经网络用于系统辨识具有以下优点：不要求建立实际系统的辨识格式，可以省去对系统建模这一步骤；可以对本质非线性系统进行辨识；辨识的收敛速度仅与神经网络的本身及所采用的学习算法有关；通过调节神经元之间的连接权即可使网络的输出来逼近系统的输出；神经网络也是系统的一个物理实现，可以用在在线控制。

4）模糊逻辑系统辨识法。模糊逻辑理论用模糊集合理论，从系统输入和输出的量测值来辨识系统的模糊模型，也是系统辨识的一个新的和有效的方法，在非线性系统辨识领域中有十分广泛的应用。模糊逻辑辨识具有独特的优越性：能够有效地辨识复杂和病态结构的系统；能够有效地辨识具有大时延、时变、多输入单输出的非线性复杂系统；可以辨识性能优越的人类控制器；可以得到被控对象的定性与定量相结合的模型。模糊逻辑建模方法的主要内容可分为两个层次：一是模型结构的辨识，另一个是模型参数的估计。典型的模糊结构辨识方法有：模糊网格法、自适应模糊网格法、模糊聚类法及模糊搜索树法等。

5）小波网络系统辨识法，小波网络是在小波分解的基础上提出的一种前馈神经网络口，使用小波网络进行动态系统辨识，成为神经网络辨识的一种新的方法。小波分析在理论上保证了小波网络在非线性函数逼近中所具有的快速性、准确性和全局收敛性等优点。小波理论在系统辨识中，尤其在非线性系统辨识中的应用潜力越来越大，为不确定的复杂的非线性系统辨识提供了一种新的有效途径，其具有良好的应用前景。

7.1.4 模型参数辨识的最小二乘法

对工程实践中测得的数据进行理论分析，用恰当的函数去模拟数据原型是一类十分重要的问题。最常用的逼近原则是让实测数据和估计数据之间的距离平方和最小，这即是最小二乘法。最小二乘法是一种经典的数据处理方法。在系统辨识领域中，最小二乘法是一种得到广泛应用的估计方法，可用于动态系统、静态系统、线性系统、非线性系统；可用于离线估计，也可用于在线估计。这种辨识方法主要用于在线辨识。在随机的环境下利用最小二乘法时，并不要求观测数据提供其概率统计方面的信息，而其估计结果却有相当好的统计特性。

1. 最小二乘法概述

最小二乘法是一种比较古老的数学优化技术，早在 18 世纪由 Guass 首先创立并成功应用于天文观测和大地测量中，现在已广泛应用于科学实验与工程技术中。

最小二乘法是为了解决如何从一组测量值中寻求可信赖值的问题。最小二乘法的基本原理是：成对等精度地测得一组数据 x_i，y_i（$i=1$，2，……n），试找出一条最佳的拟合曲线，使得这条拟合曲线上的各点的值与测量值的差的平方和在所有拟合曲线中最小。

最小二乘法是一种数学优化技术，它通过最小化误差的平方和找到一组数据的最佳函数匹配。最小二乘法是用最简的方法求得一些绝对不可知的真值，而令误差平方之和为最小。最小二乘法通常用于曲线拟合。很多其他的优化问题也可通过用最小二乘法形式表达。

系统辨识的方法很多，其中最重要、最常用的方法是最小二乘法。最小二乘法的基本思想是使系统实际输出与估计输出（带有估计参数的系统的输出）的偏差（残差）的平方和最小。在这个原则下，通过残差平方和关于估计参数向量的偏导数等于零这一方法来最终求得估计参数向量。

设单输入—单输出线性定常系统的差分方程为：

$$y(k) = -a_1 y(k-1) - a_2 y(k-2) - \cdots\cdots - a_n y(k-n) + b_1 u(k-1) + b_2 u(k-2)$$
$$+ L + b_n u(k-n) \tag{7-1}$$

式中，$u(k)$ 为输入信号；$y(k)$ 为理论上的输出值。

令 $k=n+1$，$n+2$，$\cdots$，$n+N$ 可得 N 个方程式：

$$y(n+1) = -a_1 y(n) - a_2 y(n-1) - L - a_n y(1) + b_0 u(n+1) + b_1 u(n) + L + b_n u(1)$$
$$y(n+2) = -a_1 y(n+1) - a_2 y(n) - L - a_n y(2) + b_0 u(n+2) + b_1 u(n+1) + L + b_n u(2)$$
$$\cdots\cdots$$
$$y(n+N) = -a_1 y(n+N-1) - a_2 y(n+N-2) - L - a_n y(N) +$$
$$b_0 u(n+N) + b_1 u(n+N-1) + L + b_n u(N)$$

上述 N 个方程可写成向量—矩阵形式

$$Y = \Phi\theta \tag{7-2}$$

其中

$$Y = \begin{bmatrix} y(n+1) \\ y(n+2) \\ \cdots\cdots \\ y(n+N) \end{bmatrix}, \quad \theta = \begin{bmatrix} a_1 \\ M \\ a_n \\ b_0 \\ \cdots\cdots \\ b_n \end{bmatrix},$$

$$\Phi = \begin{bmatrix} -y(n) & L & -y(1) & u(n+1) & L & u(1) \\ -y(n+1) & L & -y(2) & u(n+2) & L & u(2) \\ \cdots\cdots & & \cdots\cdots & \cdots\cdots & \cdots\cdots & \cdots\cdots \\ -y(n+N-1) & L & -y(N) & u(n+N) & L & u(N) \end{bmatrix}$$

式中，Y 为 N 维输出向量；θ 为 $(2n+1)$ 维参数向量；Φ 为 $N \times (2n+1)$ 维测量矩阵。

因此式（7-2）是一个含有 $(2n+1)$ 个未知参数，由 N 个方程组成的联立方程组。如果

$N<2n+1$，方程数少于未知数数目，则方程组的解是不定的，不能唯一地确定参数向量。如果 $N=2n+1$，方程数正好与未知数数目相等，能确定地解出

$$\theta = \Phi^{-1} y \tag{7-3}$$

2. 最小二乘法估计模型参数方法

最小二乘法估计模型参数方法考虑测量不精确或者环境对过程的随机干扰，实际量测到的输出为：

$$y(k) = -a_1 y(k-1) - a_2 y(k-2) - \cdots\cdots - a_n y(k-n) + b_1 u(k-1) + b_2 u(k-2)$$
$$+ L + b_n u(k-n) + \zeta(k) \tag{7-4}$$

式中　$\xi(k)$——由量测噪声引起的随机变量，满足零均值和对输入、输出信号独立（$\xi(k)$（$k=0$，1，2，$3\cdots\cdots$）是一个不相关的随机变量）等统计特性。

设模型结构已定：

$$y(k) = -\hat{a}_1 y(k-1) - \hat{a}_2 y(k-2) - \cdots\cdots - \hat{a}_n y(k-n) + \hat{b}_1 u(k-1)$$
$$+ \hat{b}_2 u(k-2) + \cdots\cdots + \hat{b}_n u(k-n) \tag{7-5}$$

式中　$\hat{a}_l$，$\hat{b}_l$——模型的估计参数，待定。

参数估计的任务就是通过输入、输出数据确定参数。

设：

$$y_\chi(k) = -\hat{a}_1 y(k-1) - \hat{a}_2 y(k-2) - \cdots\cdots - \hat{a}_n y(k-n) + \hat{b}_1 u(k-1)$$
$$+ \hat{b}_2 u(k-2) + \cdots\cdots + \hat{b}_n u(k-n) \tag{7-6}$$

描述模型精度，引入模型残差 $e(k) = y(k) - y_\chi(k)$，$e = Y - \Phi_N \hat{\theta}$，$N$ 为观测次数。

最小二乘估计要求残差的平方和为最小，定义准则函数：

$$J = \sum e^2(k) = e^T e \tag{7-7}$$

确定 $\hat{\theta}$，使 J 最小。可得 θ 的最小二乘估计

$$\hat{\theta} = (\Phi_N^T \Phi_N)^{-1} \Phi_N^T Y \tag{7-8}$$

J 为极小值的充分条件是

$$\frac{\partial^2 J}{\partial \hat{\theta}^2} = \Phi^T \Phi > 0 \tag{7-9}$$

即矩阵 $\Phi^T \Phi$ 为正定矩阵，或者说矩阵 $\Phi^T \Phi$ 非奇异。

从统计和概率角度考虑，观测的次数 N 远远大于待估计参数的个数 $2n$。

7.1.5　建筑环境控制系统建模

建筑环境控制就是采用各种技术手段，在建筑空间内营造满足某种需求的人工建筑物理环境。建筑环境控制工程的任务是创建健康、舒适、能够提高工作效率的建筑环境，满足人们生活、工作及其他活动中对室内环境品质的要求。

建筑热湿环境、声环境、光环境和空气质量等各方面又存在着相互耦合的关系，建立模型比较困难。如围护结构的不同会对热湿环境和光环境以及声环境有较大影响，天然采光在改变了光环境的同时又会对热湿环境产生干扰，通常在建立模型时对这些耦合关系进行理论抽象和简化，建立一组（偏）微分方程对建筑环境进行描述。再通过积分变换求解微分方程以求解建筑环境中的控制转换关系。

积分变换法的原理是对于常系数的线性偏微分方程，采用积分变换如傅里叶变换或拉普拉斯变换。积分变换的概念是把函数从一个域中移到另一个域中，在这个新的域中，函数呈现较简单的形式，因此可以求出解析解。然后再对求得的变换后的方程解进行逆变换，获得最终的解。拉普拉斯变换求解获得的是一种传递矩阵或 s—传递函数的解的形式。

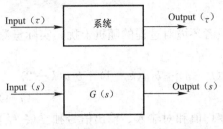

图 7-4　传递函数与输入量、输出量的关系

例如，以外扰（如室外温度变化或围护结构外表面热流）或内扰（如室内热源散热量）作为输入 $I(\tau)$，系统的输出量 $O(\tau)$ 为板壁表面热流量或室内温度的变化（图 7-4），则传递函数 $G(s)$ 为：

$$G(s) = \frac{\int_0^\infty O(\tau)e^{-s\tau}\,\mathrm{d}\tau}{\int_0^\infty I(\tau)e^{-s\tau}\,\mathrm{d}\tau} = \frac{O(s)}{I(s)}$$

式中，$I(s)$ 和 $O(s)$ 分别为输入量 $I(\tau)$ 和输出量 $O(\tau)$ 的拉普拉斯变换。

采用拉普拉斯变换求得的传递函数来求解建筑控制问题，其前提条件是其控制传递过程可以采用线性常系数微分方程描述，也就是说，系统必须为线性定常系统。传递函数 $G(s)$ 仅由系统本身的特性决定，而与输入量、输出量无关，因此建筑的结构、材料和形式一旦确定，就可求得其传递函数。这样就可以通过输入量和传递函数求得输出量。但就其作为输入的边界条件来说，建筑环境和内扰、外扰等均难以用简单的函数来描述，所以难以直接用传递函数来求得输出函数。

但由于线性定常系统具有以下特性：

（1）可应用叠加原理对输入的扰量和输出的响应进行分解和叠加；

（2）当输入扰量作用的时间改变时，输出响应产生的时间在同向、同量地变化，但输出响应的函数不会改变。

基于上述特征，可把输入量进行分解或离散为简单函数，再利用变换法进行求解。这样就能求出分解或离散了的单元输入的响应。这些响应也应该呈简单函数形式。然后再把这些单元输入的响应进行叠加，就可以得出实际输入量连续作用下的系统的响应输出量。求解过程主要包括三个步骤，即：

（1）边界条件的离散或分解；

（2）求对单元扰量的响应；

（3）把对单元扰量的响应进行叠加和叠加积分求和。

7.2　建筑物理环境控制原理

根据第 5 章知识，建筑环境闭环控制系统的结构如图 7-5 所示。

这里，被控对象为建筑环境，针对不同的物理环境，输出信号可以是温度、湿度、声强、光照度或者其他物理量，输入信号则是根据国家标准确定或者用户人为给定的物理量，控制装置是执行控制功能的物理设备或装置，检测装置可以有温度传感器、湿度传感

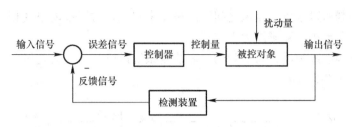

图 7-5 建筑环境闭环控制系统结构图

器、声强计、照度计或其他检测设备。

智能建筑环境系统里大量使用各种类的传感器,它们对整个系统的正常运转和提供准确的管理数据至关重要。根据需要采集的数据,需要温度传感器、压力传感器、湿度传感器、烟雾传感器、电磁计量传感器、舒适传感器、流速传感器、室内占用传感器和室内空气质量传感器等。其中温度传感器、压力传感器、湿度传感器、烟雾传感器、电磁计量传感器采集温度数据、气压数据、湿度数据、烟雾浓度数据、室内电磁辐射环境数据。传感器的数据采集流程如图 7-6 所示:

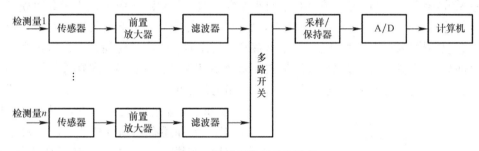

图 7-6 传感器数据采集流程

7.2.1 智能热湿环境控制原理

热湿环境是建筑环境中最主要的内容,主要反映在空气环境的热湿特性中。建筑室内热湿环境形成的最主要的原因是各种外扰和内扰的影响。外扰主要包括室外气候参数如室外空气温湿度、太阳辐射、风速、风向变化,以及邻室的空气温湿度,均可通过围护结构的传热、传湿、空气渗透使热量和湿量进入到室内,对室内热湿环境产生影响。内扰主要是室内设备、照明、人员等室内热湿源引起的。

由第 6 章可知,对建筑热湿环境的控制主要通过对可调节的围护结构设施(比如门窗、遮阳板和百叶窗等)和暖通空调等建筑设备来实现的。前者基于绿色建筑设计,对其可调节的围护结构设施实施控制,属于被动式控制,创建的是非人工冷热源热湿环境,从节能环保考虑,属于优先考虑的内容;后者是通过采暖、通风和空气调节设备改善室内热湿环境。从节能环保考虑也应首先考虑非人工冷热源。人工冷热源消耗能源,特别是采暖、空调是建筑设备中的耗能大户,由于其他设备控制相对空调控制比较简单,因而在此以空调控制为例来说明热环境的控制原理。

1. 定风量空调系统控制原理

在空调设计应用中,常常将房间看作一个控制体,并且认为房间控制体内的空气状态已经进入稳态状态,所要控制的物理量分别是室内空气温度与室内空气相对湿度。对于室内空气温度的控制通过送风与排风之间的能量差来实现；对于室内空气相对湿度的控制则是送风与排风差所承担的除湿能力来实现。

以定风量空调系统为例，对房间的温度控制系统进行分析，设定风阀开度不变，室内温度控制原理如图 7-7 所示。

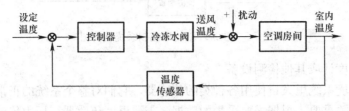

图 7-7　定风量空调系统房间温度控制原理图

由图 7-7 可知，此定风量空调系统的数学模型包括冷冻水阀的数学模型和空调房间的数学模型两部分。

2. 定风量空调系统的数学模型

用系统辨识的方法可建立被控对象的非参数模型（如阶跃响应等）或者参数模型（如传递函数等），非参数模型可以通过变换，转换为参数模型。对于参数模型的辨识，一般来说，它包括模型结构（对单输入单输出系统就是模型的阶次和时间延迟）辨识和参数估计两个部分。模型阶次的辨识可以用损失函数法或 F 检验法或 AIC 准则等。模型参数的估计方法很多，其中最小二乘法是最基本的、用得最多的一种方法，它算法简单，不需要提供观测数据的统计特性，因而其应用也广。另外还有辅助变量法、广义最小二乘法以及增广矩阵法等。对于具体的情况，究竟选择哪一种估计方法，还要取决于作用于系统的噪声的性质以及对模型精度的要求等。

（1）冷冻水阀的数学模型

采用 VA31OZ 电动调节阀，在系统稳定运行于某一正常工况的情况下，将冷冻水阀开度由 50% 阶跃至 70%，得到送风温度阶跃响应曲线如图 7-8 所示。

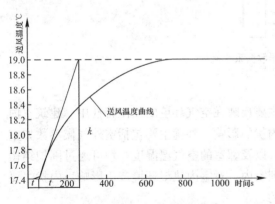

图 7-8　送风温度阶跃响应曲线

由图 7-8 可以看出，冷冻水阀开度—送风温度回路的数学模型可近似描述为一阶加纯滞后的惯性环节，即 $G(s) = \dfrac{ke^{-\tau s}}{Ts+1}$（$k = -0.08$，$\tau = 56$，$T = 205$）。

（2）空调房间的数学模型

空调房内的参数受室外温度、太阳辐射、室内设备、照明、人员散热量以及开关门次数等因素的影响，整个房间是一个复杂的热力系统，要用精确的数学模型来描述从而得出准确的系统参数是十分困难甚至是不可能的。根据能量守恒定律，单位时间内进入空调房间的能量减去单位时间内由空调房间流出的能量等于空调房间中能量蓄存量的变化率。即：

$$MC \frac{\mathrm{d}\theta}{\mathrm{d}t} = (Gpc\theta_s + q_n) - \left(Gpc\theta_1 + \frac{\theta_2 - \theta_0}{r} \right) = \alpha G(\theta_s - \theta_1) + q_n + \frac{\theta_0 - \theta_2}{r} \quad (7\text{-}10)$$

式中

G——送风量，$\mathrm{m^3/h}$；

ρ——空气密度，$\mathrm{kg/m^3}$；

c——空气定压比热，$\mathrm{kJ/kg \cdot ℃}$；

q_n——室内散热量，$\mathrm{kJ/h}$；

MC——空调房间的容量系数（包括室内空气的蓄热和设备与维护结构表层的蓄热），$\mathrm{kJ/℃}$；

θ——室内空气温度，℃；

θ_1——回风温度，℃；

θ_2——围护结构内表面温度，℃；

θ_s——送风温度，℃；

θ_0——室外空气温度，℃；

r——空调房间围护结构的热阻，$\mathrm{h \cdot ℃/kJ}$。

在建立数学模型前，为方便研究可以作如下简化：

1）围护结构传热不考虑围壁内表面一层以外的蓄热，忽略房间内部各物体的蓄热量，这对于蓄热量小的房间比较合适；

2）认为无区域温差，即被调房间温度分布均匀；

3）忽略太阳辐射等的影响。

把经过以上假设后的空调房间看成是一个单容对象，在建立模型时，暂不考虑它的纯滞后，此空调房间控制系统就可简化为简单的单输入单输出控制系统，如图 7-9 所示。

图 7-9 空调房间换热示意图

经过计算和仿真分析可得空调房间数学模型为：

$$\frac{\mathrm{d}\theta}{\mathrm{d}t} = 0.000175\theta_s - 0.0867\theta + 2.593 \quad (7\text{-}11)$$

式中 θ_s——送风温度，℃，是输入量，

θ——室内空气温度、回风温度，℃，是输出量。

控制器采用工程上常用的 PID 控制器，其传递函数的形式为：

$$G_{PID} = \frac{U(s)}{E(s)} = K_p \left(1 + \frac{1}{T_1 s} + T_d s \right) \quad (7\text{-}12)$$

再假设温度传感器传递函数为 1，这样就可以建立定风量空调系统房间温度控制的数学模型并进行研究了。

7.2.2 智能空气环境控制原理

智能空气环境是采用智能化技术，根据实时检测的室内空气质量和室内气流速度，经过分析处理，最终决策判断，联动控制门窗、空调通风、空气净化设备的运行状态，从而使室内空气质量得到有效改善。智能空气环境的控制目标，不仅要求每一种空气污染物在该污染物浓度标准以下，还要求室内整体空气质量达到"清洁"状态。目前对于室内空气

质量的客观评价方法为空气质量指数法，因此智能空气环境控制系统引入空气质量的"综合指数"—IAQ 作为系统控制目标，建立模糊控制规则库，经过模糊推理，并结合室外实时空气质量，选择系统控制方式。

在室内空气环境不清洁的情况下，要快速有效地改善室内空气环境。但是室内空气存在流动性和方向不确定性等问题，必须要研究室内空气流动特性，对室内空气环境进行数值预测，进行有效地气流组织。

室内空气环境数值预测研究中，数值模拟法可以预测室内污染物的扩散特性，通过计算机模拟仿真，建立室内气流环境的分析模型：宏观模型和微观模型。宏观模型将室内空气空间作为一个或几个控制单元，从整体上考虑全部建筑群内的气流流动、污染物的扩散及传热等因素，当假定控制单元体内气流是完全混合时，则描述质量运动和能量的平衡方程式是一组常微分方程。微观模型是将室内空气空间按一定方法划分成许多网格点，利用有限差分法、有限元法等对基本控制方程进行离散，进而求得数值解析结果。根据分析结果确定室内空气的流动特性及污染物的扩散特性，制定控制策略，联动通风设备，进行气流组织，加快室内污染物的排出。

空气中的污染物种类繁多，包括温室气体（如二氧化碳、甲烷），悬浮颗粒（如粉尘、烟雾），挥发性有机化合物（如苯、碳氢化合物）以及有毒气体等。室内空气质量是影响室内人员舒适度的重要因素，也是考察空调系统通风效率的主要方面。

在大中型公共建筑中，很少有自然通风的条件，室内通风完全依靠机械通风系统完成，因此控制室内 CO_2 等污染气体浓度，保证室内新鲜空气水平是室内空气环境控制的一个重要方面。在此采用通风效力指标（E_v）评价室内空气质量，即

$$E_v = \frac{C_{\text{return}} - C_{\text{supply}}}{C_{\text{br}} - C_{\text{supply}}} \qquad (7-13)$$

式中，C_{return} 和 C_{supply} 分别为回风和送风中的 CO_2 浓度，C_{br} 为房间内人员头部高度的 CO_2 平均浓度。对于智能空气环境控制系统也可以选择其他合适的控制指标，如甲醛、VOC 等，其原理和前述室内 CO_2 控制类似。

以机械通风系统房间为例，对房间的空气质量控制系统进行分析，设定通风效力指标 E_v 不变，室内空气控制原理图如图 7-10 所示。

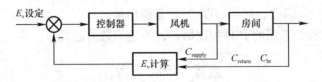

图 7-10　机械通风系统房间室内空气控制原理图

在系统正常工作时，检测回风和送风中的 CO_2 浓度以及房间内人员头部高度的 CO_2 平均浓度计算出 E_v 测量值，控制器根据 E_v 的设定值与测量值的偏差调节风机风量，从而达到对房间室内空气环境的控制。

需要强调的是室内空气环境和室内热湿环境的调节均需要通过暖通空调系统来完成，因此在实际中会形成耦合的关系，控制算法较为复杂。

7.2.3　智能声环境控制原理

从智能控制的角度出发，改善室内声环境包括控制室内声音音质和室内噪声。

对于以观演为主要功能的大型现代建筑，包括剧院、音乐厅、体育场馆等，自然声难以满足这些特殊场所对声音的要求，需要设置电声系统以保证室内声环境的良好，比如足够响度，足够清晰度，声音均匀等。

电声系统主要由各类电声器材搭建而成，其中电声设备包括扬声器、传声器、调音设备、功率放大器和信号处理设备。电声系统由扩声系统、声重放系统、合成系统、信号存储系统、音响测试系统等组成。扩声系统在改善室内声环境音质上发挥重要作用，主要将讲话者的实时声音进行放大处理，传输给处于同一声环境内的听者。性能良好的扩声系统可以使声音均匀覆盖听众席，使传入听众耳朵的声音具备足够的响度和清晰度，同时又不影响没有听众的区域。这就要根据听众的需要控制扩声系统的放大倍数，保证优质的声环境。合成系统的主要功能是处理声音中某些非人声成分，可以掩蔽现场实况录音中的各类噪音，合成乐音，保证人耳听到没有噪声的优质声音。

对于室内噪声，需要研究室内噪声产生原因以及其传播途径，进一步制定控制策略。在实际应用中，可以按照以下步骤制定噪声控制策略：

（1）采集室内外声环境相关信息。可以使用噪声测量装置，了解建筑室内及其周围环境的噪声情况，初步确定噪声源位置及噪声级。

（2）确定室内噪声状况。根据建筑主要使用功能，结合噪声控制相关标准，确定室内声环境允许噪声标准，与采集到的室内噪声信息相对比，判别室内声环境状况。

（3）制定控制策略。根据室内噪声的具体情况以及噪声源的具体位置，从噪声源处、传播途径中和人耳处三个方面着手，兼顾节能和环保，通过计算和设计，制定合理控制策略。

智能声环境中的噪声控制主要从降低室外噪声对室内声环境影响和背景音乐掩蔽降噪两个方面入手。一般的智能声环境控制系统可以用图 7-11 来描述。

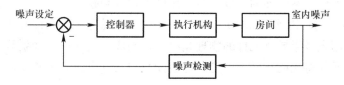

图 7-11　智能声环境控制原理图

根据《公共场所卫生检验方法 第 1 部分：物理因素》GB/T 18204.1—2013 的规定，图 7-11 中噪声检测采用数字声级计，数字声级计通常利用电容式声电换能器，将被测的声音信号转变为电信号，经内部一定处理后成为声级值。使用声级计在规定时间内测量一定数量的室内环境 A 计权声级值，经过计算得等效 A 声级，即为室内噪声值。数字声级计可以实现测量指数时间计权声级、测量时间平均声级和测量声暴露级等一种或三种测量。

根据对室内噪声智能控制方法的不同，执行机构可以是实现噪声物理传播途径隔断的门窗、百叶窗控制机构或窗帘控制器，也可以是背景音乐控制器以实现对噪声的掩蔽。

智能声环境控制中需将建筑室内按功能划分若干功能区，分区采集室内室外噪声值信号，通过数据处理，判断哪些区域噪声超过阈值，控制执行机构进行门窗关闭、音乐播放等措施，具体如下：

（1）物理隔断噪声传播途径：利用噪声检测装置检测室内外噪声水平，当室内噪声值超过阈值时，并且室外噪声高于标准值，执行机构可以驱动门窗控制器进行门窗和窗帘的关闭，隔断室外噪声源传入室内，从而降低室内噪声。

（2）利用声音掩蔽效应降噪：若检测到的室内噪声平均水平超过阈值，打开背景音乐，背景音乐音量的大小取决于测量值与规定值的差值的大小，背景音乐持续一定的时间后，再次对该房间的噪声进行测量，来决定背景音乐是否要继续，如此循环，形成对背景音乐的智能控制，为人们提供满意舒适的室内声音环境。

（3）背景音乐并不能从根本上减低室内噪声，而是利用掩蔽效应掩盖人耳听到的噪声，在实际应用中，应该均匀设置背景音乐扬声器，其音量应根据实际噪声状况智能调节，不影响人们正常交谈。一般情况下，背景音乐的音量控制在测得噪声声压级基础上再加 3dB。

7.2.4 智能光环境控制原理

智能光环境以高效、舒适、环保为目标，以智能化技术为手段，通过建筑智能化系统实现感知、推理、判断和决策综合能力并实现人、建筑、环境互为协调的室内光环境。

室内光环境的智能控制可以通过对自然采光控制和人工照明控制相结合的方式来进行。智能光环境的整体控制策略是：优先引入天然光，结合人工照明加以补偿。

以室内照度控制为例，智能光环境控制系统结构框图如图 7-12 所示。

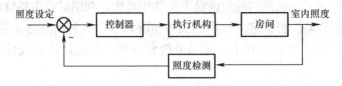

图 7-12 智能光环境控制系统结构框图

照度检测装置检测室内外的照度、室内照度均匀度和眩光等。根据《公共场所卫生检验方法 第 1 部分：物理因素》GB/T 18204.1—2013 的规定，图 7-12 中照度检测采用照度计。照度计是利用光敏半导体元件的物理光电现象制成，当外来光线射到光探测器（光电元件）后，光电元件将光能转变为电能，通过读数单元（电流表或数字液晶板）显示光的照度值。

根据控制方法的不同，执行机构主要包括遮阳设施和反光板、人工照明系统。遮阳设施和反光板主要控制对自然采光的利用，人工照明系统实现对自然采光的补充、场景环境营造。智能光环境控制主要原理如下：

（1）基本原理：照度检测装置实时监测室外和室内主要功能区的照度水平、室内照度均匀度，经控制器处理分析，判断室内平均照度水平、照度均匀度是否达到标准值，并结合外界太阳高度角情况，联动控制遮阳设施（遮阳板、百叶窗）、人工照明的开启程度和反光板的角度。

（2）照度自动控制：采用智能光环境控制系统可使自然采光控制系统和人工照明控制系统工作在全自动状态，系统将按预先设置切换若干基本工作状态，根据预先设定的时间自动在各种工作状态之间转换。例如，上午来临时，系统自动将室内灯光调暗，而且光照度会自动调节到人们视觉最舒适的水平。在靠窗或其他自然采光的区域,系统智能地利用室外自然光,当天气晴朗,室内灯会自动调暗;天气阴暗,室内灯会自动调亮,以始终保持室内设定的亮度(按预设定要求的亮度)。

(3) 照度时间控制:当夜幕降临时,系统将自动进入"傍晚"工作状态,自动地极其缓慢地调亮各区域的灯光。

(4) 场景环境营造:可以手动控制面板,根据一天中的不同时间、不同用途精心地进行灯光的场景预设置,使用时只需调用预先设置好的最佳灯光场景,使客人产生新颖的视觉效果,随意改变各区域的光照度。

智能光环境控制系统能够通过合理的管理,根据不同日期、不同时间按照各个功能区域的运行情况预先进行光照度的设置,不需要照明的时候,保证将灯关掉;在大多数情况下很多区域其实不需要把灯全部打开或开到最亮,智能照明控制系统能用最经济的能耗提供最舒适的照明;系统能保证只有当必需的时候才把灯点亮,或达到所要求的亮度,从而大大降低了建筑能耗。

7.3　建筑物理环境控制方法

要实现建筑环境参数有效的控制,需要掌握各环境参数各自的控制原理和控制方法。上一节给出了各建筑环境参数的控制原理,本节将分别论述建筑环境各参数的控制方法。

7.3.1　智能热湿环境控制方法

室内的热湿环境是影响人体热舒适度最为重要的因素,它主要由室外气候参数、室内设备、照明、人员等室内热湿源,以及室内空气流动状况等共同作用而产生。如何采用控制手段消除各类扰动,使室内热湿参数稳定在期望值附近,是智能建筑热湿环境控制的核心内容。对建筑热湿环境参数进行调节控制,应从影响其参数变化的各类扰动因素出发,明确建筑室内热湿环境的形成原理以及室内热湿环境与各种内、外扰之间的响应关系。建筑室内热湿环境受内扰和外扰的联合影响,加上温度与湿度的相互耦合性强,使得其热湿过程的变化规律相当复杂。

目前,建筑室内热湿环境的控制方法主要分为两种,一种是利用室外热湿环境改善室内热湿环境,一种是通过采暖、通风及空调系统人为营造室内热湿环境。在实际控制中,应优先使用第一种控制方法。

1. 热湿环境被动控制调节方法

(1) 自然通风

热湿环境首要控制方法就是自然通风。为有效利用自然通风,实现室内热湿环境的控制,需要测量相关室内外环境参数,如室内外温度、湿度、焓值等。通常春秋两季采用自然通风除湿;当室外温度和湿度均小于室内温湿度时,直接采用自然通风来解决排热排湿;当室外温度高于室内温度,但湿度低于室内湿度时,采用自然通风满足排湿要求,利用干式辐射等末端装置解决室内温度问题;当室外湿度高于室内湿度时,关闭自然通风,采用机械方式解决室内空调舒适性要求。另外,在利用自然通风时,需要考虑室内不同区域空气质量分配情况。例如,可在各区域安装可调节开度的风口和温控器,根据各区域的实际温湿度，实时控制风口的开度，实现室内温湿度的控制。

（2）可调节围护结构实时控制

随着建筑物围护结构技术和产品的不断发展，可调节围护结构的实时控制调节为建筑环境参数的控制提供了另一方法，而这种方法对于充分利用外界自然资源提供了便利。为更好实现热湿环境的控制，需要实时监测室外和室内热湿参数，合理开闭可调节围护结构设施。目前，这类可调节围护结构设施主要有以下几种：

1）可调节外遮阳装置

主要是水平或垂直安装的遮阳百叶。通过调节百叶的角度，可以调节太阳进入外窗或射到外墙表面的比例，从而影响室内太阳得热和自然采光。

2）可自动开启的外窗

包括垂直表面和屋顶的各类可调节开启度的外窗。通过对这些外窗开闭状况的调节，改变建筑的自然通风模式和强度。在发现下雨下雪等不适合自然通风的天气时，及时关闭外窗。

3）双层皮外墙系统

两层窗之间设置通风通道，通风通道中还装有可调节的遮阳百叶。通过对遮阳百叶角度的调节和对两侧窗中可开启部分开度的调节，就可以控制两层窗之间通风通道的空气流动模式和通过外窗进入室内的太阳辐射及自然采光状况。

4）可调节的窗帘及内外遮阳设施

内遮阳是设置在建筑开口部位内部（窗户）的遮阳装置，包括遮阳软卷帘、卷帘百叶等。夏季白天展开遮阳构件，防止室内过热；冬季收起该遮阳构件，阳光进入室内，达到辐射得热的目的。外遮阳是在建筑窗外挂遮阳板，分为水平遮阳、垂直遮阳、综合遮阳、挡板式遮阳和外置卷帘等。这种设施同时可实现室内光环境的被动控制，可根据采光和遮阳的需求进行调节。

5）建筑物内部可调节的通风窗/通风百叶

为了实现良好的自然通风，在建筑物内部某些部位也设置可调节的通风窗或通风百叶。通过开闭这些通风装置，以实现不同的自然通风模式，改善和调节室内空气质量。

以室内温湿度控制为例，可调节围护结构的实时控制调节原理如图7-13所示。图中，执行器为上述各类可调节围护结构或设施，如外窗、内外遮阳装置、通风百叶等。为实现智能控制，需要设计智能控制器，引入如模糊控制、神经网络控制、专家控制系统、遗传算法学习控制等智能控制算法。如需要利用可调节围护结构或设施实现其他参数如空气环境、声环境和光环境的控制，图中温湿度参数和控制器更换为对应被控参数即可。目前，可调节围护结构实时控制在智能家居中应用较多。

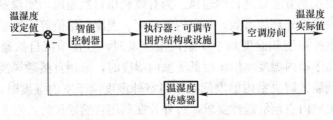

图7-13 可调节围护结构实时控制原理方框图

利用可手动和自动开启的围护结构调节设施，实现在不同季节特别是过渡季节外界自然冷热能的适时导入，而且也可实现空气环境、声环境和光环境的控制。哪种环境参数需要优先控制，则需要对应的设施按照此参数进行调节。如出现矛盾，可引入主动控制方式，实现多参数的控制。

虽然被动热湿环境控制方法有其节约能耗的优点，但其受外界环境制约，可控性有限，因此仍然是主动控制方法居多。

2. 热湿环境主动控制调节方法

被动式改善控制方法在一定程度上可以调节室内热湿环境，但主动控制调节方法的可控性更强，精度也较高。建筑室内热湿环境主动控制调节方法就是根据室内环境质量的不同要求，分别应用供暖、通风或空气调节技术来消除各种干扰，进而在建筑物内建立并维持一种具有特定使用功能且能按需控制的"人造环境"。

供暖系统主要解决室内的热负荷问题，一般由热源、散热设备和输热管道这几个主要部分组成，有局部供暖和集中供暖之分。通风是把室内被污染的空气直接或经净化后排至室外，把新鲜空气补充进来，从而保持室内的空气环境符合卫生标准和满足生产工艺的需要，借助通风换气保持室内空气质量，并在一定程度上改善其温度、湿度和气流速度等环境参数。通风将在建筑空气环境控制部分详细叙述。对室内热湿环境的主动控制调节更多是采取空气调节的方法。

（1）空气调节的主要形式及基本组成

空气调节与供暖、通风一样负担建筑热湿环境保障的职能，但它对室内空气环境品质的调控更为全面，在营造适宜的建筑热湿环境过程中起着无可替代的重要作用。空调系统的基本组成包括空气处理设备、冷热介质输配系统（包括风机、水泵、风道、风口与水管等）和空调末端装置，完整的空调系统还应包括冷热源、自动控制系统以及空调房间。空气调节的过程是在分析特定建筑空间环境质量影响因素的基础上，采用各种设备对空调介质按需进行加热、加湿、冷却、去湿、过滤和消声等处理，使之具有适宜的参数与品质，再借助介质传输系统和末端装置向受控环境空间进行能量、质量的传递与交换，从而实现对该空间空气温湿度及其他环境参数的控制，以满足人们生活、工作、生产与科学实验等活动对环境品质的特定需求。

按照承担室内热湿负荷所用介质的不同，空调系统可分为全空气系统、空气—水系统、全水系统和制冷剂系统等。其中全水系统是指房间热湿负荷全部通过水作为介质来承担，这种系统并不能解决房间的通风换气问题，通常不单独采用此种方式。制冷剂系统是通过制冷剂的直接蒸发或冷凝等方式来实现对室内供冷或供热，普通家用空调器及近年来广泛应用的多联式空调机组等都是这种方式的空调系统。在采用集中式空调系统的建筑中，目前较多采用的空调系统形式是空气—水系统和全空气系统。

全空气系统利用空气作为承担室内热湿负荷的介质，将经过处理的空气送入室内，承担维持室内适宜热湿环境的任务。全空气空调系统有定风量和变风量之分。定风量系统的送风量保持不变，对送风温度进行调节；变风量系统送风温度保持不变，对风量进行调节，实现热湿控制。由于空气的比热容较小，为消除余热、余湿所需的送风量大，送风风道的断面尺寸大，需要占有较多的建筑空间。

空气＋水系统同时利用空气和水作为承担室内热湿负荷的介质，如风机盘管加新风系统等。在风机盘管加新风系统中，夏季风机盘管通入冷水，对室内空气进行降温除湿处理，向房间送冷风；冬季风机盘管通入热水，对室内空气进行加热处理，向房间送热风。同时，向房间送入新风还承担排出室内 CO_2 等污染物、满足人员新鲜空气需求的任务。这种系统中利用水、空气共同作为承担热湿负荷的媒介，送风风量远小于全空气系统，占用空间较少，是目前普遍采用的一种集中式空调系统形式。

一般的空调系统主要包括以下几部分：

1）新风量的控制

根据人对空气新鲜度的生理要求，空调系统必须有一部分空气取自室外，通常称为新风。空调的进风口和风管等组成了进风部分。通过对新风量的调节，在实现室内热湿控制的同时，可对室内空气质量实现调节。过渡季节尽可能多地利用新风，实现对室内热湿环境的控制。

2）空气的热湿处理

将空气加热、冷却、加湿和减湿等不同的处理过程组合在一起统称为空调系统的热湿处理部分。热湿处理设备是空气调节的主要部分，新风空调机组和全空气组合式空调机组的空气经热湿处理设备处理后送入室内，实现对室内热湿环境的控制，因此此部分的控制尤为关键。

3）空气的输送和分配

空调系统空气输送和分配部分由风机和不同形式的管道组成，其任务是将调节好的空气均匀地输入和分配到空调房间内，以保证其合适的温度场和速度场，其送风方式分为定风量和变风量两种方式。根据用途和要求不同，有的系统只采用一台送风机，称为单风机系统；有的系统采用一台送风机和一台回风机，称为双风机系统。管道截面通常为矩形和圆形两种，一般低速风道多采用矩形，而高速风道多采用圆形。

4）冷热源部分：为了保证空调系统具有加温和冷却能力，必须具备冷源和热源两部分。冷热源均有自然冷热源和人工冷热源两种。自然冷热源为地源、水源、风能和太阳能等；人工热源是指用煤、石油或煤气作燃料的锅炉所产生的蒸汽和热水，人工冷源主要是利用制冷系统进行制备，目前人工冷热源应用得最为广泛。

图 7-14 给出了全空气空调系统原理图。图中进水管和回水管分别接冷热源的供水管和回水管。用回风管的回风温度代表各房间的平均温度，通过调节表冷器的调节阀开度实现房间温度的控制。空调房间单闭环控制原理如图 7-15 所示。

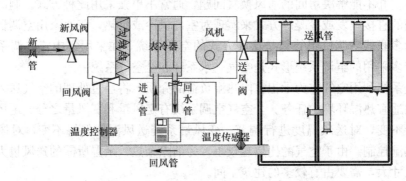

图 7-14　全空气空调系统原理图

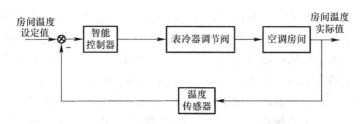

图 7-15　房间温度单闭环控制原理图

　　另外，为实现室内热湿环境全面调节，温湿度独立控制空调系统是一个有效的解决途径。

　　空调系统承担着排除室内余热、余湿、CO_2、室内异味与其他有害气体（VOC）的任务。其中排除余热可以采用多种方式实现，只要媒介的温度低于室温即可实现降温效果，可以采取间接接触的方式（辐射板等），也可以通过低温空气的流动置换来实现。而排除余湿、CO_2、室内异味与其他有害气体（VOC）的任务，则不能通过间接接触的方式，只能通过低湿度或低浓度的空气与房间空气的置换（质量置换）来实现。研究表明，排除室内余湿的任务与排除 CO_2、室内异味所需要的新风量与变化趋势一致，即可以通过新风同时满足排余湿、CO_2、异味的要求。而排除室内余热的任务则通过其他的空调系统（如独立的温度控制方式）实现。由于无需承担除湿的任务，因而用较高温度的冷源即可实现排除余热的控制任务。

　　在温湿度独立控制空调系统中，采用温度与湿度两套独立的空调子系统，分别控制、调节室内温度与湿度，从而避免了常规空调系统中热湿联合处理所带来的损失。由于温度、湿度采用独立的控制调节系统，可以满足房间热湿比不断变化的要求，克服常规空调系统中难以同时满足温、湿度参数的要求，避免了室内湿度过高（或过低）的现象。

　　温湿度独立控制空调系统由温度控制系统与湿度控制系统组成，两个系统独立调节，分别控制室内的温度和湿度。温度控制系统包括高温冷源、余热消除末端装置，一般采用水或制冷剂作为输送媒介，尽量不用空气作为输送媒介。由于除湿的任务由独立的湿度控制系统承担，因而湿热系统的冷水供水温度不再是常规冷凝除湿空调系统中的 $7℃$，而可以提高到 $16 \sim 18℃$，从而为冷源（如地下水、地表水、海水等）的使用提供了条件。即使采用机械制冷方式，制冷机的性能系数也有大幅度的提高。余热消除末端装置可以采用辐射板、干式风机盘管等多种形式，由于供水温度高于室内空气的露点温度，因而不存在结露的危险。湿度控制系统，同时承担去除室内 CO_2、异味的任务，以保证室内空气质量。此系统由新风处理机组、送风末端装置组成，采用新风作为能量输送的媒介，并通过改变送风量来实现对湿度和 CO_2 的调节。由于是为了满足新风和湿度的要求，温湿度独立控制空调系统的风量远小于变风量系统的风量。

　　（2）建筑热湿环境串级控制

　　建筑热湿环境控制尤其是温度控制，通常系统滞后大，干扰强。为改善系统动态指标和稳态性能，可以采用串级控制。

　　串级控制系统有主、副两个控制回路。主、副调节器相串联工作，其中主调节器有自己独立的设定值，它的输出作为副调节器的给定值，副调节器的输出控制执行器，以改变主参数。

串级控制系统有如下特点：改善了过程的动态特性；能及时克服进入副回路的各种二次扰动，提高了系统抗扰动能力；提高了系统的鲁棒性；具有一定的自适应能力。

串级控制系统由于比单回路控制系统多了一个副回路，当二次扰动进入副回路时，由于主对象的时间常数大于副对象的时间常数，因而当扰动还没有影响到主控参数时，副调节器就开始动作，及时减小或消除扰动对主参数的影响。基于这个特点，一般在设计串级控制系统时，把可能产生的扰动尽可能纳入到副回路中，以确保主参数的控制质量。至于作用在主对象上的一次扰动对主参数的影响，一般通过主回路的控制来消除。串级控制系统的主回路是一个定值控制系统，副回路则是一个随动系统。主调节器能按照负荷和操作条件的变化，不断地自动改变副调节器的给定值，使副调节器的给定值能适应负荷和操作条件的变化。在串级控制系统中，主、副调节器所起的作用是不同的。主调节器起定值控制作用，它的控制任务是使主参数等于给定值（无余差），故一般宜采用 PI 或 PID 调节器。由于副回路是一个随动系统，它的输出要求能快速、准确地复现主调节器输出信号的变化规律，对副参数的动态性能和余差无特殊的要求，因而副调节器可采用 P 或 PI 调节器。

建筑热湿环境系统通常以舒适性空调为主，对要求较高的舒适性空调和工艺性空调，需要同时对温度和湿度均有较高的控制要求。为不失一般性，本节以恒温恒湿系统为例介绍建筑热湿环境的串级控制。

通常，中央空调系统的空气处理方案和空气处理设备的容量是按照冬夏季室外空气处于设计参数、室内负荷在最不利条件下时进行选择的。但实际上，在全年的大部分时间里，室外空气参数是在冬夏季设计参数间作季节性变化的，同时室内负荷也经常发生变化和波动。对于有恒温恒湿要求的室内环境（比如医院的手术室），需要采取合理有效的控制策略，保证室内能够实现恒温恒湿。

为了实现室内房间的恒温恒湿控制，必须清晰了解影响室内温湿度的各种干扰因素，并采取有效手段克服这些干扰。影响室内房间温湿度的干扰因素很多，例如日变化的太阳辐射、室外空气温度通过墙体对室内空气温度的影响；通过门、窗、缝隙等侵入室内的室外空气；引入新风的干扰；室内人员变动，照明、电器设备的开停产生的余热余湿变化等。

系统控制原理如图 7-16 所示。

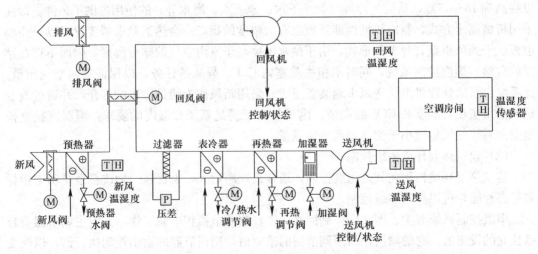

图 7-16　恒温恒湿空调系统控制原理图

该系统中主要的控制功能如下：

1）监测功能：监测各风机运行状态；测量室内及新风温湿度参数，以计算送风参数整定值，作为控制机组空气处理过程依据；测量送风温湿度参数，以计算送风温湿度偏差，用于控制各空气处理设备；测量过滤器两侧压差，以及时检测过滤器是否需要清洗或更换；检测手动/自动转换状态。

2）控制功能：启/停风机；温度控制，系统采用串级调节，即系统采用主、副两个控制环路；湿度控制，系统采用串级调节，即系统采用主、副两个控制环路；季节自动切换。

3）防冻保护功能：冬季运行时，检测预热器盘管出口空气温度，当温度过低时，能自动停止风机，关闭新风及排风阀门，同时发出声光报警。当故障排除后，重新启动风机，打开新风和排风阀门，恢复机组的正常工作。

4）设备启/停联锁控制：空调机组启动顺序控制中的设备联锁及联动；空调机组停机顺序控制中的设备联锁及联动；火灾停机，发生火灾时的设备联动及统一停机。

为实现以上控制内容，需要设计合理的硬件系统，而要达到控制指标，则需要在合理硬件设计的基础上给出合理可行的控制算法。由于被控对象房间一般具有较大的热惯性，同时冷却盘管、加热盘管也有一定的热惰性，如果直接根据室内温湿度对各设备的电动调节阀进行调节，则滞后较大，延迟时间较长，这样会使系统超调量加大，室内温湿度波动较大，不能满足恒温恒湿要求，若系统还有较长的送风管道，这种情形会更加严重。因此，针对这种情况，采用串级控制调节策略来改善控制品质，达到空调房间温湿度的高精度调节，实现恒温恒湿控制。

温湿度串级控制系统如图 7-17 所示。

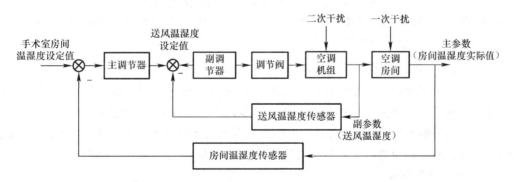

图 7-17　采用串级控制的恒温恒湿空调系统

根据实际房间面积大小，考虑其存在温度不均匀，可在室内布置多个温湿度传感器，取其平均值作为该房间的温度和湿度。

室内温度的串级调节：根据测得的室内温度与设定值的偏差，由主调节器计算出送风温度设定值，作为副调节器的给定值，再由副调节器依据实测的送风温度控制各电动调节阀的动作，实现对送风温度的控制。同时副调节器也负责对新、回风阀及排风阀进行控制及系统的工况转换。

室内湿度的串级调节：根据测得的室内湿度与设定值的偏差，由主调节器计算出送风湿度设定值，作为副调节器的给定值，再由副调节器依据实测的送风湿度控制各电动调节阀的动作，实现对送风湿度的控制。为避免相对湿度与温度控制的耦合问题，通常需要将空气相对湿度通过计算转化为空气的绝对湿度。为避免控制过程中温湿度的耦合问题，需要采用解耦控制算法。

（3）变风量空调系统控制

变风量（VAV）空调系统由于其节能的显著特性而受到广泛关注，也是近年来应用较多的一种全空气空调方式。

变风量由空气处理机组（Air-Handling Units，AHU）、送风系统（主风管、支风管）、末端装置（Terminal Units）和送风散流器以及必要的自控装置五部分组成。其中末端装置是变风量系统的关键设备，它可以接受室温调节器的指令，根据室温的高低自动调节送风量，以满足室内负荷的需求。其他组成部分与定风量空调系统的作用基本相同。图 7-18 是一个单风道变风量（VAV）空调系统的结构原理图。

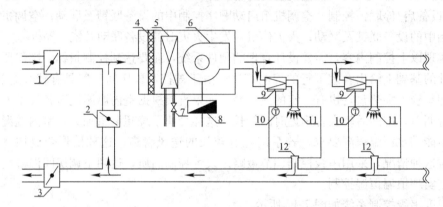

图 7-18　变风量（VAV）空调系统结构原理图

1—新风阀；2—回风阀；3—排风阀；4—过滤网；5—表冷器；6—风机；7—冷冻水流量调节阀；8—变频器；
9—VAV末端调节阀；10—温度传感器；11—送风散流器；12—回风口

1）变风量（VAV）空调系统控制方式

变风量空调系统的设计和控制系统的设计是密不可分的。变风量（VAV）系统的控制相对于定风量（CAV）系统的控制要复杂得多，主要原因是末端变风量装置（即 VAV Box）不断调整房间送风量，从而引起机组部分送风机不断进行转速调整，会面临定风量系统不曾遇到的许多问题。国内外变风量（VAV）空调系统控制方式主要有以下三种：

① 定静压控制方式

所谓定静压控制就是通过调节风机转速来保持风道上某一点的静压恒定不变，从而保证各个末端装置进行风量调节时其他末端装置在该设定静压值下都可获得自己所需的风量。它是变风量（VAV）空调系统最早使用的控制方式，在欧美设计市场比较流行。由于该方式已有多年的运行经验，因此国内普遍使用的仍是这种方式。

虽然该控制方式原理简单，但存在缺点，突出表现在系统的压力检测点在工程实际中很难选择，通常只能选用折中点而非最佳点，如果该设置点没有代表性，会使变风量（VAV）空调系统调试困难；其次，系统达不到最佳节能效果。

② 变静压控制方式

变静压控制是在定静压控制的基础上，不断地改变送风静压设定值，在保证系统送风量要求的同时始终保证系统中至少有一个末端装置的风阀置于全开状态，即尽量使静压保持在允许的最低值。变静压控制方式虽然仍属于静压控制方式，但与定静压相比，它显然可以节能。因为定静压控制方式下，系统在低负荷运行时，末端风阀不得不关小开度以减小风量，此时消耗在末端装置上的静压显然要比风阀全开状态提供同样大小风量所需静压要大，所以变静压控制可以大大节省风机能耗。变静压控制也称作最小静压控制，它是当今国内外变风量（VAV）空调设计时关注的热点。但变静压控制的一个关键问题是通过何种手段来重新设定静压值，这是变静压控制所面临的比较棘手的问题。

③ 总风量控制方式

前面的两种控制方式都属于静压控制方式。但由于压力控制环节和末端流量控制环节存在一定的耦合特性，所以容易引起系统的压力调节震荡现象。如果摆脱压力控制，而又能很好地实现对风机的变频调节，则可克服震荡现象。因此，国内学者提出了基于总风量的控制方式。

所谓总风量控制就是根据各末端设定的风量之和调节送风机转速，以满足各房间所要求的风量。该控制法与静压控制的主要区别就是总风量控制法不再监测、调控静压点的压力值，而是直接统计各末端要求的风量之和，据此总风量来调节风机的转速。该控制方法需借助建筑设备监控系统的集散控制（DCS）方式，它属于前馈控制方式

2) 变风量（VAV）空调系统控制回路

变风量（VAV）空调系统可根据空调负荷的变化以及室内要求参数的改变，自动调节空调送风量，以满足各个被调空间的要求，同时根据实际送风量自动调节送风机转速，最大限度减少风机的动力，节约能量。在空调系统运行过程中，最大冷负荷出现的时间不到总时间的 10%，全年平均负荷率仅为 50%，在绝大部分时间内，空调系统处于部分负荷运行状态。VAV 系统通过减少送风量，从而降低了风机输送功耗，起到了明显的节能效果，从上面的分析可知在变风量空调系统中风机控制起了很大的作用。

单风道变风量空调系统由变风量空调箱、新风、回风和排风阀门、压力无关型末端装置及管网组成，控制回路包括水阀—送风温度控制、变频风机—送风管道静压点静压控制、送风量—室内温度控制及新风量—二氧化碳浓度控制四个回路。

① 送风温度控制回路

图 7-19 为变风量空调系统送风温度控制回路框图，由于变风量空调系统采用固定送风温度而改变送风量的方式，所以必须对送风温度加以控制使其维持一定值。对送风温度的控制可通过送风温度传感器测量实际送风温度与设定送风温度的差值，并调节电动两通阀，通过调节冷冻水的流量来实现。

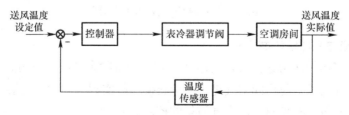

图 7-19　送风温度控制回路框图

② 送风静压控制回路

图 7-20 为变风量空调系统送风管道静压点静压控制回路框图。在变风量空调系统中，

根据静压传感器的信号来测量送风管道静压点的静压变化，并将其与静压设定值相比较，根据其差值来调节变频器以改变风机转速，使送风管道静压点的静压值保持不变。目前针对变风量空调系统，静压控制的方法有定静压控制和变静压控制两种方法。

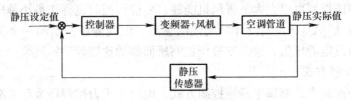

图 7-20　静压控制回路框图

③ 室内温度控制回路

图 7-21 为变风量空调系统压力无关型末端室温控制回路框图。由该框图可以看出，在控制回路中采用了一个串级控制回路，通过不断调节送入室内的风量来保证室内温度的恒定。

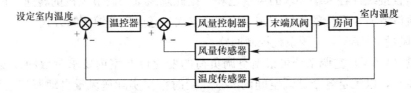

图 7-21　室内温度控制回路框图

④ 二氧化碳浓度控制回路

图 7-22 为变风量空调房间 CO_2 控制回路方框图。对房间 CO_2 的控制通常需要以调节新风阀开度来实现。在控制过程中，新风、回风阀、排风阀能够实现联动。新风阀和排放阀的开度应保持一致，新风阀与回风阀开度之和为 100％。同时，应注意系统最小新风量的要求。

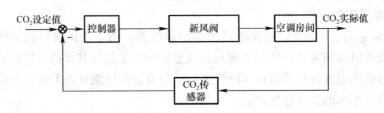

图 7-22　室内 CO_2 控制回路框图

7.3.2　智能空气环境控制方法

排除 CO_2、室内异味与其他有害气体（VOC）与排除余湿的任务相同，需要通过低浓度的空气（如室外新风）与房间空气进行质量交换才能实现。因此，主要采用通风换气方式改善室内空气质量，实现对室内空气质量的控制。

建筑通风不是改善室内空气环境的唯一手段。室内空气污染物可以用通风空调的方式（如新风系统）加以控制，使污染物在室内的浓度低于卫生要求的标准。卫生标准对室内空气中污染物的最高允许浓度、空气的温度、相对湿度和流速都做了规定。通风空调的任务就是要向室内提供冷量或热量，稀释并除去室内的污染物，以保证室内具有舒适的环境和良好的空气质量。

目前，正如建筑热湿环境控制一样，对室内空气质量的控制也可分为被动控制和主动控制。改善室内空气环境，主要是采用稀释室内污染物的方式，其被动控制方式为自然通风，主动控制方式为机械通风。无论主动还是被动控制方式，均可采用对执行机构的智能控制来实现室内空气质量的控制，控制方法包括传统的通断控制、PID 控制，也可以采用智能控制方法，如模糊控制、神经网络控制、专家控制等。

1. 建筑通风方式

通风就是把室内被污染的空气直接或经净化后排至室外，把新鲜空气补充进来，从而保持室内的空气环境符合卫生标准和满足生产工艺的需要。当建筑通风用于民用建筑或一些轻度污染的工业厂房时，一般采取一些简单的措施，如通过门窗孔口换气，利用穿堂风降温，使用机械通风提高空气的流速等。在室外空气质量良好的情况下，无论对进风或排风都不进行处理。通风系统通常只需将室外新鲜空气导入室内或将室内污浊空气排向室外，从而借助通风换气保持室内空气环境的清洁卫生，并在一定程度上改善其温度、湿度和气流速度等环境参数。

通风系统一般可按其作用范围分为局部通风和全面通风，按工作动力分为自然通风和机械通风。局部通风的作用范围仅限于个别地点或局部区域，其作用是将有害物在产生的地点就地排除，以防止其扩散。全面通风则是对整个房间进行换气，以改变温度、湿度和稀释有害物质的浓度，使作业地带的空气环境符合卫生标准的要求。

自然通风借助于自然压力（风压或热压）促使空气流动，其优点是不需要动力设备，经济且使用管理比较简单。缺点是，除管道式自然通风用于进风或热风供暖时可对空气进行加热处理外，其余情况由于作用压力较小，因而对进风和排风都不能进行任何处理，同时由于风压和热压均受自然条件的约束，换气量难以有效控制，通风效果不够稳定。

机械通风则依靠风机产生的压力强制空气流动，其作用压力的大小可以根据需要确定，可自由组织室内空气流动，调控性、稳定性好，可以根据需要对进风或排风进行各种处理。缺点是风机运转时耗电，风机和风道等设备要占用一定的建筑面积和空间，因而工程设备费和维护费较大，安装和管理都较复杂。

由于自然通风的可控性低，风量可能不足，对于要求较高的建筑，通常需要机械通风来补充。机械通风和自然通风相比，最大的优点是可控制性强，通过调整风口大小、风量等因素，可以调节室内的气流分布，达到比较满意的效果。

为进一步提高室内空气质量，营造清洁舒适的微环境，并且满足不同人员个体对于送风的不同要求，近年来又产生了个性化送风。它是将处理好的新鲜空气直接送至人员主要活动区域，同时人员可以根据各自的舒适性要求调节送风参数，实现有限区域内的个性化控制。由于这种形式直接将处理后的空气送入人的呼吸区附近，可以保证人吸入的空气质量，但又不必将周围所有的空气控制在合适的温度和浓度范围中，因此具有很高的通风效率，可以大大减少通风量和能量消耗。

2. 建筑空气环境控制方法

（1）被动式控制方法

为实现建筑室内空气质量的控制，与建筑热湿环境控制类似，应优先采用被动式控制方式，充分利用室外自然空气，采用自然通风改善室内空气环境质量。而这种被动控制方式与建筑围护结构的控制设施是息息相关的。

目前，反映室内空气质量的参数除了CO_2浓度外，还有其他VOC等气体的浓度。控制原理如图7-23所示。由图可见，该控制方式的基本原理是实时采集气体质量参数，利用单闭环控制，调节可调围护结构设施，实现通风量的调节。这类闭环控制可以是传统的控制，如PID、开关控制等，也可以采用智能控制算法，如模糊控制、神经网络控制、专家控制等。其调节的执行器均为可调围护结构设施，如可调节外遮阳装置、可自动开启的外窗、双层皮外墙系统、窗帘及内外遮阳设施、建筑物内部的通风窗/通风百叶等。例如，通过控制可以调节开度的外窗改变自然通风量，实现室内空气质量的控制；控制通风窗或通风百叶，实现自然通风模式的调节，达到室内空气质量的控制。可对多个执行机构分别进行控制，实现室内空气质量的控制。

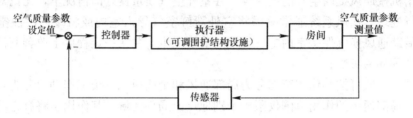

图7-23　空气质量参数控制原理图

（2）智能空气环境控制

对室内空气环境控制之前，应先结合建筑功能和使用情况以及建筑周围环境，确定室内空气环境主要污染物类型，便于室内空气质量检测装置的选择和设置。对检测室内外主要污染物的数据进行处理、分析，结合各类空气污染物的浓度标准值，对室内外空气环境模糊评价，建立模糊规则库，智能决策，采取相应的控制方法。智能空气环境的控制流程框图如图7-24所示。

在室内外空气环境均污染的情况下，应将送入空调系统的空气进行净化处理，符合"清洁"要求时，再送入室内。通常，空调通风经过净化处理，有粗（初）效、中效、亚高效及高效过滤等。对舒适性空调通风，一般只做粗效过滤处理。可以将换气效率作为空调通风系统的反馈输入，并指导室内有效气流组织。

（3）CO_2浓度控制方法

为了保证基本的室内空气质量，通常采用测量室内CO_2浓度的方法来控制，如图7-25所示。各房间均设CO_2浓度控制器，控制其新风支管上电动风阀的开度，同时为了防止系统内静压过高，在总送风管上设置静压控制器控制风机转速。因此，不但新风冷负荷减少，而且风机的能耗也将下降。送、排风系统根据各区域新风和室内二氧化碳浓度来设定送、排风机的定时启/停，以达到保证新风量同时又节能的目的。

（4）室内风量控制方法

1）规范性风量确定方法

规范性风量确定方法是按照室内人员和非人员污染分别计算新风量和通风量，并将通风效率引入到风量的计算过程中。该方法并没有给出人们可接受的室内污染物水平，直接

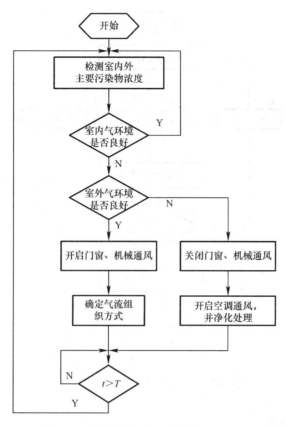

图 7-24　智能建筑空气环境控制流程框图

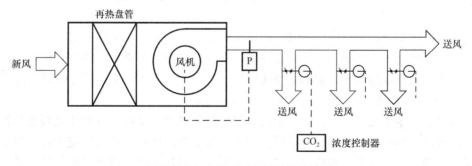

图 7-25　CO_2 浓度控制新风量

给出了用于稀释来自室内人员的生物释放物和非人员所产生的污染物所必须的风量。这些风量的确定是在实验研究和现场调查的基础上提出的，认为该风量足以将室内空气质量控制在人们可接受的水平（即保证80％的人员满意）。另外，在确定风量时，考虑了室内人员的活动水平。规范性风量确定方法适用于任何类型的通风空调系统，是一种被广泛认可的方法。通过该方法所确定的通风量旨在将室内污染物控制在人们可接受的水平上，保证室内绝大多数（80％）人员感官上满意。按该方法确定风量的步骤如图 7-26 所示。

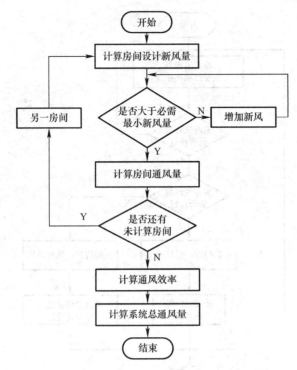

图 7-26　规范性风量确定程序

2）分析法确定风量

分析法所确定的通风量，是基于提供充分的室外空气量以稀释房间污染物，同时也采用了污染源处理和空气净化技术措施实现对室内空气质量的控制，满足健康和舒适性标准。

健康标准是基于保护室内人员健康而提出的标准，按照健康标准确定风量时，应当在环境毒理学和环境流行病研究基础上首先确认室内污染物及污染源，并建立权威性的所接受的污染物浓度和暴露水平，再以此为依据，综合考虑室内污染物、污染源、污染源强度、空气净化作用等因素确定系统所需要的最小风量。

舒适性标准基于稀释室内人员及其活动的生物排泄物、发自建筑物及其系统的污染物所生产的异味、感官刺激至人们能够接受的水平所必要的风量。相关研究表面，尽管化学性质是有区别的，但用嗅觉响应（气味）和刺激的术语描述时，感官污染物具有叠加影响性质，因此最好在确定设计通风量时将所有污染源强度相加。

分析法可以应用于任意通风系统形式的建筑物中，通常用于下列情况：有强污染源但又不能排除或控制、空气净化作用是可信任的、设计污染物浓度特别低或者设计目标是其可接受的水平。在该方法中，气味、感官刺激及健康的影响都考虑在内，并按照图 7-27所示程序计算设计通风量。

7.3.3　智能声环境控制方法

任何一个噪声污染事件都是由三个要素构成的，即噪声源、传声途径和接收者。而噪声控制方法也需要从这三个方面出发。对某一类或区域的噪声，其控制方法并不是单一的，可以是联合的、多样化的，其中也包含了主动控制方法和被动控制方法。被动控制方法主要是在建筑设计初始，从设计上采取合理措施，对噪声控制；主动控制方法则是在合理设计的基础上，采取相应的噪声控制方法，如增设隔声、消声装置、掩蔽措施等来消除或减少噪声污染。

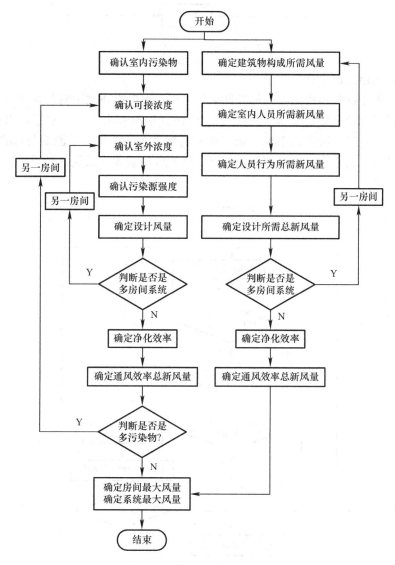

图 7-27　分析法确定风量程序

（1）建筑声环境智能控制原理

声环境智能控制原理如图 7-28 所示。在监测点采用自动监测仪器对环境噪声（这里指建筑室内噪声）进行连续的数据采集、处理、分析，获得实际噪声值，与期望噪声值进行对比，控制器（开关控制、PID 控制器、模糊控制、专家控制等）依据偏差形成控制量，执行机构驱动响应设备（如门窗、可开启窗帘等设施）动作，进行噪声控制。

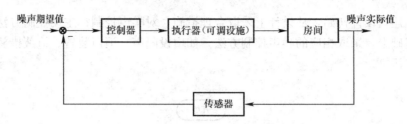

图 7-28　声环境智能控制原理

（2）室内噪声控制方法

智能声环境中的噪声控制主要从降低室外噪声对室内声环境影响和背景音乐降噪两个方面入手，其控制流程如图 7-29 所示。利用噪声仪检测室内外噪声水平，当室内噪声值超过标准值，并且室外噪声高于标准值，此时需联动关闭门窗，阻断室外噪声传入室内，破坏室内声环境；若室内平均噪声水平超标，则开启背景音乐系统，并根据实时噪声值调节背景音乐音量。

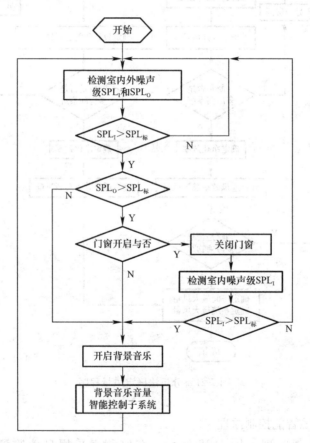

图 7-29　智能声环境噪声控制流程图

1）联动门窗控制法

将建筑室内按功能划分若干功能区，分区采集室内室外噪声值信号，通过数据处理，判断哪些区域噪声超过阈值。若室外噪声超过阈值，则联动关闭门窗，将噪声源与室内隔开，从而减小室外噪声对室内影响，降低室内噪声。

2）背景音乐降噪法

背景音乐降噪法主要利用的是自动开启和关闭背景音乐，以及对音量的调节，掩盖到达人耳的噪声。若检测到的室内噪声平均水平超过阈值，打开背景音乐，背景音乐音量的大小取决于测量值与规定值的差值的大小，背景音乐持续一定的时间后，再次对该房间的噪声进行测量，来决定背景音乐是否要继续，如此循环，形成对背景音乐的智能控制。值得注意的是，背景音乐并不是从根本上减低室内噪声，而是利用掩蔽效应掩盖人耳听到的噪声，因此在实际应用中，应该均匀设置背景音乐扬声器，其音量应根据室内噪声状况智能调节，不影响人们正常交谈。一般情况下，背景音乐的音量控制在测得噪声声压级基础上再加 3dB。

（3）建筑室内声环境控制方法

对于以观演为主要功能的大型现代建筑，包括剧院、音乐厅、体育场馆等，自然声难以满足这些特殊场所对声音的要求，需要设置电声系统来达到这些要求，比如足够响度、足够清晰度、声音均匀等。

电声控制中，保证扩声系统音质的前提下，应在开启前对大空间的噪声大小有预估，作为扩声音量设置的参考。同时，需对大空间进行分区电声控制，能够掩盖有人区域的噪声，并保证声效。

根据声环境要素的智能控制需求，确定智能声环境控制方法：检测室内噪声水平，智能定位噪声来源，关闭门窗阻断室外噪声传入室内，开启背景音乐掩盖传入人耳的噪声，可以根据噪声级智能调节背景音乐音量等，从而创建舒适的室内声环境。

7.3.4　智能光环境控制方法

改善室内光环境质量和节约能源是建筑智能光环境控制的两大目标，因而对建筑光环境实现自然光和人工照明的协调控制，最大化利用自然光照，不仅节能而且有利于身心健康。

1. 被动式光环境控制方法

被动式光环境控制是指尽可能地利用自然光，以实现照明系统节能。玻璃是建筑学表现中的关键元素，通过它提供室内外的视觉联系及自然光以提高室内环境品质和利用自然光的潜力，但是控制由此产生的太阳辐射热及眩光也是自然光有效利用过程中需考虑的问题。电动百叶系统是被广泛认可的控制辐射热和眩光防护的有效技术，通过对百叶系统的智能控制可遮挡太阳光，达到减少眩光及制冷负荷的目的。电动遮阳系统，如卷帘式遮阳系统，同样可以提供很宽范围的太阳光学特性。

天然光引入智能控制方法可分为照度控制、照度均匀度控制和光导照明控制三种。

（1）照度控制

天然光引入的照度控制是将室内光环境的照度水平作为控制系统被控参数，根据建筑功能确定照度标准值（$E_{标}$）作为控制系统的参考输入，并将室内实时照度平均水平（E_{av}）作为反馈输入，与参考输入对比。由于将室外天然光引入室内受到时间的限制，在白昼期间，优先引入天然光，通过控制反光板、遮阳板和百叶窗帘改变天然采光量，若仍不能满足室内照度水平标准值，则配合日光传感器，分区开启人工照明，主要控制流程图如图 7-30 所示。在夜晚期间，天然光引入装置作为遮光装置防止室内光照射到室外，造成不必要的浪费，因此要求此时百叶窗帘完全平铺打开，再根据需要控制人工照明。

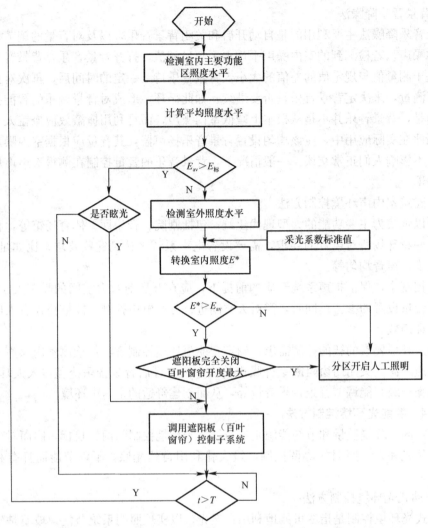

图 7-30　白昼天然光引入控制流程图

智能百叶系统是通过传感器技术、单片机技术以及步进电机来控制百叶窗调节杆的旋转角度从而达到控制百叶窗的目的。它是用新型光敏电阻感应室内的光照强度将室内光照强度或手动开关作为输入，经过单片机处理之后，将输出信号用来控制步进电机的步进步数和转向。当有人员活动时，启动百叶窗的控制模式，检测室内照度是否达到理想值。达不到理想值时，则增大百叶窗角度同时调节灯具的照度值，当室内照度达到标准时，则减小角度或者关闭室内灯具，从而实现百叶窗的开关以及达到室内光环境的标准。

（2）照度均匀度控制

室内照度均匀度 U，指的是室内照度最低值 E_{min} 与平均值 E_{av} 之比。通过在室内主要功能区设置照度检测装置，并按其位置进行编码，经过计算机处理，确定室内照度较低的区域范围，结合室外太阳实时高度角，控制室内反光板的旋转，尽可能将室外光反射到室内低照度区域，改善室内照度均匀度，同时避免了在近窗区域由于太阳直射光所引起的眩光和热辐射，协同改善室内热湿环境的舒适度。图 7-31 是反光板智能控制流程图，利用反光板改善室内照度均匀度。

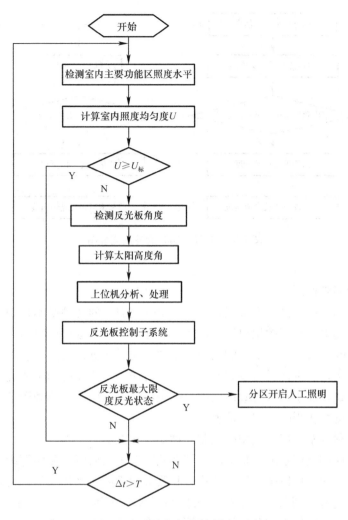

图 7-31　反光板智能控制流程图

（3）光导照明利用自然光

对于无法直接接收自然光的建筑，可以运用光导纤维传导光的特性，在室外设置若干自然光采集器，将收集的自然光通过大量光纤传递到室内的发光器件上，室内发光器件相当于室内光源，再将光传播到室内空间，图 7-32 是其工作原理示意图。光导照明系统智能控制是在室内设置照度传感器，将室内照度反馈给控制器，从而调整采光装置的开度和光学透镜的角度，使光线充足、柔和，避免过亮或光照不足。当采光装置开度最大依然满足不了室内照度要求时，开启人工照明进行补偿。光导照明智能控制流程图如图 7-33 所示。

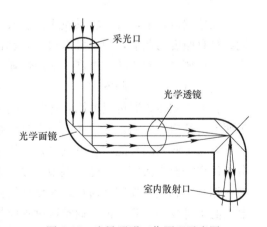

图 7-32　光导照明工作原理示意图

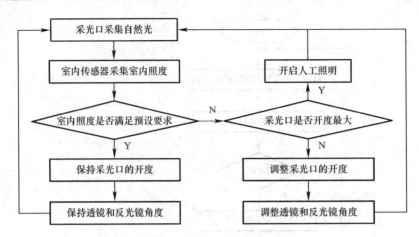

图 7-33　光导照明智能控制流程图

2. 主动式光环境控制方法

（1）开关和调光控制

开关控制和调光控制是达到节能和满足视觉舒适需求的两种基本控制方法。调光控制的主要优点在于其提供更好的用户舒适度及灵活性，其照明输出可以达到无级控制并且由于其光亮的平稳变化可以提供更高的用户满意度。同时在进行调光控制时同时兼顾人工照明和自然光的采集，实现视觉功效和节能控制的目的。开关控制的主要优点是方便及控制较为简单，但其缺点在于不能有效地根据自然光调整人工照明，不利于节能，而且控制中突然和明显的亮度变化影响用户舒适度。

（2）基于日程及基于房间使用的控制—预知时间控制

如果空间的使用是固定或可预测的，那么照明系统的启停和照明等级可以依据相关的使用日程来确定，而且可以随一周内工作日和假日而不同。操作人员也可根据实际的房间预订情况来更新这些使用日程。如果照明控制系统与房间预订系统或门禁控制系统相集成，房间使用日程可以依据实际预订或使用情况来自动设定或更新。

（3）场景面板控制方式

在控制过程中，每一场景模式代表人工照明不同的照度组合，通过智能调光器实现对同组灯具照度的调节，用户可以根据自己的需要将常用的场景模式预设于中央控制器内，实现一键调取，照明效果丰富，功能性强。

（4）行动探测控制方式

行动探测传感器可以利用红外等探测手段，检测空间中是否有人员活动，智能控制人工照明的开启和关闭，节约能源的同时节约人力资源。

对人工照明的智能控制不仅可以有效改善室内光环境，而且可以降低照明能耗，通过分析用户需要直接配置灯光、调节亮度，从而使用用户使用便捷，照明效果也呈现多元化。在采用开关和调光控制并通过最大化利用自然光实现节能的过程中，基于感应传感器的控制是必不可少的。开环控制通常通过感应外界自然光强度来实现。闭环控制则通过感应室内的实际亮度来实现。当室外天然光最大限度引入室内仍然不满足室内光环境照度水平和照度均匀度，应联动开启人工照明，并对人工照明进行智能调光，节约能源。在白昼期间，人工照明主要起到补偿作用，采用照度合成法控制人工照明的开启状态。在夜晚期间或者不能引入天然光的场所，可以根据用户的需要营造不同的光环境，可以通过智能调光实现不同场景模式的设置，也可以通过动静检测实现"无人区"照明的节能。

（5）基于图像处理的光环境控制

传统的光环境控制系统对建筑物内的环境特征及变化检测不够到位，只能做到粗略判断和控制，不能够实现实时精确的检测控制。随着智能技术的发展，基于图像处理的光环境控制应运而生。基于图像处理的光环境控制系统是通过硬件系统在采集和传输图像后，经过相应的算法对现场照度进行检测的同时调节灯光照度，以及识别出现场图像中人体数量和人体位置，从而实时对光环境做出精确度和判断率很高的控制。该光环境控制系统主要由图像采集单元、图像显示单元、图像主处理器、执行机构及被控灯具组成。图像采集光环境控制原理图如图 7-34 所示。它克服了以往光环境控制系统中无法对现场人体做出数量和位置精确判断的缺点，同时可以使用监控系统或闭路电视系统的摄像头进行图像采集，减少了硬件系统的消耗。它在光环境的控制上达到了更高的标准，完成了更多的人性化设计，节省了照明设备电力能源的消耗。

图 7-34　图像采集光环境控制原理图

从以上几种光环境控制方法的介绍中，可以看出光环境智能控制系统需要具备以下几个基本要点：

1）自动控制：可以检测出人员是否在场，如果有人，则开启控制方式进行一系列判断。

2）照度调节：可以根据现场光环境的强弱，自行补给一个合适的差值，来使光环境达到一个合适的照度值。

3）准确控制：对于一些灯具密集，场地较大的场所，需要达到人和灯具的精确定位，使灯具能够准确跟着人体目标进行照明。

除此以外，要设计更好的人性化光环境控制系统，必须考虑更多的方面，注意更多因素对光环境控制系统的影响。

3. 光环境的模糊控制

（1）光环境模糊控制系统

以单一光环境参数为被控制量可以实现光环境的基本控制，但智能建筑内部自然光和照明补光控制是多参数、强耦合的非线性过程。为了实现光环境的整体控制，兼顾主动控制和被动控制，需要考虑更加智能的控制方法。

采用模糊控制是较好选择，控制对象为遮阳系统（百叶窗、遮阳）和人工照明系统（环境灯、周边灯和工作灯等），检测量为光照强度、采光系数、光照均匀度和眩光指数，光环境模糊控制对象与控制器关系图如图 7-35 所示。根据不同场景光环境特征和实测数据，运用模糊控制算法作出推理和判断，可将复

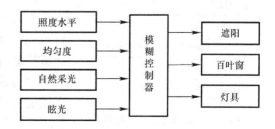

图 7-35　光环境模糊控制对象与控制器关系图

杂问题转化为对光通量的调控。

（2）光环境模糊控制原理

模糊控制基于模糊集合论、模糊语言变量和模糊逻辑推理，用语言变量对研究对象进行描述，形成一种定性的、不精确的判断规则，并生成模糊控制算法，通过计算机实现最佳控制策略。就整个系统而言，核心包括模糊控制器部分、补光控制部分、电机控制部分，控制原理如图7-36所示。模糊控制器完成输入量的模糊化、模糊关系运算、模糊决策以及决策结果的反模糊化处理（精确化）等重要过程，其"智能"程度直接影响系统性能指标的优劣。

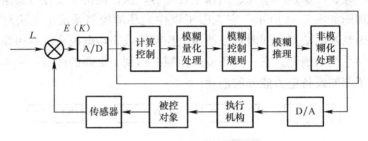

图 7-36 光环境模糊控制原理图

系统利用各种高性能传感器实现照度等参数的实时采集，经总线送至智能处理器，光强传感器获取昼光等级变化，以维持昼光效果以及对天然光源的最好利用，执行器为控制百叶、遮阳的电机以及数字式日光灯整流器和灯光调节器，接收到来自模糊控制器的信号，把某一场景下的最佳光环境特征与电压输出量或开启新光源相关联，调整光通量与输出量间的权值和阈值，使输出量与目标量达到高度一致。

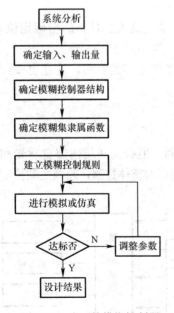

图 7-37 光环境模糊控制器
设计流程图

（3）模糊控制器设计

模糊控制器设计流程如图7-37所示，依次为工况分析、输入变量的选择、取值范围的确定、输入变量隶属函数的类别、模糊推理规则和算法的确定等。从前面所述光环境评价标准出发，照度和照度均匀度对光环境综合评价的权重值最大，可视为光环境智能控制指标，而其他因素作为综合考虑因素，这种控制策略可避免控制系统出现冗余庞大、实时性差、易造成模糊推理不确定的缺点。

1）输入量、输出量的模糊化

输入变量（偏差 E，偏差变化率 EC）和输出变量（控制量）均用自然语言形式给出，根据对建筑内各种光环境状态的统计与观测，为了实现模糊控制的标准化设计，常用的处理方法是Mamdani法，把输入量的变化范围设定为1-6区间连续变化量，使之离散化，再分成若干等级，每个等级作为一个模糊变量，将各输入变量选取5个语言值，眩光描述为无感觉，轻微感觉，可接受，稍不舒适，不能忍受；平均照度 E 描述为极低，低，中，高，极高；照度均匀度描述为很差，较差，中，较好，很好，输入量隶属函数在控制工程中较多是三角形隶属函数。

2）确定模糊控制规则

该模糊控制系统受四个舒适度指标影响，属于多输入—多输出模糊控制结构，把多输入—多输出模糊控制结构转化为多输入—单输出模糊控制结构，即多变量控制系统的模糊解耦。适宜人们感受的照度、均匀度是一个区间，允许其在一定范围内波动，对室内光环境控制也无需很快地动态响应，可采用一阶模糊控制器。模糊控制规则是模糊控制器的核心，其条数是系统变量个数的指数函数，专家知识库由国内外的照明规范、相关资料和综合评价结果构成，我国《建筑采光设计标准》和《建筑照明设计标准》以及国际照明委员会制订的《室内工作照明标准》中对各类照明标准值和照明节能要求、眩光等级（UGR）和显色指数（R_a）等定量指标作了规定，是设计控制规则的依据，保证光环境控制更具科学性和专业性。

3）输出信息的模糊判决和实现

模糊逻辑推理运用模糊语言规则，推出一个新的近似的模糊判断结论，与人的思维一致或相近，有 2 种重要的推理方法，即所谓广义取式（肯定前提）推理和广义拒式（肯定结论）推理。Zadeh 模糊推理法、Mamdani 模糊推理法均以此为依据。百叶窗帘调节规律可用似然推理语句来表示，例如：若室内照度较设定值高很多，且照度上升很快则百叶工作在全部遮挡状态，若室内照度较设定值低很多，且上升很慢则百叶工作在不遮挡状态。根据预先确定的模糊规则，采用查表方式做出模糊决策，得到精确的控制量，控制灯光补光的双向可控硅导通角，通过单片机输出脉冲的长短来控制百叶窗管状电机，调节百叶窗角度。照明补光控制是根据室内实际照度和照度均匀度检测值决定的。

7.3.5　智能环境控制方法的协调控制

建筑物理环境参数（如热湿、空气质量、声、光等）的控制看似是各个单独参数的控制，而要实现整体全面节能，需要做到局部调节与全局统一的协调控制。如果说控制方法属于控制论的范畴，那么这种多参数的协调统一应属于系统论的范畴，利用系统的思维来解决更恰当。从建筑物理环境这个总体被控对象的角度来讲，其受到热湿环境、空气环境、声环境和光环境等多个要素的共同影响，单个参数的分别控制，而忽略参数间的耦合和关联，将不能做到系统层次的最优。因而，最佳建筑智能物理环境的营造是一个多目标组合、最优控制的问题。对于这样一个复杂问题，只有采取有效的智能控制，才能从系统层次上根本性地解决建筑环境参数控制与能耗矛盾的问题。建筑环境是一个多参数控制系统，涉及温度、湿度、空气质量、声和光等参数。对不同的参数控制，需要不同的控制设备（执行器）。而且，存在同一个控制设备可以调节多个环境参数的情况。这种多参数、强耦合的系统特性与系统本身的非线性、大惯性、大滞后的特性，使得建筑环境参数控制变得复杂和困难，进一步要求应该采取合理有效的控制方法实现这类复杂大系统的多参数协调控制。

可以将建筑环境控制系统看作是一个大系统。因此，大系统递阶控制是一个可行方法。递阶控制系统采用多级结构、多层控制，整个系统呈金字塔形，其结构如图 7-38 所示。该系统结构共分三层：底层是实际系统层，将一个大系统分解成 N 个子系统（可依据环境参数控制进行分类），子系统之间的关联作用用矩阵 H 表示。中间层是直接控制层：每个控制器直接控制相对应的子系统，图中 C 代表优化层优化出的设定值序列，它是递阶控制系统的最底层，控制精度要求高，一般需要比较准确的模型。上层是优化层，优化层分为两级：局部决策单元（下级）和协调器级（上级）。下级的各个分散局部决策单元，分别对相应的子系统进行局部优化控制。上级协调器通过对各局部决策单元的协调控制，间接地对大系统进行集中的全局控制，具有智能控制功能。总之，递阶控制系统的控制精度由下往上逐级递减，智能程度逐级增加，此种控制结构可以得到大系统的最优控制。在整个控制系统中，下层受相应的上层直接控制，同级之间平等、独立、并行地工作，之间没有信息交换，相对于分散控制结构具有更高的控制有效性。

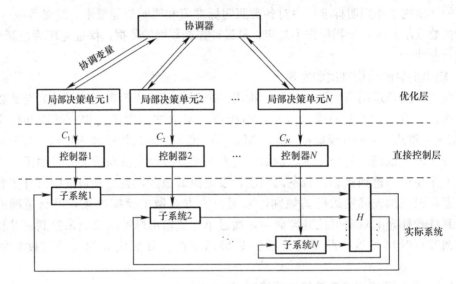

图 7-38　大系统稳态优化控制递阶结构图

　　大系统递阶稳态优化的关键问题是协调。协调器可以处理各子系统的关联问题，不断地和局部决策单元交换信息，并按一定的协调规则进行计算，找到各子系统局部决策单元的协调作用。通过协调器对各局部决策单元进行干预，各局部决策单元和协调器相互迭代找到最优解，以保证每个局部决策单元的决策能满足系统的总体目标。

　　为了达到各环境要素的标准，需要通过对相应建筑设备的智能控制来实现。但是某一建筑设备的动作会影响多个环境要素，而且影响作用不同，使一种环境得到改善，而另一种环境受到影响。比如对于门窗的控制，当室内热湿环境不舒适时，且此时室外热湿环境可以有效改善室内热湿环境，联动控制加大门窗的开启程度，这一动作势必将室外噪声、室外空气污染物以及室外天然光引入室内，室内空气环境、声环境、光环境受到影响。为了避免此类现象出现，在建筑智能环境控制过程中，应综合各类环境信息，智能预测某一动作对各类环境要素的作用，制定合理控制策略。

本 章 小 结

　　建筑环境控制是根据不同建筑室内外各类环境状态，采用天然资源优先利用、人工环境补偿的控制策略，对各类建筑设施、设备实施智能控制，实现舒适、健康、高效、节能的建筑环境的目标。本章主要介绍了建筑热湿环境、空气环境、光环境和声环境的控制原理和建筑环境各参数的控制方法，因为控制系统的数学模型是控制系统分析与设计的基础，所以本章还介绍了数学模型的相关知识。

通过本章学习应熟悉控制系统数学建模方法，掌握建筑热湿环境、空气环境、光环境和声环境等建筑物理环境的控制原理和控制方法，通过采集建筑环境的影响因素数据，结合相关规范对各个环境要素的评价标准，依据各建筑环境参数的控制原理和控制方法，控制相应建筑设备运行，实现建筑环境的智能控制。

练 习 题

1. 建立控制系统数学模型的概念与目的？
2. 控制系统数学模型建模方法有哪些？简要说明其建模过程。
3. 最小二乘法建模算法及工程意义？
4. 观察生活中智能建筑有哪些可调节的围护结构设施，举例并画出其控制原理图。
5. 说明风机盘管加新风的空调形式主要的控制原理。
6. 解释串级控制在建筑热湿环境控制的优势。
7. 如何调节建筑室内空气质量？具体的措施和控制方法有哪些？
8. 建筑噪声主要控制方法有哪些？
9. 建筑光环境控制方法中，如何利用自然光？
10. 如何实现建筑环境多参数的控制？

第4篇 建筑智能环境信息原理及方法

第8章 信息理论基本原理及方法

由第4章可知，信息论有狭义和广义之分。狭义信息论主要研究有关通信的问题，属于物理学科的范畴；广义信息论以各种系统、各门科学中的信息为对象，广泛地研究信息的本质和特点，以及信息的取得、计量、传输、储存、处理、控制和利用的一般规律，也称其为信息科学。信息科学的研究对象是信息，信息作为一种普遍现象，存在于各个行业，它是信息科学的出发点，也是它的归宿。信息科学的出发点是认识信息的本质和它的运动规律，信息科学的归宿是利用信息来解决各种实际问题，达到各种具体的目的。因而，本章首先在第4章有关信息论概述的基础之上，详析信息的概念、性质、功能及应用，认识信息的本质，在此基础上介绍信息理论基本原理和基本方法，认识和掌握信息运动过程的基本规律和利用信息解决问题的基本方法。

8.1 信息的功能与信息理论应用

8.1.1 信息及其功能

1. 信息的概念

科学文献中围绕信息定义的说法层出不穷，不同领域由于对象的不同，对于信息的定义也有所不同。随着信息化社会的发展，关于信息的研究也越来越深入，但关于信息的概念至今还没有形成统一的认识。

由第4章可知，对信息有多种解释和定义，但是归纳起来有两类。一类是从本体论的意义上说，即从客体出发给出的定义，把信息定义为客观事物运动的状态和状态改变的方式；另一类是从认识论的意义上说，即从主体的认识角度出发给出的定义，把信息定义为主体所感知的事物运动的状态和状态改变的方式，包括主体所关心的这些运动状态及其变化方式的形式、含义和价值。由本体论层次信息定义与认识论层次信息定义可以看出它们关心的都是"事物的运动状态及其变化方式"，但它们两者的出发点完全不同，前者从"事物"本身的立场出发，就"事"论事；后者是从"主体"的立场出发，就"主体"而论事。两者之间的区别，在于约束条件，引入主体这一条件，本体论层次信息定义就转化为认识论层次信息，取消主体这一条件，认识论层次信息定义就转化为本体论层次信息定义。由于引入主体这一条件，认识论层次的信息概念就具有了比本体论层次的信息概念丰富得多的内涵。这是因为作为认识的主体，其具有感觉能力、理解能力和目的性，对于事物运动状态及其变化方式能够感知其外在形式、理解其内在含义、判断对其目的而言的价值。人们只有在感知了事物运动状态及其形式、理解了它的含义、判明了它的价值，才能做出正确的判断和决策。一般把这样同时考虑事物运动状态及其变化方式的外在形式、内在含义和效用价值的认识论层次信息称为"全信息"，而将这种运动状态与方式的形式因素的信息部分称为"语法信息"，把其中的逻辑含义因素的信息部分称为"语义信息"，把其中的效用因素的信息部分称为"语用信息"。也就是说，认识论层次的信息乃是同时计及语法信息、语义信息和语用信息的全信息。

"全信息理论"提出者钟义信教授在《信息科学原理》里对信息的定义是："信息是事物的运动状态及其状态变化的方式。"这个定义具有最大的普遍性，不仅能涵盖所有其他的信息定义，还可以通过引入约束条件转换为所有其他的信息定义。

2. 信息的性质

(1) 可以识别：信息可以通过人的感官直接识别，也可以通过各种探测器间接识别。

(2) 可以转换：信息可以从一种形态转换成另一种形态，如语言、文字、图像、图表等信号形式可以转换成计算机代码及广播、电视等电信号，而电信号和代码又可以转换成语言、文字、图像等。

(3) 可以存贮：人用脑神经细胞存贮信息（称作记忆），计算机用内存贮器和外存贮器存贮信息，录音机、录像机用磁带等介质存贮信息等。

(4) 可以传输：人与人之间的信息传递依靠语言、表情、动作，社会信息的传输借助报纸、杂志、广播，工程中的信息则可以借助机械、光、声、电等传输。

3. 信息的功能

(1) 信息是一切生物进化的导向资源

生物生存于环境之中，而环境经常发生变化，如果生物不能得到这些变化的信息，就不能及时采取必要的措施来适应环境的变化，就可能被变化了的环境所淘汰。

(2) 信息是知识的来源，是决策的依据

因为信息可以被提炼成为知识，而知识和决策目标结合在一起才可能形成合理的策略。

(3) 信息是控制的灵魂

因为控制是依据策略信息来干预和调节被控对象的运动状态和状态变化的方式，没有策略信息，控制系统无法运行。

(4) 信息是思维的材料

因为思维的材料只能是"事物运动状态及其变化方式"，而不可能是事物本身。

(5) 信息是管理的基础

信息是一切系统实现自组织的保证。

在所有这些功能中，信息的最重要功能是信息可以通过一定的算法被加工成知识，并针对给定的目标被激活成为求解问题的智能策略，进而按照策略求解实际的问题。这是信息最核心、最本质的功能。信息-知识-智能（策略）是人类智慧的生长链，或称为智慧链。

信息与物质和能量一起，构成人类可以利用的三类基本的战略资源，物质资源可以被加工成材料，为一切工具提供"实体"；能量资源可以被加工成动力，为各种工具提供"活力"；信息资源可以被加工成知识和智能策略，为各种工具注入"智慧和灵魂"。

8.1.2 信息理论及其应用

狭义信息论是由香农（C. E. Shannon）在 1948 年创立的，香农当时的出发点是解决信息传递（通信）过程中的一系列理论问题，因此狭义信息论也叫通信理论。自 20 世的信息革命开始，人们认识到信息可以当作与物质和能量一样的资源而加以充分利用和共享。人们开始突破狭义信息论的局限，将信息论的概念和方法广泛应用于物理学、化学、生物学、心理学、社会学、经济学及管理学等学科中去，从而形成研究信息的产生、获取、变换、传输、存贮、处理、显示、识别和利用的广义信息论。

广义信息论认为，任何事物都有自己特定的内部结构和外部联系，而且正是事物内部结构和外部联系的状态和方式决定了它的运动状态和方式。作为广义信息的"事物运动的状态和方式"，也就是"事物内部结构的状态和方式以及它的外部联系的状态和方式"。于是要了解一个事物的信息，就要了解这个事物可能的运动状态的集合，了解它当时所处的运动状态，它的内部结构的状态，它与它的环境之间的（外部）联系的状态，以及这些状态可能的改变方式，这些状态的肯定程度和真实程度，这些状态对于观察者（使用者）的目的而言的效用程度等等。这样，人们就可以通过一个事物的信息来了解这个事物。例如对于一个建筑智能化系统，如果我们通过对于这个系统的内部结构和它的外部联系的状态和方式的分析，掌握了这个系统可能出现的所有状态的集合，知道了这个集合的每个状态的肯定程度、真实程度和效用程度，也知道了这些状态会按照什么方式（或规律）来改变，那么，我们就认识了这个系统，认识了它的现状和趋势，认识了它的含义和价值，从而也就可以确定我们对于这个建筑智能化系统的态度和处置办法。例如，假若系统当前处在高效用状态，就应当根据它的内部结构和外部联系的变化趋势（即运动的方式）的信息，引出相应的策略来维持和稳定这种高效用状态；如果系统处于低效用状态，则要从系统自身及其环境的信息中导出适当的策略来改变和调整这种低效用状态，使它转变为高效用状态。上述稳定高效用状态的策略和改变低效用状态的策略，实质上也是一种信息，是人们主观领域的信息。人们对系统所采取的干预措施，就是这种主观信息对于系统的反作用。这种主观信息从系统和环境的信息中加工出来，更反作用于系统与环境，达到改造系统与环境的目的。事实上，人们正是通过收集和分析外部世界的信息来认识外部世界的，在认识世界的过程中不断产生和更新主观信息，然后通过主观信息对外部世界的反作用来改造外部世界。

8.2　信息理论的基本原理

信息科学是研究信息及其运动规律的科学，信息运动是一个复杂的过程。一方面，信息运动过程总是包含着许多子过程，子过程本身有可能包含许多不同的更低层次的子过程；另一方面，在整个信息运动过程中还贯穿着种种复杂的信息转换。信息运动过程的典型模型如图 8-1 所示。

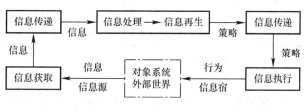

图 8-1　典型信息过程模型

典型信息过程模型的含义是：主体通过获取信息和传递信息把对象的本体论信息转变为第一类认识论信息，通过处理和认识信息来深入认识系统的运动状态和方式，形成知识；在此基础上"再生"第二类认识论意义的信息（策略信息），后者即为指明如何把系统由初始状态转变到目的状态的控制策略；控制的作用是执行策略信息，产生控制行为，引导系统达到预定的目的状态，完成主体对对象施行的变革。图 8-1 所示的典型信息过程模型，正好也是人类通过自己的信息器官（感觉器官、神经系统、思维器官、效应器官）认识世界和改造世界这一活动的信息模型。

以下我们将结合图 8-1 所示的典型信息过程模型，讨论信息运动过程的基本规律和基本原理，内容包括信息获取原理（信息的感知和识别）、信息传递原理（通信、存储）、信息认知原理（获得知识）、信息处理与再生原理（决策论）、信息思维原理（智能论）、信息施效原理（控制与显示）以及信息组织原理（系统优化论）。

8.2.1 信息获取原理

信息获取是整个信息过程的第一环节，是一切生物在自然界能够生存不可缺少的基本环节。生物如不能从外界感知信息，就不能适当地调整自己的状态，进而改善与外界的关系来适应其变化。从外界获取信息和利用信息的能力是一切生物得以生存的必要条件，生物越高级，获取信息的能力就越高。人类作为自然界最高级的生物，信息感知的功能是由人的感觉器官（眼、耳、鼻、舌、皮肤等）来承担的，但人类的感觉器官存在着一些天然的缺陷，比如人眼仅能感受到波长为 380~780nm 的可见光，对波长小于 380nm 的紫外光谱和大于 780nm 的红外光谱就无法感知，人耳也仅对 20Hz~20kHz 范围的音频具有反应能力，因此人们需要根据信息感知的原理去研制具有更优异性能的人工感知系统，以扩展和完善人类感知信息的能力。对于一般的信息系统，信息获取是首要工作，只有充分获得了各种信息，系统才能根据需要进行有效的工作。信息获取的第一步就是信息的"感知"，也就是"感受"事物运动状态及其变化方式的形式，感觉并知道这种形式的存在。

信息感知系统不仅需要"敏感单元"对外部世界进行"感知"并产生实际响应，而且需要"表示单元"将敏感单元的响应通过适当的方式表示出来以便于观测、处理和利用。人类视觉、听觉、嗅觉、味觉、触觉等感知响应是以神经生理电信号表示的，而机器感知系统的敏感单元响应一般也是用电信号（也有用光信号或其他信号形式）表示的。

对于人类而言，信息运动是一个复杂的过程，不仅包含着许多子过程还贯穿着种种复杂的信息之间的转换过程，这些运动状态及其变化方式本身都是我们要获取的信息。因此，信息获取的任务包括信息的感知和信息的识别等环节。

1. 信息感知

信息感知是指信息用户对信息感觉和知觉的总称，它是信息用户吸收和利用信息的开端。信息感知的过程就是信息获取的第一步，信息感知过程如图 8-2 所示。

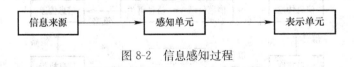

图 8-2 信息感知过程

其中，信息来源包括事物的面貌和特征、事物运动过程的运动状态、变化方式和转换过程等信息；感知单元对事物运动的状态及其变化方式高度敏感，能够产生与"事物运动状态及其变化方式"相对应的实际响应；表示单元把感知单元的实际输出响应通过适当的方式表示出来，便于观察、处理和利用。

　　信源一般是以符号（或信号）的形式发出信息。信源的内部结构往往很复杂，例如，人发出信息，是通过大脑的思维活动，指挥口腔或手以语言或文字的形式表达出来的，这是相当复杂的过程，因此，一般只研究它的输出，即语言或文字等。语言或文字是表达信息的符号，是物理性的。语言是声信号，而文字是光信号。同一件事情，可用不同语言表达，也就是同一信息可用不同的编码方式转换成符号。对于工程物理系统，信源就是所研究的客观事物，或称为物理过程。例如，雷达遥测系统，被搜寻物在空间的坐标、速度、形状等构成了信源，当电磁波射向它，反射波中就携带着这些信息，故而反射波就是经过编码的符号（或信号）。信源的输出是随机的，如果事先已经知道信源的输出，那么就无信息可言。正如所研究的物理过程，它应是未知的，这时才有研究的价值。

　　感知是指对客观事物的信息直接获取并进行认知和理解的过程。信息感知的基本机制在于要有某种组织或器官（在人工系统则是某种器件或系统）能够灵敏地感受到某种事物运动的状态及其变化的方式，也就是说，要有某种组织或器件能够在某种事物运动状态及其变化方式的刺激下产生相应的响应，而且这种刺激与响应关系应当满足一定的条件，包括具有一定的敏感域、敏感度和保真度。因而感知信息的获取需要技术的支撑，人们对于信息获取的需求促使其不断研发新的技术来获取感知信息。信息感知的实现技术是传感器技术。由于人类视觉、听觉、嗅觉、触觉等感知的敏感域、敏感度有限，因此实际中往往使用传感器作为获取信息的工具。传感器的应用广泛，涉及多个领域，是生产自动化、科学测试、计量核算、监测诊断等系统中不可缺少的基础环节。为了感知可视的、可闻的、可嗅的……等信息就需要采用多种敏感元件，比如光敏、气敏、热敏元件等，实现系统的初级感知；表示单元往往都把感知单元的输出响应转换为电信号或光信号的形式，实现标准的表示和传输，在这个意义上，表示单元可以被理解为"换能器"——非电（光）变化转换为电（光）变化，也就是一般意义上的传感器技术。智能传感器代表了传感器的发展方向，智能传感器是带有微处理器并具有信息检测、信息处理功能的传感器。使用智能传感器就可将信息分散处理，从而降低成本。与一般传感器相比，智能传感器具有逻辑判断、统计处理功能，可对检测数据进行分析、统计和修正，还可进行线性、非线性、温度、噪声、响应时间、交叉感应以及缓慢漂移等的误差补偿，提高了测量准确度，另外还具有自诊断、自校准功能，提高了工作的可靠性；其具有的自适应、自调整功能，提高了检测的适用性。为了感知可视的、可闻的、可嗅的等信息就需要采用多传感器数据融合技术。多传感器数据融合是针对一个系统中使用多个和（或）多类传感器展开的一种新的数据处理方法，是多学科交叉的新技术。多传感器数据融合技术的原理就像人脑综合处理信息一样，充分利用多个传感器资源，通过对多传感器及其观测信息的合理支配和使用，把多传感器在空间或时间上冗余或互补信息依据某种准则来进行组合，以获得被测对象的一致性解释与描述，在解决探测、跟踪和目标识别问题上，有许多性能上的优势。

　　信息表示的方法很多，有信号表示、符号表示、机器表示等。其中，信号是信息在物理层面的表达，是对各种需要测量的"量"通过传感器转换为电量，并以信号的形式进行表示。信号有模拟信号和数字信号两种形式。模拟信号是模拟信息（如声音信息、图像信息等等）变化而变化的信号，是在时间上和数值上均连续的信号；数字信号是时间上离散的、幅值上量化的信号，可以是将信息（如声音信息、图像信息等）用数字编码而形成的信号；符号是信息在数学层面的表达，符号表示的特点是"抽象"、"一般"，可以根据具体事物赋予符号不同的内容，符号表示可以很方便地以文字或语言进行描述。机器表示是将符号表示的信息通过编码的方式变成一种计算机"可懂"的"数据"。实际上信息在计算机中是以电子器件的稳定物理状态来表示的，可以用两种不同的状态（如高电平和低电平，有电流或无电流）来予以表示，这在电路上较容易实现，也就是可以用两个数字符号0和1来表示信息，这就是二进制计数。

2. 信息识别

人类对事物的信息需求主要是对事物的识别与辨别、定位及状态和环境变化的动态信息。识别技术（Recognition Technology）是通过感知技术所感知到的目标外在特征信息，证实和判断目标本质的技术。目标识别过程是将感知到的目标外在特征信息转换成属性信息的过程，即将目标的语法信息转换成语义信息和语用信息的过程。识别技术的重要作用是确定目标的属性、区分目标的类型、辨别目标的真假及其功能等，也即对所感知的信息加以辨识和分类。

信息接收者从一定的目的出发，运用已有的知识和经验，对信息的真伪性、有用性进行辨认与甄别，并与服务目标相联系，分析信息的有用性，这是实现信息价值的前提。信息识别是将所知的事物运动状态及其变化方式的形式或这种形式的某些特征参量与特定属性的"模板"的形式或它的特征参量进行比较，根据它们之间匹配情况的差别来判断该信息所应归属的类别。信息识别是在信息感知的基础上进行的一项任务，是对获取的信息进行初步的分析，它的目的是要对所感知的信息作出判断：哪些信息是真实的，哪些信息是虚假的，哪些信息是重要的，哪些信息是次要的，等等。在现在的信息爆炸时代，每时每刻要接收大量的信息，各类信息掺杂在一起，特别是真假信息混合在一起，如果不能进行筛选，过量的信息反而让决策者变得无所适从。进行信息识别而不是对信息进行简单的分类，事实上对信息处理提出了非常高的要求。信息识别、信息处理环节实际上对系统能否真正看清楚外部世界的发展变化发挥着非常重要的作用。

8.2.2 信息传递原理

信息传递的目的是将信息由空间的某一点转移到另一点，要求准确、迅速、安全和可靠，这是属于通常所说的"通信论"的范畴。

1. 通信系统一般模型

通信的目的是传输信息，进行信息的时空转移。通信系统的作用就是将信息从信源发送到一个或多个目的地。实现通信的方式和手段很多，在电通信系统中消息的传递是通过电信号来实现的，首先要把消息转换成电信号，经过发送设备，将信号送入信道，在接收端利用接收设备对接收信号做相应的处理后，送给信宿再转换为原来的消息，这一过程可用图8-3的通信系统一般模型来概括。

（1）信息源

信息源（简称信源）是信息的生成源，是通信系统的始端，其作用是把各种消息转换成原始电信号。根据消息的种类不同，信源可分为模拟信源和数字信源。模拟信源输出连续的模拟信号，如话筒（声音→音频符号）、摄像机（图像→视频信号）；数字信源则输出离散的数字信号，如电传机（键盘字符→数字信号）、计算机等各种数字终端。并且，模拟信源送出的信号经数字化处理后也可送出数字信号。

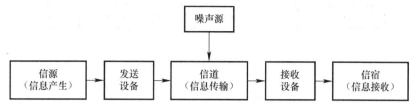

图 8-3　通信系统模型

（2）发送设备

发送设备的作用是产生适合于在信道中传输的信号，使发送信号的特性和信道特性相匹配，具有抗信道干扰的能力，并且具有足够的功率以满足远距离传输的需要。因此，发送设备涵盖的内容很多，可能包含变换、放大、滤波、编码、调制等过程。对于多路传输系统，发送设备还包括多路复用器。

（3）信道

信道是一种物理媒质，用来将来自发送设备的信号传送到接收端。在无线信道中，信道可以是自由空间；在有线信道中，可以是电缆和光缆。有线信道和无线信道均有多种物理媒质。信道既给信号以通路，也会对信号产生各种干扰和噪声，信道的固有特性及引入的干扰和噪声直接关系到通信的质量。

图 8-3 中加入信道的噪声源是信道中的噪声及分散在通信系统及其他各处的噪声的集中表示。噪声通常是随机的，形式多样，它的出现干扰了正常信号的传输。

（4）接收设备

接收设备的功能是将信号放大和反变换（如译码、解调等），其目的是从收到减损的接收信号中正确恢复出原始电信号。对于多路复用信号，接收设备中还包括解除多路复用，实现正确分路的功能。此外，它还要尽可能减小在传输过程中噪声与干扰所带来的影响。

（5）受信者

受信者（简称信宿）是传送消息的目的地，其功能与信源相反，即把原始电信号还原成相应的消息，如扬声器等。

2. 模拟通信系统和数字通信系统

图 8-3 概括地描述了一个通信系统的组成，具备通信系统的共性。实际中根据研究对象以及所关注的信息各异，相应地有不同形式的、更具体的通信模型。通常按照信道中传输的是模拟信号还是数字信号，把通信系统分为模拟通信系统和数字通信系统。

（1）模拟通信系统模型

模拟通信系统是利用模拟信号来传递信息的通信系统，其模型如图 8-4 所示，其中包含两种重要变换。第一种变换是在发送端把连续消息变换成原始电信号，在接收端进行相反的变换，这种变换由信源和信宿完成，这里所说的原始电信号通常称为基带信号。有些信道可以直接传输基带信号，而以自由空间作为信道的无线电传输却无法直接传输这些信号，因此模拟通信系统中常常需要进行第二种变换，即把基带信号变换成适合在信道传输的信号，并在接收端进行反变换，完成这种变换和反变换的通常是调制器和解调器。除了上述两种变换，实际通信系统中可能还有滤波、放大、无线辐射等过程，上述两种变换起主要作用，而其他过程不会使信号发生质的变化，只是对信号进行放大和改善信号特性等。

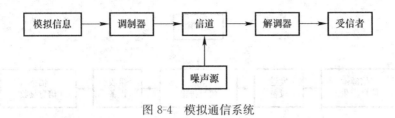

图 8-4　模拟通信系统

（2）数字通信系统模型

与模拟通信相比，数字通信具有以下优点：数字信号通过中继再生后可消除噪声积累，抗干扰能力强；数字信号通过差错控制编码，可提高通信的可靠性；数字通信采用二进制码，可使用计算机对数字信号进行处理；数字通信便于加密处理，保密性强。因而数字通信的发展速度已明显超过了模拟通信，成为当代通信技术的主流。

图 8-5 是数字通信系统的基本模型。其中各部分功能如下：

1）信源编码与译码：信源编码有两个基本功能，一是提高信息传输的有效性，二是完成模/数（A/D）转换，信源译码是信源编码的逆过程。

2）信道编码与译码：信道编码的目的是增强数字信号的抗干扰能力。接收端的信道译码器按相应的逆规则进行解码，从中发现错误或纠正错误，提高通信系统的可靠性。

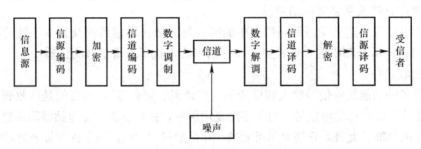

图 8-5　数字通信系统

3）设密：在需要事先保密通信的场合，为了保证所传信息的安全，人为地将被传输的数字序列扰乱，即加上密码，这种处理过程叫加密，在接收端对收到的数字序列进行解密，恢复原来的信息。

4）数字调制与解调：数字调制就是把数字基带信号的频谱搬移到高频处，形成适合在信道中传输的带通信号，在接收端可以利用相干解调或非相干解调还原数字基带信号。数字调制的主要目的是将二进制信息序列映射成信号波形，是对编码信号进行处理，使其变成适合传输的过程。把基带信号转变为一个相对基带信号而言频率非常高的带通信号，易于发送。数字调制一般是指调制信号是离散的，而载波是连续的调制方式。

5）同步：同步是使收发两端的信号在时间上保持步调一致，是保证数字通信系统有序、准确、可靠工作的前提条件。

6）信道：信道是通信传输信号的通道，是通信系统的重要组成部分。其基本特点是发送信号随机地受到各种可能机理的恶化。在通信系统的设计中，人们往往根据信道的数学模型来设计信道编码，以获得更好的通信性能。

图 8-5 是数字通信系统的一般化模型，实际的数字通信系统不一定包括图中的所有环节。此外，模拟信号经过数字编码后可以在数字通信系统中传输。当然，数字信号也可以

通过传统的电话网来传输，但需要使用调制解调器。

8.2.3　信息认知原理

通过信息获取和信息传递获得了必要的信息后，考虑从当前信息中得到相应的知识，达到认知的目的，属于"知识论"的基本任务。所谓信息认知，即是从大量的原始信息中抽象出具有普遍意义的科学本质，成为可供人们使用的知识，把知识激活成为解决具体问题的智能策略，发挥信息和知识的效用。

1. 知识及其演进层次

知识，是指人类在实践中认识客观世界（包括人类自身）的成果。知识是解决问题的结构化信息，来自于对大量信息的总结，图 8-6 所示的知识阶层图可看出知识的演进层次，首先从噪声中分拣出数据，再转化为信息，升级为知识，升华为智慧。这样一个过程是信息的管理和分类过程，让信息从庞大无序到分类有序，各取所需，也是一个知识管理的过程和让信息价值升华的过程。

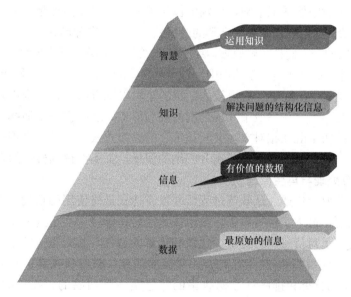

图 8-6　知识的阶层图

于是，我们可以做出如下结论，知识是人类的认识成果，来自社会实践。其初级形态是零散的经验知识，高级形态是系统科学理论。

2. 知识的生成途径

一般来说，知识的生成有两个基本途径，一个途径是从实践中逐步积累，把所观察到的现象的共性核心升华为概念，把所积累经验的精华上升成为理论，在逻辑学上称为归纳；另一个途径是由已有的知识通过推断产生新知识、由抽象到抽象的过程，在逻辑学上称为演绎。

（1）归纳

人们的认识运动总是从认识个别事物开始，从个别中概括出一般，因此归纳法是人们广泛使用的基本的思维方法，在科学认识中具有重要的意义。一切科学发现，都是通过观察、研究个别事实并对它们进行总结的结果，自然科学中的很多定律和公式大都是应用归纳法制定出来的。在对知识认识初期，人类没有掌握知识或者只掌握很少的知识，因此最初知识生成通过大量积累经验、数据和规律进行归纳，通过演绎的途径获取更多知识，并且推演出更多新的知识。归纳型方式是对知识最基本的获取途径。归纳法有很多形式，在形式逻辑中有所谓完全归纳法和不完全归纳法。完全归纳法是从全部对象的一切情形中，得出关于全部对象的一般结论。不完全归纳法是从一个或几个（不是全部）情形的考察中作出一般结论。

（2）演绎

随着人类所拥有的知识越来越丰富，知识之间的距离越来越近，通过理论思维从已有知识演绎出新知识就逐渐成为知识生成的重要手段，演绎型方式就是知识获取的另一个更高级的途径。演绎是从一般到个别的推理方法，即用已知的一般原理考察某一特殊的对象，推演出有关这个对象的结论。演绎推理的主要形式是"三段论"，由大前提、小前提、结论三部分组成。大前提是已知的一般原理，小前提是研究的特殊场合，结论是将特殊场合归到一般原理之下得出的新知识。从这个三段论中可以看到，推理的前提是一般，推出的结论是个别，一般中概括了个别，个别中包含了一般。演绎推理是一种必然性推理，它揭示了个别和一般的必然联系，只要推理的前提是真实的，推理形式是合乎逻辑的，推理的结论也必然是真实的。人们把一般原理运用于特殊现象，获得了新的知识，就更深刻地认识了特殊现象。因此，演绎法是科学认识中一种十分重要的方法，是科学研究的重要环节。

归纳和演绎是科学研究中运用得较为广泛的逻辑思维方法。在个别中发现一般的推理形式、思维方法是归纳，在一般中发现个别的推理形式、思维方法是演绎。归纳和演绎是统一认识过程中的两个既互相对立，又互相依存的思维方法。科学的真理是归纳和演绎的辩证统一的产物，离开演绎的归纳或离开归纳的演绎，都不能得到科学的真理。

8.2.4 信息处理与再生原理

信息在经过获取、传递、认知等过程后并没有达到最终使用的目的，如何利用信息和知识解决实际问题，最终实现提高工作效率或是智能化等应用才是这一系列过程的实际价值所在。信息处理是对信息进行分析、比较和运算的过程，其内容包括信息的筛选和判别（在大量的原始信息中，不可避免存在着一些假的信息，只有认真筛选和判别，才能避免真假混杂）、信息的分类和排序（最初收集的信息是一种初始的、凌乱的、孤立的信息，只有对这些信息进行分类和排序，才能有效利用）、信息加工（通过对信息的加工，创造出新的信息，使信息具有更高的使用价值）。信息再生是通过对表示信息的数据进行解释、加工、分析，找出有价值的信息并生成策略的过程。信息使用是信息获取的目的与归宿，生成决策则是信息使用的落脚点。准确地把握信息和决策的关系，理解决策过程中信息的作用，掌握信息处理方法，才能更好地指导决策。决策贯穿于信息再生活动的始终，决策生成过程是一个信息流动和再生的过程：在决策的各个阶段，信息在信息源（通过信息载体）和决策者之间交互，将知识、数据、方法等传递给决策者，影响决策的制定；同时，决策形成过程中产生的新知识、新数据、新方法又回流到信息源，经过信息载体的整理加工生成新的信息记录下来，并同时完成信息载体中错误、陈旧信息的修改更新工作。决策过程的信息模型如图 8-7 所示。

1. 信息处理

获取和传输信息的目的是为了应用信息来解决问题，为达此目的通常需要对所获取的信息进行适当处理。应用的目的不同，处理的方式也不同，因此信息处理可理解为针对一定的目的对信息进行的加工、处理、操作、运算的过程，也是为了更好地利用信息而对信息本身施加的操作过程。信息处理在钟义信的《信息科学原理》中被分成两个层次和十个类型。

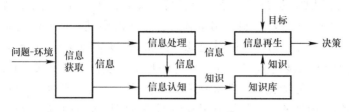

图 8-7　决策过程的信息模型

（1）表层信息处理

表层信息处理是第一层次的信息处理，不触及信息的深层结构，分为以下五种类型：

1）为了便于信息操作而进行的处理，一般利用信息的适当变换和表示方式实现。

2）为了信息快速流通而进行的处理，一般通过现代通信技术来实现。

3）为了保存信息而进行的处理，利用现代技术中的各种信息记录和存储技术实现。

4）为了实现共享而进行的处理，包括信息传输、信息存储和信息复制等技术。

5）为了便于检索而进行的处理，包括信息分类、排序和信息索引等技术。

（2）深层信息处理

深层信息处理是第二层次的信息处理，在一定程度上涉及信息的深层结构，分为以下五种类型：

1）为了提高效率而进行的处理。主要是指信息压缩技术，即把信息中大量冗余信息去除，留下有用信息。事实上，现代技术所获取的信息存在许多数据冗余。例如，一幅图像中的静止建筑背景、蓝天和绿地，其中许多像素是相同的，如果逐点存储，就会浪费许多空间，这称为空间冗余。又如，在电视和动画的相邻序列中，只有运动物体有少许变化，仅存储差异部分即可，这称为时间冗余。此外还有结构冗余、视觉冗余等，这就为数据压缩提供了条件。压缩的理论基础是信息论。从信息的角度来看，压缩就是去除掉信息中的冗余，即去除掉确定的或可推知的信息，而保留不确定的信息，也就是用一种更接近信息本质的描述来代替原有的冗余的描述，这个本质的东西就是信息量。

信息压缩技术分为无损压缩算法和有损压缩算法。无损压缩算法通常利用了统计冗余，这样就能更加简练、但仍然是完整地表示发送方的数据。如果允许一定程度的保真度损失，那么还可以实现进一步的压缩。有损压缩算法在带来微小差别的情况下使用较少的位数表示图像、视频或者音频。由于可以帮助减少如硬盘空间与连接带宽这样的昂贵资源的消耗，所以压缩非常重要，然而压缩需要消耗信息处理资源，所以数据压缩机制的设计需要在压缩能力、失真度、所需计算资源以及其他需要考虑的不同因素之间进行折衷。

2）为了提高抗扰性的信息处理。为了提高信息的抗干扰能力，通过抗干扰编码实现。信息在传送的过程中，受到干扰会发生差错，降低通信的可靠性，为了提高所传送信息的可靠性，采取专门的编码方式，以提高其抗干扰能力。通过编码对要传送的数据进行改造，使其内部结构具有一定的规律性和相关性，当干扰破坏了码字的部分结构时，仍能根据码字原有的规律性和相关性，发现甚至纠正错误，这种编码也称为信道编码、差错控制。抗干扰编码的一般方法是对要传送的数据信息序列按照某种规律，添加一定的校验码元，由信息序列和校验码构成一个有抗干扰能力的码字。添加校验码元的规律或规则不同，就形成了不同的抗干扰编码方法。

3）为调高信息纯度而进行的处理。为了判断获得信息中的有用量、无用量和有害量，也为了取出信息中的有用量，抑制无用量和有害量，需要进行信息的过滤和识别等技术。信息过滤一般可以使用频率过滤和时域过滤。信息识别是将所知的事物运动状态及其变化方式的形式或这种形式的某些特征参量与特定属性的"模板"的形式或它的特征参量进行比较，根据它们之间匹配情况的差别来判断该信息所应归属的类别。信息识别是在信息感知的基础上进行的一项任务，进行信息识别而不是对信息进行简单的分类，它的目的是要判断所感知信息是所需要的信息还是所不需要的信息，是这类信息还是那类信息。

4）为了提高安全度而进行的处理。为了进行信息保护，利用信息加密和解密的密码技术实现，保密通信，计算机密钥，防复制软盘等都属于信息加密技术。通信过程中的加密主要是采用密码，在数字通信中可利用计算机采用加密法，改变负载信息的数码结构。计算机信息保护则以软件加密为主。为防止破密，加密软件还常采用硬件加密和加密软盘。一些软件商品常带有一种小的硬卡，此即硬件加密措施。在软盘上用激光穿孔，使软件的存储区有不为人知的局部存坏，就可以防止非法复制。这样的加密软盘可以为不掌握加密技术的人员使用，以保护软件。由于计算机软件的非法复制、解密及盗版问题日益严重，甚至引发国际争端，因此对信息加密技术和加密手段的研究与开发，受到各国计算机界的重视，发展日新月异。

5）为了提高可用度而进行的处理。为了获取信息更深层次的效用，利用预测、搜索、理解、推理和计算等信息处理技术实现。

2. 信息再生（决策）

（1）信息再生（决策）及其过程

决策就是要对未来的方向、目标以及实现途径作出决定。它是指个人或集体为了达到某一目标，借助一定的科学手段和方法，从若干备选方案中选择或综合成一个满意合理的方案，并付诸实施的过程，决策是典型的信息再生过程。

著名学者 H. A. 西蒙认为决策过程主要由四个阶段组成：

1）情报活动：找出存在问题，确定决策目标，获取相关信息；

2）设计活动：拟订各种备选方案；

3）选择活动：从各种备选方案中进行选择；

4）评价活动：执行所选方案，对整个过程及其结果进行检查和评价，将所得信息备做下次决策的参考，或者提出新问题，启动新一轮决策过程。

这四个阶段可以分成更详细的九个步骤，即提出问题、确定目标、提出价值准则、拟订方案、分析评估、选择方案、实验验证、普遍实施和反馈检验，决策过程阶段与步骤如图 8-8 所示。

（2）决策的步骤

1）提出问题

所有决策工作都从提出问题开始，一般通过寻找实际状况与理想要求（或标准）之间的差距，来发现和提出问题。这一步还需要恰当界定问题，即通过调查研究，分析问题产生的时间、地点、条件和环境等，明确问题的性质和特点，确定问题的范围。

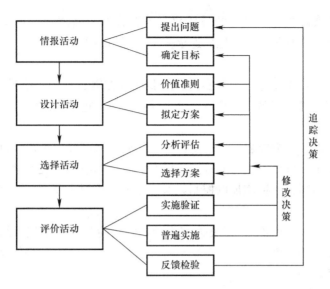

图 8-8　决策过程的阶段与步骤

2）确定目标

决策目标的正确与否对决策的成败关系极大。为确定决策目标，一般需要通过调查研究，找出产生问题的原因，还要进行科学预测，以恰当判断未来一段时间内要达到的结果。

3）价值准则

价值准则是落实目标、评价和选择方案的依据。这里所说的价值是指决策目标或方案的作用、效益、收益、意义等，一般通过数量化指标来反映，如产量、产值、成本、质量、效益等。价值准则的设定包括学术价值、经济价值和社会价值等价值指标。在大多数情况下，要同时达到整个价值系统的指标是困难的，因此要规定价值的主次、缓急以及在相互矛盾时的取舍原则。另外，任何决策都有一定环境，要指明实现这些指标的约束条件。

4）拟定方案

备选方案的拟定是决策过程中的关键一步。这一步主要是根据决策目标和所掌握的信息资料来进行的。在拟定备选方案时应注意三条原则：第一，尽可能多地列出几种可行的方案；第二，多种不同方案之间必须有原则上的区别；第三，要依靠专家或专门机构来进行。

5）分析评估

在拟定出一批备选方案后，按价值标准，对各种备选方案进行分析评估。一般有经验评价法、数学分析法和实验法等三种方法。经验评价法是评价用得较普遍的方法，特别是对复杂的决策问题，只能用经验评价法加以估计。但这种方法局限性较大，科学性较差。数学分析法是对拟定的备选方案建立相应模型，并利用计算机等工具进行计算。该方法科学性较强，已成为方案评估的基本手段。实验方法能通过实验过程获取其他方法难以获得的评价结果。

6）选择方案

在分析评价备选方案后，需要对方案的选择做出决断，这是决策过程中关键的一步。方案优选，必须要有合理的选择标准。一般来说，决策的目的是为了实现一定的决策目标，越是符合目标要求的就越好，这就是决策方案的价值标准。此外，在理论上人们追求最优标准，但对于实际决策，绝对的最优化是不存在的。西蒙提出一个现实的标准，即"满意标准"，就是在现有条件下，把握追求一个满意的结果。

7）实验验证

当方案选定之后，必须进行局部实验，以验证其方案运行的可靠性。在实验验证中，如果实验成功，即可进入普遍实施阶段；否则反馈回去，进行决策修正。

8）普遍实施

决策方案在局部实验中能稳定地取得较好效果后，就可加以推广，进行普遍实施。决策方案通过实验验证，可靠程度一般较高，但在实施过程中仍会发生偏离目标的情况，因此需要加强反馈，不断采取措施加以控制，保证方案的顺利实施。

9）反馈检验

这一步骤也称为"后评价"，指决策实施后，应检验和评价实施的结果，检验是否达到预期的目标，回顾整个决策过程，总结经验教训，为今后的决策提供信息和借鉴，或者提出新问题，启动新一轮决策。

8.2.5 信息思维原理

思维是人类特有的最基本、最重要的意识活动。人们在思维过程中所取得的思维成果是同他所掌握的信息量成正比例的，或者说，一个人所掌握的信息愈多，那么他就越善于思维。信息科学问世以来，人们开始用信息加工的观点和方法来研究和解释人的心理和思维现象。近几年，脑科学家、心理学家，甚至哲学家和一部分工程技术专家都逐渐接受了思维活动本质上是一个信息过程的观点，而所谓思维原理就是要在信息处理水平上揭示思维过程的信息输入、加工、存储、提取、输出和利用。这就是信息思维原理的本质，也就是人工智能过程。

1. 基本原理

洪昆辉《思维过程论》中指出"思维是以人脑神经活动为载体，信息输入、加工、输出的广义信息过程，思维是人类智能的信息处理部分，它的功能是处理信息指导主体的行为输出，为主体的生存和发展服务"。其实思维的本质上是一种信息现象，是广义信息过程，是包含语法、语义、语用的信息过程。

目前对智能的定义尚无统一的意见。一般认为，智能是指个体对客观事物进行合理分析、判断及有目的地行动和有效地处理周围环境事宜的综合能力。人工智能（Artificial Intelligence，AI）是研究、开发用于模拟、延伸和扩展人的智能的理论、方法、技术及应用系统的一门新的技术科学。人工智能是计算机科学的一个分支，它企图了解智能的实质，并生产出一种新的与人类智能相似的方式作出反应的智能机器。人工智能就其本质而言，是对人的思维的信息过程的模拟。对于人的思维模拟可以从两条道路进行，一是结构模拟，仿照人脑的结构模拟，制造出"类人脑"的机器；二是功能模拟，暂时撇开人脑的内部结构，而从其功能过程进行模拟。现代人工智能便是对人脑思维功能的模拟，是对人脑思维的信息过程的模拟。

目前根据对人脑的已有的认识，结合智能的外在表现，从不同的角度、不同的侧面、用不同的方法对智能进行研究。思维理论认为，智能的核心是思维，人的一切智能都来自大脑的思维活动，人类的一切知识都是人类思维的产物，因而通过对思维规律与方法的研究揭示智能的本质。

2. 智能信息处理

智能是为特定目的服务的、主体自我生成的、能动自主地处理主客体关系的能力之一。智能由主体内部的信息处理和主体的外显行为两部分组成。这里的"主体"不仅指人，还泛指一切人、生物和机器系统。"客体"泛指自然界中存在的一切事物、现象（包括人自身和人的精神活动）。所谓的"自主"是指主体自我完成的而不是由外部控制完成的过程。所谓"能动"则指主体不是被动地响应而是主动地完成其过程。这里的特定"目的"对生物智能来说是使机体更好地生存发展，对机器智能来说不是为了它自身，而是为人的特定目的服务。智能是信息处理与行为的统一表述，主体的信息处理与主体行为过程如图 8-9 所示。

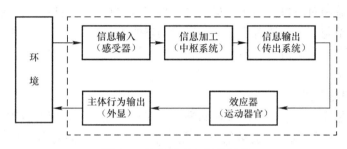

图 8-9　信息处理与行为过程

智能过程本质上是主体针对环境中的特定输入给出一系列信息加工和行为输出，智能是实现某种目的过程，但其核心问题主要是信息处理，信息处理是智能活动的前提和基础。有了信息处理才可能有主体的适当行为输出，智能活动的信息处理属于广义信息处理过程。

广义信息处理过程是包括信息的语法、语义和语用的全信息过程。一般情况下，当智能主体接收到客体发来的信息的语法部分时，或多或少都会产生对语法信息的识别。识别过程也就是确定语义的过程，即主体辨别接收到的客体信息代表什么，对主体意味着什么。对信号的模式识别是一切智能系统都必须具备的信息处理。信息语义部分的确定，会由于主题的不同而有所不同。任何对象的所谓"语义"和"语用"是针对特定主体而言的，是对特定主体的意义。事物的语义信息是智能主体对接收到的对象的语法信息的一种主观判定。事物的语义信息与语法信息之间的结合，是通过智能系统内的信息捆绑决定的。语用信息与语义、语法信息的结合也是如此的捆绑过程。语法、语义、语用信息的结合过程是一个学习过程，学习过程实质上就是一个信息捆绑和存储过程，这个学习过程包括种族的基因学习和个体后天的学习。

3. 广义信息处理

智能是广义的信息过程，要实现这个过程就离不开信息的输入、识别、加工、存储、激活、寻找、选择、输出等环节。没有信息存储，就谈不上信息加工，所以信息存储和信息提取问题又是信息处理的核心问题。目前在实现人工智能问题上，不仅仅是处理信息的语法部分，在全信息过程中，包括对信息的语法、语义、语用信息都要进行处理。

（1）在语法信息层次上，求解智能问题的方法

语法信息是最基本的信息层次，也是最简单的信息层次。一般的控制策略是在求解问题的每个阶段，要求选择正确规则，使初始数据库逐步变为目标数据库，并保存规则使用

的顺序，以便提供求解问题的途径。

（2）在语义信息层次上，求解智能问题的方法

语义信息在传媒行业指语言文字提供的信息，在计算机行业指有意义的数据提供的信息，在科学哲学领域泛指任何一种有意义的语言、文字、符号、数据、公式、理论等提供的信息。语义信息层次的智能理论不仅可以利用语法信息，也可以利用语义信息，可以进行逻辑推理，可以作出"真""伪"的判读。语义信息可以以数据逻辑、命题逻辑和谓语逻辑的方法进行描述，实现基于谓语逻辑的智能推理方法。

（3）在语用信息层次上，求解智能问题的方法

语用分析是对自然真实语言经过语法分析、语义分析后，更高级的语言学分析。它把语句中表述的对象和对对象的描述，与现实的真实事物及其属性相关联，找到真实具体的细节，把这些细节与语句系统对应起来，形成动态的表意结构。语用分析对人工智能技术有重大理论意义和实用价值。利用语用信息求解智能问题的主要方法包括启发式搜索方法和博弈树搜索方法。

8.2.6　信息施效原理

信息施效是指应用信息来解决实际问题，以获得信息实际效用的过程。信息施效是一切信息处理过程的最终环节，也是信息处理的最终目的。人们有目的地搜集、传输、加工、储存、再生信息，其目的是要利用信息来解决实际问题。用信息来进行控制是信息效用的最终体现。在控制论中，控制的基础是信息，一切信息传递都是为了控制，进而任何控制又都有赖于信息反馈来实现。信息反馈是控制论的一个极其重要的概念。通俗地说，信息反馈就是指由控制系统把信息输送出去，又把其作用结果返送回来，并对信息的再输出发生影响，起到制约的作用，以达到预定目的。控制（信息施效）的机制是控制的核心问题，内容包括提出问题，给出控制策略，将控制策略转变为控制力，实现稳定的、自适应的控制。

1. 信息施效的"力"

信息是事物运动的表征和事物变化的状态，信息不可能用自身去解决具体的实际问题。要使信息施效，必须使反映事物运动表征和变化状态的信息，能够具有改变这种表征、状态的能量或"力"。如果没有这种"力"，事物运动、变化状态不能改变，具体的实际问题不能解决。由此可知，信息施效的关键是要让信息转化为相应的力。信息施效的实质是利用有效的技术、方法和途径来完成信息转化为"力"的任务。

2. 信息施效的"效"

信息施效的目的是要解决实际问题，获得信息的效用。信息的效用是信息转化为能量或力的反映，是给人们带来的效能、效益。信息施效要求使用信息获得的效能、效益要大于使用信息所耗费的功能。为此，信息施效应从三个方面体现出"效"来：信息施效要求信息具备转化为能量或力的"效能"；信息施效的对象是用来解决具体的实际问题；信息施效所得之"效"应大于所费，应获得经济效益（包括社会效益和生态效益）。

8.2.7　信息组织原理

信息组织是一个系统化的过程，其最终目的是将无序的零散的信息层次化、结构化，形成一种有序的体系或系统。系统理论是信息组织的重要理论基础，对信息组织有极为重要的指导意义。中国学者钱学森认为：系统是由相互作用相互依赖的若干组成部

分结合而成的，具有特定功能的有机整体，而且这个有机整体又是它从属的更大系统的组成部分。一般系统论创始人贝塔朗菲定义："系统是相互联系相互作用的诸元素的综合体"。以上定义强调元素间的相互作用以及系统对元素的整合作用。在信息组织系统中，如果将大量的、分散的、杂乱的信息组织成一个系统，建立起内在的关联，那么信息系统的整体功能将大于各个信息单元的功能之总和，这将能充分发挥信息资源的价值和作用。

如何利用信息中的语法信息、语义信息和语用信息来建立最优系统以及如何利用信息来建立有序结构的问题就是系统优化的最终目的。所谓的系统优化是指系统在一定的环境条件约束及限制下，使系统过程处在最优的工作状态，或是使目标函数在约束条件下达到最优解（通常指其最大解或是最小解，根据具体问题而定）。系统优化首先要将系统目标与约束条件用数学语言表示出来，然后再找最优解。

系统优化的方法层出不穷，主要包括传统优化算法与现代优化算法。传统优化算法对于一些比较简单问题的求解一般是可以满足要求的，但对于一些非线性的复杂问题，往往优化时间很长，并且经常不能得到最优解，甚至无法知道所得解同最优解的近似程度。而现代优化算法可以解决上述问题。现代优化算法是人工智能的一个重要分支，这些算法包括禁忌搜索法（tabu search）、模拟退火法（simulated annealing）、遗传算法（genetic algorithms）、人工神经网络（neural networks）。它们主要用于解决大量的实际应用问题。目前，这些算法在理论和实际应用方面得到了较大的发展。

8.3 信息理论方法

在信息科学的研究实践中，已经形成了一套科学方法论体系，称为信息科学方法论。信息科学方法论体系包括三个方法和两个准则。三个方法是整个方法论体系的主干和本体，内容包括信息系统分析方法、信息系统综合方法和信息系统进化方法。两个准则保证信息科学方法能够正确实施，内容包括功能准则和整体准则。准则贯穿于方法之中，方法和准则一起构成了一个完整的方法论体系。

信息科学方法论的基本要点是：在研究高级复杂事物的时候，应当首先从信息（而不是物质或能量）的观点出发，通过分析该事物所包含的信息过程来解释它的复杂工作机制的奥秘，通过建立适当的信息模型和合理的技术手段来模拟或实现高级复杂事物的行为。因此信息科学方法论有三层含义：信息系统分析、信息系统综合和信息系统进化。信息系统分析方法主要解决高级复杂事物的认知问题，信息系统综合方法解决高级复杂事物的工作机制的实现问题，信息系统进化方法解决高级复杂系统的优化与发展问题。从认识到实现再到发展，信息贯穿始终。

8.3.1 信息系统的分析

分析一个已有的信息系统，要采用系统的观点和方法，应该着眼于整个系统的全部或者是主要组成部分之间的功能联系，分析各功能模块彼此之间通过怎样的信息交流，从而在各自功能的基础上实现整体的功能。

1. 信息系统分析的基本思想

从信息论的角度看，物体和物体之间、系统和系统之间、物体和系统的内部、物体和系统外部的相关部分等，都存在着彼此的相互影响和作用。比如，一个智能建筑内部，有建筑设备管理系统、公共安全系统、信息化应用系统等子系统，它们内部及相互之间有着大量的实时的信号传递、信息共享以及相互联动。同样，一个智能化园区也有着大量的信号传递、信息共享和相互联动，而正在蓬勃发展着的智慧城市等都离不开海量的信息、信号和数据的传递、共享以及联动。

分析信息系统，除了应该清楚信号和信息两个概念的不同，还必须清楚两者的关系。简单而言就是既要清楚"信号是信息的载体"的含义，又要意识到在以上提及的呈多连通渠道、多向、多形式、海量的数据传递——信号交互的背后，承载着信息交互——信息流。如果把以数据、波、机械运动等形式传递的信号交互称为"可见的"，那么这些"可见"信号承载的或者说携带的信息传递就是"不可见的"。

信息系统分析所依据的是结构化思想，所采用的基本手段是分解。对系统进行自顶而下逐层分解，把一个大系统分解成若干子系统，再将各个子系统分解成若干个功能模块，每个功能模块再划分为若干个子功能模块，以此类推，直至满足需求为止。

逐层解构的过程实际上就是对系统进行抽象与简化，从功能的角度考虑系统的构成，从信息的角度观察功能的实现。在顶层的大系统，把其所有的内部活动都加以屏蔽，只考虑大系统的总目标与环境间的信息联系；在子系统这一层，只反映每一个子系统的主要功能和各个子系统之间的信息联系。

2. 信息系统分析的基本原则

在具体进行信息系统分析时，应遵循以下原则：

（1）强调信息交换而不是物理实现

如前所述，信息系统分析的注意力集中在功能模块之间的信息交换，而各个模块的功能及其物理实现则不是注意力的主要集中点。比如一个实际的管理信息系统分析的主要任务，就是根据用户提出的信息需求，构建层次化和模块化的结构模型，分析用户信息需求的满足程度，并进而设法使用户的信息需求得到满足。

（2）"自顶向下"原则

采用"自顶向下"的原则，把一个复杂的系统由粗到细、由表及里地分析和认识，符合人类的认识规律，是信息系统分析过程中一直倡导的工作原则。运用这一原则使我们对系统有一个总的概念性印象，而且随着逐级向下的扩展，对那些具体的、局部的组成部分也有深刻的理解。

（3）表述直观且容易理解

对已有系统的信息流进行描述，不用繁琐的语言来描述，简单明确地表达这个系统的现行状态，直观地了解系统的概貌，这样可以避免语言描述所带来的理解上的偏差。

3. 信息系统分析的流图法

对一个已有信息系统进行分析，建立并利用信息流模型是有效的方法。

揭去系统内外"可见的"信号交互，发现"不可见的"信息流，建立相应的刻画系统内外客观存在的相互影响及作用的信息流模型，并以这样的模型为基础，分析子系统之间的相互作用及其效果、强弱、对系统整体的作用乃至改变等，就是基于信息系统的分析方法。

不同功能的系统，其信息流的呈现形式是不同的，即它们彼此的信息流的组织方式、组织结构、传递方向、作用强弱等是不同的、有差异的。具体地讲，改变信息流模型，使信息流产生差异就会使系统的功能随之发生改变，反之亦然。

以标有所传递信息或者信号的名称和方向的箭头相互连接的所有功能模块图，被称为信息流图或信号流图。有时，信息流图和信号流图中连接功能模块的箭头标注的是发出信号的功能模块对其所接收信号的加工处理函数，或者就直接以箭头相连。常见的此类表示方法有控制系统中的信号流图和系统功能框图、计算机编程过程中的程序流程图、计算机管理信息系统设计阶段的业务流程图和数据流程图，以及一般性问题中的人工神经网络模型、知识流图、数据字典等。

当连接箭头标注的是所传递信息或者信号的大小或量时，信息流图或信号流图就是数据流图。显然，数据流图适合于针对数据流量问题进行分析。

8.3.2　信息系统的综合

1. 系统综合的主要任务

综合的另一种提法就是设计。显然，系统综合在很多方面可以说是系统分析的逆过程。虽然比起系统分析来，系统综合的难度一般要增大，而且也需要很多的分析工作经验作为基础，但设计或者说综合一个新的信息系统，也如同上一节（8.3.1）所述，建立并利用信息流模型也是很有效的方法。其他关于信息系统综合的基本思想、基本原则、常用信号流模型等内容，和前节基本一致，这里不一一赘述。

简言之，综合或者设计一个新的信息系统，和上述分析已有信息系统一样，也是采用系统的观点和方法。在确定了整个系统的功能和主要组成部分的功能要求之后，将重点和注意力放在如何设计并确定各个功能模块之间的信息交互方式、交换的信息种类和信息交换量等，设计子系统乃至整个系统的信息流模型，构造满足功能的实际系统，以使整个系统的功能满足预想的要求，就是基于信息系统的综合方法。

设计信息系统的非常成功的一个领域是计算机管理信息系统的设计。如果希望深入了解，可参考有关的书籍和论文。

2. 系统综合的一个简单例子

下面看一个在智能建筑领域进行系统设计时，运用信息流模型来考虑信息系统中主要信息交换问题的例子——设计一个面向残障人的智能家居引导系统。

在常见的面向健全人的智能家居系统中，环境、决策中心和人之间的主要信息流模式如图 8-10 所示，决策中心从环境和健全人获取较丰富的信息，在判断和决策后对健全人发送服务信号，环境同时也可以根据决策中心指令为健全人提供服务。显然，决策中心和环境两者与健全人的信息交互几乎是并重的。

然而，在一个面向残障人的智能家居引导系统中，则必须承认并重视残障人能力弱化的事实。我们知道，残障人的特点是智力、行动能力、视力、听力或其他感知力减弱，甚至精神、心理、情绪或控制力等不强。因此，分析并设计为残障人服务的引导系统，就必须考虑不同于为健全人服务的引导系统，更重视环境的智能化和人性化，以期依靠高智能环境与残障人的交互来实现对弱能力残障人的帮助和服务。信息流模式则应该如图 8-11 所示。决策中心主要依靠感知环境状态及其改变，而获取残障人的有关信息，在判断和决策后，也必须主要借助于和环境的信息交互向残障人提供引导服务。

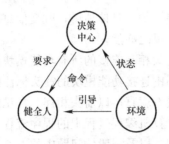

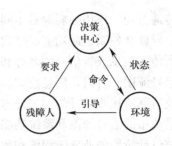

图 8-10　传统智能家居系统信息流　　　图 8-11　面向残障人系统的信息流

这个例子说明，从信息流组织的角度入手，通过建立模型来分析和设计系统，往往是很有效的方法。

8.3.3　信息系统的进化

1. 信息系统"进化"

对一个系统使用"进化"这个词，就一定是把系统看成了生命体或者类生命体，不管是有意识还是无意识。信息系统进化一定发生在多个信息系统之间或者信息系统和环境之间存在相互依赖和竞争的前提下，进化的方式一定是协同进化，进化的方向则是适应环境。

近年来，将信息系统类比于生命系统并借助生物进化论研究信息系统进化，发展迅速。有学者作了如下归纳：信息系统生命周期理论事实上将信息系统看成了生命体，信息系统开发过程就是根据生命周期理论划分的，与生命的演化过程很接近；信息系统对信息的处理方式也与生命系统对信息的处理有着相似的关系；信息系统既受到环境制约，又反过来对环境作用，形成一种动态的平衡的生态。

研究信息系统进化，和研究信息系统分析和综合一样，往往也是借助模型的方法。人们最常接触和打交道的信息系统是管理信息系统，尤其是计算机管理信息系统。比较经典的管理信息系统进化模型有诺兰模型、厄尔模型、布哈布塔模型等。众所周知，生命信息系统、教育信息系统、智力信息系统、知识信息系统等，正是通过知识的交叉运用而引起人们越来越多的关注，从而推动了信息系统的不断进化。

2. 信息系统进化的一般特征

所谓"一般"特征，是指系统的进化过程通常是相对漫长的，系统和环境是和谐统一的，而非一定是必须满足的。

美国人诺兰针对管理信息系统提出了系统进化的阶段模型——诺兰模型。他认为，任何组织由手工管理信息系统向以计算机为基础的管理信息系统发展时，都存在着一条客观的发展道路和规律。任何组织在实现以计算机为基础的管理信息系统时都必须从一个阶段发展到下一个阶段，不能实现跳跃式发展。

其他进化模型也和诺兰模型类似，是阶段模型。模型的提出者们均认为进化或者说发展不能超越现阶段，不能跨阶段进化。换言之，若要想实现进化，必须首先确定系统目前所处的阶段。

除了计算机管理信息系统及其进化的问题外，生命信息系统、教育信息系统、智力信息系统、知识信息系统等，都伴随着进化过程。生命信息系统是生物科学领域研究的范畴，智力信息系统是高等级生物智能领域研究的范畴，教育信息系统是教育领域研究的范畴。它们虽然有着各自的规律和特点，但都具有循序渐进、不能跳跃的进化规律。

必须指出的是，和生命信息系统不同，其他所有信息系统的进化更容易发生突变的、迅速的、动荡的事件。事实上人们无时无刻不在主动地对信息系统进行进化的工作。对一个计算机网络信息系统升级服务器，带来的影响会很快被人们所克服，而无需担心人的器官移植所带来的社会伦理问题。

3. 信息系统进化的途径

所谓进化，对信息系统而言，当然主要是指系统功能的进化。但是，它一般要以信息载体的进化和所承载信息的进化为依托。比如，以生命信息系统为例，细胞、神经系统、大脑这些信息载体就是不断地在进化着，虽然它们所承载的信息本身似乎还没有什么变化。又比如，还是在生命系统中，伴随着体外信息载体如纸张、文字、媒体、网络、存储器等的不断涌现和升级，其各自所承载信息也随着载体的进化程度不同而不同。这显示载体对各自所承载的信息的进化作用是不同的。

我们不妨回到建筑智能环境这个我们最感兴趣的领域。如果我们把它看做是含有许多个感知、思维、行为的生命体，而且注意到这些生命体之间存在协作、竞争、互相影响的关系的话，那么建筑智能环境以及智能建筑本身——都符合信息系统的条件，也一定存在进化。比如，信息的载体，计算机、网络、多媒体，直到嵌入式设备、半导体传感器和生物传感器等设备，信息载体和信息种类都在迅速地进化着。

研究信息系统进化并运用在建筑智能环境上，是值得进一步探索的课题。

本 章 小 结

信息作为一种普遍现象，存在于各个行业。信息科学的出发点是认识信息的本质和它的运动规律。信息科学的归宿是利用信息来解决各种实际问题，达到各种具体的目的。本章从认识信息的本质、掌握信息运动过程和利用信息解决问题的基本方法出发，详析了信息的概念、性质、功能及应用，介绍了信息理论基本原理和基本方法。通过本章学习应掌握包括信息获取原理（信息的感知和识别）、信息传递原理（通信、存储）、信息认知原理（获得知识）、信息处理与再生原理（决策论）、信息思维原理（智能论）、信息施效原理（控制与显示）以及信息组织原理（系统优化论）等信息理论基本原理，和包括信息系统分析方法、信息系统综合方法，信息系统进化方法的信息理论基本方法。

练 习 题

1. 比较本体论层次信息与认识论层次信息的异同。
2. 试说明全信息、语法信息、语义信息和语用信息的含义和关系。
3. 画出典型信息过程模型，并结合一个实例说明其整个信息过程。
4. 信息获取的任务包括哪两个环节？两者各担当什么任务？
5. 画出通信系统模型，说明信息传递的过程。
6. 什么是信息认知？并说明知识生成的途径。
7. 信息处理包括哪些内容？什么是信息再生？
8. 试说明信息思维原理，为什么说它是人工智能过程？试说明智能过程的本质。

9. 试解释信息施效的"力"与信息施效的"效"？

10. 信息组织的目的是什么？为什么说系统理论是信息组织的重要理论基础？

11. 信息科学方法论体系包括哪些方法和哪些准则？

12. 试说明信息系统分析的基本思想、基本原则和基本方法。

13. 简述信息系统综合的基本方法。

14. 什么是信息系统"进化"？试阐述信息系统进化的途径

第9章 建筑智能环境信息原理及方法

由第8章可知，信息可以被提炼成为知识，知识与决策目标结合在一起才可能形成合理的策略，而控制是根据策略信息来干预和调节被控对象的运动状态和状态变化的方式，没有策略信息，控制系统无法作为。因而，信息科学的研究已深入到控制科学、系统科学、智能科学等众多相关领域。信息科学具有独特的研究对象信息和全新的研究内容即信息的全程运动规律，必然要求有与这种新对象和新内容相适应的新的研究方法，这套研究方法体系称为信息科学方法论。信息科学方法论的基本要点是在研究高级复杂事物的时候，首先从信息而不是物质或能量的观点出发，通过分析该事物所包含的信息过程来揭示其复杂工作机制的奥秘，通过建立适当的信息模型和合理的技术手段来模拟或实现高级事物的复杂行为。本章即是将信息理论作为一种方法论应用到对建筑智能环境的研究中，忽略复杂的外部机制，从信息流的角度研究智能安全环境、智能办公环境、智能通信环境和智能管理环境的实现过程。

9.1 建筑智能安全环境的信息原理及方法

建筑智能安全环境是建筑智能环境的要素之一，由综合运用现代科学与技术，以应对危害建筑物公共环境安全的公共安全系统创建。在现实中存在许多复杂系统，看起来它们之间物质构成的运动形态极不相同，用传统方法很难发现它们之间的内在联系。而利用信息方法可以把它们看成是信息系统，这些系统都存在着信息的获取、传递、处理、执行等过程，正是由于这一信息流动过程，才使系统能维持正常的有目的的运动，从而揭示出它们之间的信息联系。本节即是从信息的观点出发，通过分析公共安全系统的信息过程，建立信息模型，研究建筑智能安全环境的信息原理和实现方法。

9.1.1 智能安全环境的信息过程模型

1. 智能安全环境的信息过程

由第8章可知，信息过程主要包括信息获取、信息传递、信息处理和信息执行。图9-1

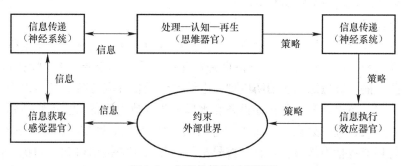

图9-1 典型的信息过程模型

为典型的信息过程模型，主体通过感觉器官获取信息，利用神经系统传递信息，把本体论信息转变为第一类认识论信息，通过思维器官处理和认知信息，形成知识，在此基础上再生第二类认识论意义的信息（策略信息），即指明如何把系统由初始状态转变为目的状态的控制策略，效应器官执行策略信息，产生控制行为，完成主体对对象施行的变革。

建筑智能安全环境由火灾自动报警及消防联动系统、安全技术防范系统及应急联动系统创建。建筑智能安全环境信息过程如图 9-2 所示，它主要包括三个环节：危险源识别、风险响应与处理、应急保障。危险源识别对应信息的获取，例如由感烟、感温、感光探测器探测火灾事件，并将探测到的温度、烟雾浓度等信号发给报警控制器；风险响应与处理对应信息的处理，接收获取的信息并对其判断和处理，如火灾报警控制器判断、处理检测信号，确定火情后，发出报警信号并将报警信息传到消防控制中心；应急保障对应信息的执行，即对信息处理的结果产生行为，如消防控制中心记录火灾信息、显示报警部位，协调联动控制，控制消防设备动作，防火、灭火等。

图 9-2　建筑智能安全环境信息过程示意图

（1）危险源识别

对应信息的获取，主要是通过各种探测器获取信息。信息的获取有直接获取与间接获取两种方式。信息的直接获取是通过对某一种或几种物理量、化学量、生物量或其他表现形式的"量"有高的敏感度、分辨率和保真度的敏感单元来直接获取相关的信息，如用传感器将非电量变换成电量。信息的间接获取是通过一定的方法获取那些别人已经通过一定手段获取且处理过并表示和存储在一定的介质和场所的信息。在建筑智能安全环境中，火灾自动报警系统通过感烟探测器、感温探测器、感光探测器、手动报警按钮获取火灾信息，安全技术防范系统通过磁开关探测器、红外探测器、摄像头、读卡器等获取非法入侵、破坏等信息。

（2）风险响应与处理

对应信息的处理，通过对危险源识别获取的信息进行逻辑运算、处理，产生策略信息。例如当火灾报警控制器接收到来自火灾探测器、手动报警按钮及其他火灾报警触发器件的报警信号，根据获取的信息和内部存储的火灾模型数据信息，确认火情后，控制器产生报警、协调联动控制等策略信息。

（3）应急保障

对应信息的执行，即执行策略信息，产生控制行为，完成主体对对象施行的变革。如启动火灾自动报警系统中声光报警设备报警，并按一系列预定指令控制消防联动装置动作，启动消防广播、应急照明、消防电梯、电话通信设备等应急疏散设施组织人们尽快疏散，启动防火门、防火卷帘、防排烟设备和水幕设备等减灾设备阻止火势蔓延，启动消火栓、自动喷水灭火、气体灭火、干粉灭火等灭火装置自动灭火。对于安全技术防范系统，其信息的执行环节包括声光报警，自动拨号报警，开启相关摄像机和录像机，监视、记录现场图像，关闭相关出入口的电子锁、阻挡器，同时还可将报警信息输出至上一级指挥中心或有关部门。应急保障环节还包括子系统间的应急联动及应急预案，主要包括消防—建筑设备应急联动、消防—安防应急联动、安全技术防范系统各个子系统之间的联动等。

2. 建筑智能安全环境信息模型

建筑智能安全环境信息模型如图 9-3 所示，它主要包括四个部分：信息获取、信息传递、信息处理和信息执行。

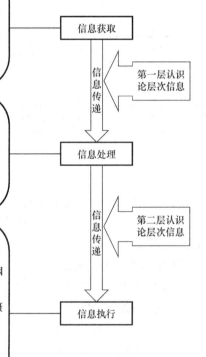

危险源识别：通过各种探测器获取信息；
火灾自动报警系统：感烟探测器、感温探测器、感光探测器、可燃气体探测器、复合探测器、电气火灾监控探测器、手动报警按钮等；
安全技术防范系统：磁控开关探测器、红外探测器、微波探测器、振动探测器、玻璃破碎探测器、手动报警按钮等；
摄像机、读卡器、人体生物特征识别设备等

信息获取

信息传递 ← 第一层认识论层次信息

对危险源识别获取的信息进行逻辑运算、处理，产生策略信息。
火灾自动报警系统：火灾报警控制器根据获取的信息和内部存储的火灾模型数据信息，确认火灾后，控制器产生策略信息，输出控制信号控制声光报警器报警，并联动消防设备动作；
安全防范系统：发出声光报警，自动拨号报警，开启相关摄像机和录像机，关闭相关出入口等

信息处理

信息传递 ← 第二层认识论层次信息

执行应急响应策略信息：多路报警、指挥调度、疏散逃生、应急预案处理；
消防-建筑设备应急联动：切断非消防电源，关闭空调设备，启动排烟阀及排烟风机，启动应急照明，关闭有关部位电动防火门、防火卷帘门，向火灾事件发生及相关区域进行广播，启动相关疏散引导设备；
消防-安防应急联动：与安防视频监控系统联动，火灾时开启相关层摄像机监视火灾现场，及时掌握现场情况，与出入口控制系统联动，主要是疏散通道控制，自动打开疏散通道所有门和火情层面所有房门电磁锁；
应急广播-信息发布-疏散导引联动：向建筑中突发事件的区域进行紧急广播，对建筑中其他区域发布事件信息，启动相关的疏散导引设备，按一定的紧急疏散预案有组织疏散，确保人员安全

信息执行

图 9-3　智能安全环境信息模型

9.1.2　智能安全环境信息模型的实现

1. 火灾自动报警及消防联动系统信息模型的实现

由上节智能安全环境的信息模型可知，火灾自动报警系统触发器件包括火灾探测器和手动报警按钮，能够手动或者自动触发产生报警信号；火灾报警装置接收、显示和传递报警信号并发出控制信号；火灾警报装置如声光报警器通过发出声、光的报警信号警示人们；消防联动控制设备是火灾自动报警系统的执行部件，包括消火栓控制系统、自动喷水灭火系统、气体灭火系统、防火门设备、防火卷帘设备、防排烟设备和水幕设备、声光报警设备、消防广播与消防电话、消防电梯设备和应急照明设备等。因而火灾自动报警及消防联动系统信息模型的实现方式如图 9-4 所示。

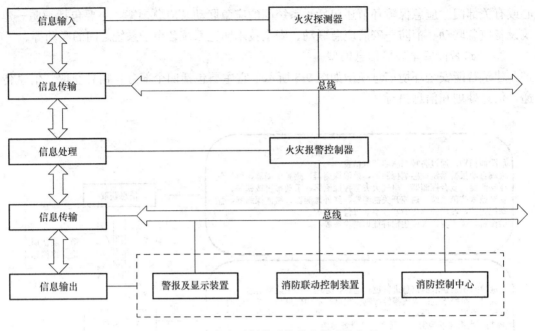

图 9-4　火灾自动报警系统信息模型的实现

其中信息的获取方式主要有自动和手动两种，即通过火灾探测器和手动报警按钮获取，并将非电量转换为电量以便传输。火灾探测器分类形式很多，根据探测火灾参数的不同分为感烟式、感温式、感光式和复合式火灾探测器；根据探测方式的不同可分为阈值探测、智能探测和图像探测等。

信息传输由火灾自动报警与消防联动系统的布线系统完成，如现在广泛应用的总线制火灾报警控制器，采用两条导线构成总线回路，所有探测器与之相联，每个探测器有独立的地址编码，报警控制器采用串行通信方式访问每个探测器获取报警信息。

要利用传递来的这些信息解决问题，就必须对这些信息进行加工和处理，从中提取出相关知识，并利用已有的信息和知识来产生新信息，在此基础上形成策略信息，此即信息的处理及再生过程，它是人们认识外部事物的一个升华和深化。目前普遍使用的是总线制火灾报警控制器，火灾探测器将发生火灾期间所产生的烟、温、光等信号以模拟量形式连同外界相关的环境参量（如温度、湿度等）同时传送给火灾报警控制器，火灾报警控制器根据获取的信息和内部存储的火灾模型数据信息，确认火灾是否存在，控制器产生策略信息。

信息模型的最后一个环节是信息执行，是信息最终发生效应的过程。信息执行最重要的表现形式是通过调节对象事物的运动状态及其变化方式，使对象处于预期的运动状态，就是控制。控制的作用即执行策略信息，产生控制行为，完成主体对对象施行的变革。在火灾自动报警与消防联动系统中通过输出的控制信号启动警报及显示装置声光报警，联动灭火、减灾、应急疏散装置等消防联动设施并与视频监控和出入口控制系统联动。其中灭火装置包括消火栓控制系统、自动喷水灭火系统、气体灭火系统、干粉灭火系统等，减灾防灾装置包括防火门设备、防火卷帘设备、防排烟设备和水幕设备等，防排烟设备包括防火门、防火卷帘门等防火分隔措施，应急疏散设备包括消防电梯设备和应急照明设备等，另外联动视频监控系统监视火灾现场，及时掌握现场情况，联动出入口控制系统自动打开疏散通道上由门禁系统控制的门,确保人员的迅速疏散。

2. 安全技术防范系统信息模型的实现

安全技术防范系统包括入侵报警系统,视频监控系统、出入口控制系统、电子巡查管理系统、停车场管理系统等。

(1) 入侵报警系统信息模型的实现

入侵报警系统由前端探测设备、传输线路设备、控制设备和执行设备构成。前端设备包括探测器和紧急报警装置,传输线路设备包括线缆及其相关设备等,控制设备包括控制器或中央控制台,输出设备包括警报装置、显示/记录报警信息的计算机和打印机等。其信息模型的实现如图 9-5 所示。

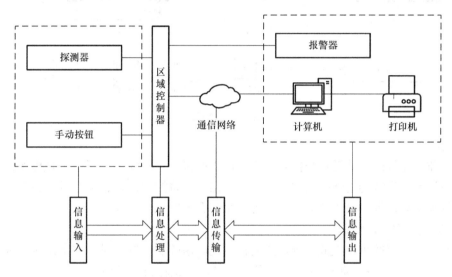

图 9-5　入侵报警系统信息模型的实现

信息的获取方式主要有入侵探测器(开关式入侵探测器、光束遮断式入侵探测器、热感式红外线探测器、微波探测器、玻璃破碎入侵探测器等)和报警按钮等。

信息传输由传输介质及相关设备完成。

信息的处理由报警控制器完成,入侵报警系统的报警控制器接收到报警信号,经识别、判断后按照程序设定执行本地处理(如发出声光报警信号、发出控制信号控制多种外围设备),并可与监控系统、出入口控制系统联动。

最后一个环节是信息执行,即执行策略信息,产生控制行为。入侵报警系统的控制系统输出控制信号,发出声光报警,自动拨号报警,开启相关摄像机和录像机,关闭相关出入口,同时还可将报警信息输出至上一级指挥中心或有关部门。

(2) 视频监控系统信息模型的实现

视频安防监控系统由前端设备、传输系统、控制设备和记录装置组成,其信息模型的实现如图 9-6 所示。

1) 信息输入—前端设备

视频监控系统的前端设备主要是指摄像机以及与之配套的设备,其任务是进行摄像并将其转换为电信号。

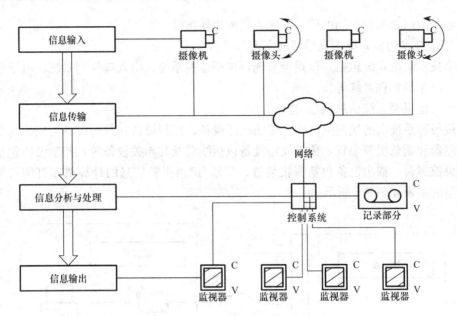

图 9-6　视频监控系统信息模型的实现

2）信息传输—传输系统

视频监控系统的前端设备与控制中心的信号的传输包括两个方面，一是摄像机将视频信号通过视频信号线传输到控制中心，二是控制中心将控制云台、摄像机镜头等的控制信号传输到前端译码器，对于全数字系统可采用综合布线。

3）信息处理—控制部分

它是整个系统的重要组成部分，主要包括视频矩阵切换器（对全数字系统，为控制用计算机）、控制键盘等负责对系统内各个设备（包括摄像机、云台、摄像机镜头）进行控制，调整摄像机镜头的焦距和光圈大小、控制云台转动（自动巡视的云台可以自动调整云台的旋转，无需控制命令）获取合适的监控图像。

4）信息输出—显示记录部分

主要作用是将摄像机传输的视频信号转换成图像在监视设备上显示，并根据需要将监视图像用记录设备录像记录，便于事后调阅和分析。

（3）出入口控制系统信息模型的实现

出入口控制系统的功能是管理建筑内外的出入通道，对出入建筑物、出入建筑物内重要通道或场所的人员进行识别和控制，限制未授权人员的出入和活动，对出入人员及其出入时间进行记录等，其信息模型的实现如图 9-7 所示。

1）信息输入

出入口控制系统的信息获取是通过系统的前端的身份识别装置，包括证/卡类身份识别、密码类识别、生物识别类身份识别以及复合类身份识别等，主要用来接受人员输入的信息，再转换成电信号送到控制器中。

2）信息识别及处理

控制器接收底层设备发来的相关信息，同自己存储的信息相比较以做出判断，然后发出处理的信息，并将相应的事件信息传递给中央计算机，也接收控制主机发来的命令。

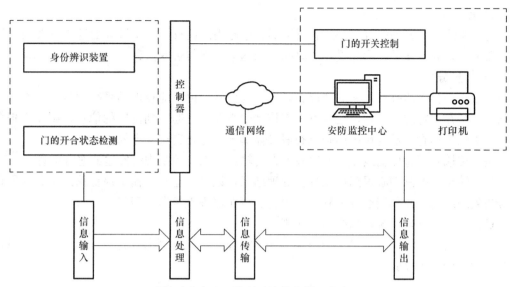

图 9-7　出入口控制系统信息模型的实现

3）信息传输

传输包括前端向管理主机传输的报警信号、视频图像和身份识别信息，以及控制主机传输给前端的控制信号的信息。

4）信息输出

执行控制器的控制命令，控制和驱动末端装置（电动门锁等），通过管理计算机记录事件，生成各种报表。

（4）电子巡查管理系统信息模型的实现

电子巡查管理系统主要功能是保证巡查人员能够按照一定的顺序和时间对巡查点进行巡查，并保证巡查人员的安全，其信息模型的实现如图 9-8 所示。

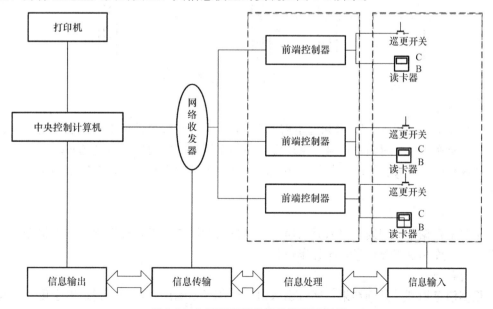

图 9-8　电子巡更系统信息模型的实现

1）信息输入

巡查路线上设置的巡查开关或者读卡器，用专用的巡查开关钥匙开启巡查开关或者读卡，获取巡查人员在系统预先设定的时间内到达巡查点与否的信息。

2）信息分析与处理

控制中心接受巡查点发来的"巡查到位"的信号，记录巡查点的系统编号和巡查到达时间。如果在规定的时间内，巡查点未向控制中心发出"巡查到位"的信息，则发出报警信号，由临近巡查人员赶往该巡查点查看具体情况，保障巡查人员的生命安全。

信息传输：通过传输线路及网络收发器传输巡查点向控制中心发送的巡查信息

信息输出：控制中心根据信息分析处理结果，记录、显示、输出巡更信息，并执行信息分析处理结果，比如当巡查未到位时报警、调派巡查人员巡查等。

（5）停车场管理系统信息模型的实现

停车场管理系统具有车辆自动识别、停车管理收费和车辆出入管理等功能，其信息模型的实现如图 9-9 所示。

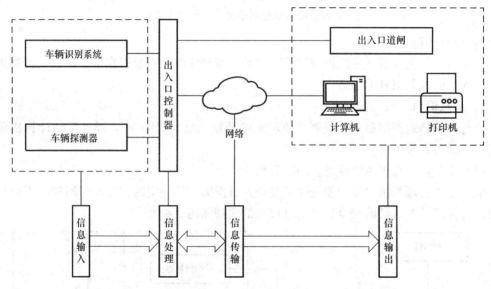

图 9-9　停车场系统信息模型的实现

1）信息输入

采用磁卡、条码卡、IC 卡和远距离 RF 射频卡以及车牌自动识别等车辆自动识别装置采集车辆及车辆出入时间等信息，采用安装在停车场（库）的出入口处的车辆探测器，感测被授权允许驶出或驶入的车辆是否到达出入口并正常驶出或驶入，以控制挡车闸的打开与关闭。

2）信息识别及处理

主要是根据车辆识别和出入时间信息，进行收费计费及出入杆控制，并可根据车辆探测器对出入库车辆感测信息，统计车位状况。

3）信息输出

根据信息识别及处理结果，通过出入口道闸执行车辆出入控制，通过电子屏显示车位情况，根据收费计费结果实行收费。

3. 应急响应系统信息模型的实现

应急响应系统是大型建筑物或其群体构建于火灾自动报警系统、安全技术防范系统基础之上应对突发事件的应急保障体系，是以网络与通信技术等为支撑，整合建筑安全各个子系统的功能和数据资源，在统一的空间信息基础设施平台基础上，对紧急的突发事故立即做出响应，防止事故危害的扩散，实现对建筑紧急事件的实时响应和调度指挥。应急响应系统包括有线/无线通信、指挥、调度系统、多路报警系统、消防—建筑设备联动系统、消防—安防联动系统和应急广播—信息发布—疏散导引系统等，具有对火灾、非法入侵等事件进行准确探测和本地实时报警，采用多种通信方式对自然灾害、重大安全事故、公共卫生事件和社会安全事件实现本地报警和异地报警、指挥调度、紧急疏散与逃生指引、事故现场紧急处置等功能。

应急指挥系统信息原理模型如图 9-10 所示。

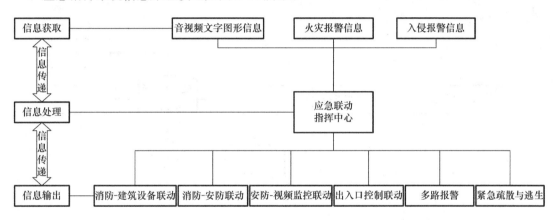

图 9-10 应急响应系统信息模型

（1）信息输入

由火灾自动报警系统和安全技术防范系统获取火灾报警、入侵报警以及其他报警信息。

（2）信息传输

通过信息网络将各种报警信息传输到应急响应指挥中心，并将应急指挥中心的决策信息下传到相应的执行及联动装置。

（3）信息处理

应急指挥中心根据不同的报警信息，监测并分析预测事件进展，以统一化指挥和采用专业化预案方式，产生策略信息，并将其输出到各个执行及联动设备。

（4）信息执行

根据应急指挥中心的统一指挥和预案决策信息，控制执行装置及联动设备动作，提供多种方式的通信与信息服务，以确保当建筑内人员生命造成重大风险时及时报警和有序引导疏散。

9.2 建筑智能办公环境的信息原理及方法

在世界的发展步入信息时代的今天，浩繁信息的获取、处理、存储和利用已经成为人类社会面临的重要任务之一。而作为信息加工的办公环境，不仅要处理与日俱增的日常业务信息，而且要通过对事务性信息的加工处理生成各类辅助决策信息。世界各国的经验表明，一个国家的经济现代化，必须依赖于管理的现代化和决策的科学化。因此，办公自动化作为管理现代化的重要内容，得到了日益广泛的应用。智能办公环境综合运用现代科学与技术，对来自建筑物内外的各类信息予以收集、处理、存储和检索，为建筑物的管理者和使用者创建良好的信息环境并提供快捷有效的办公信息服务，提高办公质量和办公效率，实现科学管理和科学决策，智能办公环境是建筑智能环境的要素之一。

9.2.1 智能办公环境的信息过程模型

1. 智能办公环境的信息流程

智能办公环境的核心是处理信息，所以办公活动是以处理信息流为主要业务特征的。其工作流程为信息的输入与生成、信息的存储与处理、信息的输出与传送，信息流程图如图 9-11 所示。

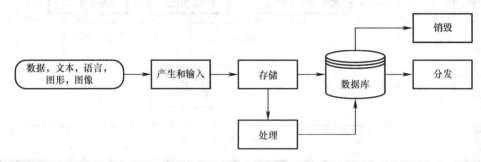

图 9-11　智能办公环境信息流程图

（1）信息生成和输入

信息生成和输入是信息处理系统的入口点。信息的载体主要有数据、文本、声音、图形和图像。数据一般指各种统计数据、计算数据、报表数据和各种原始数据等；文本常指用各种语言文字所表示的文件、公文、信件、报告等；语音一般指用语音形式表达的各种信息，如口头命令、指令、通知、决定和电话等；图形常指静态的图形，如各种产品样本，照片、图案、文件图章、公章、签名以及各种图表等；图像一般指动态的图形，如电视转播、电视会议、闭路电视的图像等。

（2）信息的存储与处理

信息存储与处理是实现智能办公环境最关键的一步，如果不对信息进行记录和有效的存储管理，在用户需要时不能及时得到，那么信息将没有价值，而信息处理则是办公活动的核心。由第三章智能办公环境的内涵可知，办公活动按功能可分为事务型、管理型和决策型三类。事务型办公活动主要是处理比较确定的例行性的日常办公事务和行政事务，管理型办公活动包括事务处理和信息管理两部分，其中信息管理是指对管理范畴之内及相关的各类信息进行控制和利用。决策型办公活动是根据出现的问题及要求，寻求实现的对策和方法。因而，信息处理也分为事务型、管理型和决策型三个层次。事务型信息处理基于基础数据库和事务处理数据库，对输入的信息进行汇总、分析、处理、存储，处理日常的办公事务；管理型信息处理基于事务型数据库、综合数据库和多种专业数据库，处理、存储、传输综合管理信息，使管理者和决策者及时全面地掌握数据和信息，以实现利用信息控制企业行为；决策型信息处理基于事务型数据库、管理型数据库以及其独有的决策模型库和方法库，通过建立综合数据库得到综合决策信息（再生信息），通过知识库和专家系统进行各种决策判断，实现综合决策支持。

（3）信息的输出与传递

信息处理的目的是应用，信息的输出与传送即是将经过处理的策略信息输出/传送到应用系统，以实现信息施效。这里所说的传递包括办公信息的远程通信，即用电子方法将数据从信息系统的一处传送到另一处。

由以上分析可以得出智能办公环境的信息过程模型如图 9-12 所示。

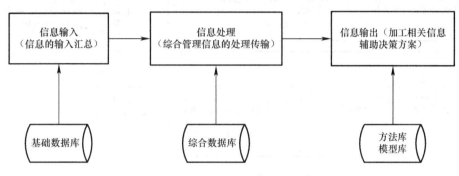

图 9-12　智能办公环境信息过程模型

2. 建筑智能办公环境的信息模型

建筑智能办公环境是在建筑智能化设施系统的基础上，通过信息化应用系统实现的。信息化应用系统包括公共服务系统、智能卡应用系统、物业运营管理系统、信息设施运行管理系统、信息安全管理系统以及专业化工作业务系统等。公共服务系统对建筑物各类公共服务事务进行信息化管理；智能卡应用系统具有识别身份、门钥、重要信息系统密钥的功能，并具有各类其他服务、消费等计费和票务管理、资料借阅、物品寄存、会议签到和访客管理等管理功能；物业运营管理系统对建筑各类设施运行、维护实施规范化管理。结合上一节对智能办公环境信息过程的分析，可以得出建筑智能办公环境信息模型如图 9-13 所示。

（1）信息获取

在智能办公环境的模型中，信息的获取设备主要有，信息设施监测器、身份识别设备、摄像机、触摸屏、传真机、扫描仪、键盘等，可以获取包括运行状况、身份信息、多媒体等在内的多种信息，并同时把其中一些非电量信号转换为电量以便传输。

（2）信息传递及存储

信息传递与存储完成把事物运动状态及其变化方式从空间（时间）上的一点传送到另一点的任务。信息获取和信息传递过程所提供的信息都是第一类认识论层次的信息。在该模型中，信息传输利用通信系统和综合布线发送、接收和传递各种数据、图像、语音等信号，并将控制器输出的策略信息以及控制信号传输到各个设备。信息存储则是将信息存入数据资源库中，或保存在设备硬盘中。

（3）信息的处理及再生

信息的处理及再生过程是对这些信息进行加工和处理，从中提取出相关知识，并利用

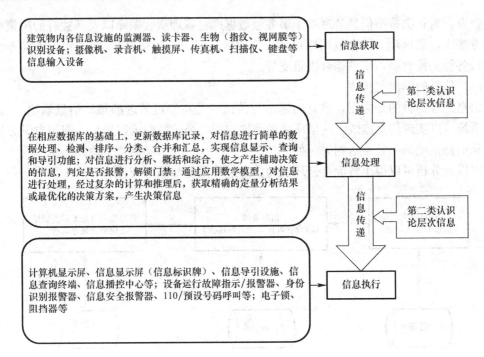

图 9-13　建筑智能办公环境信息模型

已有的信息和知识来产生新信息。它是人们认识外部事物的一个升华和深化，在此基础上形成（再生）的关于变革外部事物的一个规划，即策略信息——第二类认识论层次信息。对信息的处理在该模型中的应用可分为三种。第一类是对信息进行简单的数据处理，包括过滤信息中的干扰信号，并对信息进行检测、排序、分类，使之缩短检测时间，并对信息进行合并和汇总，可打印生成报表，并使之实现显示、查询和导引功能，应用在计算机、信息显示屏（信息标识牌）、信息导引设施、信息查询终端、信息播控中心等设备上。第二类是对信息进行分析、概括和综合，使之产生辅助决策的信息，判定是否报警，解锁门禁；通过应用数学模型，对信息进行处理，经过复杂的计算和推理后，获取精确的定量分析结果或最优化的决策方案，从而产生决策信息。常用的数学模型有预测模型、决策模型、模拟模型等，可实现解除门禁、运行成本管理、基础设备资源配置及应用管理、信息化管理及实现身份识别、签到、票务管理等管理功能。

（4）信息施效

信息模型的最后一个环节是信息施效，是信息最终发生效应的过程，内容包括显示、报警、控制等。其中，显示设备包括计算机显示屏、信息显示屏（信息标识牌）、信息导引设施、信息查询终端等设备，可完成信息的直接显示、简单查询及导引功能。报警设备包括运行故障指示/报警器、身份识别报警器、信息安全报警器、110/预设号码呼叫等，可以在出现运行故障、身份识别异常、信息安全异常时做出提醒，并在危急且重要情况下进行110预设号码呼叫，并可执行控制设备输出的指令，实现相应控制管理、解除门禁等。

9.2.2　智能办公环境信息模型的实现

1. 公共服务管理系统信息模型的实现

公共服务系统对建筑物各类服务事务进行周全的信息化管理，具有整合各类公共业务信息的接入、采集、分类，汇总形成数据资源库，并向建筑物内的公众提供信息检索、查询、发布和标识、导引等管理功能，一般由信息播控中心、传输网络、信息显示屏（信息标识牌）和信息导引设施或查询终端等设备组成，为公共管理与公共服务提供信息化、高效化的技术支持。其信息模型的实现如图 9-14 所示。

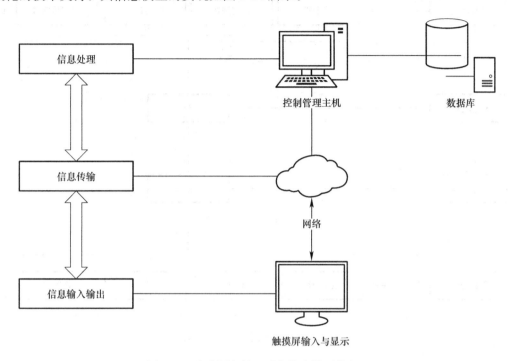

图 9-14　公共服务管理系统信息模型的实现

其信息过程如下：

（1）信息获取

触摸屏等输入信息。

（2）信息处理

将采集到的信息分类汇总形成数据资源库，提供计费、查询、导引和发布等管理功能。

（3）信息传输

通过信息网络传输上行的输入信息和下行的输出信息。

（4）信息输出

根据操作提供查询、导引、发布等需要显示的信息。

2. 智能卡应用系统信息模型的实现

智能卡应用系统又称为"一卡通"，即将不同类型的 IC 卡管理系统连接到一个综合数据库，通过综合性的管理软件，实现统一的 IC 卡管理功能，从而使得同一张 IC 卡在各个子系统之间均能使用。智能卡应用系统主要包括智能卡出入口管理系统、智能卡电子巡更管理系统、IC 卡智能收费管理系统、智能卡考勤管理系统、智能卡停车场管理系统、电梯控制管理系统等。智能卡应用系统可通过智能卡和各种识别器以及相应的阻挡器和联动机器，实现识别身份、门钥、重要信息系统密钥、消费计费、票务管理、资料借阅、物品寄存、会议签到等管理功能。智能卡应用系统由中央计算机、网络及区域控制器、智能识别设备、智能卡、传感器、执行器及系统管理软件和通信软件等组成，其信息模型的实现如图 9-15 所示。

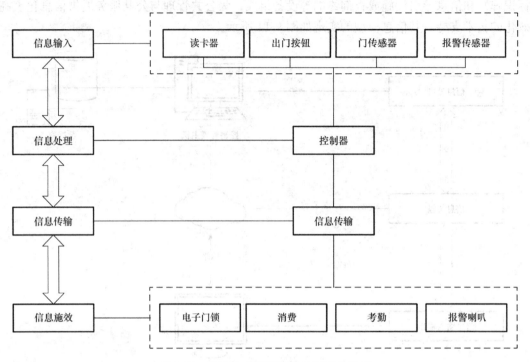

图 9-15　智能卡应用系统信息模型的实现

（1）信息获取

同一张卡，不同的识别装置，不同的应用。

（2）信息处理

卡的有效性和合法性，合法有效则响应开门、消费、签到等，否则不响应或报警。

（3）信息施效

执行响应需求的动作，比如开门、消费等。

3. 物业运营管理系统信息模型的实现

物业管理系统根据物业管理的业务流程和部门情况，将物业管理业务分为空间管理、固定资产管理、设备管理、器材家具管理、能耗管理、文档管理、保安消防管理、服务监督管理、物业收费管理等不同的功能模块，通过物业信息化管理，提高工作效率和服务水平，实现物业管理正规化、程序化和科学化。物业管理系统应具有建筑各类设施运行、维护等建筑物相关运营活动的监测功能，其信息模型的实现如图 9-16 所示。

（1）信息获取

采用自动或手动输入物业信息，如能耗表采集的数据信息、房产租赁信息、用户查询信息等。

（2）信息处理

将采集到的信息分类、汇总、生成报表并存档，生成查询、检测信息，对收费信息进行计算等。

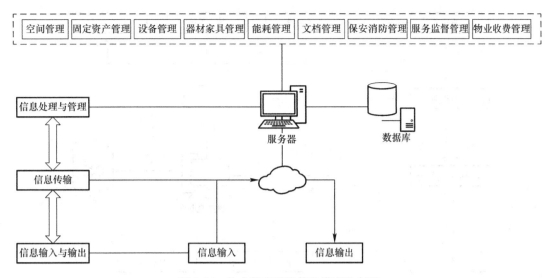

图 9-16　物业管理系统信息模型的实现

（3）信息施效

显示费用金额，显示查询的结果信息，显示统计信息。

4. 信息设施运行管理系统信息模型的实现

信息设施运行管理系统具有对建筑内各类信息设施的资源配置、技术性能、运行状态等相关信息进行监测、分析、处理和维护等管理功能，满足对建筑物信息基础设施的信息化高效管理，是支撑各类信息化系统应用的基础保障。信息设施运行管理系统拥有信息基础设施数据库和多种监测器，信息基础设施数据库涵盖布线系统信息点标识、交换机配置与端口信息、服务器配置信息、应用状态及配置等，实现基础设备资源配置及应用管理、使用率统计以及运行成本管理等功能，为管理维护人员提供快速的信息查询及综合数据统计。

多种监测器通过模拟运行维护人员的操作，对信息化基础设施中软、硬件资源的关键参数进行不间断监测，监测内容包括网络线路、网络设备、服务器主机、操作系统、数据库系统、各类应用服务等。一旦发现故障或故障隐患，通过语音、数据通信等方式及时通知相关运行维护人员，并且可以根据预先设置程序对故障进行自动恢复，其信息模型的实现如图 9-17 所示。

（1）信息获取

采用多种监测器采集布线系统信息点标识、交换机配置与端口信息、服务器配置信息、应用状态及配置等信息。

（2）信息处理

将信息录入信息基础数据库，实现基础设备资源配置及应用管理、使用率统计以及运行成本管理等，为管理维护人员提供快速的信息查询及综合数据统计，检测是否发现故障。

（3）信息传输

将前端监测器获取的信息传递到信息处理中心，并将信息处理的结果传送到相关维护人员，或将控制策略发送给相应的执行机构。

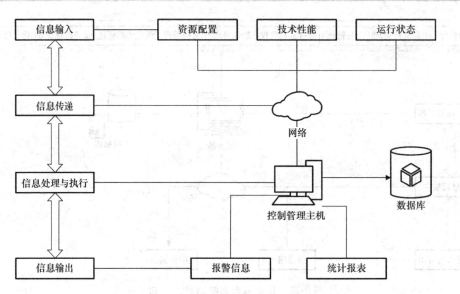

图 9-17　信息设施运行管理系统信息模型的实现

（4）信息执行

发现故障或故障隐患，通过语音、数据通信等方式通知相关运行维护人员，且可根据预先设置程序对故障进行自动恢复。

5. 信息网络安全管理系统模型

通过采用防火墙、加密、虚拟专用网、安全隔离和病毒防治等各种技术和管理措施，使网络系统正常运行，确保经过网络传输和交换的数据不会发生增加、修改、丢失和泄露。该系统可保障信息网络的运行和信息安全等。信息模型如图 9-18 所示。

（1）信息获取

对应用管理、终端管理、安全设备管理和网络管理产生的各种信息进行收集。

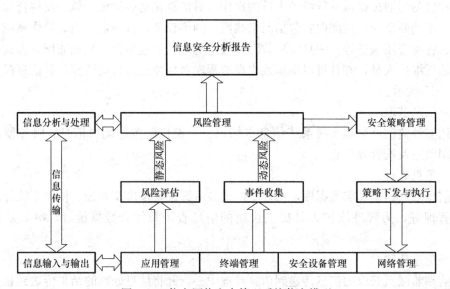

图 9-18　信息网络安全管理系统信息模型

（2）信息处理

对收集的信息进行风险评估、风险管理，产生信息安全分析报告，并制定安全策略管理。

（3）信息施效

安全策略的下发与执行。

9.3　建筑信息通信环境的信息原理及方法

信息通信环境是建筑智能环境的要素之一，目的是实现建筑内各种类型信息的快速传输与远距离共享，是通过信息设施系统实现的。本节将信息理论作为一种方法论应用到对建筑信息通信环境的研究中，从信息流的角度研究信息通信环境的实现过程。

9.3.1　信息通信环境模型

建筑中的信息通信环境是为确保建筑物与外部信息通信网的互联及信息畅通，通过多种类信息设备系统加以组合，对语音、数据、图像和多媒体等各类信息予以接收、交换、传输、存储、检索和显示等进行综合处理，提供实现建筑物业务及管理等应用功能。信息通信环境信息模型如图 9-19 所示，信息过程包括信息获取、信息传递、信息处理、信息施效。

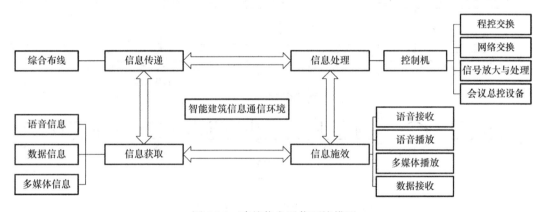

图 9-19　建筑信息通信环境模型

其中，信息获取是从信源中获取信息，信息设施系统中有各种各样不同类型的信源设备，采集不同种类的信息。例如，电话系统中将语音信息转换为电信号的话机、计算机系统中输入各种数据信息的输入装置、电视系统的节目源等。信息传递通过发送设备、信道、接收设备等实现。智能建筑中的信息传输通道平台，主要是指综合布线系统，它使语音、数据、图像等设备与其他信息管理系统彼此连接，也能使这些设备与建筑物外部相连。它是一种模块化的、灵活性极高的建筑物内或建筑群之间的信息传输通道。信息处理发生在信息传输前、传输中和传输后，包括对信号的调制、滤波、放大、交换等一系列操作，这些操作都是为了实现通信功能，保证通信质量，降低干扰，提高通信效率，采用的设备包括信号处理与放大设备、程控交换机、网络交换机等。信息施效体现在信宿中，设备将原始电信号还原成相应的消息进行音频播放，图像播放和数据接收等。在基本的信息过程基础上所进行的信息组织是对系统的优化，使系统更加高效、智能。在信息通信环境中体现最为突出的一点为对符合融合信息化应用所需的各类信息设施予以融合，并为建筑的使用者及管理者提供信息化应用的基础条件。

9.3.2 信息通信环境模型的实现

1. 电话交换系统信息模型的实现

电话交换系统中信息获取环节包括话机获取的语音信息以及主叫与被叫用户的地址信息，同时在通话过程中需要监听用户线的摘挂机状态、拨号脉冲等用户线信号，转送给控制设备，以获取用户的忙闲状态和接续要求。信息传输环节包括各种接口电路、中继器、交换网络、传输线缆等，通过这些设备使发送端和接收端能够建立起一条传输链路来实现音频的传输。信息处理除了常规的信号处理以外，还包括利用交换网络实现通话双方的接续，控制通话线路的通断，在现代的程控交换机中，这些处理过程是通过计算机程序来完成的。信息施效环节主要的任务就是通过话机将包含信息的音频电流转变为声音信号并向空间辐射电波。电话交换系统信息模型如图 9-20 所示，其中话机及用户电路实现信息的输入与输出，传输线路实现各种用户线与交换机之间的连接，交换网络和控制部分完成信息的交换与处理，交换网络为话路设备中核心设备，根据用户的呼叫要求，通过控制部分的接续命令，建立主叫与被叫用户间的连接通路，控制部分根据外部用户与内部维护管理的要求，执行存储程序和各种命令，以控制相应硬件实现交换及管理功能。

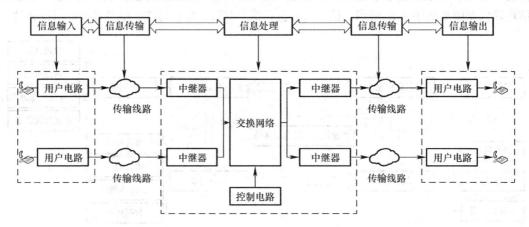

图 9-20　电话交换系统信息模型的实现

2. 公共广播系统信息模型的实现

公共广播系统信息模型的实现如图 9-21 所示。

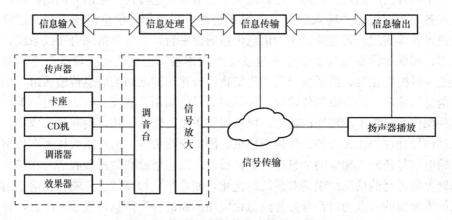

图 9-21　公共广播系统信息模型的实现

（1）信息输入

也就是声源部分，包括多媒体计算机、CD 唱机、录音卡座、AM/FM 调谐器、传声器等。节目源以多媒体背景节目（按预先安排的多种不同的节目表自动播放 MP3 或其他格式音乐文件）为主，备用节目（播放 CD 唱片或卡式磁带）以及传声器广播信号通过音频矩阵切换器和节目源切换器与多媒体信号相互切换播出。

（2）信息处理

信息处理设备包括调音台、前置放大器和功率放大器等。前置放大器的功能是将输入的微弱音频信号进行放大，以满足功率放大对输入电平的要求。功率放大器的作用是将前置放大器或调音台送来的信号进行功率放大，再通过传输线去推动扬声器放声。调音台又称调音控制台，它将多路输入信号进行放大、混合、分配、音质修饰和音响效果加工，它不仅包括了前置放大器的功能，还具有对音量和音响效果进行各种调整和控制的功能。

（3）信息传输

通过传输线路将信息处理后广播信号输送至扬声器

（4）信息输出

通过扬声器播放广播信号。

3. 有线电视系统信息模型的实现

建筑物或建筑群中的有线电视系统接收来自城市有线电视光节点的光信号，由光接收机将其转换成射频信号，通过传输分配系统传送给用户。它也可以建立自己独立的前端系统，通过引向天线和卫星天线接收开路电视信号和卫星电视信号，经前端处理后送往传输分配系统。随着技术的发展，有线电视系统已不再是只能传输多套模拟电视节目的单向系统，有线电视网络正在逐步演变成具有综合信息传输能力、能够提供多功能服务的宽带交互式多媒体网络，其信息模型的实现如图 9-22 所示。

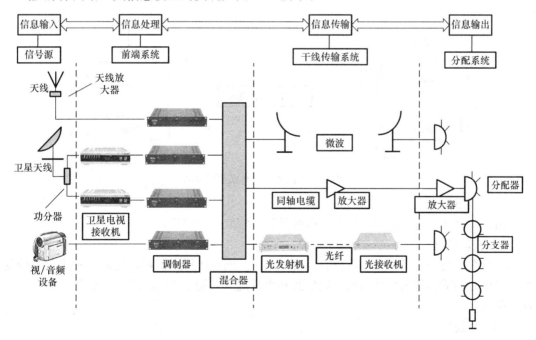

图 9-22　有线电视系统信息模型的实现

（1）信息输入

节目的信号源为系统提供各种各样的信号，主要有卫星发射的模拟和数字电视信号、当地电视台发射的开路电视信号、微波台转发的微波信号以及电视台自办的电视节目等。主要器件有接收天线、卫星天线、微波天线、视频设备（摄像机、录像机）、音频设备等。

（2）信息处理

主要是指对信号源提供的信号进行必要的处理和控制，其内容主要包括信号的放大、信号频率的配置、信号电平的控制、干扰信号的抑制、信号频谱分量的控制、信号的编码、信号的混合等。主要器件有前端放大器、信号处理器、调制/解调器、混合器等。

（3）信息传输

信息传输系统的任务是将前端系统接收并处理过的电视信号传送到分配网络，在传输过程中根据信号电平的衰减情况合理设置电缆补偿放大器。干线部分的主要器件有：电缆或光缆、干线放大器、线路延长放大器等。

（4）信息输出

也就是与用户的交互部分，分配系统的功能是将干线传输来的电视信号通过电缆分配到每个用户，主要设备有分配器、分支器、分配放大器和用户终端，对于双向电视系统还有调制解调器（CM，Cable Modem）和数据终端（CMTS，Cable Modem Termination System）等设备。

4. 会议系统信息模型的实现

会议系统采用计算机技术、通信技术、自动控制技术和多媒体技术实现对会议的控制和管理，提高会议效率，目前得到广泛的应用。会议系统信息模型如图 9-23 所示。

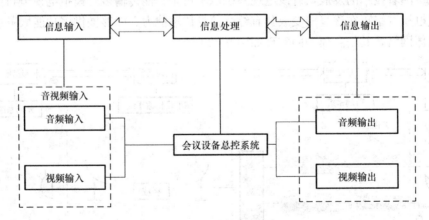

图 9-23　会议系统信息模型的实现

（1）信息输入

由麦克风等设备获取音频信息，由摄像设备获取视频信息。

（2）信息处理

通过会议总控设备实现话筒控制、会议表决、同声传译、资料产生和显示等。其控制方式可以是不需操作人员的自动控制模式和由管理人员通过 PC 机或专用的触摸屏实施控制的模式。

（3）信息输出

在输出扩声信号的同时，将多媒体信息显示系统通过网络上的计算机和大屏幕的投影系统将数据库中的各类文件、数据、图形、图像、表格和动画等信息，以准确、清晰的视觉效果传递给会议出席者，实现信息的共享。

9.4　建筑智能管理环境的信息原理及方法

由第 3 章可知，智能管理环境是建筑智能环境的要素之一，其内容主要包括建筑设备管理、能源管理和智能化系统集成管理等。建筑设备管理和建筑能源管理均是通过建筑设备管理系统实现的，建筑设备管理系统中的建筑设备监控系统对建筑物内的空调与通风、变配电、照明、给水排水、冷热源与热交换设备、电梯、停车库等建筑设备进行集中监视、控制和管理，以保证建筑物内所有机电设备处于高效、节能、安全、可靠和最佳运行状态，建筑设备管理系统中的建筑能效监管系统对建筑物内各种能源（包括水、电、气以及可再生能源）进行智能化管理，通过建筑能耗的分类分项计量和能效监管，节能增效。智能化集成系统是位于建筑智能化系统最高层次的管理平台，其集成的内容包括建筑设备管理系统在内的各智能化系统，是涉及建筑设备管理系统、公共安全系统、信息设施系统和信息化应用系统的综合管理平台，实现对各智能化系统信息资源共享和集约化协同管理。本节应用信息理论的原理及方法，分析建筑设备管理、建筑能源管理和建筑智能化系统集成管理的信息过程模型及其实现。

9.4.1　建筑设备管理信息过程模型及实现

1. 建筑设备管理信息过程模型

建筑设备主要包括建筑给排水、采暖通风和空气调节、供配电、照明和电梯等，是为人们居住、生活、工作提供便利、舒适、安全等条件的设备。建筑设备智能管理是通过建筑设备管理系统中的建筑设备监控系统实现，建筑设备监控系统在实现以最优控制为中心的过程控制自动化的同时，实现以运行状态监控和计算为中心的设备管理自动化，对建筑设备状态进行监视，自动监测、显示、打印各种设备的运行参数及其变化趋势或历史数据，并结合设备诊断技术，实现建筑设备的预知维护及保养，避免设备在运行中可能造成的各类故障，合理安排设备的维修计划，自动生成设备维修工单，对建筑设备进行统一管理和协调控制，使设备运行在最佳的状态，并且在有外界干扰或故障时能自主恢复到正常状态，或生成智能的应对策略，通过明显的声光信号告知管理人员处理危险状况，保障建筑物内人居环境与安全，创建建筑设备智能管理环境。

以下针对建筑设备监控系统的设备管理功能进行其信息原理分析并建立模型。

由第 3 章可知，建筑设备管理所涉及的信息包括设备基本信息、运行信息、故障/维修信息。其中，设备基本信息包括设备名称、型号、出厂日期、设备的安装位置与连接关系等；设备运行信息包括累计运行时间、运行状态、启停次数等；故障/维修信息包括故障类型、故障时间、维修时间、累计维修次数等。建筑设备智能管理是通过建筑设备管理系统在设备基本信息和实时监测设备运行信息的基础上，对各种设备的现状、使用过程、维修等情况进行统计，根据这些统计参数及预先制定的规则，比如根据累计和连续运行时间、各台设备间的相互备用以及季节性使用设备的时间特点等，自动编排设备的维修计划，并根据故障/维修信息，进行故障诊断，采取积极的预防性维护措施，确保各类设备运行稳定、安全可靠，满足物业管理的需求。

基于以上对设备管理的原理分析，建立模型如图 9-24 所示。

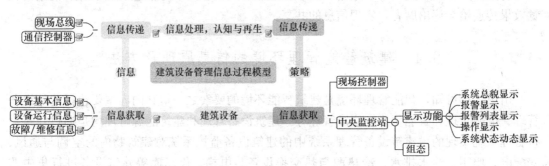

图 9-24　建筑设备管理信息过程模型

2. 建筑设备管理信息过程

（1）信息获取

建筑设备管理中所涉及的信息见表 9-1。

建筑设备管理所涉及的信息　　　　　　　　　　　　表 9-1

序号	设备基本信息	运行信息	故障/维修信息
1	名称/型号/出厂日期/功率	累计运行时间	故障时间
2	设备的安装位置	运行状态	维修时间
3	设备的连接关系	启停次数	累计维修次数

1）设备基本信息获取

设备基本信息在设备采买及安装时需输入并存储在管理用计算机中，不仅输入设备自身信息，而且包括设备的安装位置、安装时间、启用时间、设备的连接关系（或设备系统图）等。

2）设备运行信息获取

设备运行信息包括运行状态、累计运行时间和启停次数。其中运行状态信息有两种形式，其一是用开关状态表示设备是否工作或运行，比如对于供配电系统的中压开关与主要低压开关状态、备用及应急电源的手动/自动状态、冷冻水泵、冷却水泵、给/排水泵、冷却塔风机、送回风机等的运行状态及故障报警、电梯及自动扶梯的运行状态显示及故障报警等；其二是用运行参数表示设备运行正常与否，比如中压与低压主母排的电压、电流及功率因数测量，变压器温度监测及超温报警；电压、电流及频率监测、主回路及重要回路的谐波监测与记录等。设备启停次数及累计运行时间是通过对建筑设备监控系统对设备启停控制的记录实现的。

3）故障/维修信息获取

故障/维修信息的获取即故障信号检测。故障信号检测与故障检测方法直接相关。故障检测的方法主要有振动法、特征分析法和参数估计法。振动法测量设备主要部位的振动值，并与标准值比较，对运行状态进行评定；特征分析法对测得的特征信号在时域、频域、幅域进行特征分析，以确定故障的内容和性质；参数估计法是指当设备故障可用 n 个参数发生的不期望值显著变化来表示时，可根据参数变化的统计特性来检测故障，如最小二乘法，卡尔曼滤波等。振动信号中包含了各种丰富的故障信息，任何机械在运转时工作状态发生了变化，必然会从振动信号中反映出来。对旋转机械来说，目前国内外应用最普遍的方法是利用振动信号对机器状态进行判别，利用振动信号进行测试也是最方便、实用的测试手段。特征信号一般具有两种表现形式，一种是能量形式，如振动、噪声、压力、温度、电压、电流等，由于它通过能量交换来完成，因此可以使用传感装置来进行检测；另一种是物态形式，如设备产生的气体、液体、烟雾，以及锈迹、裂纹等，一般采用特定的收集装置或直接观测。

由以上分析可见，设备运行信息和故障/维修信息的测量和获取，需依靠建筑设备监控系统前端的传感器与探测器完成。测量是获取各种事物的某些特征的直接方法。从计量角度来讲，测量就是把待测的物理量直接或间接地与另一个同类的已知量进行比较，并将已知量或标准量作为计量单位，进而定出被测量是该计量单位的若干倍或几分之几，也就是求出待测量与计量单位的比值作为测量的结果。由于电信号具有的各种优点，在建筑设备管理系统中往往将被测的物理量转换为电信号来处理和传输。各种传感器的电气特性不同，输出电压、电流的范围差异也比较大，所以往往会利用信号调理电路对传感器的输出做一些处理，例如滤波、放大、A/D 转换等，得到标准的电信号（4～20mA、0～5V 或 0～10V），保证获取信息的准确性，这样也有利于系统标准统一与方便管理。常用的检测设备包括电量检测设备（电流、电压变送器，功率检测盘，无功功率变送器）、温度检测设备、振动检测设备、噪声检测设备等。

（2）信息传递

信息的传递实际上贯穿于整个信息过程。信息的流动过程是一个循环过程，除了信息在各个模块（传感器、现场控制器、计算机等）中的流动，主要包括由传感器到现场控制设备的本体论信息传递和由现场控制设备到管理计算机的认识论信息传递。本体论信息的传递就是由传感器、变送器产生的标准的电信号通过点对点的传递输入现场控制器（DDC）中，每一个输入口对应不同的检测装置，当某一输入口有信号输入时就可以判定为对应检测装置动作，也就可以获取到准确的信息。认识类信息的传递即是将信息处理得到的智能策略送入控制设备和计算机中执行或显示，达到设备控制和监测的效果。

（3）信息处理

信号处理主要包括两个部分，一部分是在现场控制器中处理前端传感器传递过来的表征现场设备状态的信息和上位计算机传递下来的参数调整和直接控制命令。标准的电信号送入现场控制设备中，由预先在计算机上编好的程序进行处理，产生对应的智能策略输出至被控设备上对设备进行控制，另外将输出端口的信号状态及变化传输到计算机中，用于监控管理。现场控制站的处理能力虽然不如工业控制那么强，但实现的功能基本相同。现场控制站对各种现场检测仪表（如各种传感器、变送器等）送来的过程信号进行实时数据采集、滤波、校正、补偿处理，并完成上下限报警、累积量计算等运算、判别功能。重要的测量值和报警值由通信网络传送到操作员站数据库，供实时显示、优化计算、报警打印等。同时现场控制站还可以完成自动反馈控制、批量控制与顺序控制等控制运算，并接受中央监控站发来的各种操作命令进行参数调整和强制控制，提供对建筑设备的直接调节控制。

在建筑设备监控系统中，工程师一般在上位机以组态的方式进行控制程序的编写，编写好的控制程序经上位机编译后下载至现场控制器。这些控制程序存储在现场控制设备的存储器中，即使断电也不会丢失，CPU 的处理能力和存储器的大小决定了现场控制设备所能处理控制程序的复杂性。现场控制器通过通信模块与其他设备进行通信，包括向上位机发送监视状态、接收上位机发出的指令、与同级设备进行互操作以及通过现场控制面板改变部分程序参数等。

（4）信息施效

设备管理中的信息施效主要包括设备的自动控制和在计算机中利用管理软件对设备进行集中管理，即对设备运行状态的监测，对故障的报警，并将各种运行状态、维修状态记录到数据库中。最常见的监控软件就是组态。所谓组态，就是生产商为用户提供的简洁的操作平台软件，用户只需在此平台上做一些简单二次开发即可完成对工程项目的监视和控制功能。

（5）信息组织

对整个设备管理系统进行优化，使其更加节能、高效和环保。

3. 信息模型的实现

下面以设备智能故障诊断为例说明故障识别过程模型及其实现。

根据故障的形成过程，故障可分为两类：可预测故障和不可预测故障。可预测故障是指那些可预先知道的故障。设备运行过程中的故障，往往经历一个从产生到发展、从轻微到严重的渐变过程，渐发性故障即是一种最常见的可预测故障。渐发性故障一方面是设备性能的变化：正常→非正常→恶化→崩溃，另一方面是设备征兆参数的变化：不明显→明显、不完全→完全的时间过程，因此故障发生之前通常都有一定的征兆，有一定的规律性，及时捕捉这些征兆信息就可预防故障。信息融合检测法是早期故障的检测方法之一，该方法利用故障发生后系统中多个相关变量或征兆间的冗余关系，将它们的动态变化趋势进行融合，在故障动态变化过程中来检测早期故障，如神经网络、证据推理、贝叶斯估计法等。早期故障检测对减少或避免故障具有特别重要的意义。不可预测故障是指突发性故障，具有随机性，会对设备造成严重危害。

故障识别的过程如下：选择与设备状态有关的特征信号，从特征信号中提取征兆，根据征兆对设备进行状态识别，将通过特征提取后得到的征兆信息与规定的标准参数或标准模式进行比较，以确定设备当前所处的状态。如果属于正常状态，则通过状态预测对设备未来状况做出趋势估计；如果属于异常状态，则通过状态诊断找出故障原因、部位及严重程度，然后根据识别结果对设备进行状态诊断。有故障时，分析故障的位置、类型、性质、原因与趋势，进行故障定位；无故障时，分析状态趋势，预计未来情况，进行故障预测。根据状态诊断对设备进行干预决策，就是根据故障原因、特征，提出维修方案，采取相应措施，干预设备及其工作进程，使设备尽快地恢复其原有的性能或原有的工作状态，保证设备安全可靠高效运行。

综上所述，智能故障诊断的信息过程包括：故障信号检测、故障特征识别、故障状态预测、故障维修决策、故障容错控制，其故障识别过程模型如图9-25所示。

故障识别过程模型的实现有基于信号处理及特征提取的识别方法、基于模糊理论的识别方法和基于专家系统识别方法。信号处理及特征提取是故障诊断的基本方法，其支撑技术是传感技术和计算机技术，目前发展较快的有：特征参数法、幅值特征法、相位信息法、频谱分析及频谱特征再分析法等。基于模糊理论的识别方法是根据模糊集合论建立征兆空间和故障状态空间的映射关系，通过某些症状的隶属度求出各种故障原因的隶属度，以表征各故障存在的可能性。基于专家系统识别方法能模拟人的逻辑思维过程，利用专家

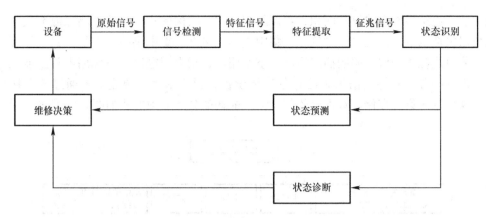

图 9-25　故障识别过程模型

知识来解决复杂诊断问题，它不依赖于系统的数学模型，而是利用专家知识和特征信息，通过推理得出设备是否故障及什么故障，并对识别结果进行评价和决策。故障识别的关键技术是系统分解技术（把一个大型复杂的系统分解为若干个小系统或子系统）、信号检测技术（关键在于测点选择与传感器选取）、特征获取技术（从传感器信号尽可能获取反映设备运行状态的特征信息）、数据融合技术（利用来自多个传感器的信息，采用一定方式进行分析组合，以提高信息的有效性和识别的可信度）。

9.4.2　能源管理信息过程模型及实现

能源管理主要是通过建筑能效监管系统实现的，系统通过对建筑安装分类和分项能耗计量装置，采用远程传输等手段采集能耗数据，实现建筑能耗数据的在线实时监测。动态分析以及能效测评功能。

1. 建筑能源管理信息过程模型

基于信息理论基本原理构建建筑能源管理信息过程模型如图 9-26 所示：

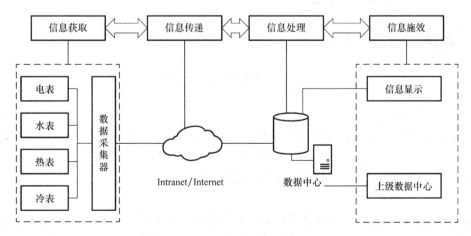

图 9-26　建筑能源管理信息过程模型

（1）信息获取

包括对建筑物基本信息和分类分项能耗信息的获取。建筑物基本信息包括建筑名称、建筑地址、建筑层数、建筑总面积、空调面积、建筑结构形式、建筑外墙保温形式。分类能耗数据包括电量、水耗量、燃气量、集中供热耗热量、集中供冷耗冷量、其他能源应用量等。分项能耗数据包括照明插座用电、空调用电、动力用电以及特殊用电等。能耗监测系统的现场部分主要将数据采集器和各计量设备、智能水表、智能电表通过 485 接口相连，实现数据采集、存储、数据远传等功能。能耗的分类分项方式如图 9-27 所示。

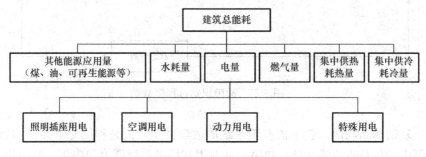

图 9-27　能耗的分类分项

（2）信息传递

通过传输线路将分散在各处的计量设备连接起来，将数据传输到计算机中，并连接至信息网络，实现远程抄表。建筑能耗数据传输结构如图 9-28 所示。

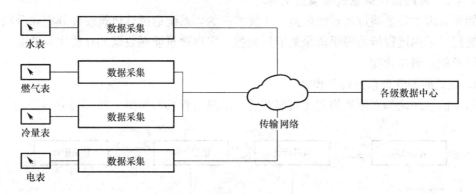

图 9-28　建筑能耗数据传输结构

（3）信息处理

主要是对建筑物能耗数据的分析，包括对数据的拆分，分类分项的计量，自动计算水、电、天然气等的用量及应缴费用，生成报表，并通过对能耗数据的拆分和挖掘，找出建筑能耗不合理的地方，为建筑的节能降耗提供依据。

（4）信息施效

信息施效在建筑能耗监测管理系统中主要表现在通过监测管理软件，对建筑能耗实施实时监测、能耗展示、能效评测、能耗预警和报警等。软件界面展示内容包括各类日常工作的数据报表，以及对应不同度量值、不同展示维度的数据图表。

（5）信息组织

能源管理中的信息组织主要是对数据进行分析和数据挖掘，找出能耗的分布特性，生成最佳的运行策略，节约能源。例如可以通过对经过数据处理后的分类分项能耗数据进行分析汇总和整合，为节能运行、节能改造、信息服务和制定政策提供信息服务。

2. 能源管理功能的实现

能效监管系统的监管功能可以通过以下功能模块实现，即：数据采集和传输模块、分项能耗在线监测模块、能耗公示模块、能耗预警及报警模块、在线能源审计模块、能效评价模块、用能上报模块和管理维护模块。

其中，数据采集和传输模块主要对数据采集器数据接入进行认证管理。认证通过后可实现数据对接，接收数据采集器的数据，将接收到的数据存入本地数据库或作为数据中转站将数据转发给远程数据中心，同时该模块提供对采集器基本的配置功能。分项能耗在线监测模块主要实现对建筑各分项能耗数据的实时监测，显示分项的数据信息。能耗公示模块按月、季度或年，公示所监控建筑的单位建筑能耗、单位空调面积能耗等信息。能耗预警及报警模块负责能耗异常报警及事件的传送、报警确认处理以及报警记录存档，用户可自定义各种报警，报警信息通过管理中心发布，也可以以邮件方式发送给用户处理。在线能源审计模块通过对所监控建筑的分类分项能耗逐级计算分析，从而得出建筑能源消耗状况，从中可以了解所监控建筑的用能水平，找出节能方向；能效评价模块通过将某段时间内、基准日期以及规范标准单耗的数据进行比较，得出各类单耗比较数据，系统对得到的数据进行分析，对相关建筑的能耗进行能效评价。用能上报模块可以将分类能耗统计信息按照要求的格式定时传送给上级数据中心。管理维护模块提供了建筑物信息管理、用户权限管理、系统日志、系统错误信息、系统操作记录、系统词典解释以及系统参数设置等功能。

9.4.3　系统集成管理信息过程模型及实现

系统集成是将智能建筑内不同功能的智能化子系统在物理上、逻辑上和功能上连接在一起，以实现信息综合、资源共享。智能化集成系统不仅要满足建筑物的使用功能，更要在实现子系统功能的基础上，优化各子系统的运行，实现子系统与子系统之间高效的联动，并且要采用计算机管理软件与上位机服务器，实现对各子系统集中监视和管理，将各子系统的信息统一存储、显示和管理在同一平台上，使管理人员便于获取建筑的各类信息，及时做出正确的判断和决策。集成管理是通过建筑智能化集成系统来实现的，智能化集成系统是一个一体化的集成监控和管理的实时系统，它综合采集各智能化子系统的信息，强化对各子系统的综合监控，构建跨子系统的一系列的综合管理和应急处理能力，在信息共享基础上实现信息的综合利用。系统结构如图 9-29 所示。

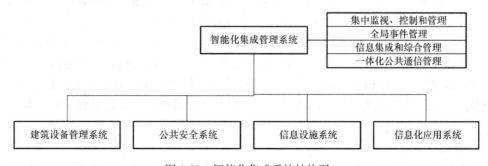

图 9-29　智能化集成系统结构图

智能化集成系统将各个子系统集成到同一个网络平台上，通过一个可视化的、统一的图形窗口界面，建立起整个建筑物的中央监控与管理界面，系统管理员们可以十分方便、快捷地对各功能子系统实施监视、控制和管理等功能。

基于上述原理，分析建立智能化系统集成管理信息过程模型如图 9-30 所示。

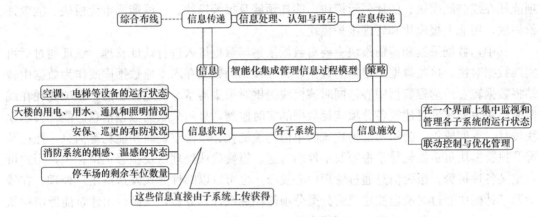

图 9-30　智能化系统集成管理信息过程模型

1. 信息获取

获取各功能子系统的信息，如空调、电梯等设备的运行状态，大楼的用电、用水、通风和照明情况，安保、巡更的布防状况，消防系统的烟感、温感的状态，停车场的车位数量，这些信息由被集成的子系统通过通信控制器送到集成管理数据库服务器中。

2. 信息传递

通过综合布线系统将各类信息传递到集成管理平台，实现资源共享，另外还要将集成系统的相关联动信息发送到现场控制器中，以实现整体建筑物的信息综合管理和联动控制。

3. 信息处理

通过功能强大的数据库系统，将所有现场设备在运行过程中所采集的信息进行分类分析、处理，并按规则进行记录，创建相应的数据库，进行数据管理。

4. 信息施效

在智能化集成系统中，对信息的施效一方面体现在在一个界面上集中监视和管理各子系统的运行状态，用颜色、声音等方式标识各种异常情况，进行自动报警，同时记录当时情况，对子系统设备的使用记录、故障记录、维修记录，形成相应的报表，并根据设备的运行状况定期生成设备维护通知单、日常工作日志等统计报表，对系统的能耗数据，水、暖、电等用量进行统计，根据用户单位，产生相应的报表；另一方面则是对设备的联动控制和优化管理。消防报警发生时，楼宇门动控制系统关闭通排风机，打开通排烟机，关闭楼层动力总配电，将电梯启动停放在一楼。消防报警与门禁系统联动，消防报警发生时，报警信息上传到集成管理中心，管理中心根据预先设定的规则，通过门禁系统打开或关闭相应的通道门和房门。

5. 信息组织

系统集成本身就是一种总体优化设计，其目的是把原来相互独立的系统有机集成至一个统一环境之中，将原来相对独立的资源、功能和信息等集合到一个相互关联、协调和统一的集成系统中，从更高的层次协调管理各子系统之间的关系，提高服务和管理的效率，提高对突发事件的响应能力。

　　建筑智能化集成系统实现了更高层次的管理以及对故障报警的快速响应和联动，以应急响应系统中的消防—安防联动系统为例，安全防范系统与火灾自动报警系统的联动控制是通过智能化集成系统产生的控制信号来实现的。当系统检测到火灾时，管理人员可以在控制室的监控界面上看到火灾报警的位置，系统会通过闭路电视监控系统联动附近的摄像机，确认火灾的发生以及具体的位置，并且联动控制风机、电梯、防火卷帘门、门禁系统等，为火灾区域中的人群打开疏散通道，而同时监控室监控控制屏上自动转换至火灾相关区域逃生通道和区域的监控画面，及时为救援和灭火人员提供现场第一手火灾资料，为减少和控制灾情创造有利时机。

本 章 小 结

　　本章将信息理论作为一种方法论应用到对建筑智能人工环境的研究中，从信息流的角度分析智能安全环境、智能办公环境、智能通信环境和智能管理环境的信息过程，通过分析其信息过程，揭示其工作机制，建立能够反映其工作机制的信息模型，说明建筑智能环境系统的功能和行为。

　　通过本章学习，应掌握建筑智能安全环境、智能办公环境、信息通信环境和智能管理环境的信息原理及实现方法，了解将信息理论作为一种方法论用于研究信息系统的基本方法。

练 习 题

1. 信息科学的方法论基本要点是什么？
2. 试画出典型的信息过程模型。
3. 智能安全环境的信息过程包括哪些环节？
4. 根据典型的信息过程模型，试分别画出公共安全各子系统的信息过程模型。
5. 试述智能办公环境的信息过程。
6. 试从信息论的角度描述智能卡应用系统的信息过程。
7. 智能管理环境包括哪几个部分？分别描述各部分的信息流程。
8. 试从信息论的角度分析你所熟悉的某一信息系统的信息过程。

第 5 篇　建筑智能环境系统原理及办法

第 10 章　系统理论基本原理及系统工程方法

10.1　系统理论基本原理

10.1.1　系统的定义、特性及分类

1. 系统的定义

"系统"一词源于古希腊语，用以表示"群体"和"集合"等概念。在系统论中，系统是指由相互作用、相互联系、相互依赖的若干组成部分结合起来的具有某种或几种特定功能的有机整体。早期研究系统科学的学者贝塔朗菲提出的系统的定义是：系统是相互联系、相互作用的诸元素的综合体。

由以上定义可见，一个系统必须具备三个条件：

（1）系统是由若干要素（部分）组成的。这些要素可能是一些个体、元件、零件，也可能其本身就是一个系统（或称之为子系统）。如运算器、控制器、存储器、输入/输出设备组成了计算机的硬件系统，而硬件系统又是计算机系统的一个子系统。

（2）系统有一定的结构。一个系统是其构成要素的集合，这些要素相互联系、相互制约。系统内部各要素之间相对稳定的联系方式、组织秩序及时空关系的内在表现形式，就是系统的结构。例如钟表是由齿轮、发条、指针等零部件按一定的方式装配而成的，但一堆齿轮、发条、指针随意放在一起却不能构成钟表；人体由各个器官组成，但各个器官简单拼凑在一起不能称为一个有行为能力的人。

（3）系统有一定的功能，或者说系统要有一定的目的性。系统的功能是指系统与外部环境相互联系和相互作用中表现出来的性质、能力和功能。例如信息系统的功能是进行信息的收集、传递、储存、加工、维护和使用，辅助决策者进行决策，帮助企业实现目标。

系统在实际应用中总是以特定系统出现的，如消化系统、生物系统、教育系统等，其前面的修饰词描述了研究对象的物质特点，即"物性"，而"系统"一词则表征所述对象的整体性。对某一具体对象的研究，既离不开对其物性的描述，也离不开对其系统性的描述。系统科学将所有实体作为整体对象研究其特征，如整体与部分、结构与功能、稳定与演化等等。

2. 系统的特性

系统包含以下特性：

（1）多元性

最小的系统由两个元素组成，称为二元素系统。一般系统均由多个元素组成，称为多

元素系统。包含无穷多个元素的系统，称为无限系统。

（2）集合性

系统是由若干个可以区别的元素组成。分析研究一个系统时，应先辨识系统的边界（把系统与环境区分开来的某种界限，叫做系统的边界），划分系统的范围，明确系统的组成部分和内部结构。

（3）相关性

系统中各元素之间有相互作用、相互影响、相互依赖的关系，即系统中各元素之间都是彼此相关的。例如在学校系统中，学生、教工、教学设施等系统元素彼此相关。

（4）整体性

系统是一个整体，是具有总体的特定功能、目标和作用的有机整体。它要求局部服从整体，要有整体观点、整体效益和整体目标。

（5）适应性

适应性是指系统对外界环境变化的适应。主要反映在两个方面：一是环境对系统功能的评价，即环境的满意性；二是系统本身是否能生存、发展，通过环境的选择来取舍。

（6）层次性

一个复杂的系统都由若干个层次构成。一般来讲，可以依据这些层次划分出它的子系统。一个复杂的系统下面有若干个子系统，每一个子系统下面又可以划分出若干更低层次的子系统，各层次的子系统都有自己的功能。

（7）动态性

系统在时间上是有序的，在状态上是随着时间的变化而变化的，不是静止不变的。系统在运行中既要从其环境输入物质和信息，又要不断地向其环境输出新的物质和信息，系统在这种运行中，也不断地改变着系统本身。

（8）目的性

这是系统的重要特征，尤其表现在人工系统中。人们构建、管理系统都要使系统具有某种功能，从而达到一定的目的。

3. 系统的分类

系统以不同形式存在于自然界与人类社会，种类繁多，常见的分类方式如下：

（1）自然系统和人工系统

自然系统是指其内部的个体按自然法则存在或演变，产生或形成一种群体的自然现象与特征。如天体系统、生命机体系统、物质微观结构系统等。人工系统是由人将有关元素，按某种系统结构组合而成的系统，系统内的个体根据人为的、预先编排好的规划或计划好的方向运作，以实现或完成系统内各个体不能单独实现的功能、性能和结果。如生产系统、电力系统、交通系统、企业管理系统等。通常把人工系统和自然系统的结合称为复合系统。

（2）开放系统和封闭系统

这是按系统与其环境有无交换关系划分的。开放系统是指系统与其环境不断地进行物质、能量、信息等的交换，如生态系统。封闭系统是与环境不产生交换的系统，例如一个静力学结构系统。开放系统往往具有对环境的自调节、自适应乃至自组织的功能，现实中的系统大部分都是开放系统。开放系统和封闭系统是辩证统一的，系统有绝对的开放性，也有相对的封闭性。可以从系统与环境的交换程度来界定系统的开放与封闭程度，系统与环境交换的程度高，开放性就强；反之，系统与环境交换的程度低，封闭性就强。

（3）动态系统和静态系统

这是按系统状态与时间的关系来划分的。动态系统是指系统的结构和状态随时间的延续而变化的系统。系统的动态性是必然的和绝对的，因为物质运动的普遍规律决定了系统也有产生、发展和消亡的过程。因而绝大多数系统是动态系统。静态系统是指系统的结构和状态不随时间延续而变化的系统。系统的静态是有条件的，暂时的和相对的，系统会根据发展的形势和变化的环境进行调整，随着系统的发展变化，静态也会消失。

（4）按系统的抽象程度

按照系统的抽象程度可将系统分为实体系统和概念系统。

实体系统是由客观物质等有形元素构成的物理系统，其组成部分是完全确定的存在物，是已经存在或完全实现的系统，所以又称为实在系统。从系统分析的角度来说，实体系统常常是指那些依赖实际技术执行过程的系统。

概念系统是人们根据系统目标和以往的知识由思想、算法、规划及政策等概念或符号元素构成的逻辑系统，它是将要实现的系统的高度概括和抽象，表述了系统的主要特征，描绘了系统的轮廓，从系统分析的角度来说，概念系统是指与实际技术过程无关的系统。

实体系统和概念系统在一定条件下是可以互相转化的。对一个正在运行的现有的实体系统进行基本过程和策略的提取并用某种符号或语言描述，便构成一个概念系统。根据外界环境的要求，对现存概念系统进行某种改变，如增加新的目标与要求等，可形成新的概念系统，把新的概念系统与某种技术过程联系起来并付诸实施，便又构成新的实体系统。实体系统与概念系统的相互转换在现实生活中是极为重要的。

10.1.2 系统的整体突现原理

1. 系统的整体性原理

整体性是系统最鲜明、最基本的特征之一。系统之所以成为系统，首先就必须具有整体性。

系统的整体性原理指的是，系统是由若干要素组成的具有一定新功能的有机整体，各个作为系统子单元的要素一旦组成系统整体，就具有独立要素所不具有的性质和功能，形成了新的系统的质的规定性，从而整体的性质和功能不等于各个要素的性质和功能的简单加和。系统整体性原理可用公式表示为：

$$w \neq \sum p_i$$

式中，w 代表总系统的整体功能；p_i 代表各子系统的功能。

2. 系统的整体突现性原理

各子系统按不同方式相互作用，激发出来的系统效应有正效应、负效应和零效应。如果各子系统结构合理，便可以使系统表现出正效应，出现 $1+1>2$ 的整体效果，但其必要条件是子系统必须是完整而相互独立的。由此得出系统的一个基本结论：若干事物按某种方式相互联系而形成一个系统，就会产生出它的组成部分和组成部分的总和所没有的新性质，叫做系统质或整体质。这种性质只能在系统整体中表现出来，一旦把系统分解为它的组成部分，便不复存在。这就是系统的整体突现性原理，又称非加和性原理或非还原性原理，是全部系统科学的理论基石。

整体突现性，即整体具有部分或部分和没有的性质，或高层次具有低层次没有的性质，是系统最重要的特性。用系统的观点看问题，中心之点是考察系统的整体突现性，即不能还原为部分去认识，只能从整体上加以把握的性质。只要是系统，就有整体突现性，不同系统具有不同的整体突现性。例如发动机、轮胎、座椅等器件单独使用时没有太多用处，但是将它们组装成汽车就能够实现交通工具的功能。组装成汽车使用，是整体把握对象，功能完整；将器件单独使用是还原成局部考察，功能零散。这就是系统论与还原论的不同。

系统是由要素组成的，整体是由部分组成的，要素一旦组合成系统，部分一旦组合成整体，就会反过来制约要素，制约部分，导致系统整体对部分的约束和限制，使部分自身的某些性质被屏蔽起来，整体对部分的屏蔽作用是产生整体突现性的必要代价。有所屏蔽，才能有所突现。比如水分子的形成屏蔽了氢的可燃性和氧的助燃性，其聚集体产生了不可压缩性等水的特性。

10.1.3 系统的等级层次原理

1. 系统的层次性

系统的整体功能是由元素相互作用产生的质的飞跃。元素质到系统质的根本飞跃是经过一系列部分质变实现的，由此形成一个个层次。所谓层次性是指系统由一定的要素组成，这些要素是由更小层次的要素组成的子系统，系统自身又是更大系统的组成要素。所以，任何系统的研究和设计都要明确该系统所处的层次，并考虑到上下层次之间的关系。

2. 系统的等级层次性原理

系统具有等级层次性，等级层次性是系统的一种基本特征。

系统的等级层次性原理指的是，由于组成系统的诸要素的种种差异包括结合方式上的差异，从而使得系统组织在地位与作用、结构与功能上表现出等级秩序性，形成了具有质的差异的系统等级，即形成了系统中的等级差异性。等级层次概念就反映这种有质的差异的系统等级或系统中的等级差异性。

系统是由要素组成的。但是，一方面，这一系统又只是上一级系统的子系统——要素，而这上一级系统又只是更大系统的要素。另一方面，这一系统的要素却又是由低一层的要素组成的，这一系统的要素就是这些低一层次要素组成的系统，再向下，这低一层的要素又是由更低一层的要素组成的，这低一层的要素就是这更低一层要素所组成的系统。一系统被称之为系统，实际上只是相对它的子系统即要素而言的，而它自身则是上级系统的子系统即要素。客观世界是无限的，因此系统层次也是不可穷尽的。

高层次系统是由低层次系统构成的，高层次包含着低层次，低层次从属于高层次。高层次和低层次之间的关系，首先是一种整体和部分、系统和要素之间的关系。高层次作为整体制约着低层次，又具有低层次所不具有的性质。低层次构成高层次，就会受制于高层次，但也会有自己一定的独立性。

不同层次具有不同功能，与层次的结合强度有关。也与层次的结构有关。结合强度反映的是相互作用即系统组织的内容，层次结构反映的是组织方式即组织结构的方式。

10.1.4 系统的环境互塑共生原理

系统已经具备内部有序的层次结构条件，能否保持系统的可持续运行，关键在于系统环境的互塑共生。所谓互塑共生是指一方面环境对系统进行塑造，给系统提供生存发展的支持作用或给系统施加约束；另一方面系统更对环境进行塑造，给环境提供功能服务或破坏环境。即环境塑造着环境中的每个系统，环境又是组成它的所有系统共同塑造的。

环境对系统有两种相反的输入（或称作用）。给系统提供其生存发展所需要的空间、资源、激励或其他条件，是积极的作用、有利的输入，统称为资源。给系统施加约束、扰动、压力甚至危害系统的生存发展，是消极的作用、不利的输入，统称为压力。这两种作用都会在系统的形态、特性、行为等方面打上环境的烙印。不同环境构造不同的系统。所谓"近朱者赤，近墨者黑"说的就是这种环境对系统的塑造。

系统对环境也有两种相反的作用或输出。给环境提供功能服务，是积极的作用、有利的输出，统称为功能。系统自身的行为有时有破坏环境的作用，即不利的输出，称为对环境的污染。这是系统对环境的塑造。

图 10-1 描绘了系统与环境的互塑共生关系。

活系统的基本行为之一是不断向环境排泄自身的废物。如果这种排泄物能够纳入环境的大循环之中，成为环境中其他系统的资源，从而被环境吸收消化，则是一种有益于环境的行为。如果排泄物不能被环境吸收消化，积累到一定程度，就成为对环境的污染，导致环境品质变坏，威胁到系统自身的生存发展。消耗环境资源也是活系统的一种基本行为。环境资源的基本特征是有限性、多样性、可变质性。不

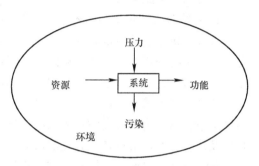

图 10-1　系统与环境的互塑共生关系

合理的资源消耗将导致环境资源匮乏，减少环境组分的多样性，最终危及系统的生存发展。如人类对海洋生物的过度捕捞，对草原的过度放牧和对野生动物的过度猎杀等，会导致海洋资源的匮乏、草原的沙化和野生动物濒临灭绝等现象发生，最终会危及人类的生存和发展。为了生存发展，系统必须有效地开发利用环境、适应环境和改造环境，同时要限制对环境的开发、利用和改造，把保护和优化环境作为系统自身的重要功能目标，规范自己的行为，维护环境生态平衡。当工业文明高度发展、人类社会排泄物远远超过自然环境的自化能力时，必须改变自己的行为方式，创造新的技术手段把这些排泄物纳入人工大循环中，把人类社会的自化与自然环境的自化结合起来，把社会和经济发展与环境保护协调起来。

10.2　系统工程方法

系统工程是以系统为研究对象的技术，是一门新兴的学科。国内外学者对系统工程有过不少阐述，但至今仍无统一的定义。1978 年我国著名学者钱学森指出："系统工程是组织管理系统的规划、研究、设计、制造、试验和使用的科学方法，是一种对所有系统都具有普遍意义的方法。"1977 年日本学者三浦武雄指出："系统工程与其他工程学不同之点在于它是跨越许多学科的科学，而且是填补这些学科边界空白的一种边缘学科。因为系统工程的目的是研制一个系统，而系统不仅涉及工程学的领域，还涉及社会、经济和政治等领域，所以为了适当地解决这些领域的问题，除了需要某些纵向技术以外，还要有一种技

术从横的方向把它们组织起来，这种横向技术就是系统工程。"1975 年美国科学技术辞典的论述为："系统工程是研究复杂系统设计的科学，该系统由许多密切联系的元素所组成。设计该复杂系统时，应有明确的预定功能及目标，并协调各个元素之间及元素和整体之间的有机联系，以使系统能从总体上达到最优目标。在设计系统时，要同时考虑到参与系统活动的人的因素及其作用。"从以上各种论点可以看出，系统工程是以大型复杂系统为研究对象，按一定目的进行设计、开发、管理与控制，以期达到总体效果最优的理论与方法。

系统工程方法是以系统整体功能最佳为目标，通过对系统的综合、系统分析、构造系统模型来调整改善系统的结构，使之达到整体最优化。以下从系统分析、系统设计与系统的综合评价三方面介绍系统工程基本方法。

10.2.1 系统分析

1. 系统分析的定义和内容

系统分析方法是最重要的系统工程方法之一。系统分析有广义与狭义之分。广义系统分析是把系统分析作为系统工程的同义语；狭义系统分析是把系统分析作为系统工程的一个逻辑步骤，这个步骤是系统工程的核心部分。两种定义均反映出系统分析的重要性。

美国学者奎德（E. S. Quade）对系统分析的解释是：系统分析是通过一系列的步骤，帮助决策者选择决策方案的一种系统方法。这些步骤是研究决策者提出的整个问题、确定目标及建立方案，根据各个方案的可能结果，使用适当的方法（尽可能用解释的方法）去比较各个方案，以便能够依靠专家运用系统分析作出的判断和他们的经验去处理问题。这是广义的系统分析。

美国系统工程专家 A. D. 霍尔于 1969 年提出的霍尔三维结构模型，将系统工程活动过程分为前后紧密衔接的七个阶段和七个步骤，同时还考虑了为完成这些阶段和步骤所需要的各种专业知识和技能，从而形成了由时间维、逻辑维和知识维所组成的三维空间结构，如图 10-2 所示。

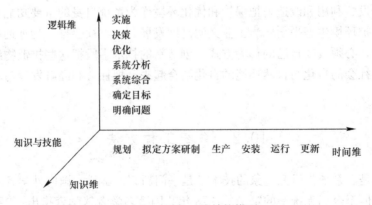

图 10-2　霍尔三维结构模型

其中时间维表示系统活动从开始到结束按时间顺序排列的全过程，分为规划、拟定方案、研制、生产、安装、运行、更新七个时间阶段。逻辑维是指时间维的每一个阶段内所要进行的工作内容和应该遵循的思想程序，包括明确问题、确定目标、系统综合、系统分析、优化、决策、实施七个逻辑步骤。知识维列举需要运用包括工程、医学、建筑、商业、法律、管理、社会科学、艺术等各种知识和技能。三维结构体系形象地描述了系统工程研究的框架，对其中任一阶段和每一个步骤，又可进一步展开，形成了分层次的树状体系。在霍尔模型中，系统分析是系统工程逻辑的一个步骤，是狭义的系统分析。在它之前的逻辑步骤是系统综合——提出系统实现的几种粗略的方案，那么，系统分析就是针对这些方案进行分析、演绎；建立数学模型进行计算；优化选择系统参数。在系统分析之后的逻辑步骤是系统评价，它实际是又一次的系统综合，即把系统分析的结果进行综合，然后评价各个备选方案的优劣。

系统分析就是为了发挥系统的功能及达到系统的目标，利用科学的分析方法和工具，对系统的目的、功能、结构、环境、费用与效益等问题进行周密的分析、比较、考察和试验，制定一套经济有效的处理步骤或程序，或提出对原有系统改进方案的过程。它是一个有目的、有步骤的探索和分析过程，为决策提供所需的科学依据和信息。因此，系统分析包括系统目标分析、系统结构分析、系统环境分析等。

2. 系统分析的要素

系统分析的要素包括系统要达到的目的、方案可行性、指标、模型、效果和评价标准。

（1）目的

系统分析首先要明确系统所要达到的目的。系统的目的是用一目标集来具体表达系统目的的多重属性。例如，完成或超额完成生产计划，达到规定的质量和成本利润指标等，就是企业的经营管理系统的目的。这里，产量、产品质量、成本、利润等多种指标构成了企业经营管理系统的目的。对于系统所要达到的目的一般不会是一次就可以确定的，它是一个反复分析的过程，可以用反馈控制法，逐步明确问题，选择手段，确定目的。

（2）可行方案集合

实现系统的目的，可以采用多种手段，因而可以产生各种可行方案。由于条件的不同，方案的适合性也不同，因此在明确系统的目的之后，就要通过系统分析，提出各种可能的方案，供决策时选择。可行方案首先应该是可行的，同时还应该是可靠的。有了多种可行方案，决策者就可以根据当时的条件，选择其中最合适的方案。

（3）指标

指标是衡量总体目标的具体标志，是对备选方案进行分析的出发点。指标包括有关技术性能及技术适应性、费用与效益、时间等方面的内容。技术性能和技术适应性是技术论证的主要方面；费用与效益是经济论证的标志；时间是一种价值因素，进度和周期是其根本表现。为达到一定的目标，几种可能采取的方案将会消耗不同数量的资源（人、财、物），并将产生不同的效益，而需要的时间也是不同的。指标的设定必须反映该项分析的特性，最好使用便于分析和对比的数值结果，不同指标的分析和对比是决定方案取舍的主要因素。

（4）模型

根据目标要求和实际条件，建立反映系统的要素和结构以及它们之间相互关系的形象模型、模拟模型或数学模型等形式。有了模型，就能在决策以前对结果做出预测。使用模型进行分析，是系统分析的基本方法。通过模型可以预测出各种备案方案指标情况，以利于方案的分析和比较。模型的优化和评价是方案论证的判断依据。

（5）效果和评价标准

效果指系统所要达到目的的程度，可以分为好、较好和不好，也可以进行排序。好的可以采用。较好的，需要再进行系统分析，找出解决方案，再看效果。效果不好的，就应该及时放弃，建立新的系统。目的与效果间的直接关系，决定了对系统进行效果分析的重要性和必要性。分析系统的效果时，必须注意直接效果，同时也要考虑间接效果。对于企业的经营系统来说，直接效果是指本企业的利益，间接效果是指社会效益，必须从两个方面来兼顾企业经营的实际效果，不能顾此失彼。

衡量可行方案优劣的指标，称作评价标准。由于可以有多种可行方案，因此要制定统一的评价标准，对各种方案进行综合评价，比较各种方案的优劣，确定对各种方案的选择顺序，为决策提供依据。

3. 系统分析的原则

系统分析应以如何发挥或挖掘出系统整体的最大效益为出发点，寻找解决问题的方案。它把系统整体目的作为目标，以寻求解决特定问题的最优策略为重点，运用定性和定量分析方法，给决策者以价值判断，以求得有利的决策。系统分析应注意以下原则：

（1）以整体为目标

系统中的各子系统都具有各自特定的功能和目标，但作为子系统，它们又必须统一到一个整体目标下。如果只研究改善某些局部问题，忽略整体目标，即使获取了效益，也不一定代表着整体效益的改善或提高，甚至会给整体效益的实现带来问题。

（2）以特定问题为对象

系统分析是处理问题的方法，有很强的针对性，应充分重视问题的重要性和复杂性，弄清问题再进行分析，以得出正确的结论。

（3）运用定量方法

用相对可靠的数据资料，运用各种科学的计算方法定量分析，保证结果的客观性。同时应避免过分热衷于定量计算和分析，忽视定性分析，导致错误判断，造成损失。

（4）凭借价值判断

进行系统分析时，必须对某些事物作某种程度的预测，或者使用已发生的事实作样本，推断未来可能出现的事实或趋势。因而在系统分析时能提供的依据许多都是现在不能确定的，不可能完全合乎期望和发展需要。此外，方案的优劣应是定量和定性分析的综合或是数据和经验相结合的结果。因此在进行评价时，仍需要凭借价值判断、综合权衡，以便得出由系统分析提供的各种不同方案可能产生的效果，从中选择最优方案。

4. 系统分析的一般过程

系统分析是系统建立过程中的一个中间环节，具有承上启下的作用。它确定出一个系统和系统的边界，明确了建立系统的必要性，确定出系统的目标。系统分析不是从所给予的目的开始，而是从问题开始，通过系统分析，要寻求和进一步探讨系统目的的实质，明确解决问题的目标。系统分析要对各阶段所给出的目的是否合适给以评价，对表述不清的目的给出具体的定义，以期在各后续阶段得以落实。系统分析是整个系统建立过程中的关键环节。科学的系统分析可以保证系统设计达到最优，避免技术上的重大失误和经济上的严重损失。

系统分析是一个思维过程。系统分析把研究对象视为一个系统，将它从外部环境中分离出来而成为一个独立的整体，并明确系统中的各个子系统及其相互作用。将系统从外部环境中分离的分界线就是系统边界。有了系统的边界，就能对系统进行内部元素与结构分析和外部环境分析。元素与结构分析是要找出组成系统的元素、元素之间的关系、分布的层次等主要内容，揭示出系统组成的性质和规律。环境分析主要是分析外部环境对系统的影响和系统对环境的影响，找出环境对系统输入的变化规律和系统对环境输出的变化规律，同时分析系统与环境的这种相互影响的适应性。这两个方面的分析都要围绕系统分析的目标。所以，系统分析首先要明确系统所要达到的目标。为了确定系统分析的目标，必须在收集、分析和处理所获得的信息资料的基础上，对系统的目的、功能、环境、费用和效益等问题进行科学的分析。确定系统的目的，制定为达到这种目的的各种方案，通过模型进行仿真实验和优化分析，并对各种方案进行综合评价，从而为系统设计、系统决策和系统实施提供可靠的依据。只有经历这样的分析过程，才能达到系统分析的目标。系统分析过程如图 10-3 所示。

在系统分析的过程中，由问题状况经过系统研究，确定系统目标，经系统设计和系统量化后，形成系统方案，然后进行系统评价，选出待选的方案，经过决策确定系统的方案。系统研究通过目标设定形成了系统的信息集合，系统设计又通过对系统结构的剖析和可能的备选方案的构思等对系统有了进一步了解，为下一步的系统量化和系统评价提供了条件。在目标设定和系统设计完成的基础上，应用系统优化或其他定量方法对有关方案进行筛选和效果分析，输出各个可行方案的计算结果。最后再通过系统评价及协调技术得到若干待选方案并做出排序评价。系统分析的成果为决策者提供了决策背景资料和方案选择或决策依据。

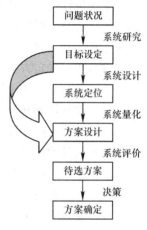

图 10-3　系统分析的过程

10.2.2　系统设计

系统设计是在系统分析的基础上进行的。系统设计的任务就是充分利用和发挥系统分析的成果并把这些成果具体化和结构化。

1. 系统设计的原则

系统设计以系统思想为指导，综合应用各学科的知识、技术和经验，通过总体研究和详细设计等环节，以创造满足设计目标的人造系统。为了使系统设计得以顺利进行，需要遵循如下设计原则：

（1）系统性原则

要求在系统设计过程中必须从系统论的观点出发，以实现系统总体功能为目的，来构建整个系统结构，达到最优化。

（2）系统设计的准确性原则

要求系统设计能够有效地解释系统环境及其与系统目标之间的关系。

（3）系统的实用性原则

在设计系统的过程中必须考虑设计的系统是否适用，并且能够真实反映现实系统，尽可能实现真实系统的再现。所设计的系统不能过大，也不能太小，要能准确反映出系统的功能。

（4）系统设计的可操作性原则

系统在解释系统环境及其与目标间的关系时，在运算和操作上是否可行和方便。

（5）系统的可靠性原则

要求所涉及的系统能够可靠、稳定地工作。

（6）系统设计的经济性原则

要求所设计的系统在充分实现系统各项功能的基础上，尽量减少项目的经费投入。

（7）系统设计的开放性与可扩展性原则

只有开放的系统设计，才能保证系统达到最理想的应用状态，才能保证日后平稳的升级、扩充或迁移，实现在本系统的基础上加挂其他系统，而且操作方便、快速、简捷。

2. 系统设计的程序

系统设计的程序是进行有效系统设计的行动步骤。在阐明设计程序之前，需要明确指出系统设计与一般传统设计的区别。这种区别主要表现为系统设计比一般传统设计多加了一个系统工程过程，这就是将目标—功能—结构—效益进行多次分析与综合，以产生最优方案的过程。确定方案之后的具体设计则与一般传统设计相同。

系统设计的程序一般包括：

（1）设计原则和设计方法的给定；

（2）分析与综合探讨；

（3）设计数据的手段与加工；

（4）子系统设计与评价；

（5）总系统设计与评价；

（6）实现方法的设计与评价；

（7）系统综合评价等。

3. 系统设计注意事项

系统设计的主要任务是产生解决问题的最优方案，因此设计过程主要是围绕方案的产生而进行的。在系统设计过程中需注意以下几个问题：

（1）系统设计应制定多套方案

一般不存在最优方案的绝对衡量标准，最优方案是在多种方案的比较中获得的。任何一个方案都不可能同时达到全部要求的目标，而从整体上看，这些方案的价值是有区别的。而且，方案在不断具体化过程中，可能会出现意想不到的情况，使得原来的估价发生变化，这时多方案就显出了优越性，不仅能够应付这种局面，使整个设计进度不受影响，而且可以充分体现人们的选择过程。

（2）应用创造性技术是最优方案产生的重要条件

实践表明，创造力与环境适应和使用科学技术有关，通常在无拘束的自由陈述意见和争论的条件下，创造精神往往能够得到发挥，而科学技术的应用又往往能够开拓某些新的天地。解放思想，勇于创新，是系统设计中的一个重要指导思想。

（3）最优方案只具有相对性

当供选方案为两个时，通过比较可以说其中一个是较优的。如果又发现了新的较优方案，则上一个方案又将被这个新的较优方案所代替。因此，能否选出最优方案，关键是能否从现有的技术条件出发设计出尽可能多的方案。但另一方面，当方案数量足够大时，方案设计及所需实验研究费用也将显著增加，如果这种费用大大超过因选优所得到的收益的话，那么这种做法是值得考虑的。因此通常的做法是供选方案不宜过多（一般在 3～7 个左右）。如曼哈顿计划提出的原子材料生产方案为 7 个、阿波罗登月的技术方案为 3 个。

10.2.3　系统的综合评价

系统综合评价是对系统开发提供的各种可行性方案，从社会、政治、经济和技术等方面给予综合考察，全面权衡利弊得失，从而为系统决策选择最优方案提供科学的依据。

1. 系统评价的含义及内容

所谓系统评价，就是评定系统的价值。具体地说，它是根据预定的系统目的，利用模型和资料，从技术和经济等方面，对系统各种方案的价值进行评定，从中选出技术上先进、经济上合理的方案。系统评价是对系统分析过程和结果的鉴定，其主要目的是判别设计的系统是否达到了预定的各项技术经济指标，从而为能否投入使用提供决策所需要的信息。系统评价是方案选优和决策的基础，评价的好坏影响着决策的正确性。

这里所指的系统价值是指系统的效果或目标的实现程度。一般说来，价值问题有如下两方面的特点。一是相对性，由于系统总是存在于一定的环境条件下，而评价主体在评价时的立场、观点、环境和目的等均有所不同，对价值的认识和估计就会持一定的态度和观点，并且会随着时间的推移，其认识和估计也会产生相应的变化，由此造成了系统价值的相对性。二是可分性，系统价值包括许多的组成要素，即价值要素。就设备系统而言，其价值要素主要有性能、生产率、寿命、可靠性、有效度、适应性、节能性、可维修性和外观等。他们共同决定着系统的总价值。因此在系统评价时，往往要将系统的价值进行多个方面的衡量与评价，这需要对系统的价值做合理有效地划分。

事物通常有多个不同的属性，因而系统评价时应将它们进行比较。确定其优劣次序时，要从多个不同的侧面加以评价，然后要进行综合分析和综合评价。系统综合评价是在技术评价、经济评价、社会评价等单项评价的基础上，对系统所进行的整体价值评价。技术评价是评定系统方案能否实现所需的功能及实现程度；经济评价是对系统经济效益的评价；社会评价是针对系统给社会带来的利益和造成的影响而进行的评价。在这三方面的基础上，最后对系统方案的价值进行综合评定。

2. 系统评价的原则

（1）评价的客观性

系统评价的目的是为了以后的决策工作，因此评价过程与结果影响着决策的准确性，必须保证整个评价工作的客观性。这就要求在评价资料与评价人员的选取上给予足够的重视，保证评价人员的客观公正性以及评价资料的全面、正确和可靠。

（2）评价方案的可比性

各种替代方案在保证实现系统的基本功能上，应具有可比性和一致性。可比性从另一方面说即是要有标准，有成体系的指标，根据标准对方案做出比较。

（3）评价指标的系统性与合理性

评价指标要包括系统目标所涉及的诸多方面，对于一些定性问题要有恰当的评价指标，以保证评价指标的全面性，使其具有多元化、多层次和多时序的特点。另一方面系统评价指标必须与国家大政方针的要求一致，与相关行业的产业政策一致。

3. 评价指标体系

从系统的观点看，系统的评价指标体系是由若干个单项评价指标组成的有机整体。

系统评价指标体系的设立会因不同的系统，以及所研究系统的不同层面的差异而不尽相同。建立指标体系是一项很复杂的工作，通常的评价指标体系一般考虑以下方面：

(1) 政策性指标，包括政府的方针、政策、法令以及法律约束和发展规划等方面的要求，这对国防或国计民生方面的重大项目或大型系统尤为重要；

(2) 技术性指标，包括产品的性能、寿命、可靠性、安全性等；

(3) 经济性指标，包括方案成本、效益、建设周期、回收期等；

(4) 社会性指标，包括社会福利、社会节约、综合发展、污染、生态环境等；

(5) 资源性指标，包括工程项目中所涉及的物资、人力、能源、水源、土地等条件；

(6) 时间性指标，如工程进度、时间节约、调制周期等；

(7) 其他指标，指在具体的系统评价过程中所涉及的某些具体指标，如港口选址中的岸滩条件、回淤量等。

上面所考虑的是一些大类指标，遇到具体问题时每一个指标又可以分为许多子指标。由这些主指标以及子指标所构成的具有多层次结构、多元以及多时间的指标系统就构成了指标体系。

在制定评价体系时，需要注意几个问题：

(1) 指标体系中的大类和数量问题。一般地说，指标范围越宽，数量越多，则方案之间的差异越明显，因而有利于判断和评价，但同时存在确定指标大类和指标重要程度的问题，极有可能偏离方案的本质目的，所以对于指标体系中的分类问题应特别注意。

(2) 关于各评价指标之间的相互关系问题。在制定单项指标时，一定要使指标间尽量相互独立，互不重复，提高指标利用效率。

(3) 评价指标体系内容要求的多样性与评价指标体系自身要求的科学性、合理性以及实用性之间的矛盾问题。

4. 系统综合评价的要素

(1) 被评价对象

同一类被评价对象的个数要大于1，对于多方案多目标综合决策问题，被评价对象就是备选方案。假设有 n 个被评价的对象，这些被评价对象分别记为 s_1，s_2，……s_n ($n>1$)。

(2) 评价指标

系统评价的指标体系是由若干个单项评价指标项所组成的整体，它是从不同侧面描述被评价对象所具有某种特征大小的量度。设有 m 个评价指标并依次记为 x_1，x_2，……x_m，($m>1$)。

评价指标的选择是由评价目标与实际情况共同决定的，具体选择时应遵守的原则是：目的性、全面性、科学性、可比性、可观性（可测性）及协调性。

在实际的综合评价活动中，必须选取与评价目的和目标密切相关的评价指标，即最能反映和度量被评价对象优劣程度的指标。此外，评价指标总数应尽可能少，以使评价简化，所以需要按某些原则进行筛选，分清主次，剔除某些次要指标。

(3) 权重系数

各指标在决策中的地位是不同的，其差异主要表现在三个方面。

1）决策者对各指标的重视程度不同；

2）各指标在决策过程中传输给决策者的信息量不同；

3）各指标评价值的可靠程度不同。

所以在多指标决策中，往往需要给各指标赋一个权值描述这些差异。指标的权值是指标在决策中相对重要程度的一种主观评价和客观反映的综合度量。它不仅与决策者对指标重要性的主观评价有关，而且与可行方案传输给决策者的信息量和指标值的可靠程度有关。

确定权重应注意以下原则。

1）应反复听取各方面的意见，避免轻率行事，使权重分配尽量合理。

2）合理确定权值的赋值范围。当评价指标数值接近时，权重取值范围可以大一些，以便拉开差距，但不宜太大，以免削弱指标价值的重要性。

3）遵循由粗到细的赋值原则。即先粗略地把权重分配到大类指标，然后再把大类指标所得权重再细分到各个指标。确定权重的方法一般有相对比较法，亦称经验评分法，以及专家调查法。

（4）综合评价模型

多目标综合评价是指通过一定的数学模型将多个评价指标合成一个整体性的综合评价值，其中用于合成的数学模型就是综合评价模型。

（5）评价主体

评价目的的确定、评价指标的建立、评价模型的选择、指标权重的确定都与评价者有关，评价主体就是整个评价过程的主导。

5. 系统评价的步骤

在对系统进行评价时，要从明确评价目标开始，通过评价目标来规定评价对象，并对其功能、特性和效果等属性进行科学的测定，就系统方案所能满足人们主观需要的程度和所消耗占用资源的情况进行评定，最后根据评价目标和主观判断，确定系统的综合评价值，在众多的替代方案中找出最优方案，作为决策的参考。

一般来说，评价可以分为前提的讨论、评价函数、综合评价三大部分，具体说明如下：

（1）前提的探讨

1）评价的目的

评价的目的可归纳为以下四个方面：①系统最优化。在开发系统时，为了获得系统结构和参量的最优解，有必要用数值来表示系统的价值。②决策的支持。当评价者或决策者在选择方案的过程中，若对替代方案的各自价值感到迷惑不解时，如果有评价，就可以作为决策的支持。例如，疾病的诊断、政策的选择、情况的判断、对未来的预测等。③决定行为的说明。即使对决策者来说是很明确的行为，但要让其他人对已经决定的行为心悦诚服，也必须进行评价。尤其是对于复杂的问题，即使做出合理决定，如果评价过程不清楚，也会遭到怀疑、误解甚至抵制。所以，为了形成统一意见，需要有某种程度的客观评价。④问题的分析。评价过程也是问题的分析过程，有许多评价方法，如风险分析等。利用一定分解技术把复杂的问题分解成若干简单易懂部分，再通过对这些部分的评价，得出最终系统综合评价。

2）评价的立场

在进行评价前，必须明确评价者的立场。无论是系统开发者、使用者还是第三者等，这对于以后评价方案、评价项目选择都有直接关系和影响。例如交通系统，若从使用者来说，有快速性、准时性、低廉性、舒适性等的评价项目；而对开发者来说，主要有投资费用、经营费用、收益性等项目；若从地区和社会立场出发，主要是环境污染，如空气污染、噪声等问题。

3）评价范围

从空间上说，要确定涉及哪些地区，评价对象涉及哪几个领域、部门或单位。从时间上说，要确定评价的起止时间。

4）评价时期

一般可分为四个时期进行评价，即：①初期评价。这是在规划系统开发方案时进行的。通过评价以明确方案目标是否符合原定要求，技术上是否先进，经济上是否合理等问题。通过评价还可及早沟通设计、生产、供销等部门的意见，使选中的方案尽可能做到切实可行。②期中评价。这是在开发过程中进行的评价，一般要进行数次。通过期中评价主要验证设计的正确性，并对暴露出来的问题采取必要的对策。③终期评价。它是在开发成功并经过鉴定合格后进行的，其重点是全面评价系统的各项技术经济指标是否符合原定的要求。④跟踪评价。为了考核研究开发的系统的实际效果，在运行后定期进行评价并为推广提供进一步研究开发信息。

（2）评价函数

评价函数是使评价数量化的一种数学模型。同一个评价问题可以应用不同的评价函数，因此，对评价函数本身也必须做出评价和选择，以选择出能更好地达到评价标准的评价函数。评价函数本身是多属性、多目的的。例如，目标最优化，从方法论上看，属于数学规划的一种，从评价目的的方面看，是形成统一意见的一种手段，而从历史角度看，则是经济领域内的一种社会福利函数。

（3）综合评价

综合评价就是对系统进行技术、经济、社会等各方面的全面评价。例如，对一个新产品的开发系统的综合评价，一般可包括如下六个方面。

1）经营管理方面。如新产品是否符合社会需要，开发新产品对企业今后发展有些什么贡献等。

2）技术方面。包括设计原理、技术参量、性能、可靠性等是否先进合理；从企业现有技术水平看，是否有能力进行研究开发，能否进行生产等。

3）市场方面。如新产品市场规模大小、竞争能力强弱、销路好坏等。

4）时间方面。如新产品的开发动态（开发速度快慢、周期长短）、开发紧迫程度、新产品的生命周期等。

5）经济方面。如新产品开发所需投资费用、使用后的经营费用及收益、投资回收期等。

6）体制方面。如在现有的研究开发体制、生产体制、销售体制下，进行开发、生产、销售时能否适应，是否有更高要求等。

本 章 小 结

本章介绍了系统理论的基本原理和系统工程方法，对系统的定义、特性和分类进行了说明，重点阐述了系统的整体突现原理、等级层次原理和环境互塑共生原理。对系统分析的内容、要素、原则和一般过程进行了介绍，说明了系统设计的原则、程序和注意事项，阐述了系统综合评价的原则、指标体系和评价的步骤。

练 习 题

1. 一个系统必须具备哪些条件？
2. 系统包含哪些特性？
3. 如何理解系统的等级层次原理？
4. 系统分析的要素有哪些？
5. 系统分析的一般过程是什么？
6. 在系统设计过程中需注意哪些问题？
7. 如何确定系统综合评价中的权重系数？

第 11 章　建筑智能环境系统要素

按照系统理论，系统是由若干个相互作用、相互联系的要素（子系统）组成的具有某种特定功能的有机整体。建筑智能环境系统即是一个由相互作用、相互联系的建筑设备管理系统、公共安全系统、信息设施系统、信息化应用系统、智能化集成系统五大要素（子系统）组成，具有创建舒适、安全、高效、便捷、节能、环保、健康的建筑智能环境特定功能的一个大系统。而建筑设备管理系统、公共安全系统、信息设施系统、信息化应用系统、智能化集成系统在作为建筑智能环境系统要素的同时，其自身也是由若干个相互作用、相互联系的要素（子系统）组成的具有各自特定功能的系统。本章从建筑智能环境系统组成要素的角度，介绍建筑设备管理系统、公共安全系统、信息设施系统、信息化应用系统和智能化集成系统。

11.1　建筑设备管理系统

11.1.1　建筑设备管理系统概述

建筑设备管理系统是建筑智能环境系统的要素之一，是对建筑设备监控系统、建筑能效监管系统以及需纳入管理的其他业务设施系统等实施优化功效的综合管理，并对相关的公共安全系统进行信息关联和功能共享的综合管理系统。

1. 建筑设备管理系统要素

建筑设备管理系统组成的要素包括建筑设备综合管理的信息集成平台、建筑设备监控系统、建筑能效监管系统，以及需纳入管理的其他业务设施系统等。其中，建筑设备综合管理信息集成平台是建筑设备管理系统对各类机电设备系统实施综合管理的基础，建筑设备管理系统正是基于此平台，实现对各类机电设备系统运行监控信息互为关联和共享应用，对各类机电设备实施运行维护管理和能源降耗管理。建筑设备监控系统、建筑能效监管系统等组成要素将在本节之后逐一介绍。

2. 建筑设备管理系统层次结构

建筑设备管理系统的层次结构如图 11-1 所示。

3. 建筑设备管理系统的功能

建筑设备管理系统的功能可概括为四个方面，即以最优控制为中心的设备控制自动化，以可靠、经济、绿色、环保为中心的能源管理自动化，以安全状态监视和灾害控制为中心的防灾自动化和以运行状态监视和运行参数检测为中心的设备管理自动化。其中，设备控制自动化是根据外界条件、环境因素、负载变化等情况自动控制各种设备，确保各类设备系统运行在最佳状态，使工作在智能建筑环境中的人无论是心理上还是生理上均感到舒适，从而提高工作效率；能源管理自动化是在保证建筑物内环境舒适的前提下，提供可靠、经济的最佳能源供应方案，充分利用自然资源来调节室内环境，根据大楼实际负荷开

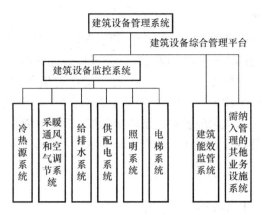

图 11-1　建筑设备管理系统的层次结构

启设备，避免设备长时间不间断地运行，最大限度减少能源消耗，通过对建筑耗能信息进行计量与管理，对太阳能、地源热能等可再生能源有效利用的管理，实施降耗升效的能效监管，确保实现绿色建筑整体目标；防灾自动化是指通过对公共安全系统的监视及联动控制，及时预测、预警各种可能发生的灾害事件，当发生突发事件时，及时报警并联动相应的设备，减小灾害造成的损失，提高建筑物及内部人员的整体安全水平和灾害防御能力；设备管理自动化是指对建筑设备的运行状态进行监视、自动检测，显示、打印各种设备的运行参数及其变化趋势或历史数据，按照设备运行累计时间制定维护保养计划，确保设备运行稳定、安全可靠，延长设备的使用寿命。

11.1.2　建筑设备监控系统

建筑设备是指安装在建筑物内为人们居住、生活、工作提供便利、舒适、安全等条件的设备，主要包括建筑给排水、采暖通风和空气调节、供配电、照明和电梯等。建筑机电设备监控系统通过对建筑机电设备进行监测和控制，确保各类设备系统运行稳定、安全和可靠，在创建智能热湿环境、智能光环境、智能空气环境的同时，达到节能和环保的管理要求。

1. 建筑机电设备监控系统要素

建筑机电设备监控的内容主要包括冷热源系统、空调系统、给排水系统、供配电系统、照明系统和电梯系统等，当这些系统分别采用自成体系的专业监控系统时，则通过通信接口纳入建筑设备管理系统统一管理。图 11-2 为建筑设备监控系统监控的内容。

2. 建筑设备监控系统的结构

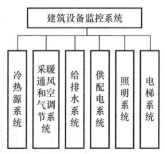

图 11-2　建筑设备监控系统监控的内容

建筑设备监控系统的体系结构主要有集散控制系统和现场总线控制系统两种。集散控制系统是由中央计算机集中管理，现场控制器分散控制，也叫分散控制系统（Distributed Control System，DCS）；现场总线控制系统将传统控制分站的大部分控制功能下移至现场的智能仪表（仪表制造中就集成了 CPU、存储器、A/D 和 D/A 转换以及 I/O 通信等功能），控制分站被取消，采用现场总线连接现场所有设备。

（1）集散式控制系统

集散式控制系统是目前建筑设备监控系统广泛采用的一种体系结构。集散控制系统以分布在各个现场设备附近的多台 DDC 控制器，完成设备的实时监控任务，在中央监控室设置管理计算机，完成集中操作、显示报警、打印输出与优化控制等任务。图 11-3 是集散式建筑设备监控系统的结构图，其中现场控制层实现的是各个设备的现场过程控制；监督控制层实现的是各个子系统内的各种设备的协调控制和集中操作管理，即分系统的操作管理级；管理层的中央管理计算机协调管理各个子系统，实现全局优化控制和管理，是综合管理级。

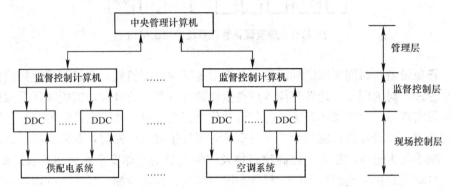

图 11-3　集散式建筑设备监控系统结构

（2）现场总线控制系统

现场总线是适应智能仪表发展的一种计算机网络，它的每个节点均是智能仪表或设备，网络上传输的是双向的数字信号，这种专门用于工业自动化领域的工业网络，不同于以太网等管理及信息处理用网络，它的物理特性及网络协议特性更强调工业自动化的底层监测和控制。由于现场总线具有可靠性高，便于容错，全数字化，通信距离长，速率快，多节点，通信方式灵活，造价低廉，并且具有很强的抗干扰能力等一系列优点，使它不仅广泛用于工业过程控制，也普遍用于智能建筑中。典型的现场总线系统如图 11-4 所示。

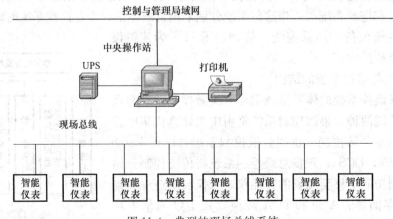

图 11-4　典型的现场总线系统

3. 建筑设备监控系统的功能

建筑设备监控系统主要功能是监视建筑机电设备运行状态、监测设备运行参数、控制设备启停，确保各类设备系统运行稳定、安全可靠及满足对物业管理的需求，在提供舒适、高效、便捷、健康环境的同时，节省能源，延长设备使用寿命，提高管理的可靠性和规范性。

（1）空调监控系统的功能

空调系统中设备种类多，数量大，分布广，它们消耗着建筑物 50% 以上的电能，但实际运行中，不同空调区域内的热、湿负荷往往不同，一般都低于空调系统的设计负荷。因此，空调系统中的各种设备不需要在任何情况下都以满负荷方式运行。空调监控系统的主要任务就是监测各种参数及设备的工作状态，在保证提供舒适环境的基础上，根据实际负荷情况实时控制各设备的运行，以节省能源。

（2）给水排水监控系统

给水排水监控系统对各给水泵、排水泵、污水泵及饮用水泵的运行状态进行监视，对各种水箱及污水池的水位、给水系统压力进行监测，并根据这些监测信息，控制相应的水泵启、停或按某种节能方式运行，对给水排水系统的设备进行集中管理，从而保证设备的正常运行，实现给水排水管网的合理调度，使给排水系统工作在最佳状态。

（3）供配电监测系统

供配电系统是建筑物最主要的能源供给系统，其主要功能是对由城市电网供给的电能进行变换处理和分配，向建筑物内的各种用电设备提供电能。建筑物中的供配电系统都有相对完善的、符合电力行业要求的二次仪表测量及保护装置。供电管理部门对各种高低压设备的控制有严格的限制，因而在智能建筑中，作为设备监控系统的一个组成部分，供配电监测系统的主要任务不是对供配电设备的控制，而是对供配电系统中各设备的状态和供配电系统的有关参数进行实时的监视、测量，并将各种检测信号上传至管理计算机，使管理中心能及时了解供配电系统运行情况，保证供配电系统安全、可靠、优化、经济地运行。

（4）照明监控系统

建筑电气照明系统将电能转换为光能，以保证人们在建筑物内外从事生产和生活活动。电气照明不仅为人们生活、学习、工作提供良好的视觉条件，而且对环境产生重要影响，利用灯光造型及其光色的协调，使室内环境具有某种气氛和意境，室外的景观照明烘托建筑造型、美化环境。但在现代建筑中，照明用电量占建筑总用电量的 25%～35%，仅次于空调用电量。如何做到既保证照明质量又节约能源，是照明监控的重要内容。在多功能建筑中，不同用途的区域对照明有不同的要求，根据使用的性质及特点，对照明设施进行不同的控制。比如对门厅、走廊、庭园和停车场等处照明按时间程序控制，对大开间办公区的照明回路分组控制、场景控制，对一些重要场所采用超声波、红外线等方式探测照明区域的人员活动及照度变化信息，构成反馈控制方式，实现智能控制。利用智能化手段对照明设备进行有效的控制，不仅提高管理水平，而且可以取得明显的节能效果。

（5）电梯监视系统

电梯及自动扶梯是现代建筑中非常重要的交通工具之一，它的好坏不仅取决于其本身的性能，更重要的是取决于其控制系统的性能。电梯、自动扶梯一般都带有完备的控制装置，但需要将这些控制装置与建筑设备监控系统相连并实现它们之间的数据通信，使设备监控管理中心能够随时掌握各个电梯、自动扶梯的运行状态及故障报警，并在火灾、非法入侵等特殊情况下对它们的运行进行直接控制。

11.1.3 建筑能效监管系统

建筑能效是指建筑物中的能量在转化和传递过程中有效利用的状况。建筑能效监管系统是依据各类机电设备运行中所采集的反映其能源传输、变换与消耗的特征，通过数据分析和节能诊断，明确建筑的用能特征，发现建筑耗能系统各用能环节中的问题和节能潜力，通过建筑设备管理系统实现对智能建筑内所有的空调机组设备、通排风设备、冷热源设备、给排水系统、照明设备等的运行优化管理，提升建筑用能功效，实现能源最优化，达到"管理节能"和"绿色用能"。

1. 建筑能效监管系统的组成

建筑能效监管系统由建筑能耗数据采集系统、能耗数据传输系统、能耗数据中心管理平台组成。

（1）能耗数据采集系统

能耗数据采集系统由能耗计量装置和能耗数据采集器组成。

1）能耗计量装置

能耗计量装置是指度量电、燃气、水、冷热等建筑能耗的仪表及辅助设备，包括电能计量装置、水计量装置和燃气计量装置。为了实现能耗数据的远程监测，计量装置采用数字式电能表、数字燃气表、热能表、数字式水表等具备数字通信功能的计量器具，要求具有 RS-485 标准的串行通信接口，并能实现数据远传功能。

2）数据采集器

数据采集器是能耗数据采集系统的重要装置，由通信模块、微处理器芯片、高精度实时时钟、大容量 FLASH 存储芯片、数据接口设备和人机接口设备等组成。数据采集器通过信道对其管辖的各类能耗计量装置进行电能、水量或其他能耗信息的采集、处理和存储，并通过远程信道与数据中心交换数据，具有实时采集、自动存储、即时显示、即时反馈、自动处理以及自动传输等功能。

（2）能耗数据传输系统

能耗数据传输子系统采用有线网络（如 Internet）或无线网络（如 GPRS）提供能耗计量装置、数据采集器及能耗数据中心之间的数据传输功能，将建筑能耗的计量装置（如水表、燃气表、电表、冷量表等）采集的数据通过数据采集器由中转站传输到数据中心，从而实现能耗数据的传输。

（3）能耗数据中心管理平台

能耗数据中心管理平台由具有采集、存储建筑能耗数据，并对能耗数据进行处理、分析、显示和发布等功能的一整套设施组成。能耗数据中心的硬件配置包括服务器、交换机、防火墙、存储设备、备份设备、不间断电源设备和机柜等。软件配置包括应用软件和基础软件。基础软件包括操作系统、数据库软件、杀毒软件和备份软件；应用软件主要包括能耗监测和能效管理两部分，能耗监测应用软件实施能耗数据采集器命令下达、数据采集接收、数据处理、数据分析、数据展示和系统管理等功能；能效管理应用软件通过对耗能系统分项计量及监测数据统计分析，以客观综合能源数据为依据，对系统能量负荷平衡更优化核算及运行趋势预测，建立科学有效节能运行模式与优化策略方案，对建筑各功能空间的实际需要进行系统优化调控及系统配置适时地调整，实现对建筑设备系统运行优化管理，提升建筑节能功效，为实现绿色建筑提供辅助保障。

2. 建筑能效监管系统的结构

建筑能效监管系统采用分层分布式计算机网络结构，一般分为三层：管理层、网络层和现场层。建筑能效管理系统结构图如图 11-5 所示。

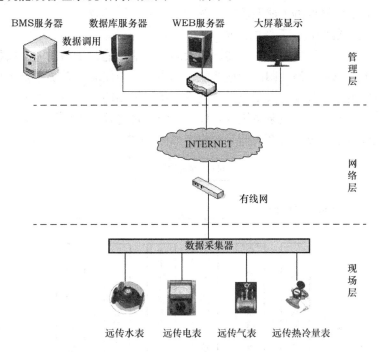

图 11-5　耗能采集及能效监管系统结构图

（1）现场层

现场层由各种计量仪表和数据采集器组成，测量仪表担负着最基层的数据采集任务，数据采集器实时采集测量仪表采集到的建筑能耗数据并向数据中心上传。

（2）网络层

网络层由网络设备和通信介质组成，完成数据信息交换的功能，在将采集到的能耗数据上传至能耗数据中心的同时，转达上位机对现场设备的各种控制命令。

（3）管理层

管理层主要由系统软件和必要的硬件设备组成，是面向系统管理人员的人机交互的窗口，主要实现信息集中监视、报警及处理、数据统计和储存、文件报表生成和管理、数据管理与分析等，并具有对各智能化系统关联信息采集、数据通信和综合处理等能力。

3. 建筑能效监管系统的功能

（1）对建筑能耗实现精确的计量、分类归总和统计分析，建立科学有效的节能运行模式与优化策略方案，实现对建筑进行能效监管，提升建筑设备系统协调运行和优化建筑综合性能，实现能源系统管理的精细化和科学化。

（2）实现对能源系统的低效率、能耗异常的检测与诊断，查找耗能点，挖掘节能潜力，提高能源系统效能。

11.1.4 需纳入管理的其他业务设施系统

能源短缺已经成为我国社会面临的共同问题，可再生能源的开发、使用及监管成为我国应对能源危机的重要措施。在我国《智能建筑设计标准》GB/T 50314—2015 中，对建筑设备管理系统明确提出支撑绿色建筑综合功效的要求，即基于建筑设备监控系统，对可再生能源实施有效利用和管理，因而本节在需纳入建筑设备管理系统管理的其他业务设施系统中，重点介绍建筑可再生能源监管系统。

1. 建筑可再生能源监管系统的组成

目前在世界范围内认可的可再生能源有太阳能、地热能、生物质能、风能等。建筑应用较多的可再生能源主要是太阳能和地热能。其中，太阳能应用系统主要包括太阳能热水系统、太阳能供热采暖系统、太阳能供热制冷系统、太阳能光伏系统；地热能应用系统主要包括地热供暖系统和地源热泵系统等，以上系统也是建筑可再生能源监控系统监控的主要内容。建筑可再生能源监管系统监管的内容如图 11-6 所示。

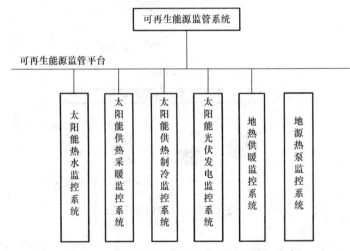

图 11-6　建筑可再生能源监管系统监管的内容

由图 11-6 可见，建筑可再生能源监管系统由下层各自相对独立的可再生能源应用监控系统（可纳入建筑设备监控系统，也可以是自成体系的专业化监控系统形式）和上层对各相对独立的可再生能源应用监控系统实施综合管理的监管平台组成，可再生能源监管平台可合并于 11-5 的建筑能效监管平台。

2. 建筑可再生能源监管系统的层次结构

图 11-7 所示为建筑可再生能源监管系统的层次结构，建筑能效监管系统和可再生能源监管系统都属于建筑设备管理系统管理的范围，而建筑可再生能源监管系统之下还包括太阳能热水监控系统、太阳能供热采暖监控系统、太阳能供热制冷监控系统、太阳能光伏监控系统、地热供暖监控系统和地源热泵监控系统等。

3. 建筑可再生能源监管系统功能

（1）系统应综合应用智能化技术，对太阳能、地源热能等可再生能源有效利用的管理，为实现低碳经济下的绿色环保建筑提供有效支撑；

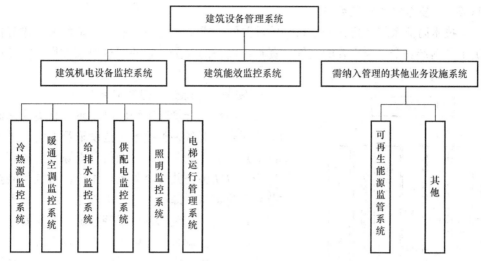

图 11-7　可再生能源监管系统层次结构

（2）系统具有在建筑全生命周期内对设备系统运行具有良好生态行为支撑辅助功能，建立绿色建筑高效、便利和安全的功能条件。

由此可见，可再生能源监管系统集可再生能源过程监控、能源调度、能源管理为一体，在确保能源调度的科学性、及时性和合理性的前提下，实现对太阳能、地热能等各种可再生能源利用系统进行监控与管理、统一调度，提高能源利用水平，实现提高整体能源利用效率的目的。

11.2　公共安全系统

公共安全系统是综合运用现代科学技术，以维护公共安全，应对危害社会安全的各类事件而构建的技术防范系统或安全保障体系，是建筑智能环境系统的五大要素之一，而其自身又包括火灾自动报警系统、安全技术防范系统和应急响应（指挥）系统等三项要素，这三大系统又有各自的系统要素，公共安全系统的基本组成如图 11-8 所示。

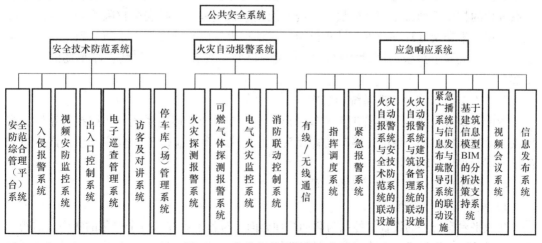

图 11-8　公共安全系统的组成要素

11.2.1 安全技术防范系统

安全技术防范系统是公共安全系统中重要的组成要素之一，主要功能是保障建筑物内的人员生命财产安全以及重要的文件、资料、设备的安全。它的组成要素如图 11-9 所示，以下逐一介绍各个要素子系统。

图 11-9　安全技术防范系统的组成要素

1. 安全防范综合管理系统

安全防范综合管理系统应以安防信息集约化监管为集成平台，对各种类技术防范设施及不同形式安全基础信息互为主动关联共享和信息资源价值的深度挖掘应用，以实施公共安全防范整体化、系统化的技术防范系列化策略。即通过这个集成化的综合管理平台对安全技术防范系统的入侵报警系统、视频安防监控系统、出入口控制系统、电子巡查管理系统、访客对讲系统、停车场（库）管理系统等其他要素子系统实现有效的管理。安全防范综合管理系统是安全技术防范系统重要的要素。

（1）安全防范综合管理系统的组成

随着安防系统在各行各业应用的深入，各自独立的入侵报警、视频监控、出入口控制等系统已无法满足现代化管理应用的需要。安全防范综合管理系统以计算机网络为基础，以安防信息集约化监管为集成平台，通过信息交换和共享，将各自独立的入侵报警系统、视频安防监控系统、出入口控制系统、电子巡查管理系统、访客对讲系统、停车场（库）管理系统等集成为一个有机的整体，对各种类技防设施及不同形式安全基础信息互为主动关联共享和信息资源价值的深度挖掘应用，以实施公共安全防范系统化的技防系列策略，高效方便地为用户提供智能、稳定的安防管理，提高系统管理水平、协调运行能力和维护水平，创建智能安全环境。

作为安防系统的集成平台，安全防范综合管理系统的组成要素包括集成各安防子系统的开放式数字化网络、安全防范综合管理系统应用功能程序、集成互为关联的各系统通信接口等。其中，安全防范综合管理系统应用功能程序包括通用基本管理模块和公共安全防范系统化的技防系列策略管理模块。系统通用基本管理模块包括安全权限管理、信息集成集中监视、报警及处理、数据统计和储存、文件报表生成和管理等，技防系列策略模块主要包括互为关联子系统的联动策略，比如入侵报警与视频监控、门禁、停车场的联动策略等。

（2）安全防范综合管理系统的层次

智能建筑安全防范综合管理系统作为出入口控制系统、巡更系统、防盗报警系统、视频安防监控（CCTV）系统、停车场管理系统的集成平台，应位于安全防范系统诸子系统的上一层，如图 11-10 所示。

（3）安全防范综合管理系统的功能

1）集中监视与管理

集成平台有统一的设置、控制与联动管理界面，对各子系统进行全局化的集中式监视与管理，对系统运行状况和报警信息数据等进行记录和显示，对系统运行历史情况进行调阅和查询，提高突发事件的响应能力。比如，显示并解析入侵报警系统上传的报警、撤布防、旁路等信息，需要时进行单独控制或集体控制；解析出入口控制系统上传的开关门状态、门禁非法刷卡等信息，需要时可发出控制电锁的命令，实现开、关门、锁定或解锁的功能。

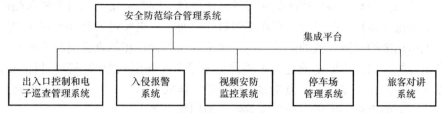

图 11-10　安全防范综合管理系统的结构

2）分散控制

集成系统里的分散控制是指集成平台要能满足系统自成网络可独立运行的子系统的接入，这些子系统在集成平台管理时能够独立工作、单独控制，以保证系统的可靠性。

3）系统联动

安全防范综合管理平台以各子系统的状态参数为基础，实现子系统的相关联动，以发挥最大的安全效益。比如入侵报警时联动视频监控系统、出入口控制系统等，以获取现场的图像信息，封锁报警区域，实现系统的整体突现功能。

4）优化运行

安全防范综合管理平台不仅应具有集中管理、分散控制的功能，而且应具有自动处理数据的功能，在事件发生时，可以自动联动地图显示，直观而方便地对数据进行处理，保证系统处于最优化的运行中。

2. 视频安防监控系统

视频安防监控系统的主要作用是通过在公共场所（比如大厅、停车场、楼道走廊等）和主要设备间（配电室、设备主机房等）以及重要的部门（财务室、金库、重要实验室等）设置监控设备进行实时的摄像监控，通过显示器实时、准确、形象地反映建筑内各个监控点设备的运行和人员的出入活动情况，便于安防人员随时了解建筑内的主要地点和设备是否处于安全状态。一旦监测到某一个或者多个监控点出现非法入侵或设备严重故障等危险情况，可以及时产生相应的预警信号，便于管理人员做出处理决策，保证建筑物安全。

视频安防监控系统由摄像机等前端设备、传输系统以及控制显示与记录部分组成，其组成结构图如图 11-11 所示。

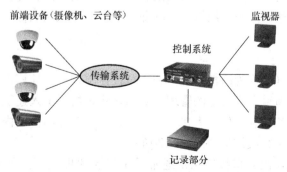

图 11-11　视频监控系统的组成结构

（1）前端设备

安装在监视区域现场的设备称为前端设备。在视频监控系统中较常用的前端设备包括摄像机、摄像机云台、摄像机镜头、摄像机防尘罩、摄像机安装架、系统解码器、报警器等。摄像机用来摄制和传输监控区域的实时图像信息；镜头是安装在摄像机前端的成像装置，其作用是把观察目标的光像呈现在摄像机的靶面上；摄像机云台是支撑和固定摄像机的装置，也可用来控制摄像机的旋转，包括水平方向的旋转和垂直方向的旋转；摄像机防尘罩起隐蔽防护作用，主要功能是保护摄像机不受尘埃和雨水等的损害。目前集防护罩、全方位高速预置云台、多倍变焦镜头和解码器于一体的一体化摄像机代表了摄像机向数字化、一体化方向的发展，由于使用安装方便，使用越来越广泛。

（2）传输系统

视频监控系统的前端设备与控制中心的信号传输包括两方面：一方面，摄像机将视频信号通过视频信号线传输到控制中心；另一方面，控制中心将控制云台、摄像机镜头等的控制信号传输到前端译码器。因此，传输系统包含视频信号传输和控制信号传输。

（3）控制、显示与记录

视频监控系统的控制部分是整个系统的核心组成部分，负责对系统内各个设备（包括摄像机、云台、摄像机镜头）进行控制，主要包括视频矩阵切换器、控制键盘、时间地址发生器、云台遥控器、监视器等设备。控制器与前端设备通过传输系统传输视频信号和控制信号，前端摄像机将检测到的视频图像信号通过视频信号线传输到控制中心，通过图像显示设备将图像呈现出来。值班人员可根据实际监控的需要，通过控制中心发出控制信号，调整摄像机镜头的焦距和光圈大小，控制云台沿水平或者垂直方向移动（自动巡视的云台可以自动调整云台的旋转，无需控制命令）来获取合适的监控图像。

视频监控系统的显示记录部分的主要作用是将摄像机传输的视频信号转换成图像在监视设备上显示，并根据需要将监视录像记录下来。所用设备包括：图像监视器、记录设备、视频切换器和视频矩阵切换器、多画面分割器、视频分配器等。

随着计算机技术、多媒体技术的发展，闭路电视监控技术也从传统的模拟视频监控系统向数字化网络监控系统发展。数字化网络监控是计算机技术、图像压缩、存储、解压、传输技术、监控技术、远程通信技术、多媒体技术优化组合产生的新一代监控系统，通过LAN/WAN，将监控从安全防范提高到管理的高度。数字视频监控系统以数字化为基础，以网络为依托，以数字视频的压缩、传输、存储、分发和播放为核心，运用先进的网络视频服务器、网络摄像机，把图像处理（采集、压缩、协议转换、传输）设置在监控点，利用互联网和局域网，达到分布式网络系统的即插即用，实现从图像采集、传输、控制、显示的全过程数字化。

3. 出入口控制系统

出入口控制系统（又称为门禁系统）利用现代控制技术、计算机网络技术和智能识别技术，为建筑出入口通道提供安全的管理，对出入建筑物、出入建筑物内特定的通道或者场所的人员进行识别和控制，保证大楼内的人员在各自允许的范围内活动，避免人员非法进入。出入口控制系统组成结构如图11-12所示。

由图11-12可见，出入口控制系统通常采用三层的集散型控制系统，第一层为中央管理计算机，计算机上装有出入口管理软件，主要功能是实现对整个出入口控制系统的控制和管理，同时与其他的系统进行联网控制。第二层是分散在各个控制点的出入口控制器，主要功能是分散控制各个出入口，一方面识别进出入人员的身份信息，并根据人员身份是否合法对现场各个控制设备进行控制，另一方面将现场的各种出入信息及时传到中央控制计算机。第三层是智能识别设备（读卡器、智能卡、指纹机、掌纹机、视网膜识别机、面部识别机等）、各种通道开关控制设备（电子门锁和出门按钮等）以及报警设备等。

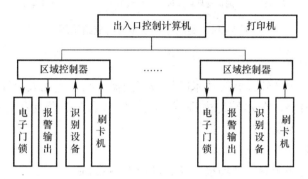

图 11-12　出入口控制系统组成结构

出入口控制系统的主要功能：读卡机、出门按钮接受出入信息，将其转换成电信号传送给出入口控制器，出入口控制器核查接收到的信息是否合法，如果合法则向电子门锁发出开锁命令，如果检测到非法或者遇到强行闯入的情况，则向报警器发出报警信号，同时向中央控制计算机发送相应的信号，由中央控制室采取进一步的解决措施。

4. 电子巡查管理系统

电子巡查系统按照信息传输的方式可以分为在线巡查系统和离线巡查系统。

在线巡查系统由中央控制计算机、网络收发器、前端控制器和前端开关等组成，系统组成如图 11-13 所示。巡查人员按照预先制定的巡查路线，在一定时间内到达巡查点，利用专用的钥匙触发巡查开关，巡查点通过前端控制器和网络收发器将"巡查到位"的信息传送给中央控制计算机，计算机同时记录巡查点的编号和巡查到达的时间。一个前端控制器可以同时控制多个巡查点。

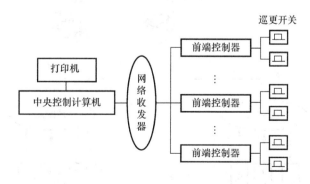

图 11-13　在线巡查系统的组成结构图

离线巡查系统由中央控制计算机、通信座、数据采集器、巡查钮等组成，如图 11-14 所示。巡查人员按照一定的巡查顺序，在规定的时间内到达指定的巡查点，通过数据采集读取巡查点的信息，同时采集器自动记录巡查点的地址和巡查到达的时间。巡查结束后，巡查人员将数据采集器插入到通信座中，数据自动传输并存储到中央控制计算机，并能够按照要求生成巡查报告，如可以查询和打印任意一个巡查人员的巡查情况。

打印机　　　通信管理计算机　　　通信座　　　数据采集器

图 11-14　离线巡查系统的组成结构图

5. 入侵报警系统

入侵报警系统采用红外或微波技术的信号探测器，在一些无人值守的部位，根据建筑物安全防范技术的需要，在建筑物内进行区域界定或者定方位保护，当探测到有非法入侵、盗窃、破坏等行为发生时进行报警。

（1）入侵报警系统的组成及结构

入侵报警系统由探测器、现场报警器、区域控制器和报警中央管理中心等组成。从系统的组成结构来看，入侵报警系统主要分为三个层次，第一层是报警中央管理中心，其主要的功能是对整个入侵报警系统实施控制和管理，它接受来自区域控制器的报警信号，在指定的终端设备上显示报警的具体信息，包含地址代码、报警性质、时间等，或者在电子地图上实时显示报警的位置，并与其他系统进行信息通信，采取相应的措施处理警情。第二层是分散在各个区域的区域控制器，其功能相当于集散型控制系统中的 DDC 控制器，带有多路数字开关输入，用于接受来自末端探测器的信号，同时它还带有多路数字开关输出，当区域控制器接收到探测器传来的异常信号时，一方面向末端报警装备发出报警信号，另一方面将自己控制的报警区域的详细入侵报警情况传送到报警中央控制器。第三层是探测器和执行设备，探测器负责探测非法入侵，并将其转换成相应的电信号，经过滤波、整形等处理后传输到区域控制器，末端的报警装置接受区域控制器的报警指令，在非法入侵发生时发出声光报警。系统组成如图 11-15 所示。

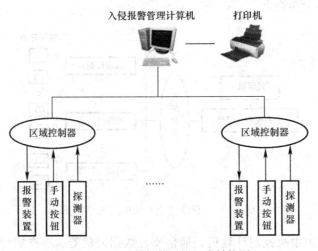

图 11-15　入侵报警系统组成结构图

（2）入侵报警系统的功能

1）监测报警：当系统探测到非法入侵时立即发出报警信号。

2）布防和撤防功能：根据需要，设定某些时间段、某些区域的探测器工作/不工作。

3）防破坏功能：系统自动对运行状态和信号线路进行探测，如果发生恶意破坏系统的情况，立即报警。

4）联网通信功能：入侵报警系统应与其他安全防范系统建立通信联系，实行联动。

6. 访客对讲系统

访客对讲系统是采用计算机技术、通信技术、传感技术、自动控制技术和视频技术而设计的一种访客识别的智能信息管理系统。它把大楼入口、业主及物业管理部门三方面信息及通信包含在同一个网络中，成为防止住宅受非法侵入的重要安全保障手段，有效保护业主的人身和财产安全。访客对讲系统按照能否实现可视功能可以分为非可视对讲系统和可视对讲系统。

（1）非可视对讲系统

非可视对讲系统主要由管理计算机、控制主机、电控门锁、非可视对讲分机、解码器、门口主机、电源、打印机、报警器等设备组成。非可视对讲系统可以设置密码开锁，楼内的住户可以通过设定的密码直接进入大楼，密码可以随时更改以防止密码泄漏。访客需要进入时，在大门的主机键盘上输入访问的住户编号（一般按照住户的门牌号码进行编号），则被访问的住户家庭的对讲分机发出振铃，住户摘机与来访者进行对讲，确认来访者身份后按动分机上的开关开启大门，访客进入后闭门器使大门自动关闭。其系统结构如图 11-16 (a) 所示。

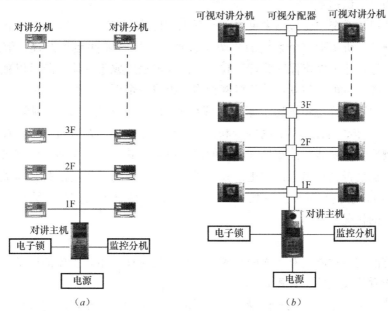

图 11-16　访客对讲系统的结构图

(a) 非可视对讲系统；(b) 可视对讲系统

（2）可视对讲系统

可视对讲系统的组成如图 11-16 (b) 所示，是由门口主机、室内对讲可视分机、不间断电源电控锁、闭门器、中央管理机及其辅助设备等组成的，它在非可视对讲系统的基础上增加了影像传输功能。

7. 停车场（库）管理系统

随着车辆数量的急剧增长，传统的人工管理的停车场（库）已经不能满足效率、安全等方面的要求。停车场（库）的自动化管理是利用现代的机电设备，对停车场（库）提供高效率的管理和维护，不仅减少了人员的配置数量，还提高了停车的安全性。停车场（库）管理系统主要由三个子系统组成，即车辆自动识别系统、收费系统和保安监控系统。图 11-17 为停车场管理系统的组成图。

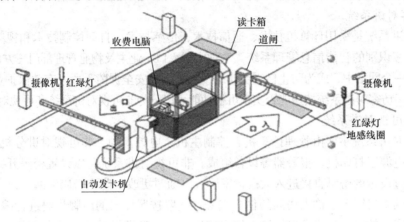

图 11-17　停车场管理系统的组成图

（1）车辆自动识别系统

车辆自动识别系统主要包括中央控制计算机、自动识别装置、车辆探测器等。

中央控制计算机负责整个系统的协调与管理，包括软硬件参数设置、信息交流与分析、命令发布等，还可以将保安管理、收费统计及报表集成于一体。既可以独立工作构成停车场管理系统，也可以与其他计算机网相连，组成一个更大的智能建筑集成网络。

车辆自动识别装置是停车场（库）管理系统的核心，车辆自动识别装置一般采用磁卡、条码卡、IC 卡、远距离 RF 射频卡和目前得到广泛应用的车牌自动识别技术。

车辆探测器一般安装在停车场（库）的出入口处，其主要的功能是感测被授权允许驶出或驶入的车辆是否到达出入口并正常驶出或驶入，以控制挡车闸的打开与关闭，在感应有车驶入时加 1，感应有车驶出时减 1，将统计结果传输给中央控制计算机，通过电子显示屏显示车位的状况。

（2）收费系统

收费系统的主要功能是对入库的车辆收取相应的管理费用，主要的设备包含刷卡收费装置、临时卡发放及检验装置等。

刷卡收费装置在车辆进入时记录入库的时间，当车辆离开车库时记录出库的时间，自动收取相应的费用。

临时卡出卡装置安装在车库的出入口处，对临时停放的车辆发放临时卡，出场时根据停车时间计时收费。

（3）保安监控系统

保安监控系统包括监控摄像机、挡车器等。

挡车器是停车场关键设备，主要用于控制车辆的出入，挡车器具有"升闸"、"降闸"、

"停止"和用于维护与调试的"自栓"模式，具有手动操作、自动控制和遥控三种操作方式。

　　停车场（库）内的监控摄像机主要用来监视停车场（库）内车辆的停放情况，以免车辆被盗或被损。出入口处的监控摄像机主要用来监视车辆出入情况，对进出车辆进行图像比对。车辆进入车库时，停车库（场）管理系统的车牌影像识别系统利用电视监视和图像自动识别系统记录车辆的颜色、型号、车牌等影像信息并存入系统数据库，同时记录车主的识别卡卡号，登记车辆进入的时间等信息。车辆离库（场）刷卡时，车辆影像识别系统再次采集车辆的颜色、型号、车牌等信息，并与该持卡车主入库时车辆的颜色、型号、车牌等信息进行比对，如果信息相符即可放行，并同时记录车辆入库（场）的时间和离开车库（场）的时间备案以备查询，如果比对信息不相符，则拒绝放行，并采取相应的保安措施。

11.2.2　火灾自动报警系统

　　火灾具有突发性和随机性，它常在人们不注意的情况下发生。早期，人们主要依靠视觉、触觉和嗅觉发现火灾，利用人力、机械扑灭火灾。近几十年来，随着科学技术的进步和生产的迅速发展，尤其是材料工业、机械工业、电子自动化工业、化学工业的突飞猛进，为火灾的探测、报警、消防的自动化联合控制提供了坚实基础。

　　火灾自动报警系统包括火灾探测报警系统、可燃气体探测报警系统、电气火灾监控系统、住宅建筑火灾报警系统、消防联动控制系统等。

　　1. 火灾探测报警系统

　　火灾探测报警系统监视、探测和识别早期火灾，判别确认后发出报警，并启动灭火与减灾设备，为人员疏散、防止火灾蔓延和启动自动灭火设备提供控制与指示。

　　（1）火灾探测报警系统的组成

　　火灾探测报警系统的基本要素包括触发装置、火灾报警控制器、火灾报警及显示装置，对于大型的系统还包括消防联动设备。

　　1）触发装置

　　在火灾自动报警系统中，能够自动或手动产生火灾报警信号的器件称为触发器件，主要包括火灾探测器和手动火灾报警按钮。由于可燃物在燃烧过程中，一般先产生烟雾，同时周围环境温度逐渐上升，并产生可见与不可见光，火灾探测器即是在火灾发生后能依据物质燃烧过程中所产生的烟雾、高温等各种现象，将火灾信号转变为电信号，并输入火灾报警控制器，由报警控制器以声、光信号向人发出警报的器件。

　　2）火灾报警控制器

　　火灾报警控制器是火灾自动报警系统的重要组成部分。它担负着为火灾探测器等提供工作电源，监视探测器及系统本身工作状态，接收、显示、传递、处理火灾探测器输出的报警信号，进行声、光报警，显示报警部位及时间等诸多任务，与应急联动系统的灭火装置、防火减灾装置一起构成完备的火灾自动报警与自动灭火系统。

　　3）火灾警报及显示装置

　　火灾警报系统一般设置有火灾声光报警器和消防应急广播，当确认发生火灾时，该系统会发出声光报警信号，并且交替进行语音提示，以最大限度警示人们采取安全疏散、灭火救灾措施。火灾显示装置有火灾显示盘和消防控制室图形显示装置。火灾显示盘是火灾报警指示设备的一部分，可显示火警或故障的部位或区域，并能发出声光报警信号；消防控制室图形显示装置可显示保护区域内火灾报警控制器、火灾探测器、火灾显示盘、手动火灾报警按钮的工作状态,显示消防水箱水位、管网压力等监管报警信息,显示可燃气体探测报警系统、电气火灾监控系统的报警信号及相关的联动反馈信息。

(2) 火灾探测系统结构

火灾探测报警系统根据所保护建筑物的系统大小和重要性,可分为区域报警系统、集中报警系统和消防控制中心报警系统。其中,区域报警系统用于仅需要报警,不需要联动自动消防设备的保护对象;集中报警系统用于不仅需要报警,同时需要联动自动消防设备,且只设置一台具有集中控制功能的火灾报警控制器和消防联动控制器的保护对象;控制中心报警系统用于设置两个及以上消防控制室的保护对象,或已设置两个及以上集中报警系统的保护对象。图 11-18 给出三种报警系统的结构。

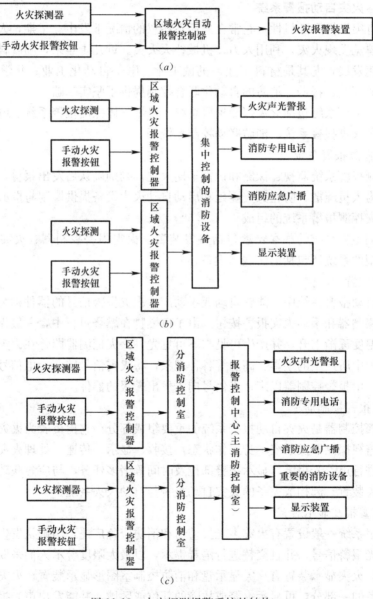

图 11-18 火灾探测报警系统的结构

(a) 区域报警系统;(b) 集中报警系统;(c) 消防控制中心报警系统

（3）火灾探测报警系统功能

作为公共安全系统之一，火灾探测报警系统全天候运行，对火灾发生进行早期探测和自动报警，显示火灾发生区域，实时记录火灾地点、时间及有关火警信息，在确定报警之后，依据预先设定的程序联动消防装置，并将消防设备的动作情况反馈到控制器的显示盘上。

2. 可燃气体探测报警系统

可燃气体探测报警系统主要应用于生产、使用可燃气体的场所或有可燃气体产生的场所。可燃气体包括天然气、煤气、石油液化气、石油蒸汽和酒精蒸汽等，这些气体主要含有烷类、烃类、烯类、醇类、苯类和一氧化碳、氢气等成分，是易燃、易爆的有毒有害气体。可燃气体在生产、输送、贮存和使用过程中，一旦发生泄漏，可能造成燃烧爆炸，危及国家及人民的生命财产安全。

（1）可燃气体探测报警系统的组成

可燃气体探测报警系统由可燃气体报警控制器和可燃气体探测器构成。

可燃气体探测器根据探测元件的不同，可以分为气敏型、电催化型以及电化学型几种。气敏型探测器利用气敏元件和电热丝作为核心部件，电热丝的作用是保持气敏元件处于 $250℃\sim300℃$ 的温度区间内，因为在此温度区间，半导体气敏元件的电阻随着可燃气体浓度的增高而减小。当发生火灾时，可燃气体进入探测室内，使得半导体气敏材料的电阻减小，当其电阻减小到一定程度时，触发报警器产生报警信号。催化型可燃气体探测器采用铂丝作为催化剂，当发生火灾时，可燃气体在铂丝的催化作用下在铂丝表面无焰燃烧，铂丝温度上升导致铂丝的电阻发生变化，当可燃气体浓度超过限度时，可燃气体探测器向可燃气体报警控制器发出报警信号，后者启动保护区域的声光警报器，提醒人们及早采取安全措施，避免事故发生，同时将报警信息传给消防控制室显示装置，但该类信息的显示与火灾报警信息的显示有明显区别。

（2）可燃气体探测报警系统的结构

可燃气体探测报警系统一般具有独立的系统，即可燃气体探测器接入可燃气体报警控制器，其结构如图 11-19 所示。当需要接入火灾报警系统时，由可燃气体报警控制器接入。

（3）可燃气体探测报警系统的功能

可燃气体报警控制器接收检测探头的信号，实时显示测量值，当测量值达到设定的报警值时，控制主机发出声、光报警，同时输出控制信号（开关量接点输出），提示操作人员及时采取安全处理措施，或自动启动事先连接的控制设备，以保障安全生产。

3. 电气火灾监控系统

随着经济建设的发展，生产和生活用电大幅度增加，电在为生产和生活各个方面服务的同时，也是一种潜在的火源，配电回路及用电设备的漏电、过载和短路等故障引发的电气火灾给国家财产和人民生命安全造成的损失已不容忽视。因此，在火灾自动报警系统中设置电气火灾监控系统，防止电气火灾的发生。

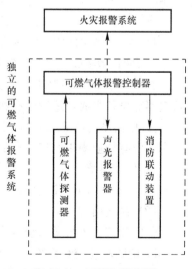

图 11-19　可燃气体探测
报警系统的结构

（1）电气火灾监控系统的组成

电气火灾监控系统由电气火灾监控设备、电气火灾监控探测器组成。电气火灾监控探测器用于检测被保护线路的参数，按检测参数的不同，电气火灾监控探测器分为测温式电气火灾监控探测器和剩余电流式电气火灾监控探测器。测温式电气火灾监控探测器以探测电气系统异常时发热为基本原则，探测被保护设备或线路中可能引发电气火灾危险的温度参数变化，一般设置在电缆接头、电缆本体、开关触点等发热部位。而剩余电流式电气火灾监控探测器探测被保护线路中可能引发电气火灾危险的剩余电流参数的变化，能够在接地电流小至几个 mA 时响应，从而防止电气火灾。电气火灾探测器有独立式探测器（具有监控报警功能的探测器）和非独立式探测器之分。独立式探测器有工作状态指示灯和自检功能，可以单独设置，报警时发出声、光报警信号，并予以保持，直至手动复位。而非独立式探测器必须与电气火灾监控设备联用。电气火灾监控设备用于接收来自电气火灾监控探测器的报警信号，发出声、光报警信号和控制信号，指示报警部位，记录并保存报警信息，也称为"监控主机"或"区域控制器"。

（2）电气火灾监控系统的结构

电气火灾监控系统的结构如图 11-20 所示。

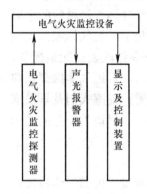

图 11-20　电气火灾监控系统的结构

（3）电气火灾监控系统的功能

电气火灾监控系统是专门针对电气线路故障和涉电意外的前期预警系统，与火灾探测报警系统的区别在于电气火灾监控系统早期报警立足预防，是为了避免损失，而火灾探测报警系统是针对已经发生的火情的后期报警系统，立足扑救，是为了减少损失。电气火灾监控系统保护区域内有联动和警报要求时，可以由电气火灾监控设备本身实现，也可以由消防联动控制器实现。

4. 住宅建筑火灾报警系统

（1）系统组成及应用

住宅建筑火灾自动报警系统根据实际应用过程中保护对象的具体情况分为 A、B、C、D 四类系统，四类系统的组成分别如下：

1）A 类系统由火灾报警控制器、手动火灾报警按钮、家用火灾探测器、火灾声警报器、应急广播等设备组成，适用于有物业集中监控管理且设有需联动控制的消防设施的住宅建筑。

2）B 类系统由控制中心监控设备、家用火灾报警控制器、家用火灾探测器、火灾声警报器等设备组成，适用于有物业集中监控管理的住宅建筑。

3）C 类系统由家用火灾报警控制器、家用火灾探测器、火灾声警报器等设备组成，适用于没有物业集中监控管理的住宅建筑。

4）D 类系统由独立式火灾探测报警器、火灾声警报器等设备组成，适用于别墅式住宅和已经投入使用的住宅建筑。

（2）系统结构

住宅建筑火灾报警系统四个类型的结构如图 11-21 所示。

5. 消防联动控制系统

火灾发生时，火灾报警控制器发出报警信息，消防联动控制系统根据火灾信息联动逻辑关系，输出联动信号，启动有关消防设备实施防火灭火。消防联动控制系统联动的内容

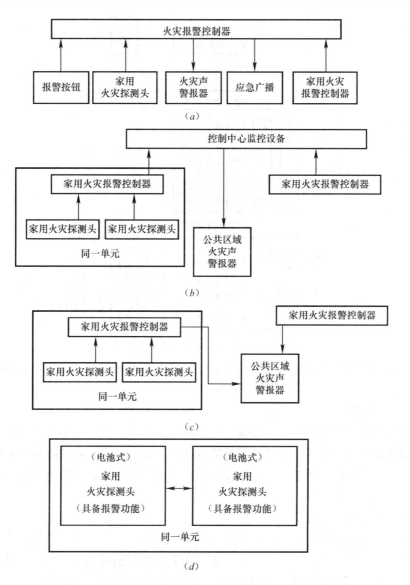

图 11-21　住宅建筑火灾报警系统四个类型的结构

(a) A 类；(b) B 类；(c) C 类；(d) D 类

如图 11-22 所示，控制的对象有灭火设备、防/排烟设备、阻止烟、火势蔓延的防火隔断设备、疏散引导设备、消防通信设备及相关的建筑设备和安防设备等。

（1）灭火装置

灭火装置可分为水灭火装置和其他常用灭火装置。水灭火装置又分消防栓灭火系统和自动喷水灭火系统。其他常用灭火装置分为气体灭火系统、干粉灭火系统、泡沫灭火系统、蒸汽灭火系统和移动式灭火器等。

（2）减灾装置

常用的减灾装置有防排烟装置和阻止烟火势蔓延的防火门、防火卷帘等。防排烟系统是消防联动控制系统的重要组成部分，其主要作用是防止有害有毒气体进入电梯前室、避难层和人员疏散通道等部位，防止有害有毒气体扩散蔓延。火灾发生时，为了防止火势扩

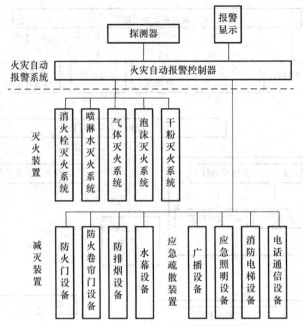

图 11-22　消防联动控制系统的组成

散蔓延，需要采用防火墙、防火楼板、防火门、防火阀和防火卷帘等防火分隔措施，以降低火灾损失。

（3）应急疏散装置

建筑物的安全疏散设施有疏散楼梯、疏散通道、安全出口等。消防疏散通道门一般采用电磁力门锁集中控制方式；平时楼层疏散门锁闭，发生火灾时，消防报警系统联动打开疏散通道门。专用的应急疏散装置有应急照明、火灾事故广播、消防专用电话通信、消防电梯及高层建筑的避难层等。

11.2.3　应急响应系统

智能建筑中的应急响应系统主要包括有线/无线通信、指挥、调度系统、多路报警系统（110、119、122、120、水、电、气、油、煤等城市基础设施抢险部门等）、消防—建筑设备联动系统、消防—安防联动系统、应急广播—信息发布—疏散导引联动系统、基于建筑信息模型（BIM）的分析决策支持系统、视频会议系统、信息发布系统等。系统结构如图 11-23 所示。

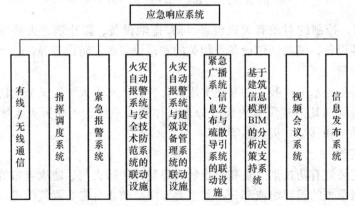

图 11-23　应急响应系统组成结构

11.3　信息设施系统

信息设施系统的基本组成要素如图 11-24 所示。

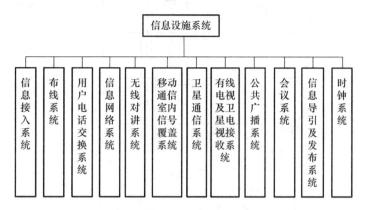

图 11-24　信息设施系统的组成要素

以下逐一介绍各组成要素子系统，从体现系统功能出发，将以上系统分为语音、数据、图像、多媒体和基础设施五个部分。

11.3.1　语音信息设施系统

语音信息设施系统包括用户电话交换系统、室内移动通信覆盖系统和公共广播系统。

1. 用户电话交换系统

（1）用户电话交换系统的组成

电话通信达成人们在任意两地之间的通话，一个完整的电话通信系统包括使用者的终端设备（用于语音信号发送和接收的话机）、传输线路及设备（支持语音信号的传输）和电话交换设备（实现各地电话机之间灵活地交换连接）。电话交换设备（电话交换机）是整个电话通信网络中的枢纽。为建筑物内的电话通信提供支持的电话交换系统有多种可选的模式，可设置程控数字用户交换机系统，或采用本地电信业务经营者提供的虚拟交换方式，或采用配置远端模块方式，也可采用接入公用数据网的 IP 用户交换机。

（2）用户电话交换系统的结构及功能

程控数字用户交换机 PABX（Private Automatic Branch Exchange）是机关工矿企业等单位内部进行电话交换的一种专用交换机。它采用计算机程序控制方式完成电话交换任务，主要用于用户交换机内部用户与用户之间，以及用户通过用户交换机中继线与外部电话交换网上的各用户之间的通信。图 11-25 为通过综合布线系统实现的程控数字用户交换机系统的组成结构。

2. 移动通信室内信号覆盖系统

（1）移动通信室内信号覆盖系统的组成要素

移动通信室内信号覆盖系统原理是利用室内天线分布系统将移动基站的信号引入，均匀分布在室内每个角落，从而保证室内区域拥有理想的信号覆盖。移动通信室内信号覆盖系统的组成要素包括信号源和信号分布系统。

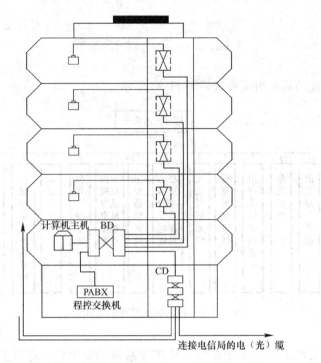

连接电信局的电（光）缆

图 11-25　程控数字用户交换机系统的组成结构

1）信号源

信号源设备主要为微蜂窝、宏蜂窝基站或室内直放站。

以室内微蜂窝系统作为室内覆盖系统的信号源，对外通过有线方式与蜂窝网络的其他基站连接，信号纯度高，避免同频干扰和通话阻塞，提高接通率；另外微蜂窝基站提供空闲信道，增加网络信道容量，因而适用于覆盖范围较大且话务量相对较高的建筑物内。以室内宏蜂窝作为室内覆盖系统的信号源是无线接入方式，成本低，工程施工方便，占地面积小，通话质量相对微蜂窝较差，因而适用于低话务量和较小面积的室内覆盖盲区。直放站系统主要通过施主天线采用空中耦合的方式接收基站发射的下行信号，然后经过直放机进行放大，再通过功分器将一路信号均分为多路信号，最后由重发天线将放大之后的下行信号对楼内的通信盲区进行覆盖。直放站不需要基站设备和传输设备，安装简便灵活，在移动通信中正扮演越来越重要的角色。

2）信号分布系统

信号分布系统主要由同轴电缆、光缆、泄露光缆、电端机、光端机、干线放大器、功分器、耦合器、室内天线等设备组成。

同轴电缆是最常用的材料，性能稳定、造价便宜但线路损耗大。大型同轴电缆分布系统通常需要多个干线放大器作信号放大接力。光纤线路损耗小，不加干线放大器也可将信号送到多个区域，保证足够的信号强度，性能稳定可靠，但在近端和远端都需要增加光电转换设备，系统造价高，适合质量要求高的大型场所。泄露电缆系统不需要室内天线，通过电缆外导体的一系列开口，在外导体上产生表面电流，从而在电缆开口处横截面上形成电磁场，这些开口就相当于一系列的天线，起到信号的发射和接收作用，在电缆通过的地方，信号即可泄露出来，完成覆盖。泄露电缆室内分布系统安装方便，但系统造价高，对电缆的性能要求高,适用于隧道、地铁、长廊等地形。

(2) 移动通信室内信号覆盖系统的结构

移动通信室内信号覆盖系统的结构图如图 11-26 所示。

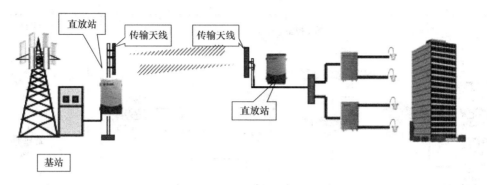

图 11-26　移动通信室内信号覆盖系统结构图

(3) 移动通信室内信号覆盖系统的功能

移动通信室内信号覆盖系统将基站的信号通过有线的方式直接引入到室内的每一个区域,再通过小型天线将基站信号发送出去,同时也将接收到的室内信号放大后送到基站,从而消除室内覆盖盲区,保证室内区域拥有理想的信号覆盖,为楼内的移动通信用户提供稳定、可靠的室内信号、改善建筑物内的通话质量,从整体上提高移动网络的服务水平。

3. 公共广播系统

(1) 公共广播系统的组成要素及结构

公共广播系统组成要素及结构如图 11-27 所示,主要包括信号源设备、信号放大处理设备、传输线路和扬声器系统四部分。

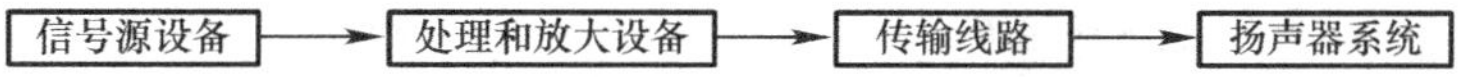

信号源设备 → 处理和放大设备 → 传输线路 → 扬声器系统

图 11-27　公共广播系统组成要素

节目源设备通常包括多媒体计算机、CD 唱机、录音卡座、AM/FM 调谐器、传声器等。节目源以按预先安排的多种不同的节目表自动播放 MP3 或其他格式音乐文件,备用节目(播放 CD 唱片或卡式磁带)以及传声器广播信号通过音频矩阵切换器和节目源切换器与多媒体信号相互切换播出。

信号放大和处理设备包括前置放大器、调音台和功率放大器等。前置放大器的功能是将输入的微弱音频信号进行放大,以满足功率放大对输入电平的要求。功率放大器的作用是将前置放大器或调音台送来的信号进行功率放大,再通过传输线去推动扬声器放声。调音台又称调音控制台,它将多输入信号进行放大、混合、分配、音质修饰和音响效果加工,不仅包括了前置放大器的功能,还具有对音量和音响效果进行各种调整和控制的功能。

随着现代信息技术的发展和用户对广播系统功能需求的不断增加,将现代信息技术与广播系统相结合的数字化公共广播系统应运而生。数字广播系统采用音频编解码技术,以网络为媒介,采用全数字化传输,实现广播、计算机网络融合,以全新的理念构造出可应用于网络之上的广播系统,不仅丰富了传统广播的功能,也充分发挥了已建设好的网络平台的应用潜力，避免重复架设线路，有网络接口的地方就可以接数字广播终端，真正实现广播、计算机网络的多网合一，已成为当今广播发展的趋势。图 11-28 为 IP 网络广播系统的组成示例。

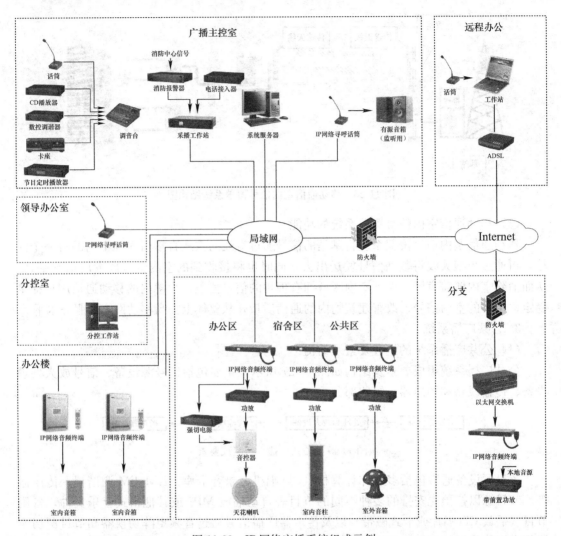

图 11-28 IP 网络广播系统组成示例

（2）公共广播系统的功能

公共广播系统具有业务性广播、服务性广播和紧急广播等功能。业务性广播是以业务及行政管理为主的语言广播，具有按业务区域划分设置播放不同音源信号、分区呼叫控制及设定程序播放等提高系统技术性能的相关功能，主要应用于院校、车站、客运码头及航空港等场所。服务性广播以欣赏性音乐类广播为主，主要用于宾馆客房的节目广播及大型公共场所的背景音乐。紧急广播是以火灾事故广播为主，用于火灾时引导人员疏散。在实际使用中，通常是将业务性广播或背景音乐和紧急广播在设备上有机结合起来，通过在需要设置业务性广播或背景音乐的公共场所装设的组合式声柱或分散式扬声器箱，平时播放事务性广播或音乐，当发生紧急事件时，强切为紧急广播，指挥疏散人群。

11.3.2 数据信息设施系统

数据信息设施系统主要包括信息网络系统。信息网络系统是计算机技术与通信技术紧密结合的产物，是信息高速公路的基础。随着信息社会的到来，信息网络的应用已渗透到社会生活的各个方面，从根本上改变着人们的工作和生活方式。

1. 信息网络的组成要素

计算机网络系统由硬件和软件两部分组成。

网络系统的硬件主要包括网络服务器、客户计算机、通信介质、网络适配器、网络连接设备等。

计算机网络软件包括网络通信协议软件、网络操作系统和网络应用系统等。网络通信协议是在通过通信网进行信息或数据交换时，每一个连接在网络中的节点都必须遵守预先约定的一些规则、标准或规范，它规定了计算机信息交换过程中信息的格式和意义。网络操作系统是使网络上的各个计算机能方便有效地共享网络资源，为网络用户提供所需要的各种服务的软件和有关协议的集合。

2. 信息网络的结构

信息网络的结构如图 11-29 所示。

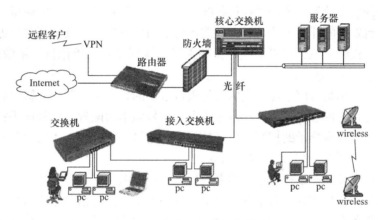

图 11-29 信息网络的结构图示例

3. 信息网络的功能

信息网络系统通过传输介质和网络连接设备将分散在建筑物中具有独立功能、自治的计算机系统连接起来，通过功能完善的网络软件，实现网络信息和资源共享，为用户提供高速、稳定、实用和安全的网络环境，实现系统内部的信息交换及系统内部与外部的信息交换，是智能建筑成为信息高速公路的信息节点。另外，信息网络系统还是实现建筑智能化系统集成的支撑平台，各个智能化系统通过信息网络有机地结合在一起，形成一个相互关联、协调统一的集成系统。

11.3.3 图像信息设施系统

图像信息设施系统主要包括有线电视及卫星电视接收系统。

1. 有线电视系统的组成及结构

有线电视系统由信号源、前端系统、干线传输系统和分配系统四个部分组成，如图 11-30 所示。

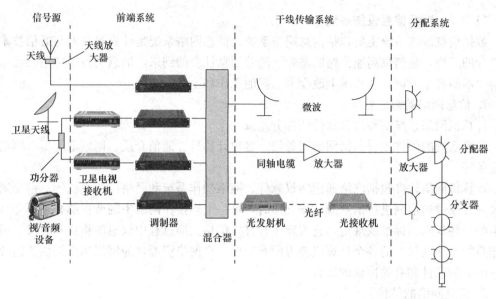

图 11-30　有线电视系统的组成框图

有线电视的信号源为系统提供各种各样的信号，主要有卫星发射的模拟和数字电视信号、当地电视台发射的开路电视信号、微波台转发的微波信号以及电视台自办的电视节目等。主要器件有接收天线、卫星天线、微波天线、视频设备（摄像机、录像机）、音频设备等。

前端系统的作用是对信号源提供的信号进行必要的处理和控制，并输出高质量的信号给干线传输部分，其内容主要包括：信号放大、信号频率的配置、信号电平的控制、干扰信号的抑制、信号频谱分量的控制、信号的编码、信号的混合等。主要器件有：前端放大器、信号处理器、调制/解调器、混合器等。

分配系统的功能是将干线传输来的电视信号通过电缆分配到每个用户，再分配过程中需保证每个用户的信号质量。对于双向电缆电视还需要将上行信号正确地传输到前端。分配系统的主要设备有分配器、分支器、分配放大器和用户终端，对于双向电视系统还有调制解调器（Cable Modem，CM）和数据终端（Cable Modem Termination System，CMTS）等设备。

2. 有线电视及卫星电视接收系统的功能

目前有线电视及卫星电视接收系统不仅可以向建筑内的收视用户提供多种类电视节目源，而且不断拓展其他相应增值应用功能。双向有线电视网正逐步发展成为"信息高速公路"，应用功能非常广泛，包括点播电视、视频游戏、重复播放、选举投票、电视采购、广告、电子商务服务、可视电话、交互式电视教学等，并能高速传输数据，未来的应用不只是宽带接入网，而是多媒体传输平台，集接收、交换、传输于一体。

11.3.4　多媒体信息设施系统

多媒体信息设施系统包括信息导引及发布系统、会议系统等。

1. 信息导引及发布系统

智能建筑中的信息导引及发布系统为公众或来访者提供告知、信息发布和查询等功能，满足人们对信息传播直观、迅速、生动、醒目的要求。信息导引及发布系统主要包括大屏幕信息发布系统和触摸屏导览系统。大屏幕信息发布系统和触摸屏信息导览系统通过管理网络连接到信息导引及发布系统服务器和控制器，对信息采集系统收集的信息进行编辑以及播放控制。

信息导引及发布系统具有整合各类公共业务信息的接入、采集、分类和汇总的数据资源库，具有在建筑公共区域向公众提供信息告示、标识导引及信息查询等多媒体信息发布功能，提升建筑公共视觉环境信息化及人性化辅助的综合功效。

2. 会议系统

会议系统采用计算机技术、通信技术、自动控制技术及多媒体技术实现对会议的控制和管理，提高会议效率，目前已广泛用于会议中心、政府机关、企事业单位和宾馆酒店等。会议系统主要包括数字会议系统和视频会议电视系统。

（1）数字会议系统

数字会议系统包括会议设备总控制系统、发言、表决系统、多媒体信息显示系统、扩声系统、会议签到系统、会议照明控制系统、同声传译系统、视频跟踪系统、监控报警系统和网络接入系统等，系统结构如图 11-31 所示。根据不同层次会议的要求，可以选用其中部分子系统或全部子系统组成适应不同会议层次的会议系统。

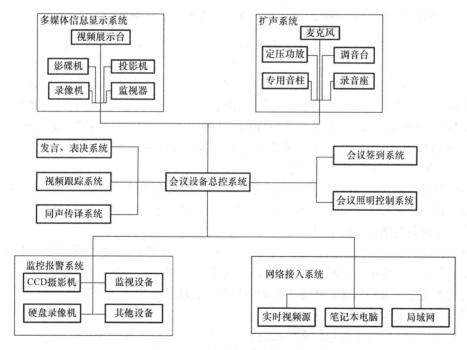

图 11-31　数字会议系统的组成要素

（2）会议电视系统

会议电视系统主要由会议电视终端设备、传输网络、多点控制单元 MCU（Muit-Point Control Unit）和相应的网络管理软件组成。其中终端设备、MCU、管理软件是会议电视系统所特有的部分，而通信网络是业已存在的各类通信网，会议电视的设备应服从网络的各项要求。图 11-32 为典型的会议电视系统结构图。

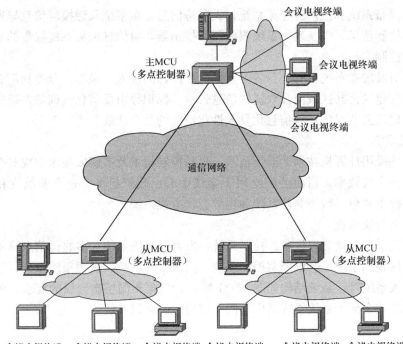

图 11-32　典型的会议电视系统结构图

会议电视终端设备主要包括视频输入/输出设备、音频输入/输出设备、视频编解码器、音频编解码器、信息处理设备及多路复用/信号分线设备等。其基本功能是将本地摄像机拍摄的图像信号、麦克风拾取的声音信号进行压缩、编码，合成为 64kbps 至 1920kbps 的数字信号，经过传输网络传至远方会场，同时接收远方会场传来的数字信号，经解码后还原成模拟的图像和声音信号。

多点控制单元（MCU，Multipoint Control Unit）是实现多点会议电视系统不可或缺的设备，其功能是实现多点呼叫和连接，实现视频广播、视频选择、音频混合、数据广播等功能，完成各终端信号的汇接与切换。

视频会议的传输可以采用光纤、电缆、微波及卫星等各种信道，采用数字传输方式，将会议电视信号由模拟信号转换为数字信号，数字化后的信号经过压缩编码处理，去掉一些与视觉相关性不大的信息，压缩为低码率信号，占用频带窄，应用普遍。

11.3.5　信息通信基础设施系统

信息通信基础设施系统包括布线系统、信息接入系统、时钟系统等。

1. 布线系统

布线系统包括综合布线系统和综合管线系统。

（1）综合布线系统。

建筑物与建筑群综合布线系统 GCS（Generic Cabling System for Building and Campus）是建筑物或建筑群内的传输网络，由支持电子信息设备相连的各种缆线、跳线、接插软线和连接器件组成，支持语音、数据、图像、多媒体等多种业务信息的传输。

1）综合布线系统的组成要素

综合布线系统分为建筑群子系统、干线子系统、配线子系统（水平布线子系统）、工作区、设备间、管理、进线间七个要素，其组成结构如图 11-33 所示。

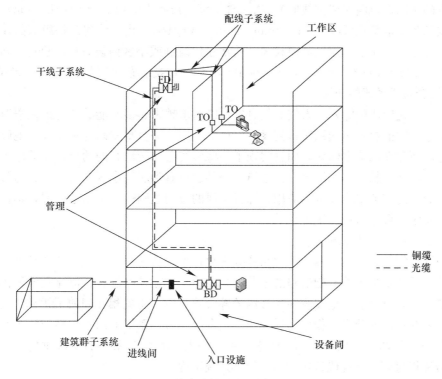

图 11-33　综合布线系统的模块化结构图

2）综合布线系统的结构

如图 11-34 所示，综合布线系统采用分层星形物理拓扑结构，由图可见建筑物内的综

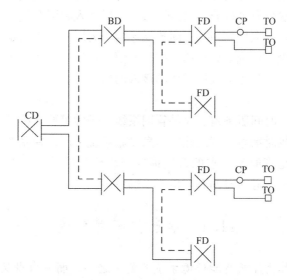

图 11-34　综合布线系统的分层星形物理拓扑结构

合布线系统分为两级星形，即垂直主干部分和水平部分。垂直主干部分的星形配线中心通常设置在设备间，通过建筑物配线设备 BD（Building Distributor）辐射向各个楼层，介质使用大对数双绞线以及多模光缆；水平部分的星形配线中心通常设置在电信间（安装楼层配线设备的房间，也叫楼层接线间），通过楼层配线设备 FD（Floor Distribution）引出水平双绞线到各个信息点 TO（Telecommunications Outlet）。由多幢建筑物组成的建筑群或小区，其综合布线系统的建设规模较大，通常在建筑群或小区内设有中心机房，机房内设有建筑群配线设备 CD（Campus Distribution），其综合布线系统网络结构为三级星形结构。

3）综合布线系统的功能

随着信息化应用的深入，人们对信息资源的需求越来越多，能够同时提供语音、数据和视频信息传输的综合布线系统得到日益广泛的应用。综合布线系统不仅较好地解决了传统布线方法所存在的诸多问题，而且实现了一些传统布线所没有的功能，其适用场合和服务对象日益增多，从早期的综合办公建筑到公共建筑直到居住小区，目前已成为各类建筑的基础设施。随着数字化技术的应用，综合布线的应用范围也在不断地扩展，延伸到诸如安全防范系统、楼宇自控系统等领域。

（2）信息综合管线系统

信息综合管线系统适应各智能化系统数字化技术发展和网络化融合趋向，整合建筑物内各智能化系统信息传输基础链路的公共物理路由，使建筑中的各智能化系统的传输介质按一定的规律，合理有序地安置在大楼内的综合管线中，避免相互间的干扰或碰撞，为智能化系统综合功能充分发挥作用提供保障。信息综合管线系统的内容包括与整个智能化系统相关的弱电预埋管、预留孔洞、弱电竖井、桥架、管线及系统的电源供应、接地、避雷、屏蔽和机房等，是现代建筑物内的综合系统工程。

2. 通信接入系统

通信接入系统是智能建筑信息设施系统中的重要内容，其作用是将建筑物外部的公用通信网或专用通信网的接入系统引入建筑物内，满足建筑物内用户各类信息通信业务的需求。

通信接入系统根据接入传输媒介的不同，分为有线接入和无线接入两种方式。有线接入方式根据采用的传输介质可以分为铜线接入、光纤接入和混合接入。无线接入则利用卫星、微波等传输手段，在端局与用户之间建立连接，为用户提供固定或移动接入服务的技术。无线接入初投资少、系统规划简单、扩容方便、建设周期短、提供服务快，在发展业务上具备很大的灵活性，是当前发展最快的接入网之一。

3. 时钟应用系统

时钟系统由母钟、时间服务器、时钟管网系统、子钟等要素构成，其作用是为有时基要求的系统提供同步校时信号。智能建筑信息设施系统中的时钟系统一般采用母钟、子钟组网方式，母钟向其他有时基要求的系统提供同步校时信号，应用于媒体建筑、医院建筑、学校建筑、交通建筑等对时间有严格要求的建筑物中。

11.4 信息化应用系统

信息化应用系统作为建筑智能环境系统的要素之一，而其自身又是由若干要素组成，内容包括公共服务、智能卡应用、物业管理、信息设施运行管理、信息安全管理、通用业务和专业业务等信息化应用系统。信息化应用系统的总体结构如图 11-35 所示。

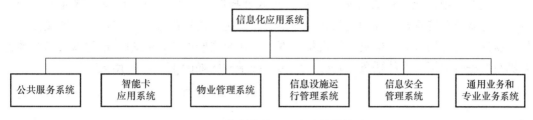

图 11-35　信息化管理系统总体结构图

信息化应用系统的各个子系统及其功能见表 11-1。

典型的信息化应用系统　　　　　　　　　　　　表 11-1

信息化应用系统名称	功能简述
公共服务系统	具有访客接待管理和公共服务信息发布等管理功能，并宜具有将各类公共服务事务纳入规范化运行程序的其他信息化管理功能
智能卡应用系统	具有作为身份识别、门钥、重要信息系统密钥等功能，并宜具有消费、计费、票务管理、资料借阅、物品寄存、会议签到等其他相关管理功能。且系统应具有适应不同安全等级的应用模式，实现识别身份、消费计费、资料借阅、会议签到等管理功能
物业管理系统	具有对建筑的物业经营、运行维护的规范化进行管理的功能
信息设施运行管理系统	具有对建筑物各类信息设施的运行状态、资源配置、技术性能等相关信息进行监测、分析、处理和维护的管理功能，满足对建筑信息设施的规范化高效管理
信息网络安全管理系统	执行符合国家现行有关信息安全等级保护管理规范和技术标准的规定
通用业务和专业业务系统	满足建筑基本业务和专业业务运行的需求

下面逐一介绍各个子系统的组成、结构和功能。

11.4.1　公共服务系统

公共服务系统从广义上说，应包括应急管理与应急服务系统和常规管理与常规服务系统两部分，如图 11-36 所示。智能建筑中的公共服务系统整合公共数字化资源、管理手段与服务设施，建设能同时进行常规管理与应急管理，同时提供常规服务与应急服务的电子平台，为大楼提供优质的常规管理与服务及应急管理与服务。

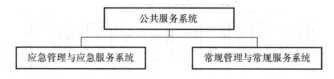

图 11-36　公共服务管理系统组成

11.4.2　智能卡应用系统

智能卡应用系统又称为"一卡通"，即将不同类型的 IC 卡管理系统连接到一个综合数据库，通过综合性的管理软件，实现统一的 IC 卡管理功能，从而使得同一张 IC 卡在各个子系统之间均能使用。

1. 智能卡应用系统的组成结构

智能卡应用系统由中央计算机、网络及区域控制器、智能识别设备、智能卡、传感器、执行器及系统管理软件和通信软件等组成。系统采用集散控制方式，其中区域控制器是现场分散处理的核心，中央计算机担负着各子系统之间的协调控制和管理以及与其他计算机网络进行数据交换的任务。智能卡应用系统结构图如图 11-37 所示。

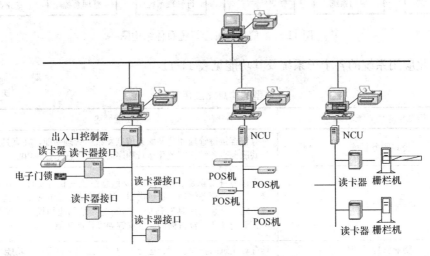

图 11-37　智能卡管理系统结构图

2. 智能卡应用系统功能

一卡通系统不仅实现了智能卡系统内部各子系统之间的信息交换、共享和统一管理，而且通过智能卡还可以实现一卡通系统与建筑物或社区内集成管理系统的物理连接和信息沟通，进而实现建筑物或社区内部各子系统之间的信息交换和统一管理，实施系统集成。

11.4.3　物业管理系统

物业运营管理系统根据物业管理的业务流程和部门情况，将物业管理业务分为不同的功能模块，如图 11-38 所示。

图 11-38　物业管理系统组成模块

模块具体功能见表 11-2。

典型的物业管理系统 表 11-2

物业管理系统模块	所创建的智能环境
空间管理	对管理区、大楼、房屋、管理区附属设施、空间使用等信息进行管理，提供空间资源统计表、空房统计表、房产大修安排表、房产大修统计表等相关报表
固定资产管理	固定资产管理模块对空间存在的固定资产及各部门使用固定资产信息进行分类维护、查询、统计，提供资产信息查询、使用信息查询、资产信息统计等相关报表
设备管理	对设备进行管理，包括设备档案管理、设备图纸资料管理、设备运行管理、设备保养管理、设备维修管理、备件备品管理、维修派工管理、设备基础数据管理和设备信息查询等
器材管理	包括器材入库管理、器材库存管理、器材出库管理、器材租赁管理、器材归还管理、器材维修管理、登记基础数据管理和器材信息查询统计等
家具管理	包括家具入库管理、家具资产管理、家具使用管理、家具清查管理、家具基础数据管理和家具信息查询等，分别管理家具的入库、使用、清查信息，同时管理家具基础数据信息
能耗管理	主要实现对电表、水表、燃气表等能耗表数据的自动采集或手工录入，并提供查询、统计、分析，生成报表和柱状图等功能
文档管理	主要对物业管理公司的文档进行分类管理，实现上传、下载、查看等功能
保安消防管理	包括保安巡查管理（记录保安巡查排班及在巡查过程中所发生的事件及处理结果，登记重大违章事件，并记录违章的处理情况）、保安器械管理（对保安所配备的器械进行登记，以便于查询）、消防管理（对管理区内消防器材配备、消防事故情况、消防演习情况进行登记管理）
房屋租赁管理	主要对租赁基础数据、客户档案、房间租赁、会议室租赁、租赁信息查询统计等进行管理，包括租金、租赁合同、租赁面积、租赁时间、租金缴纳等，并可对物业运行过程中租赁业务进行经济分析，向管理层提供决策依据
物业收费管理	主要对房产租赁、能耗表及其他的费用进行收取，并可对费用进行调整、查询、统计等
环境管理	对保洁区域的卫生检查及植被绿化等日常工作进行管理，记录、检查和管理所辖区域的绿化、消杀、清运等工作
工作项管理	对于日常待完成的工作项给予提示

11.4.4 信息设施运行管理系统

信息设施管理系统是基于对信息设施系统综合管理的平台，对各信息设施系统运行进行监控，对监控信息进行关联和共享应用，以实施对信息设施整体化综合管理策略。信息设施运行管理平台的要素包括信息基础设施数据库和多种监测器。信息基础设施数据库涵盖布线系统信息点标识、交换机配置与端口信息、服务器配置信息、应用状态及配置等，实现基础设备资源配置及应用管理、使用率统计以及运行成本管理等功能，为管理维护人员提供快速的信息查询及综合数据统计。多种监测器通过模拟运行维护人员的操作，对信息化基础设施中软、硬件资源的关键参数进行不间断监测，监测内容包括网络线路、网络设备、服务器主机、操作系统、数据库系统、各类应用服务等。一旦发现故障或故障隐患，通过语音、数字通信等方式及时通知相关运行维护人员，并且可以根据预先设置程序对故障进行自动恢复。满足对建筑物信息基础设施的信息化高效管理，该系统起着支撑各类信息化系统应用的基础保障作用。

11.4.5 信息安全管理系统

随着 Internet 的发展，众多的企业、单位、政府部门与机构都在组建和发展自己的网络，并连接到 Internet 上。网络丰富的信息资源给用户带来了极大的方便，但同时带来了

建筑智能环境学

信息网络安全问题。信息网络安全管理系统通过采用防火墙、加密、虚拟专用网、安全隔离和病毒防治等各种技术和管理措施，使网络系统正常运行，确保经过网络传输和交换的数据不会发生增加、修改、丢失和泄露等。

11.4.6 通用业务和专业业务系统

通用业务和专业业务系统是针对建筑物所承担的具体工作职能与工作性质而设置的，根据我国《智能建筑设计标准》GB/T 50314—2015，建筑划分为住宅建筑、办公建筑、旅馆建筑、文化建筑、博物馆建筑、观演建筑、会展建筑、教育建筑、金融建筑、交通建筑、医疗建筑、体育建筑、商店建筑、通用工业建筑等十四类，根据建筑物类别的不同，其工作业务应用系统各不相同。以下介绍几种常用的工作业务应用系统。

1. 商店经营业务系统

商店经营信息管理系统分为商业前台、后台两大部分。前台 POS 销售实现卖场零售管理；后台进行进、销、调、存、盘等综合管理，通过对信息的加工处理达到对物流、资金流、信息流有效控制和管理，实行科学合理订货，缩短供销链，提高商品的周转率，降低库存，提高资金利用率及工作效率，降低经营成本。商店经营信息管理系统结构图如图 11-39 所示。

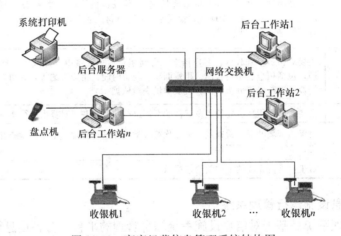

图 11-39 商店经营信息管理系统结构图

2. 旅馆经营管理系统

旅馆经营管理系统包括前台系统、后台系统、IC 卡电子门锁系统和一卡通消费管理系统等。前台系统提供完整的应用程序，用以规划、管理及监督旅馆环境的各种数据资料。旅馆的财务系统通常称之为后台系统，该系统具有记录、核算和审计所有客房账目的功能。旅馆电子门锁系统具有级别控制、时间控制、区域控制、更换密码、开锁记录、实时监控等功能。一卡通消费管理系统安装在旅馆前台或物业管理部门，由前台电脑、IC卡读写器及管理软件组成，实施对整个智能门锁系统的管理，并可通过 POS 系统由销售点将房客应付费用转记到该客房账上。

3. 图书馆数字化管理系统

图书馆属于文化建筑，图书馆数字化管理系统包括电子浏览、图书订购、库存管理、图书采编标引、声像影视制作、图书咨询服务、图书借阅注册、财务管理和系统管理员等功能。图 11-40 为某图书馆数字化管理系统结构图。

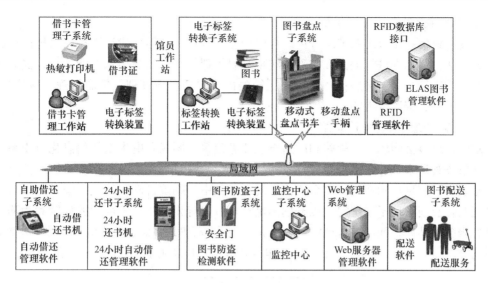

图 11-40　某图书馆数字化管理系统

4. 博物馆业务信息化系统

博物馆业务信息化系统包括文物信息管理系统、多媒体发布系统、多媒体导览系统等。其中文物信息管理系统用于馆内藏品的信息收集、汇总和管理，将文字、图像、视频等多维角度的藏品信息，通过电脑输入到后台的服务器系统里面，全面实现藏品编目、研究、多媒体信息采集、保护修复等基本业务的信息化管理。多媒体发布系统和多媒体导览系统可将博物馆内所有的藏品信息方便、快捷地通过文字、语音、视频等多种信息化方式展现出来，让参观者能够更加形象地了解藏品的各方面信息，加深印象。博物馆信息化应用系统的拓扑结构如图 11-41 所示：

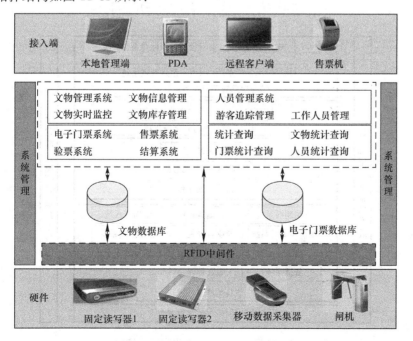

图 11-41　某博物馆信息化应用系统

5. 会展建筑信息化应用系统

会展建筑信息化应用系统结合传统会展行业的特点，利用现代计算机技术把传统的服务内容、能力和范围进行提升和扩展，实现会展管理与服务的数字化和网络化，提高管理效率和科学决策水平。会展信息化应用系统的内容包括会务管理、招商管理、展位管理、网上互动展览、资源管理等。

6. 观演建筑信息化应用系统

观演建筑包括剧场、电影院和广播电视业务建筑。剧场和电影院的信息化应用系统一般包括票务管理系统、数字节目分发系统、剧（影）院自动化系统、广告系统、信息导引及发布系统、信息显示系统、安全监控系统等。其中，剧院自动化管理系统中包括舞台监督系统及化妆间管理子系统等，以分别满足对声音、灯光及布景等因素的控制和为演员提供休息服务等功能，而影院自动化管理系统中包括屏幕管理系统、数字电影和胶片电影放映子系统等，如图 11-42 所示。常见的广播电视业务信息化应用系统功能结构如图 11-43 所示。

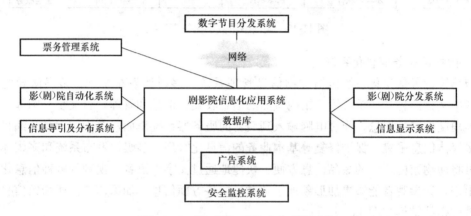

图 11-42　剧（影）院信息化应用系统

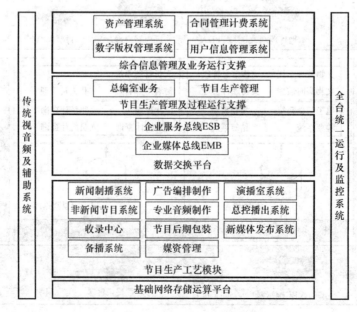

图 11-43　广播电视业务信息化应用系统应用举例

7. 体育建筑信息化应用系统

体育建筑信息化应用系统是服务体育赛事的专用系统，一般包括计时记分、现场成绩处理、现场影像采集及回放系统、电视转播和现场评论、售验票、主计时时钟、升旗控制和竞赛中央控制等系统。

8. 医院建筑信息化应用系统

医院信息系统（Hospital Information System，HIS）以支持各类医院建筑的医疗、服务、经营管理以及业务决策为目的，由医院管理系统（Hospital Management Information System，HMIS）和临床信息系统（Clinical Information System，CIS）组成。医院管理系统主要包括财务管理系统、行政办公系统、人事管理系统等非临床功能子系统，目的是提高管理工作效率和辅助财务核算。临床信息系统是医院信息系统中非常重要的一个部分，它以病人信息的采集、存储、展现、处理为中心，以医患信息为主要内容来处理整个医院的信息流程，主要包括电子病历系统（Computer-Based Patient Record，CPR）、医学影像存储与传输管理系统（Picture Archiving and Communication System，PACS）、检验放射科信息系统（Radiology Information System，RIS）、实验室信息系统（Lab Information System，LIS）、病理信息系统、患者监护系统、远程医疗系统等医院信息管理系统和临床信息系统。医院信息系统应用图例如图 11-44 所示。此外还有建立病人与护士之间的呼叫联系医护对讲系统，为病人提供及时、有效的救护和服务。为患者看病及医院工作人员管理带来方便的挂号排队系统、取药叫号系统、候诊排队系统，解决各种排队、拥挤和混乱等现象，同时也能对患者流量情况及每个医院职工的工作状况做出各种统计，为管理层进一步决策提供依据。门诊排队系统结构图如图 11-45 所示。

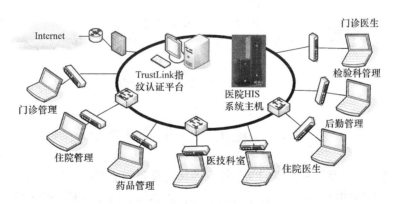

图 11-44　医院信息系统应用图

9. 教育建筑信息化应用系统

学校管理信息系统包括教师管理、学籍管理、成绩管理、考试管理、教学管理、教材管理、资产管理（设备管理）、访客管理、寄存管理等多个智能化环境，全面实现学校管理的网络化、信息化。教学管理系统包括教学计划管理、选课处理、教学调度、成绩管理、学籍管理、门户网站、综合教务等子系统，综合教务系统在各个子系统之间建立相互联系。学校信息化应用示例如图 11-46 所示。

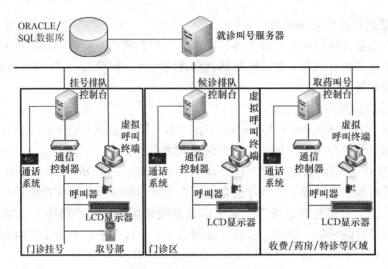

图 11-45　门诊排队系统结构图

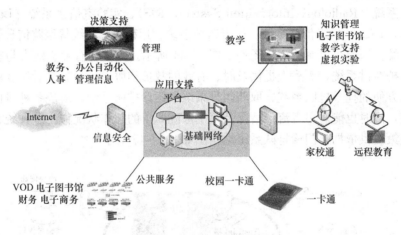

图 11-46　学校信息化应用示例

11.5　建筑智能化集成系统

建筑智能化集成系统是建筑智能环境系统极为重要的要素，它建立起建筑智能环境系统各个系统相互间的联系，实现各系统的信息资源和任务的综合共享与全局一体化的综合管理，提高服务和管理的效率，提高对突发事件的响应能力，体现出"整体大于各部分之和"的整体突现性。

11.5.1　建筑智能化集成系统要素

建筑智能化集成系统为实现对建筑物的综合管理和控制目标，基于统一的信息集成平台，具有信息汇聚、资源共享及协同管理的综合应用功能，实现对智能化各系统监控信息资源共享和集约化协同管理。因而建筑智能化集成系统的要素主要是智能化信息集成（平台）系统和集成信息应用系统。

1. 智能化信息集成（平台）系统

智能化信息集成（平台）系统的要素是集成系统网络、集成系统平台、集成的各子系统通信接口。

（1）集成系统网络

智能化集成系统利用集成系统网络将各系统连接成一个相互关联、完整和协调的一体化综合系统。集成系统网络是实现物理集成、网络集成和应用集成的基础。集成系统网络通过通信和网络设备、传输媒体或信道将各子系统管理主机、用户工作站在物理上连接到一起，实现物理集成，解决网络互连；各子系统的管理主机、用户工作站在物理集成的基础上，采用符合国际标准的协议，实现网络集成，解决网络互通；而应用集成解决网络互操作问题。集成系统网络是整个智能化集成系统运行的基础，图 11-47 为集成系统网络结构图示例。

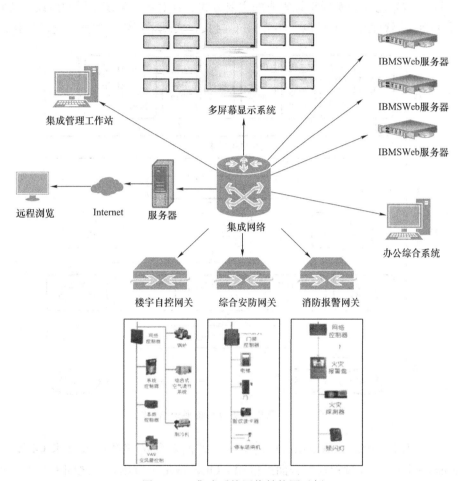

图 11-47　集成系统网络结构图示例

（2）集成系统平台

智能化集成系统平台的结构如图 11-48 所示，集成系统平台为三层结构，即用户层、服务层以及子系统层。其中用户层采用 Web 技术和 Intranet 技术，使用户在一个简明的浏览器界面上，根据其分工和权限，访问集成系统的不同功能模块，完成各自的工作任务；服务层具有功能强大的数据库系统，将现场设备在运行过程中所采集的信息进行分类分析、处理并按规划进行记录，创建相应的数据库，进行数据管理；子系统层支持多种通信接口和协议，满足开放系统灵活的集成模式。

（3）集成的各子系统通信接口

智能化集成系统要将各种智能化系统设备集成到统一的平台上，实现各系统的信息资源共享，关键问题在于通过使用多种技术使各子系统的协议和接口都标准化和规范化，使各智能化子系统具有开放式结构，解决子系统之间的互联互操作问题。图 11-48 中的子系统接口模块即是解决各子系统的协议和接口标准化和规范化的问题。解决此问题的首要方法是采用统一的通信协议，TCP/IP 协议的开放性可以把现行的各种局域网互联，以太网和 TCP/IP 协议已经成为系统集成的基础；对于具有不同通信协议的互连网络，可以采用协议转换器（网关）把需要集成的各智能化系统进行协议转换后集成；而目前采用 OPC 技术及 ODBC 技术已成为实现系统集成的主要方式。针对各子系统不同的协议，通常集成系统提供 OPC 的软件开发工具包，部署 OPC 接口，实现子系统与集成系统的连接。

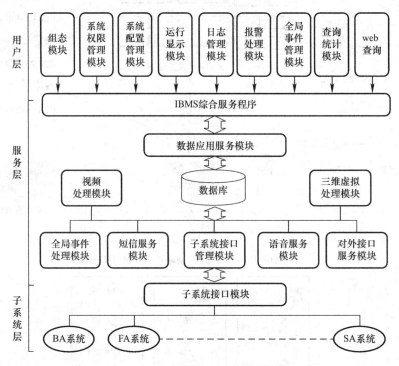

图 11-48　智能化集成系统平台结构图

OPC（OLE for Process Control）是微软公司的对象链接和嵌入技术 OLE（Object Linking Embedding）在过程控制方面的应用。OLE 是用于应用程序之间的数据交换及通信的协议，允许应用程序链接到其他软件对象中。OPC 以 OLE 技术为基础，为实现自动化软硬件的互操作性提供一种规定，提供信息管理域应用软件与实时控制域进行数据传输的方法（应用软件访问过程控制设备数据的方法），解决应用软件与过程控制设备之间通信的标准问题。OPC 提供建筑内各子系统进行数据交换的通用、标准的通信接口，为智能建筑系统在实时控制域和信息管理域的全面集成创造了良好的软件环境。目前，采用 OPC 技术进行系统集成，已成为智能建筑系统集成的主要方式之一。图 11-49 为 OPC 技术应用。

ODBC（Open Database Connectivity，开放数据库互连）是微软公司推出的一种应用程序访问数据库的标准接口，也是解决异种数据库之间互连的标准，用于实现异构数据库的互连，目前已被大多数数据库厂商所接受。大部分的数据库管理系统（DBMS）都提供了相应的 ODBC 驱动程序，使数据库系统具有良好的开放性，已成为客户端访问服务器数据库的 API（Application Programming Interface，应用程序编程接口）标准。采用 ODBC 及其他开放分布式数据库技术实现系统集成，实现不同子系统之间的综合数据共享、信息交互。应用程序通过 ODBC 访问多个异构数据库如图 11-50 所示。

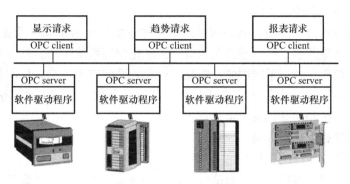

图 11-49　OPC 技术应用

2. 集成信息应用系统

集成信息应用系统由通用基本管理模块和专业业务运营管理模块构成。

（1）通用基本管理模块

通用基本管理模块包括安全权限管理、信息集成集中监视、报警及处理、数据统计和储存、文件报表生成和管理等。

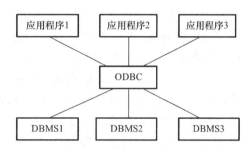

图 11-50　应用程序通过 ODBC
访问多个异构数据库

1）安全权限管理

安全权限管理是根据系统管理需要设置的安全规则或者安全策略，具有集中统一的用户注册管理功能，并根据注册用户的权限，开放不同的功能。权限级别具有管理级、操作级和浏览级等。

2）信息集成集中监视

建立统一的基于设备对象和事件的信息数据库，通过统一的人机界面实时监视集成的各个子系统的各类信息（包括运行状态、故障报警、参数变化、执行响应或事件响应等），这些信息以图形、文字、动画的方式在界面上显示。

3）报警及处理

通过统一的人机界面实现对各系统报警数据的显示，并能提供画面和声光报警。可根据各种设备的有关性能指标，指定相应的报警规划，显示报警具体信息并打印，同时可按照预先设置发送给相应管理人员。

4）数据统计与存储

统计各智能化系统的相关信息以及各子系统相互联动的信息，可按设备、楼层、功能进行分类记录和存储，也可按时间区间、设备类别、楼层、功能进行分类统计和列表打印。

5）文件报表生成和管理

将报警、数据统计、操作日志等按用户定制格式生成和打印报表，并提供给管理部门。

6）监测和控制

采用图形化界面监测系统运行状态和参数，通过动态图形符号进行手动控制。

7）管理及数据分析

提供历史数据分析，为第三方软件，如物业管理软件、办公管理软件、节能管理软件等提供设备运行情况、设备维护预警、节能管理等方面的标准化数据以及决策依据。

（2）专业业务运营管理模块

系统专业业务运营模块的功能是满足建筑主体业务专业需求和标准化运营管理应用，也就是在智能化信息共享平台的基础上，通过信息化应用系统实现。其中建筑主体业务专业需求功能是由信息化应用系统中的专业化工作业务系统完成，符合标准化运营管理应用功能是由信息化应用系统中的物业运营管理系统、公共服务管理系统、公众信息服务系统、智能卡应用系统和信息网络安全管理系统完成。

11.5.2 建筑智能化集成系统的结构

建筑智能化集成系统的结构如图 11-48 所示。

第一层是应用层，该层是人机对话的窗口，一方面是将下一层（服务层）处理过的信息用直观形象的方式在人机界面上显示出来，通过统一的图形化界面，实现对集成的各子系统的监视、控制和管理。

第二层为服务层，是整个系统的关键部分，也称为核心层。它的作用包括：对由底层输入的各子系统的信息按内在的逻辑关系进行加工处理，将处理后的结果送到相应的数据库，供上一层（应用层）以直观的方式显示；接受上层授权操作人员发出的请求信息或系统的控制信息，对这些信息进行相应处理，并将结果通知子系统层，由子系统层通知相应子系统完成相应的动作；接受应用层授权操作人员发出的信息综合管理的请求信息，按要求完成这些请求的信息，进行综合处理，将结果返回应用层，供其显示、输出；完成各子系统的联动功能处理，某一事件的发生不仅要引起该事件所属子系统的反应，而且会引起与之有关联的其他子系统采取相应的动作，这种联动关系由核心层来决策；对下层和上层提供标准的 API 接口，对数据库系统提供标准的 ODBC 接口，以完成与系统各部分的内部通信。

第三层为子系统层，也称为底层设备和支撑网络层。该层由集成系统中所包括的子系统或设备的驱动程序以及集成系统网络所组成，主要完成对子系统现场控制设备的实时信息进行收集和处理。由于各个子系统可能采用不同的通信协议和数据格式，所以该层应完成对不同的协议和数据格式的转换，即解决使各子系统的协议和接口标准化和规范化的问题。

11.5.3 建筑智能化集成系统的功能

系统集成的目的是要实现资源共享和综合管理，因而建筑智能化集成系统应提供的基本功能包括：

（1）接口功能；

（2）集中监视、储存和统计功能；

（3）报警监视及处理功能；

（4）控制和调节功能；

（5）联动配置及管理功能；

（6）权限管理功能；

（7）文件报表生成和打印功能；

（8）数据分析功能。

即采用通用接口技术，使各子系统的协议和接口都标准化和规范化，使各智能化子系统具有开放式结构，解决子系统之间的互联互操作问题，确保对各类系统监控信息资源的共享和优化管理，将各子系统的信息统一存储、显示和管理在同一平台上，用相同的环境、相同的软件界面进行集中监视和管理，管理人员可以通过生动、方便的人机界面浏览各信息，监视环境温度/湿度参数，空调、电梯等设备的运行状态（图 11-51 为冷冻系统监控界面），大楼的用电、用水、通风和照明情况（图 11-52 为建筑整体能耗实时监控界面），以及保安、巡更的布防状况，消防系统的烟感、温感的状态，停车场系统的车位数量等，并为其他信息系统提供数据访问接口，实现建筑中的信息资源和任务的综合共享与全局一体化的综合管理，使决策者便于把握全局，及时做出正确的判断和决策。通过智能化集成系统的集中管理和综合调度，提供基于各子系统间的相关联动和智能化系统整体运行的一系列联合响应能力，实现信息资源和任务的综合共享与全局一体化的综合管理，提高服务和管理的效率，提高对突发事件的响应能力。

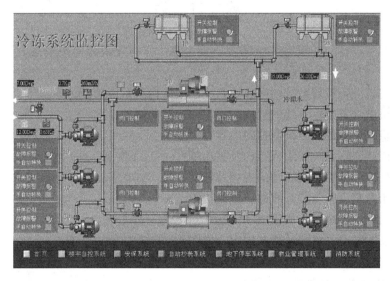

图 11-51　冷冻系统监控界面

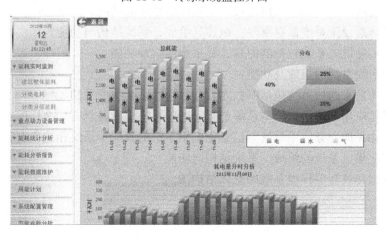

图 11-52　建筑整体能耗实时监控界面

本 章 小 结

建筑智能环境系统即是一个由相互作用、相互联系的建筑设备管理系统、公共安全系统、信息设施系统、信息化应用系统、智能化集成系统五大要素（子系统）组成的一个大系统。而建筑设备管理系统、公共安全系统、信息设施系统、信息化应用系统、智能化集成系统在作为建筑智能环境系统要素的同时，其自身也是由若干个相互作用、相互联系的要素（子系统）组成的具有各自特定功能的系统。本章应用系统理论原理，从建筑智能环境系统组成要素的角度，介绍了建筑设备管理系统、公共安全系统、信息设施系统、信息化应用系统和智能化集成系统的组成要素、系统结构和系统功能。通过本章学习应掌握建筑智能环境系统的组成要素，以及这些组成要素作为具有各自特定功能的子系统的组成要素、系统结构及其系统功能。

练 习 题

1. 试说明建筑智能环境系统由哪些要素组成？作为建筑智能环境系统要素的它们具有什么特点？

2. 试述建筑设备管理系统的组成要素、层次结构与系统功能。

3. 建筑机电设备监控系统的组成、系统结构及功能？

4. 建筑机电设备监控系统监控的内容有哪些？

5. 建筑能效监管系统的组成结构及其功能？

6. 可再生能源管理系统管理的内容及意义？

7. 试画出建筑设备管理系统的组成结构图。

8. 试画出公共安全系统的组成结构图。

9. 安全技术防范系统包括哪些内容？说明各部分的功能。

10. 火灾自动报警系统包括哪些内容？说明各部分的功能。

11. 应急响应系统包括哪些内容？

12. 信息设施系统由哪些系统组成？信息设施系统的功能？

13. 语音信息设施系统都有哪些？试述其组成、系统结构与功能？

14. 数据信息设施系统包括的内容、其系统结构及功能？

15. 综合布线系统的组成及功能？

16. 多媒体信息通信系统包括哪些内容？各自的系统组成及功能？

17. 信息化应用系统包括哪些系统要素？这些系统要素各具有什么样的功能？

18. 专业化工作业务应用系统与信息化应用系统的其他子系统相比，有什么不同？

19. 智能化集成系统的组成、系统结构与功能？

20. 试画出建筑智能环境系统的总体结构图。

第12章 建筑智能环境系统原理及系统工程方法

当今系统科学理论已经成为引领科学发展方向的一门新学科，系统工程业已成为研究、分析和处理系统问题最有效的理论、方法和工具。建筑智能环境系统建设是一项系统工程，需要系统理论的支撑和系统工程方法的指导，本章应用系统理论思想和系统工程方法，分析建筑智能环境系统原理及系统工程方法。

12.1 建筑智能环境的系统原理

系统原理是系统工程的基础理论，也是建筑智能环境系统工程建设的理论基础。按照系统理论，建筑智能环境系统原理应包括建筑智能环境系统整体突现原理、建筑智能环境系统等级层次原理和建筑智能环境系统互塑原理。

12.1.1 建筑智能环境系统的整体突现原理

1. 建筑智能环境系统的整体性

整体性是系统最基本的特征。任何一个系统都是由要素组成，这些要素及要素间的关系都要服从系统整体的目标和功能，协调地服务于系统整体。由第11章可知，建筑智能环境系统要素包括建筑智能化集成系统、建筑设备管理系统、公共安全系统、信息设施系统和信息化应用系统，这五大要素及其之间的关系都是为创建舒适、安全、高效、便利、节能、环保、健康的建筑智能环境这个整体目标服务，五大系统缺少任何一个都不能完全地创建出安全、高效、便捷、节能、环保、健康的建筑智能环境整体目标，此即建筑智能环境的系统整体性。如若缺少公共安全系统这一要素，则智能安全环境不可创建，建筑智能环境系统的安全目标无法实现；如若缺少建筑设备管理系统这一要素，没有建筑机电设备监控系统、建筑能效监管系统及其对它们的综合管理，则智能热湿环境、智能光环境、智能声环境、智能空气环境、智能设备管理环境也就无从创建，建筑智能环境系统舒适、环保、节能、健康的目标无法实现；缺少信息设施系统和信息化应用系统这两个要素，则信息通信环境、智能办公环境无法创建，建筑智能环境系统高效、便利的目标无法实现；如若缺少建筑智能化集成系统，则不能建立起建筑设备管理系统、公共安全系统、信息设施系统和信息化应用系统之间的联系，不能实现各智能化系统信息资源共享和集约化协同管理，智能管理环境无从创建，也不能体现建筑智能环境系统的整体突现性。另外，这五个要素系统之间还具有相互支持和联系的作用，建筑设备管理系统要对公共安全系统设备进行管理，公共安全系统的正常运行又保障其他系统避免意外灾害或人为破坏的损害，信息设施系统的正常运行对信息化应用系统提供支撑平台，同时满足其他系统的信息通信需求，智能化集成系统将其他系统的监控管理信息汇聚资源共享，使建筑智能环境系统整体突现出安全、高效、便捷、节能、环保、健康的建筑智能环境。

建筑智能环境系统的五大要素（五大子系统）又具有各自相对独立的整体性。

建筑设备管理系统的组成要素包括对建筑设备系统实现集约化监管的集成平台和包括建筑设备监控系统、建筑能效监管系统的建筑设备系统，这些要素的共同作用，即通过建筑设备系统集约化监管集成平台对建筑设备监控系统、建筑能效监管系统等实施优化功效和系统化综合管理，实现智能建筑舒适、高效、节能、环保、健康的目标。

信息设施系统要素包括信息接入系统、信息网络系统、用户电话交换系统、布线系统、无线对讲系统、移动通信室内信号覆盖系统、卫星通信系统、有线电视及卫星电视接收系统、公共广播系统、会议系统、信息导引及发布系统、时钟系统等信息设施系统，这些要素共同作用，系统才能实现对建筑物内外相关的各类信息予以接收、交换、传输、存储、检索和显示等综合处理，对信息化应用所需的多元化信息设施予以融合，创建信息通信环境，为建筑物的使用者及管理者提供良好的信息化应用基础条件。

信息化应用系统要素包括公共服务系统、智能卡应用系统、物业运营管理系统、信息设施运行管理系统、信息安全管理系统、通用业务和专业业务等信息化应用系统，这些要素的共同作用，才能使信息化应用系统对建筑物主体业务提供高效的信息化运行服务及完善的支持，实现智能建筑高效、便利的目标。

公共安全系统要素包括火灾自动报警系统、安全技术防范系统和应急响应系统等，具有应对建筑物内火灾、非法侵入、自然灾害、重大安全事故和公共卫生事故等危害人们生命财产安全的各种突发事件，建立应急及长效的技术防范保障体系的功能，三大要素共同创建智能的安全环境，实现维护智能建筑安全的目标。

智能化集成系统要素包括智能化系统信息共享平台和信息化应用功能软件。智能化集成系统与其他四个系统不同之处在于，虽然它的系统要素主要是智能化系统信息共享平台和信息化应用功能软件，但它集成的内容却和其他四大系统相关，它要通过智能化系统信息共享平台和信息化应用功能软件对建筑设备管理系统、公共安全系统、信息设施系统、信息化应用系统信息资源共享和集约化协同管理，建立起各个要素之间的联系，实现系统与系统之间关联的自动化，并通过建筑中的信息资源和任务的综合共享实现全局一体化的综合管理，具有各个子系统简单叠加而不具有的功能，此即建筑智能环境系统的整体突现性。

2. 建筑智能环境系统的整体突现原理

回顾第 10 章有关系统理论系统整体突现原理的阐述："若干事物按某种方式相互联系而形成一个系统，就会产生出它的组成部分和组成部分的总和所没有的新性质，叫做系统质或整体质。这种性质只能在系统整体中表现出来，一旦把系统分解为它的组成部分，便不复存在"。

按照系统整体突现原理来分析建筑智能环境系统，建筑智能环境系统要素中的智能化集成系统和建筑设备管理系统、公共安全系统、信息设施系统、信息化应用系统五大要素不是简单地组合或叠加，而是通过智能化集成系统将其他四个系统集成到统一的集成平台上，建立起五大系统相互间的联系，从而产生出各系统的信息资源和任务综合共享、系统与系统之间关联的自动化等新特质，这种新特质是各个单独系统以及各个单独系统叠加所没有的性质，这就是建筑智能环境系统的整体突现原理。

建筑智能环境系统整体突现出的各系统信息资源和任务综合共享新特质，是通过智能化集成系统将各子系统的信息统一存储、显示和管理在同一平台上，用相同的环境。相同的软件界面对各子系统进行集中监视和管理，管理人员可以通过计算机生动、方便的人机界面浏览各种信息，监视各子系统设备的运行状况和关系到大楼正常运行的重要的报警信息，实现全局一体化的综合管理，提高服务和管理的效率，提高对突发事件的响应能力，这种新特质是各个单独系统以及各个单独系统叠加所没有的性质，使建筑智能环境的管理功能更加高效、便捷。

建筑智能环境系统整体突现出的系统与系统之间关联的自动化新特质，是以满足建筑物的使用功能为目标，在实现子系统自身自动化的基础上，实现子系统与子系统之间关联的自动化，即以各子系统的状态参数为基础，通过智能化集成系统的集中管理和综合调度，实现各子系统之间的相关联动。比如，当大楼火警探测器探测到火警信号，可联动火情区域安全技术防范系统摄像机，视频监控系统将火警现场画面切换给管理人员和相关人员，联动门禁系统打开通道门的电磁锁，保证人员疏散，停车场系统打开栅栏机，尽快疏散车辆。再比如当入侵探测器探测到有人非法闯入时，可联动该区域的照明系统打开灯光，同时联动该区域的视频监控系统将摄像机转向报警区域，监视和记录现场情况，并联动门禁、电梯、停车场等相关系统防止非法入侵者逃逸。这种新特质是各个单独系统以及各个单独系统叠加所没有的性质，整体提升建筑智能环境的智能性。建筑智能环境系统的整体性及整体突现性如图 12-1 所示。

由此也可看出智能化集成系统这一要素在建筑智能环境系统中的重要作用。是它使建筑智能环境系统各个要素相互联系，这种联系并非诸多子系统的简单堆叠，而是一种总体优化设计，是把原来相互独立的系统有机地集成至一个统一环境之中，将原来相互独立的资源、功能和信息等集合到一个相互关联、协调和统一的集成系统中，从更高的层次协调管理各子系统之间的关系，实现整个建筑内硬件设备和软件资源的充分共享，利用最低限度的设备和资源，最大限度地满足用户对功能上的要求，节约投资，而且加快服务的响应时间，特别是对于突发性事件，可以迅速及时响应并采取综合周密的措施，做到妥善优化处理，增强建筑防灾和抗灾能力，更好保护业主及用户人身及财产安全，避免不必要的损失，提高大厦智能化水平。另外智能化集成系统的集中监视与管理功能可以减少操作管理人员和设备维修人员数量，降低运行和维护费用，节省人工成本，提高管理和服务的效率，并有利于智能建筑的工程实施和施工管理，降低工程管理费用，为建筑的使用者和投资者带来经济效益和社会效益。

综上所述，建筑智能环境系统的整体突现原理可概括为：建筑智能环境系统由建筑智能化集成系统、建筑设备管理系统、公共安全系统、信息设施系统和信息化应用系统五大要素组成，这五大要素不是简单的组合或叠加，而是通过智能化集成系统将其他四个系统集成到统一的集成平台上，从创建舒适、安全、高效、便利、节能、环保、健康的建筑智能环境这个整体目标出发，建立起五大系统相互间的联系，从而产生出各系统的信息资源和任务综合共享、系统与系统之间关联的自动化等新特质，这种新特质是各个单独系统以及各个单独系统叠加所没有的性质。

12.1.2　建筑智能环境的系统等级层次原理

1. 建筑智能环境系统的层次性

按照系统理论，系统是由相互作用的要素组成的整体，这个整体可以分解成一些子系

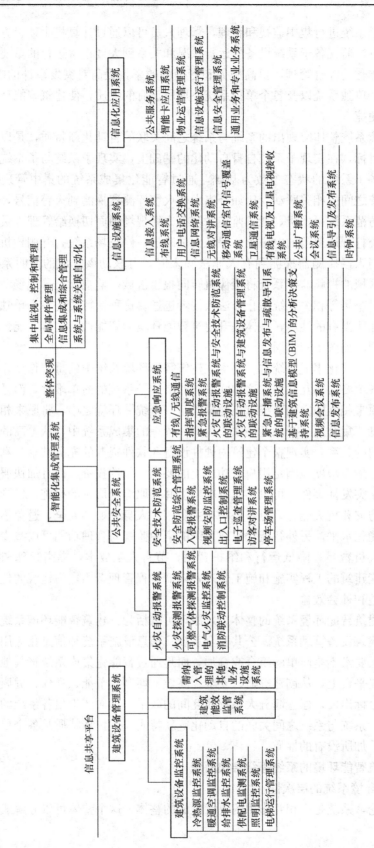

图12-1　建筑智能环境系统的整体性及整体实现性

统，再将这些子系统细化成为更小的子系统，这样系统就存在了层次性。站在不同的层次观察系统，它在不同层次的角色是不同的，构成系统的要素是由更低层次的要素组成，而系统自身又是更大系统的组成要素，系统这种空间上的层次性是系统的基本属性之一。

建筑智能环境系统是由建筑设备管理系统、公共安全系统、信息设施系统、信息化应用系统和智能化集成系统这五个相互作用的要素组成的整体，建筑智能化集成系统将其他四个系统集成到统一的集成平台上，建立起五大系统相互间的联系，它位于建筑智能环境系统的最高层。建筑设备管理系统、公共安全系统、信息设施系统、信息化应用系统作为建筑智能化集成系统集成要素，其自身又可细化成更小的子系统。比如建筑设备管理系统可细化为建筑设备监控系统、建筑能效监管系统等；公共安全系统可细化为火灾自动报警系统、安全技术防范系统和应急响应系统；信息设施系统可细化为信息接入系统、信息网络系统、布线系统、无线对讲系统、移动通信室内信号覆盖系统、用户电话交换系统、卫星通信系统、有线电视及卫星电视接收系统、公共广播系统、会议系统、信息导引及发布系统、时钟系统等；信息化应用系统可细化为通用业务和专业业务系统、信息设施运行管理系统、物业运营管理系统、公共服务系统、智能卡应用系统和信息安全管理系统等信息化应用系统。而这些更小的子系统还可以进一步细化成为更低层次的子系统，比如建筑设备监控系统可进一步细化为暖通空调监控系统、给排水监控系统、供配电监测系统、照明监控系统、电梯运行管理系统；火灾自动报警系统可细化为火灾探测报警系统、可燃气体探测报警系统、电气火灾监控系统和消防联动控制系统；安全技术防范系统可进一步细化为安全防范综合管理系统、入侵报警系统、视频安防监控系统、出入口控制系统、电子巡查管理系统、访客对讲系统、停车库（场）管理系统；应急响应系统可细化为有线/无线通信、指挥和调度系统、紧急报警系统、火灾自动报警系统与安全技术防范系统的联动设施、火灾自动报警系统与建筑设备管理系统的联动设施、紧急广播系统与信息发布与疏散导引系统的联动设施以及基于建筑信息模型（BIM）的分析决策支持系统、视频会议系统、信息发布系统。由此也可看出建筑智能环境系统的层次性。站在不同的层次观察系统，它在不同层次承担着不同的角色，比如建筑设备管理系统，构成它的要素是更低层次的建筑机电设备监控系统、建筑能效监管系统和需纳入管理的其他建筑设施（设备）系统等，而它自身又是建筑智能环境系统的组成要素，由此不难看出建筑智能环境系统空间上的层次性。

2. 建筑智能环境系统的等级层次原理

按照系统理论的等级层次原理，"组成系统诸要素及其结合方式的差异，使系统组织在地位与作用、结构与功能上表现出等级秩序性，形成了具有质的差异的系统等级或系统中的等级差异性。"要素间的差异决定它们在层次上的不同，不同层次形成了具有质的差异的不同等级结构。

对于建筑智能环境系统而言，建筑设备管理系统、公共安全系统、信息设施系统、信息化应用系统和智能化集成系统这五大要素本身及其结合方式存在差异，由此决定了它们在建筑智能环境系统中等级上的不同，形成具有质的差异的系统等级或系统中的等级差异性。由于建筑智能化集成系统的主要作用是通过智能化系统信息共享平台和信息化应用功能软件对各智能化系统的信息资源共享和集约化协同管理，因而建筑智能化集成系统应位于建筑智能环境系统的最高层；而信息化应用系统以信息设施系统和建筑设备管理系统等智能化系统为基础，具有对建筑物主体业务提供高效的信息化运行服务及完善的支持辅助功能，因而应位于信息设施系统、建筑设备管理系统之上，而从管理的需求上，建筑设备管理系统要对相关的公共安全系统进行监视及联动控制，因而公共安全系统位于建筑设备管理系统之下的一个层次，则信息化应用系统位于建筑智能环境系统的次高层次，信息设施系统是信息基础设施，位于建筑智能环境系统五大要素中的最低层，建筑设备管理系统位于建筑智能环境系统五大要素的中间层，公共安全系统位于建筑智能环境系统五大要素的次低层。而建筑智能环境系统的这五大要素系统又是由再下一层的子系统甚至更下下层的子系统构成，这样下去直到最低层次的不能再分的独立子系统要素。建筑智能环境系统的等级层次结构如图 12-2 所示。

在图 12-2 中，以建筑智能环境系统的业务应用需求为基础，以建筑智能信息流为主线，对智能环境系统的基础设施条件和业务应用功能作层次化和结构化的划分，可将建筑智能环境系统的层次分为三层：信息基础设施层（最底层的独立子系统），信息集成层（中间层次的建筑设备管理系统及其再下一层的建筑设备监控系统、公共安全系统及其再下一层的火灾自动报警系统、安全技术防范系统和应急响应系统、信息设施系统），业务应用层和运营管理模式（最高层次的智能化集成系统和信息化应用系统）。

因而，建筑智能环境系统的等级层次原理可概括为：建筑智能化系统的组成要素在建筑智能化系统中存在等级秩序和等级差异性，建筑智能化集成系统和信息化应用系统位于最高层次的业务应用层和运营管理模式，实现智能化系统功能的业务应用和协同效应的综合管理；建筑设备管理系统、公共安全系统、信息设施系统以及其再下一层的建筑设备监控系统、火灾自动报警系统、安全技术防范系统和应急响应位于中间层次的信息集成层，实现多业务应用系统间相关信息汇集、资源共享的功能；而位于最低层次的那些不能再分的独立子系统是信息基础设施层，实现信息获取、传递、认知、处理、思维、施效、组织等功能。

12.1.3 建筑智能环境系统环境互塑共生原理

1. 建筑智能环境系统与建筑环境的互塑共生关系

系统环境互塑共生是指一方面环境对系统塑造，给系统提供其生存发展所需要的资源（积极的作用、有利的输入）或给系统施加压力甚至危害系统的生存发展（消极的作用、不利的输入）；另一方面系统对环境塑造，给环境提供功能服务（积极的作用、有利的输出），或破坏、污染环境（消极的作用、不利的输出），系统与环境相互塑造共同发展。

建筑智能环境系统与建筑环境即为这样的互塑共生的关系。建筑环境在建筑智能环境系统边界外围，建筑智能环境系统身处建筑环境内部，建筑环境对建筑智能环境系统的作用表现为输入，建筑智能环境系统对环境的作用表现为输出。建筑环境对建筑智能环境系统的输入也分为有利输入和不利输入两方面。建筑环境为建筑智能环境系统提供资源是有利输入，即为系统的设计、安装、运行和发展提供空间、资源、激励等多方面的支持。建筑环境也会对建筑智能环境系统施加压力，比如有限的空间和资源会限制系统的发展等，这是不利的输入。建筑智能环境系统对建筑环境的输出也有两个方面。首先是系统向环境输出的"功能"（有利的作用），这是建筑智能环境系统的主要目的，即创建智能环境。比如空调监控系统创建智能热湿环境、智能照明系统创建智能光环境、公共安全系统创建智

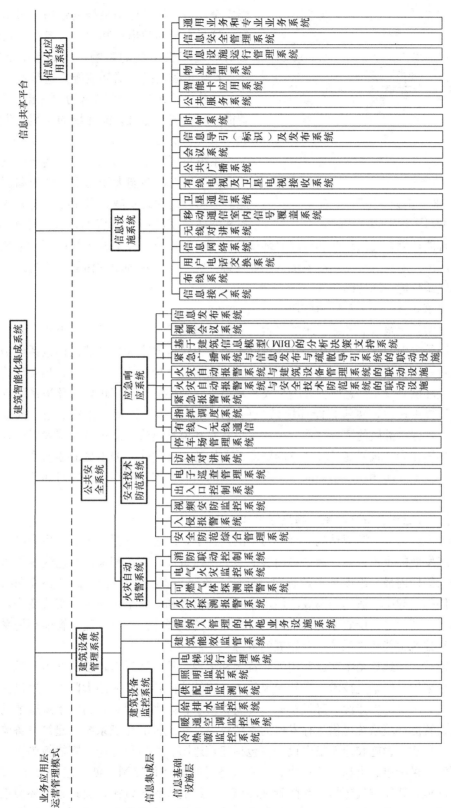

图 12-2　建筑智能环境系统的等级层次结构

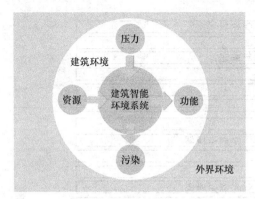

图 12-3　建筑智能环境系统与
建筑环境的互塑共生关系

能安全环境、信息设施系统创建信息通信环境等，这是有利的输出；其次，系统在运行中也会对环境产生不利的影响，例如系统运行发热、产生电磁干扰、消耗能源，这是不利的输出，也称作系统向环境输出的"污染"。建筑智能环境系统与建筑智能环境的互塑共生关系如图 12-3 所示。

系统与环境相互影响、相互塑造，只有当资源大于压力，功能大于污染，系统和环境才能够一同持续健康发展。因而必须充分认识建筑智能环境系统所需的资源以及面临的压力，明确建筑智能环境系统的功能和可能对环境产生的不利影响，保证建筑智能环境系统的资源，减小压力，使建筑智能环境系统真正能发挥功能，减小对环境的污染，使建筑智能环境系统和建筑环境一同持续发展。

（1）建筑环境的资源及压力作用

建筑是实施建筑智能环境系统的平台，建筑环境为建筑智能环境系统设置、运行提供空间、资源等方面的支持。首先是在建筑的平台上为建筑智能环境系统提供包括机房的设置环境以及配线管道（管井）的设置环境等，其次建筑物理环境（光环境、热湿环境、声环境、空气环境）以及信息通信环境、安全环境、办公环境等为建筑智能环境系统创建建筑智能环境提供资源，建筑智能环境系统利用建筑环境提供的资源创建舒适、高效、便捷、节能、环保、健康的智能环境。由此可见建筑环境是建筑智能环境系统赖以生存的条件，建筑环境作为建筑智能环境系统的资源是积极的、有利的，但不良的建筑环境也可能成为系统的压力和制约，是消极的、不利的，因而明确建筑智能环境系统对建筑环境的要求是十分重要的。

1）建筑智能环境系统环境应满足绿色建筑要求

在当今人口增多、资源枯竭、环境污染的条件下，绿色、环保、节能、生态已经成为建筑可持续发展的重要内容，而这些内容的实现与建筑设计直接相关。绿色建筑是指在建筑的全寿命周期内最大限度地节约资源（节能，节地，节水，节材），保护环境和减少污染，为人们提供健康，适用和高效的使用空间，与自然和谐共生。绿色建筑改变当前高投入、高消耗、高污染、低效率的模式，是当今建筑的发展方向，也是建筑智能环境系统实现的目标和建筑智能环境系统生存发展的资源。

绿色建筑在场地规划中充分利用天然资源和地理条件，降低对环境的冲击与破坏，在建筑设计中采用自然采光技术、自然通风技术、建筑遮阳技术，采用太阳能、地热能等绿色能源，节约不可再生能源，降低污染，设立将污水、雨水处理利用的中水系统节约水资源，为建筑智能环境系统提供生存发展的支持作用。建筑智能环境系统的建筑设备监控系统通过对绿色建筑设施和建筑机电设备（包括建筑遮阳、建筑导光、太阳能板等设施以及空调、照明、供配电、电梯、给排水、中水设备等）的优化控制，创建建筑智能光环境、智能热湿环境、智能空气环境、智能管理环境，节约能源和水资源；建筑智能环境系统中的可再生能源监管系统综合应用智能化技术，对太阳能、地源热能等可再生能源有效利用和管理，创建智能的绿色建筑设施管理环境，与环保生态系统共同营造高效、低耗、无废、无污、生态平衡的建筑环境，确保实现绿色建筑整体目标；建筑智能环境系统中的建筑能效监管系统，应用信息化技术建立能耗管理信息平台，对建筑能耗进行分类分项实时计量，通过对各类实时信息与历史数据的分析，实现科学的能源管理，节能降耗。如果建筑设计不符合绿色建筑目标，不能充分地利用自然资源，没有采用建筑遮阳、中水利用等绿色建筑设施，没有采用太阳能、地热能等绿色能源，不仅限制了建筑智能环境系统的应用，而且还会增加建筑智能环境系统的负担和压力。

2）建筑智能环境系统机房及配线管道要求

① 建筑智能环境系统机房要求

智能环境系统机房是建筑智能环境系统环境资源的重要内容，机房工程也是建筑智能环境系统工程的重要组成部分，是建筑智能环境系统发挥功能的重要条件。

智能化系统的机房包括信息接入系统机房、有线电视前端机房、智能化系统总控室、信息系统中心机房（或数据中心设施机房）、用户电话交换系统机房、通信系统总配线机房、消防控制室（火灾自动报警及消防联动控制系统）、安防监控中心、有线电视前端机房、智能化系统设备间（电信间）和应急响应（指挥）中心等其他智能化系统设备机房。各智能化系统的机房根据具体工程情况可以独立配置或组合配置。比如公共安全系统、建筑设备管理系统、广播系统可集中配置在智能化系统设备总控室内，但各系统设备在总控室中应占有独立的工作区，特别是火灾自动报警系统的主机与消防联动控制系统设备应设在相对独立的空间内。通信系统总配线设备机房规划时应与信息系统中心机房及数字程控用户交换机设备机房综合考虑，可设置于其中某个机房内。通信接入系统设备机房一般设在建筑物内底层或地下一层。智能化系统设备间（电信间）是区域或楼层智能化系统设备安装间，应独立设置，在符合系统信息传输规定要求情况下，设置于建筑平面相对中部的位置，以楼层划分的智能化系统设备间（电信间）上下位置应垂直对齐。机房面积应符合各系统设备机柜（架）的布局要求，并应预留发展空间。信息中心机房（数据中心设施机房）、用户交换系统机房、通信系统总配线机房和智能化系统总控室等重要机房不应与变配电室及电梯机房贴邻布置，机房不应设在水泵房、厕所和浴室等潮湿场所的正下方或贴邻位置。机房应设置与管理配套的火灾自动报警、安全技术防范设施；信息系统中心机房（或数据中心设施机房）、应急指挥中心机房等重要智能化系统综合机房，应根据机房规模、系统配置、设备运行管理及符合绿色建筑目标要求等，配置机房环境综合监控系统，其系统包括机房环境质量综合监控系统、设备运行监控系统、安全技防设施综合管理等其他系统。机房设备电源输入端应设抗电涌保护装置或采取相应智能型监控系统的保护技术方式。

以上是建筑智能环境系统机房要求，满足以上要求，建筑环境提供的机房设置环境是资源，是有利输入和积极影响作用。如果建筑环境不能为机房设置提供以上条件，则会对建筑智能环境系统形成压力和制约，成为不利的输入和消极的影响。

同时，机房工程作为建筑智能环境系统工程的内容也要考虑对环境的影响，采取必要措施降低噪声和防止噪声扩散，采取必要措施确保建筑物的电磁环境符合现行国家标准相关的规定，减小对环境的污染。

② 建筑智能环境系统配线管道要求

智能环境系统的配线管道设置环境是指各个智能化子系统的配线需要有竖井作为垂直

通道，需要有吊顶作为水平通道，需要有架空地板、网络地板、线槽等作为室内布线通道。由于各个系统的配线均集中在配线竖井里，因而竖井在空间上应有足够的富裕度。水平干线通道有多种选择，有线槽配线方式、线管配线方式和托架方式等。线槽配线方式是在金属或塑料线槽中配线，这种配线方式安装简单、配线容量大，但与吊顶通风管、给排水管道同装在吊顶里，引起净高降低。线管配线方式是将电线管预埋在楼板内，或在吊顶内明敷的配线方式，这种方式施工简单，投资小，但配线容量小，不易扩充。托架方式是用天花板上的水平支撑架固定电缆，供水平电缆走线。对于大开间开放式办公室的布线通常采用预埋金属管线方式或网络地板方式。前者是在制作水泥地面时，预埋金属管线和预留出线口与过线口，这种布线方式的优点是施工方便，投资小，缺点是不灵活，如果想尽可能满足最终用户的需要，就必须有足够多的管槽设计余量，这样会造成很大的浪费。网络地板是集结构与配线于一体的新型材料，在安装过程中，会自然形成网状的线槽，网状线缆槽提供了线缆组合结构化途径，电缆容量高，线缆由安装在单面板或侧盖板的地面接线盒引出，布线系统路由方便灵活，安装线缆容易，且不会影响层高。在信息系统线路较密集或对系统布局适应性要求较高的楼层及区域，可采用铺设架空地板、网络地板或地面线槽等方式。

配线管道设置环境满足建筑智能环境系统要求，是建筑智能化系统发挥功能的保障，否则也会成为压力，影响建筑智能环境系统的正常运行和功能发挥。

建筑智能环境系统的设置环境要适应智能化建筑动态发展的特点，首先要具有足够的应变能力，建筑物内的空间应具有适应性、灵活性及空间的开敞性，能够在用户变换、使用要求变动、技术升级引起的设备系统变更，乃至建筑内部配置的某些变动，都可以最便捷的方式将系统调整到新的要求上。

（2）建筑智能环境系统对建筑环境的影响

建筑智能环境系统对建筑环境的影响也有两方面，一方面是建筑智能环境系统对建筑环境的积极影响，即创建建筑智能环境，是建筑智能环境系统的目的也是建筑智能环境系统输出的功能；另一方面是建筑智能环境系统可能对环境的污染和破坏，即不利的输出。下面逐一分析建筑智能环境系统五大要素系统对建筑环境的影响。

1）建筑设备管理系统

建筑设备管理系统基于对建筑设备综合管理的集成平台，对建筑设备监控系统、建筑能效监管系统、可再生能源监管系统实施综合管理，实现各类机电设备系统运行监控信息互为关联和共享应用，具有对建筑物设备系统整体化综合管理的功能，创建智能设备管理环境（其中包括建筑机电设备和绿色建筑设施管理）、能耗及绿色能源管理环境，并通过对建筑设备和绿色建筑设施的监控，创建智能光环境、智能热湿环境、智能空气环境、智能声环境等，实现建筑智能环境系统舒适、高效、快捷、节能、环保、健康的目标。如果建筑设备管理系统设计、运行管理不好，不但不能实现上述目标，反而因耗费能源、系统散热等对建筑环境造成污染。以下分别阐述建筑设备监控系统、建筑能效监管系统和可再生能源监管系统对建筑环境的影响。

建筑设备监控系统采集温度、湿度、流量、压力、压差、液位、照度、气体浓度、电量、冷热量等其他多种类建筑设备运行状况中的基础物理量，监测、控制冷热源、采暖通风和空气调节、给排水、供配电、照明和电梯等建筑机电设备系统，保证各类设备系统运行稳定、安全可靠，创建智能光环境、智能热湿环境、智能空气环境、智能交通环境和智能设备管理环境。

建筑能效监管系统采集、统计、分析、处理、显示、维护冷热源、供配电、照明、电梯等建筑机电设施耗能信息，内容包括电量、水耗量、燃气量、集中供热耗热量、集中供冷耗冷量及其他能源应用量，通过统计分析和研究耗能系统分项计量及监测数据，建立科学有效节能运行模式与优化策略方案，使各建筑设备系统高能效运行及对建筑物业科学管理，创建智能能源管理环境。

可再生能源监管系统综合应用智能化技术，对太阳能、地源热能等可再生能源的有效利用进行管理，为实现低碳经济下的绿色环保建筑提供有效支撑，创建智能的绿色能源管理环境。

2）公共安全系统

公共安全系统包括火灾自动报警系统、安全技术防范系统和应急响应系统等，是为应对建筑物内火灾、非法侵入、自然灾害、重大安全事故和公共卫生事故等危害人们生命财产安全的各种突发事件而建立的应急及长效的技术防范保障体系，创建智能安全环境，实现建筑智能环境系统安全的目标。

火灾自动报警系统主要作用是通过自动化手段，探测火灾早期特征、发出火灾报警信号，为人员疏散、防止火灾蔓延和启动自动灭火设备提供控制与指示，确保人身安全和减少财产的损失，预防和减少火灾危害。火灾自动报警系统中的火灾探测报警系统、可燃气体探测报警系统、电气火灾监控系统的作用是将现场探测到的温度或烟雾浓度、可燃气体的浓度及电气系统异常等信号发给报警控制器，报警控制器判断、处理检测信号，确定火情后，发出报警信号，显示报警信息，并将报警信息传送到消防控制中心，消防控制中心记录火灾信息，显示报警部位，协调联动控制。火灾自动报警系统中的联动控制系统的作用是按一系列预定的指令控制消防联动装置动作，比如，开启疏散警铃和消防广播通知人员尽快疏散；打开相关层电梯前室、楼梯前室的正压送风及排烟系统，排除烟雾；关闭相应的空调机及新风机组，防止火灾蔓延；开启紧急诱导照明灯，诱导疏散；迫降电梯回底层或电梯转换层等。当着火场所温度上升到一定值时，自动喷水灭火系统动作，在发生火灾区域进行灭火，实现消防自动化，创建智能的消防环境。

安全技术防范系统依据建筑物内被防护对象的防护等级、安全防范管理等要求，以合理、可行、周全的建筑物理防护为基础，综合运用电子信息技术、信息网络技术和安全防范技术等，构建以安全防范综合管理系统、入侵报警系统、视频安防监控系统、出入口控制系统、电子巡查管理系统、访客对讲系统、停车库（场）管理系统及各类建筑的业务功能所需其他相关安全技防设施系统为内容的安全技术防范体系，创建智能的安全防范环境。

应急响应系统以火灾自动报警系统、安全技术防范系统及其他智能化系统为基础，对消防、安防等建筑智能化系统基础信息实现关联和资源整合共享，具有提供应对各种安全突发事件综合防范保障功能，系统具有对火灾、非法入侵等事件进行准确探测和本地实时报警，采取多种通信方式对自然灾害、重大安全事故、公共卫生事件和社会安全事件实现本地报警和异地报警、指挥调度、紧急疏散与逃生导引、事故现场应急预案处置等功能，创建智能的应急响应环境。

3）信息设施系统

信息设施系统具有对建筑物内外相关的各类信息，予以接收、交换、传输、存储、检索和显示等综合处理功能，对符合信息化应用所需的多元化信息设施予以融合，形成为建筑内整体化信息支撑及服务的功能环境；为建筑物的使用者及管理者提供良好的信息化应用基础条件，创建良好的信息通信环境。

其中，信息接入系统将建筑物外部各类公共通信网、专用通信网引入建筑物内，是建筑物融入更大信息范围环境的前端结合环节；信息网络系统以有线网络、无线网络或有线加无线网络的方式，建立各类用户完整的信息通信链路，支持建筑物内语音、数据、图像等多种类信息的端到端传输，是建筑物的各类信息通信完整传递链路通道，确保建筑内各类业务信息传输与交换的高速、稳定和安全；布线系统支持建筑物内信息网络和智能化设备的语音、数据、图像和多媒体等各种业务信息传输，适应各智能化系统数字化技术发展和网络化融合的趋势，是建筑内整合各智能化系统信息传输基础链路的公共物理路由层；移动通信室内信号覆盖系统克服建筑物内阻碍与外界通信的屏蔽效应，确保建筑的各种类移动通信用户对通信使用需求；用户电话交换系统支持自身所需的基本业务、新业务和补充业务，满足建筑物内语音、传真、数据等电信业务的使用需求，具有拓展电话交换系统与建筑业务相关的其他相应增值应用功能；无线对讲系统支持建筑内管理人员互为通信联络，具有个呼、组呼、全呼和紧急呼叫等功能；卫星通信系统满足语音、数据、图像、多媒体等各类信息的传输要求；有线电视及卫星电视接收系统向建筑内的用户提供多种类电视节目源，采用双向传输系统，可提供网络互联和点播功能，并拓展数字有线电视系统其他相应增值应用功能；公共广播系统根据建筑物内使用功能需要，分为业务广播系统和应急广播系统等，业务广播系统根据工作业务及管理需要，按不同分区设置播放不同音源信号，并具有分区呼叫控制及设定程序播放的功能；应急广播系统按相关区域划分规定播放专用应急广播信令；会议系统具有高清晰视频显示、高清晰数字信号处理、数字音频扩声、会议讨论、会议录播、集中控制、会议信息发布、远程视频会议等功能；信息导引及发布系统具有在建筑物公共区域向公众提供信息告示、标识导引及信息查询等多媒体发布功能；时钟系统具有高精度标准校时功能，具有向建筑或建筑群内有时基要求的系统提供同步校时信号，并具有与当地标准时钟同步校准的能力。

4）信息化应用系统

信息化应用系统具有对建筑物主体业务提供高效的信息化运行服务及完善的支持辅助功能。

其中，信息设施运行管理系统具有对建筑内各类信息设施的资源配置、技术性能、运行状态等相关信息进行监测、分析、处理和维护等管理功能，满足对建筑物信息基础设施的信息化高效管理，是支撑各类信息化系统应用的基础保障；物业运营管理系统对建筑各类设施运行、维护等建筑物相关运营活动实施规范化管理；公共服务系统具有对建筑物各类服务事务进行周全的信息化管理功能；智能卡应用系统具有作为识别身份、门钥、重要信息系统密钥，并宜具有各类其他服务、消费等计费和票务管理、资料借阅、物品寄存、会议签到和访客管理等管理功能；信息安全管理系统确保信息网络的运行保障和信息安全；通用业务系统和专业业务系统具有支持该建筑物基本业务运行和专业业务良好运行的基本功能。

5）智能化集成系统

智能化集成系统具有展现智能化信息合成应用和优化综合功效，满足建筑业务需求与实现智能化综合服务平台应用功效，确保信息资源优化管理及实施综合管理，创建智能管理环境。

以上建筑智能环境各系统的输出功能均是在系统设计、运行良好的情况下才能获得，如果系统设计、运行管理不良，则不但没有以上功能，而且会污染建筑环境，给建筑环境造成压力。

2. 建筑智能环境系统与建筑智能环境的互塑共生

建筑智能环境是建筑智能环境系统的目标，建筑智能环境系统是实现建筑智能环境的手段和方法，它们相互促进、相互制约，以动态平衡的形式共同发展。建筑智能环境系统与建筑智能环境之间相互塑造，即建筑智能环境塑造建筑智能环境系统中的每个系统，而建筑智能环境又是组成建筑智能环境系统的所有系统共同塑造的。

（1）建筑智能环境对建筑智能环境系统的作用

良好的智能热湿环境和智能通风环境不仅为用户提供舒适、节能、环保、健康的环境，而且也为建筑智能化系统设备与机房设备的正常运行提供保障。建筑智能化系统中的电子设备在工作中的功能损耗通常以能量耗散的形式表现，特别是在大功率和高集成度的情况下，导致电子设备的温度迅速提高，同时电子设备周围的环境温度亦会影响内部温度，从而影响到电子器件工作的可靠性，温度和湿度是电信电子设备失效的两个主要原因。建筑智能热湿环境可以根据建筑热湿环境需求，实时监测和控制建筑特别是机房的热湿环境，使建筑智能环境系统的环境温度保持在要求范围内，保证各个系统良好运行，从而创建智能光环境、智能安全环境、信息通信环境、智能管理环境等。同样，良好的智能安全环境给建筑智能环境系统的正常运行以及建筑智能环境系统机房安全提供保障，防止人为破坏和火灾等灾害对建筑智能环境系统造成危害，保障建筑智能环境各系统正常运行，创建理想的建筑智能环境。而良好的信息通信环境是建筑智能环境系统中的信息化应用系统、智能化集成系统、建筑设备管理系统正常运行的保障，创建智能的办公环境、管理环境等。

反过来说，不良的建筑智能热湿环境不能根据室内外温湿度变化实时调节热湿环境，不良的建筑通风环境不能及时散热，致使建筑智能环境系统特别是机房设备温度过高不能正常工作，则给建筑智能环境系统带来压力。同样，如果没有良好的信息通信环境，则基于其上的信息化应用系统、智能化集成系统、建筑设备管理系统则无法正常工作，给建筑智能环境系统带来压力。再比如，不良的建筑智能安全环境不能有效识别危险源和处理风险，致使建筑智能环境系统遭到不法分子破坏或自然灾害的毁坏，则智能环境系统不能正常工作，这也会对建筑智能环境系统形成压力。

由此可见，建筑智能环境系统对建筑智能环境有两种相反的作用，良好的建筑智能环境是建筑智能环境系统正常运行的保障，而不良的建筑智能环境给建筑智能环境系统带来"压力"，如图 12-4 所示。

（2）建筑智能环境系统对建筑智能环境的作用

建筑智能环境系统对建筑智能环境也有两种作用。一方面，建筑智能化系统给建筑智能环境输出"能量"。比如建筑智能环境系统中的公共安全系统创建智能安全环境，智能照明系统创建智能光环境，信息设施系统创建智能通信环境等，如前"建筑智能环境系统对建筑环境的影响"所述。另一方面，建筑智能环境系统也对建筑智能环境带来了"破坏"，比如建筑智能环境系统会向建筑智能环境输出废热、消耗能源等。

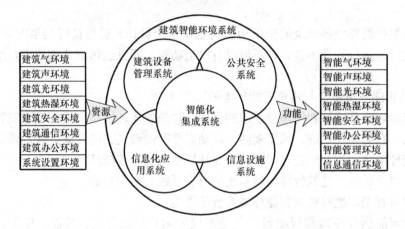

图 12-4　建筑智能环境系统与建筑环境的互塑关系

综上所述，建筑智能环境的系统环境互塑原理可概括为：建筑环境对建筑智能环境系统的塑造，是给系统提供其生存发展所需要的资源（满足绿色建筑设计目标、满足建筑智能环境系统建设及其动态发展要求的建筑环境），如若不满足所需要的资源要求，则将成为建筑智能环境系统的不利输入，对建筑智能环境系统造成压力；建筑智能环境系统对建筑环境的塑造，是创建符合绿色建筑要求的建筑智能环境，是建筑智能环境系统的有利输出，也是建筑智能环境系统的目标和功能，而建筑智能环境系统运行产生的废热、废气及消耗的能源，是其对环境的不利输出，对环境造成压力。建筑智能环境与建筑智能环境系统之间互塑共生，相互促进、相互制约，以动态平衡的形式共同发展。

建筑智能环境系统与环境互塑原理揭示了建筑环境和建筑智能环境系统的互塑性。在建筑智能环境系统建设中，一方面要注重建筑智能化系统的输出功能（建筑智能环境的实现）和减少对环境的负面影响（污染环境），同时注重建筑环境对建筑智能环境系统的资源和制约作用，使资源大于压力，功能大于污染，实现系统与环境的良性互塑和共同持续健康发展。

12.1.4　建筑智能环境系统原理小结

建筑智能环境系统原理主要包括建筑智能环境系统整体突现原理、建筑智能环境系统等级层次原理和建筑智能环境系统互塑原理。其中，建筑智能环境系统整体突现原理揭示建筑智能环境系统要素和系统功能之间的关系，建筑智能环境系统等级层次原理揭示建筑智能环境系统结构的层次关系，建筑智能环境系统互塑原理揭示建筑智能环境系统与建筑智能环境之间的关系。建筑智能环境系统原理是建筑智能环境系统分析、设计、评价的理论基础。

12.2　建筑智能环境的系统工程方法

系统工程是以系统为研究对象，从系统整体出发，根据整体协调需要，综合运用各种现代科学思想、理论、技术、方法、工具，对系统进行研究分析、设计制造和服务，使系统整体尽量达到最佳协调和最满意的优化。系统工程方法是解决系统工程实践中的问题所应遵循的步骤、程序和方法，是对所有系统都具有普遍意义的科学方法，也是建筑智能环境系统工程思考问题和处理问题应采用的方法。

霍尔三维结构模型（见本书第 10 章图 10-2）将系统工程活动过程在由时间维、逻辑维和知识维组成的三维空间结构中，分为时间维的七个阶段和逻辑维的七个步骤。其中，时间维表示系统工程活动从开始到结束按时间顺序排列全过程，分为规划、拟定方案、研制、生产、安装、运行、更新七个时间阶段；逻辑维是指时间维的每一个阶段内所要进行的工作内容和应该遵循的思想程序，包括明确问题、确定目标、系统综合、系统分析、优化、决策、实施七个逻辑步骤；知识维表示需要运用的各种知识和技能。将系统工程方法应用于建筑智能环境系统工程，按时间维上也是有七个阶段，每一个阶段都对应着逻辑维的七个步骤，在此主要针对建筑智能环境系统的规划与设计，即在时间维上的规划、拟定方案、研制阶段以及对应于该阶段的逻辑步骤，应用系统工程方法对建筑智能环境系统进行规划设计阶段的系统分析、系统设计和系统评价，以实现建筑智能环境的整体优化和建筑智能化系统整体功能最佳的目标。

12.2.1　建筑智能环境系统分析

系统分析是完成系统工程的中心环节，也是系统工程处理问题的核心内容。建筑智能环境系统分析即是利用科学的分析方法和工具，研究建筑智能化系统所在的环境，明确建筑智能环境应该达到的目标，确定建筑智能化系统的要素集及其等级层次结构，为建筑智能环境的设计和评价奠定基础。

1. 建筑智能环境系统分析的内容

建筑智能环境系统分析的内容包括系统环境分析、系统目标分析和系统结构分析。

（1）建筑智能环境系统环境分析

系统与环境相互依存，相互作用，任何一个系统工程实施后果都和其付诸实践所处的环境有关，环境分析是开展建筑智能环境系统分析的第一步。环境分析的主要目的是了解和认识环境与系统的关系，即环境给所要新建的系统带来哪些有利的资源，同时又给系统的建设运行施加了哪些压力。因而在新建一个系统时，首先应当充分了解系统所处的环境，对系统环境的了解程度决定了系统方案的完善程度和可靠程度。建筑智能环境系统环境分析就是利用系统与环境互塑共生的原理，分析建筑智能环境系统所在的环境，通过对有关环境因素的分析，区分有利和不利的环境因素，弄清环境因素对系统的影响、作用方向和后果等。

（2）建筑智能环境系统目标分析

系统目标是系统分析与系统设计的出发点。系统目标分析首先是分析系统目标的合理性、可行性，当系统的总目标比较大或比较笼统时，还需对系统的总目标进行细化分析，将系统的总目标逐层分解为各级分目标，建立具有等级层次的目标集。具有等级层次结构的目标集能够将系统目标的内容和具体功能描述清楚，并且目标集的等级层次结构可以和系统要素的结构对应展开，每一个层次要素的结构是为了上一个层次的目标所建立，这样也为系统的结构分析打下了良好的基础。

（3）建筑智能环境系统结构分析

系统结构是系统保持整体性和使系统具备必要的整体功能的内部依据，是反映系统要素之间相互关系、相互作用形式的形态化，是系统中要素的秩序稳定化和规范化。系统结构分析是系统分析的重要组成部分，也是系统分析和系统设计的理论基础。系统结构分析是在系统环境提供的资源和施加压力的情况下，根据已经分析获得的具有等级层次的目标集的基础上，确定系统的要素集，并使系统要素集与要素间的相互关系在等级层次上最优结合，最终能够使系统在各个等级层次上整体突现出其功能和完成的目标，以得到能整体突现总目标的系统结构。结构分析主要包括系统要素集的确定、要素间相关性分析、等级层级性分析和系统整体性分析等几方面的内容。

综上所述，建筑智能环境系统分析的任务如图 12-5 所示。

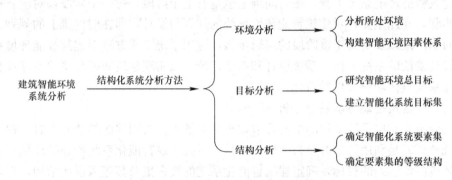

图 12-5　建筑智能环境系统分析的任务

2. 建筑智能环境系统的分析方法

系统分析方法分为定性分析方法和定量分析方法两大类，其中定性分析方法有结构化系统分析方法、目标—手段法、因果分析法等；定量分析方法有主成分分析法、因子分析法和聚类分析法等。在此，应用结构化系统分析方法对建筑智能环境系统进行系统环境、系统目标和系统结构的定性分析。

（1）结构化系统分析方法的基本原理

结构化系统分析方法就是应用等级层次原理，逐一分析系统环境、系统目标和系统结构，逐一确定系统环境因素体系、系统目标因素体系、系统结构要素体系，并使它们在逻辑上形成对照关系，为系统设计与评价奠定良好的基础。

其中，等级层次结构化的环境分析是利用系统等级层次原理，从整体环境出发，将系统环境分层，分析各个层次的环境要素，逐层细化，形成环境分析要素集；等级层次结构化的目标分析首先是确定系统的总目标，然后根据等级层次原理，对系统的总目标进行细化分析，建立具有等级层次结构的系统目标集；等级层次结构化的系统结构分析是在系统总目标下，确定系统的要素集和要素集的等级层次结构。

（2）确定建筑智能环境系统分析指标

建筑智能环境系统分析就是要确定建筑智能环境系统的分析指标，即确定建筑智能环境系统的环境因素体系（环境要素集）、建筑智能环境系统目标因素体系（目标集）、建筑智能环境系统的结构要素体系（要素集及其等级层次结构）。

　　1）建筑智能环境系统环境因素体系

　　按等级层次结构化的环境分析方法，将系统环境由下至上分成自然环境、物理技术环境、经济与经营管理环境和社会环境等四层。对建筑智能环境系统来说，自然环境是指建筑物所在地的气候条件和外部环境，物理技术环境是指建筑智能环境系统的设置环境，经济与经营管理环境是指关系建筑智能环境系统运行状态和经济过程的因素，社会环境是建筑智能环境系统建设所处的社会因素。以下对建筑智能环境系统的四层环境因素分别进行细化分析，确定具有等级层次结构的建筑智能环境因素体系。

　　① 自然环境因素

　　建筑智能环境系统自然环境的要素主要包括太阳辐射、空气温湿度、风、降水等，建筑的这些外部环境和气候条件直接影响室内热湿环境、声环境、光环境、空气环境等建筑环境，它们是建筑智能环境系统的资源、输入，其输出即为智能热湿环境、智能声环境、智能光环境、智能空气环境。

　　② 物理技术环境

　　建筑智能环境系统的物理技术环境要素主要包括建筑中需控制/管理的绿色建筑设施与建筑机电设备、建筑智能环境系统设置环境、建筑智能环境系统应用技术及技术标准等。其中，绿色建筑设施可细化为遮阳板、自然导光系统、雨污水再利用系统、可再生能源系统等；建筑机电设备可细化为供暖、通风和空气调节、给水排水、供电与照明、电梯等；智能环境系统设置的条件可细化为机房设置环境、管线设置环境等；建筑智能环境系统应用技术可细化为绿色建筑技术、计算机控制技术、计算机网络技术和现代通信技术，而技术标准与规范可细化为设计标准、施工标准与验收标准等。

　　③ 经济与经营管理环境

　　建筑智能环境系统的经济与经营管理环境因素主要包括建筑智能环境系统投资与效益、安全管理、设备管理、能源管理以及建筑智能环境系统运行管理方式等。其中，安全管理可细化为防灾管理、防盗管理和防破坏管理等；能源管理可细化为不可再生能源管理和可再生能源管理等；设备管理可细化为绿色建筑设施管理和建筑机电设备管理；建筑智能环境系统运行管理可细化为建筑设备管理系统（BMS）层次的管理和建筑智能化集成系统（IBMS）层次的管理；建筑智能环境系统投资与效益可细化为建筑智能环境系统经济预算和效益成本分析等。

　　④ 社会环境

　　当今与建筑智能环境系统密切相关的社会因素主要包括社会信息化、城市智慧化、发展可持续化等。其中，社会信息化因素可细化为信息通信和信息化应用，城市智慧化因素可细化为物联网、云计算、大数据技术应用，发展可持续化因素可细化为节能、节水、环保、低碳。

　　由此建立起建筑智能环境系统的环境因素体系，如图 12-6 所示。该环境因素体系的每一个具体的环境因素，还可以根据需要再不断地从上至下进行等级层次划分，例如设计标准可进一步细化为智能建筑设计标准以及各子系统相应的设计标准等。建筑智能环境体系为下一步建筑智能化系统目标集的建立奠定了基础。

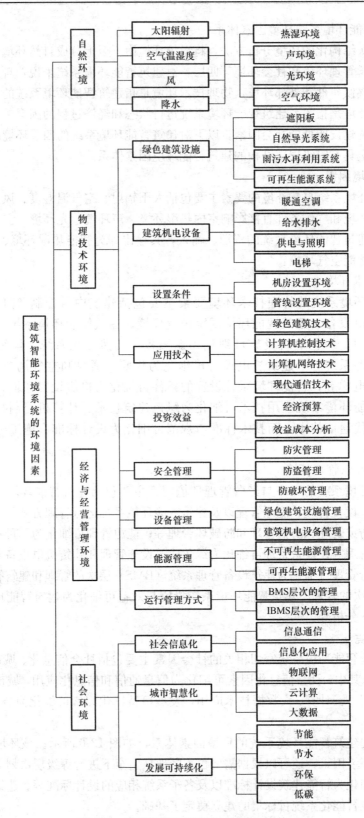

图 12-6　建筑智能环境系统的环境因素体系

2）建筑智能环境系统目标因素体系

建筑智能环境系统目标因素体系的首要因素是建筑智能环境系统的总目标。建筑智能环境系统的总目标是创建安全、高效、舒适、便捷、节能、环保、健康、具有感知、推理、判断和决策综合智慧能力并实现人、建筑、环境互为协调的建筑智能环境。这个总目标也可简述为创建建筑智能环境，但必须清楚建筑智能环境概念的内涵，它不仅仅具有感知、推理、判断和决策综合智慧能力，更重要的是它要实现安全、高效、舒适、便捷、节能、环保、健康的目标。以下我们按此总体目标逐层分解，以建立具有等级层次结构的智能环境系统目标因素体系。

建立智能环境系统目标因素体系是对建筑智能环境系统总目标分解诠释、等级层次细化的过程，也是在建筑智能环境系统环境因素体系的基础上明确建筑智能环境系统需求的过程。

建筑智能环境要实现舒适、健康、节能、环保的目标，是通过对建筑物理环境的智能控制，创建智能热湿环境、智能光环境、智能声环境、智能空气环境；建筑智能环境要实现安全的目标，是通过应用智能化技术建立应急及长效的技术防范保障体系，创建智能安全环境；建筑智能环境系统要实现高效、便捷的目标，是通过建筑信息基础设施建设和信息化技术应用，创建信息通信环境、智能办公环境、智能管理环境。由此可见，建筑智能环境系统的总目标可分解为智能热湿环境、智能光环境、智能声环境、智能空气环境、智能安全环境、信息通信环境、智能办公环境、智能管理环境，这八个分目标与我们在第 3 章归纳出的建筑智能环境的要素一致。

在此基础上还可以进一步细化分级，将智能热湿环境细化分级为智能温度环境和智能湿度环境；将智能光环境细化分级为智能自然采光环境和智能人工照明环境；将智能声环境细化分级为智能降噪环境和智能扩声环境；将智能空气环境细化分级为智能空气质量环境和智能通风气流环境；将智能安全环境细化分级为智能防灾环境、智能防盗环境和智能防破坏环境、智能信息安全环境；将信息通信环境再细化分级为语音通信环境、数据通信环境、图像通信环境、多媒体通信环境；将智能办公环境再细化分级为智能专业化工作业务环境、通用型工作业务环境等；将智能管理环境再细化分级为建筑设备/设施管理环境、能源管理环境、集成管理环境等。

建筑智能环境系统目标因素体系如图 12-7 所示。

3）建筑智能环境系统要素结构体系

建筑智能环境系统要素结构体系即是建筑智能环境系统要素集和要素的等级层次结构。目标集是确定建筑智能环境系统要素集和要素的等级层次结构的基础，本节根据建筑智能环境系统目标集和建筑智能环境系统原理，分析构建建筑智能环境系统需要的要素和这些要素间的结构关系，即确定建筑智能环境系统要素集和要素集的等级层次结构。

由建筑智能环境系统目标体系结构图可见，建筑智能环境系统的总体目标是创建建筑智能环境，根据建筑智能环境系统的整体性和整体突现原理，建筑智能环境要实现安全、高效、舒适、便捷、节能、环保、健康的目标，需要具备建筑智能化集成系统、建筑设备管理系统、公共安全系统、信息设施系统、信息化应用系统这五大要素，而且这五大要素不是简单地组合或叠加，而是通过智能化集成系统将其他四个系统集成到统一的集成平台上，建立起五大系统相互间的联系，从而产生出各系统的信息资源和任务综合共享、系统与系统之间关联的自动化等新性质，创建出比各系统简单组合更加安全、高效、舒适、便

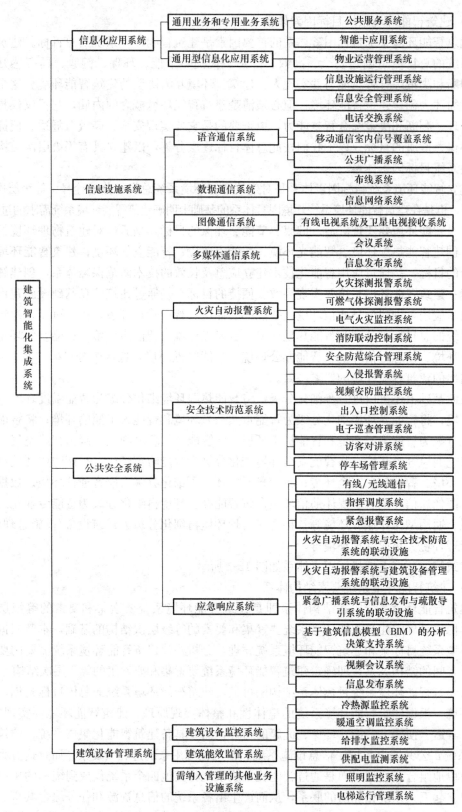

图 12-7　建筑智能目标因素体系

捷、节能、环保、健康的智能环境。因而，要实现建筑智能环境系统的总体目标，需要具备五大要素，且建筑智能化集成系统在结构层次上应高于其他四个系统。

根据建筑智能环境系统目标集，建筑智能环境目标可以分层细化为智能热湿环境、智能光环境、智能声环境、智能空气环境和信息通信环境、智能办公环境、智能管理环境。以下逐一分析这八项分目标与实现总目标所需要的五大系统要素之间的关系。

由建筑智能环境系统整体性可知，建筑智能环境系统的各个要素（各个子系统）均具有各自相对独立的整体性并具有各自的功能。其中建筑设备管理系统通过建筑设备系统集约化监管集成平台对建筑机电设备监控系统、建筑能效监管系统和绿色建筑可再生能源监管系统等实施优化功效和系统化综合管理，创建智能热湿环境、智能光环境、智能声环境、智能空气环境和智能管理环境，实现建筑环境的舒适、健康，管理环境的高效、便捷，并实现节能、环保的目标；信息设施系统对建筑物内外相关的各类信息予以接收、交换、传输、存储、检索和显示等综合处理，对信息化应用所需的多元化信息设施予以融合，创建信息通信环境，实现为建筑内整体化信息支撑及服务的功能；信息化应用系统对建筑物主体业务提供高效的信息化运行服务及完善的支持，创建智能办公环境，实现高效、快捷的目标；公共安全系统对建筑物内火灾、非法侵入、自然灾害、重大安全事故和公共卫生事故等危害人们生命财产安全的各种突发事件，建立应急及长效的技术防范保障体系的功能，创建智能的安全环境，实现安全的目标。

综上所述，可得到建筑智能环境系统目标集与要素集对应的关系，如图 12-8 所示。

图 12-8 的目标集与系统要素集关系图只是反映出主要目标和主要系统要素之间的关系，按此方法还可以根据进一步细化的目标集分析获得与其对应的系统要素及其之间的关系，以得出完整的系统要素集及其结构。

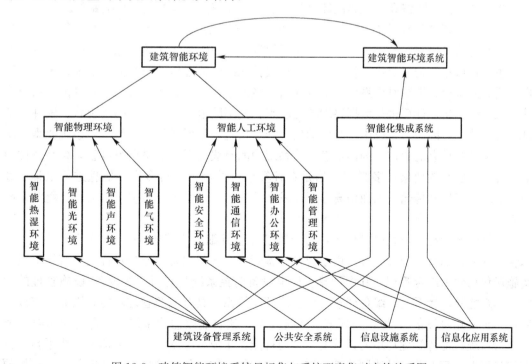

图 12-8　建筑智能环境系统目标集与系统要素集对应的关系图

智能热湿环境创建适宜的温度、湿度，是通过对采暖、空调、建筑设施（门窗、百叶窗、遮阳板）等的建筑设备与设施的智能控制实现的。比如通过对空调系统的监测与控制智能调节室内温度与湿度，通过控制门窗、百叶窗、遮阳板阻挡/反射太阳强辐射降低室内气温，冬季通过控制供暖系统调节室内气温等；智能光环境创建适宜的光照，是通过对建筑设施（门窗、百叶窗、遮阳板）、天然光调控设备（反射板、自然光导光系统等）和智能照明系统来实现；智能空气环境创建健康、适宜的空气环境，是通过控制排风/送风系统和门窗开合度来实现；智能声环境创建适宜的声环境，是通过自动控制门窗闭合隔断噪声源、自动调节背景音乐音量掩蔽噪声、自动调节扩声参数来实现，以上均属于建筑设备监控系统的功能。而且建筑设备监控系统还可以通过充分利用自然资源和对建筑设备的优化控制节约能源，因而建筑设备监控系统是创建智能热湿环境、智能光环境、智能声环境、智能空气环境，实现舒适、健康、节能、环保目标的主要系统要素。另外要实现节能、环保的目标，节约不可再生能源，一方面要对建筑能耗实行监测与管理，另一方面还要有效利用可再生能源，因而建筑能效监管系统和建筑可再生能源监管系统是实现建筑节能、环保的目标，创建能源管理环境的主要系统要素。

根据建筑智能环境系统目标集，智能安全环境可细化为智能防灾环境、智能防盗环境、智能防破坏环境，实现安全的目标。防灾主要是防火灾以及其他的自然灾害，需要及时发现灾情，及时报警并启动应急响应，属于火灾自动报警系统和应急响应（指挥）系统的功能；防盗、防人为破坏，就是防止不法人员通过重要的出入口和重要区域，防止建筑物的人、物、信息遭到人为破坏，当发生非法入侵或破坏行为时，及时报警并联动相应区域视频监控及录像设备，确认报警信息后启动应急响应，属于安全技术防范系统和应急响应（指挥）系统的功能，因而火灾自动报警系统、安全技术防范系统和应急响应（指挥）系统是实现防灾、防盗和防人为破坏目标、创建智能安全环境的主要系统要素。

根据建筑智能环境系统目标集，信息通信环境可细化为语音通信环境、数据通信环境、图像通信环境和多媒体通信环境，实现信息通信高效和快捷的目标。其中，语音通信环境主要是指建筑物内及建筑物与外界的有线及无线电话通信，因而信息设施系统中的用户电话交换系统、无线对讲系统是语音通信环境的系统要素。数据通信是通过传输信道将计算机与计算机、计算机与数据终端联结起来，使不同地点的数据终端实现软、硬件和信息资源的共享，因而信息设施系统中的信息网络系统是数据通信环境的主要系统要素。图像通信是可视信息的通信，因而信息设施系统中的有线电视及卫星电视接收系统是图像通信环境的主要系统要素；多媒体通信是在计算机的控制下，对多媒体信息进行采集、处理、表示、存储和传输，因而信息导引及发布系统、会议系统等是多媒体信息环境的系统要素。

根据建筑智能环境系统目标集，智能管理环境可细化为建筑设备/设施管理环境、能源管理环境、信息管理环境等。由于建筑设备管理系统的主要功能是对各类建筑机电设施实施优化功效和综合管理，其中的建筑机电设备监控系统具有对建筑设备/设施管理的功能，建筑能效监管系统、绿色建筑可再生能源监管系统具有能源管理功能，因而建筑设备监控系统是建筑设备/设施管理环境的系统要素，建筑能效监管系统、绿色建筑可再生能源监管系统是能源管理环境的系统要素；而智能化集成系统基于统一的信息集成平台，具有信息汇聚、资源共享及协同管理的综合应用功能，因而信息管理属于智能化集成系统的内容，智能化集成系统是智能信息管理环境的主要系统要素。

根据建筑智能环境系统目标集，智能办公环境可细化为建筑物主体工作业务环境、建筑物其他工作业务环境。由于专业化工作业务应用系统具有该建筑物主体业务良好运行的基本功能，因而是专业化工作业务环境的系统要素。而建筑物其他工作业务包括信息设施运行管理、物业管理、公共服务、智能卡应用和信息网络安全管理等，因而信息化应用系统中的信息设施运行管理系统、物业管理系统、公共服务系统、智能卡应用系统和信息网络安全管理系统等是建筑物其他工作业务环境的系统要素。

由以上分析可见，实现建筑智能物理环境和管理环境的建筑设备管理系统的系统要素是建筑设备监控系统、建筑能效监管系统和绿色建筑可再生能源监管系统；实现智能安全环境的公共安全系统要素是火灾自动报警系统、安全技术防范系统和应急响应（指挥）系统；实现建筑信息通信环境的建筑信息设施系统的系统要素是电话交换系统、移动通信室内信号覆盖系统、公共广播系统、有线电视及卫星电视接收系统、会议系统、信息导引（标识）及发布系统等；实现智能办公环境和智能管理环境的信息化应用系统的系统要素是专业化工作业务系统和信息设施运行管理系统、物业管理系统、公共服务系统、智能卡应用系统和信息网络安全管理系统等。

通过等级层次结构的系统分析方法推导得到的建筑智能环境系统要素集及其等级层次结构如图 12-9 所示。

通过建筑智能环境因素体系和建筑智能化系统目标集，所推导出来的建筑智能化系统要素集和系统要素集的等级层次结构的系统分析过程，是定性分析的过程，即利用逻辑推导的方式，自顶向下地逐级细化系统所需要素，进而得到系统要素的一种等级层次结构。这种自顶向下逐级细化分析而非自底向上逐层合成分析的过程，体现了系统的整体突现性和等级层次性。定性分析出的系统要素集的等级层次结构只是一种组织系统要素的形式结构，在实际工程中应根据不同建筑的需求和不同的目标，建立相应地建筑智能化系统要素集及其等级层次结构，即系统结构分析要建立在实际的工程背景上，满足合理性、可行性和经济性的要求。

12.2.2　建筑智能环境系统设计

建筑智能环境系统设计是在建筑智能环境系统分析的基础上进行的。系统设计的任务就是充分利用和发挥系统分析的成果并把这些成果具体化和结构化。

1. 应用系统环境因素集进行需求分析和可行性分析

建筑智能环境系统环境因素包括自然环境、物理技术环境、经济与经营管理环境和社会环境四项，以下逐一分析其在建筑智能环境系统设计需求分析和可行性分析中的应用。

建筑智能环境系统自然环境的要素主要包括太阳辐射、空气温湿度、风、降水等，它们是室内热湿环境、声环境、光环境、空气环境控制可利用的条件，是建筑智能环境系统的资源或压力。以太阳辐射为例，在冬季阳光为资源，温暖的阳光改善室内热环境和光环境，应充分利用，而夏季强烈太阳光却成为室内热环境和光环境压力，要采取遮阳措施。由此可见，自然环境因素是建筑智能环境系统需求分析的重要内容，建筑智能环境系统设计之前，应根据当地的气候条件和外部环境，确定建筑智能环境系统的需求，比如是否需要针对太阳辐射，对门窗、遮阳板、百叶窗等设施进行控制，是否需要针对空气温湿度，对门窗、遮阳板、百叶窗、采暖、空调设备进行控制，是否需要针对刮风下雨，对门窗、

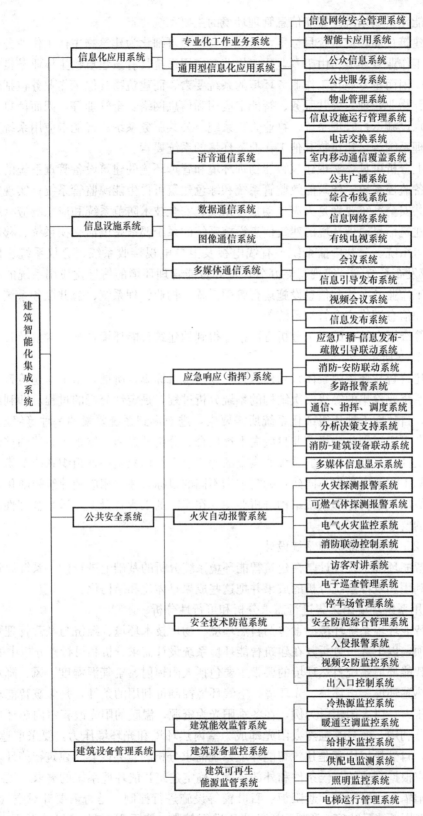

图 12-9　建筑智能化系统要素集及其等级层次结构

通风设备、雨水回收利用设备进行控制等，以创建智能热湿环境、智能光环境、智能空气环境。

建筑智能环境系统物理与技术环境因素包括建筑中需控制/管理的绿色建筑设施与建筑机电设备、建筑智能环境系统设置环境、建筑智能环境系统应用技术及技术标准等，是建筑智能环境系统的支持和约束条件。其中，绿色建筑设施、建筑机电设备是建筑智能环境系统监控或管理的对象，因而也是建筑智能环境系统需求分析的重要内容。在建筑智能环境系统设计之初，首先要明确需要监控或管理的绿色建筑设施、建筑机电设备的内容，比如是否包括遮阳板、自然光导光系统、雨污水再利用系统、可再生能源利用系统等绿色建筑设施，是否包括供暖、通风和空气调节、给水排水、供电与照明、电梯等建筑机电设备；其次根据这些设施/设备是否自带专业控制系统，确定对其是监控还是管理，如果设备自带专业控制系统，则只需纳入建筑设备管理系统对其进行管理，如果没有自带专业控制系统，则还需对其进行监控设计，即决定建筑智能环境系统设计的内容和形式。建筑智能环境系统设置环境主要指建筑智能环境系统设备、机房以及管线的设置环境，是建筑智能环境系统设置的需求和条件，在设计之初应向建筑等相关专业提出设置环境要求，如果设置条件能满足建筑智能环境系统建设需求则为系统设计提供支持，如果不能满足或不能完全满足则成为约束条件。建筑智能环境系统应用技术包括绿色建筑技术、计算机控制技术、计算机网络技术、现代通信技术以及物联网技术等。建筑是建筑智能环境系统的平台，绿色建筑是建筑发展的方向，建筑智能环境系统设计要充分了解绿色建筑平台，了解绿色建筑技术及绿色建筑设计、施工、评价标准，在此基础之上，应用计算机控制技术、计算机网络技术、现代通信技术以及物联网技术等智能化技术实现绿色建筑目标。在建筑智能环境系统设计之初，首先要确定应用的技术和标准，要综合比较不同技术的应用情况、技术的成熟度和将来的潜在发展因素，确定满足需求的可供使用的技术，而且要符合绿色建筑、智能建筑设计、施工和验收标准等。这些应用技术及其相关规范为建筑智能环境系统设计提供支持，同时也是约束条件。

建筑智能环境系统的经济与经营管理环境因素主要有安全管理、设备管理、能源管理、信息管理、建筑智能环境系统运行管理方式以及建筑智能环境系统投资效益等，是建筑智能环境系统需求分析和可行性分析的重要内容。在系统设计之前，应根据项目具体情况，分析建筑安全管理的需求和方式，以明确智能安全环境的具体目标和内容；分析设备管理的需求和方式，以明确智能设备管理环境的具体目标；分析能源管理的需求和方式，以明确智能能源管理环境的具体目标和内容；分析信息管理的需求以及智能环境系统运行管理方式，以明确是否要集成管理，集成管理的层次。最后还要根据建筑智能环境系统经济预算（初投资和运行费用）和效益成本（节省的人力成本、节能效益、节水效益）等，进行投入/产出比分析，根据建设项目性质和建筑智能环境系统建设投资预算，确定建筑智能环境系统的内容和结构，并保证投入的最大效益化。

建筑智能环境系统的社会因素主要包括社会信息化、城市智慧化、发展可持续化等，是建筑智能环境系统需求分析和可行性分析的重要内容。现代建筑的智能环境系统必须满足信息社会发展和智慧城市建设以及可持续发展的需要。其建筑物内不仅需要具有信息通信环境、信息化应用环境、安全管理环境、设备管理环境、能源管理环境等，而且要与建筑物外部以及智慧城市相联系，充分发挥物联网时代的优势，使智能建筑真正成为智慧城市的一个节点；而且节能环保不仅只考虑建筑物内，而且要考虑对大环境的影响，因而在建筑智能环境系统规划之时，应根据建筑所处的社会环境背景，根据信息社会和智慧城市建设需要规划设计建筑智能环境系统，比如设置的通信接入系统应满足用户信息通信的需求，将建筑物外部各类公共通信网、专用通信网引入建筑物内，使建筑物融入更大信息范围环境，具有适应融入城域物联网和对接智慧城市架构信息互联的技术条件。

2. 应用系统目标集和系统要素集进行系统设计

通过对建筑智能环境系统环境因素的分析，明确了建设项目的建设背景和智能化需求，在此基础上，根据建筑智能环境系统目标集和系统要素集，确定设计项目的建筑智能环境系统总体目标和主要要素，然后逐级细化出设计项目的建筑智能环境系统目标集和系统要素集，即由上自下对建筑智能环境系统进行设计。在此要说明的是，前面用层次结构分析方法得到的目标集和系统要素集是广泛意义的，而在实际设计中应根据建设项目的不同，针对具体设计项目确定其目标集和系统要素集。

（1）总体设计

建筑智能环境系统总体设计应从系统理论整体思想出发，以实现系统总体功能为目的，构建整个系统结构。

首先应用系统与环境互塑共生的原理和本项目的建筑智能环境系统环境因素集和目标集，根据环境为系统提供的资源和系统对环境的输出，确定系统总体功能，即明确所要创建的智能环境和实现的目标，同时也要考虑环境对系统的压力和系统将对环境产生污染；然后应用系统等级层次原理和建筑智能环境等级层次结构图，根据本项目建筑智能环境系统的管理方式，确定集成与否以及集成的层次，从而确定系统的等级层次结构；最后应用系统整体突现原理和建筑智能环境系统的要素集及要素集的等级层结构，确定设计项目建筑智能环境系统要素集及其层次结构。

系统总体结构确定后，根据图 12-1 的建筑智能环境等级层次结构图，从业务应用层和运营管理模式、信息集成层和信息基础设施层由上至下分层设计。

（2）业务应用层和运营管理模式

由图 12-1 可见，业务应用层和运营管理模式主要是建筑智能化集成系统和信息化应用系统。

1）设计目标

对于智能化集成系统，设计的目标是实现信息与资源共享，实现集中监视、联动和控制的管理，实现信息采集、处理、查询和数据库的管理，实现全局事件的决策管理等。对于信息化应用系统，设计的目标是对建筑物主体工作业务和其他工作业务提供高效的信息化运行服务和完善的支持，是建立建筑智能化系统工程的主导需求及应用目标。

2）设计内容

对于智能化集成系统设计的内容有两个方面，一方面是信息共享平台，其中包括集成系统网络、集成系统平台应用程序、集成互为关联的各系统通信接口等；另一方面是系统应用功能程序，包括通用基本管理模块和专业业务运营管理模块，其中通用基本管理模块的内容有安全权限管理、信息集成集中监视、报警及处理、数据统计与储存、文件报表生成和管理等，包括监测和控制、管理及数据分析等。专业业务运营模块应具有建筑主体业务专业需求功能和符合标准化运营管理应用功能，这也是信息化应用系统设计的内容。

（3）信息集成层

由图 12-2 可见，信息集成层主要是建筑设备管理系统、公共安全系统和信息设施系统。

1）建筑设备管理系统

① 设计目标

实现对各类机电设备系统运行监控信息互为关联和共享应用，实施对建筑设备监控系统、建筑能效监管系统和建筑可再生能源监管系统等建筑设备系统的集约化监管，并对相关的公共安全进行监视及联动控制。

② 设计内容

由图 12-2 可见，建筑设备管理系统在信息集成层分为两级，因而其设计的内容也分为建筑设备综合管理集成平台和建筑设备系统两部分。

建筑设备综合管理的集成平台设计。集成平台控制架构采用以集中管理分散控制的分布式控制系统形式和标准化通信协议，对建筑设备监控系统、建筑能效监管系统等进行集中管理，对建筑内采用自成独立体系专业化监控系统的热力系统、制冷系统、空调系统、给排水系统、供配电系统、照明控制系统、电梯运行管理系统、可再生能源系统等部分建筑机电设施，以标准化通信接口方式进行信息关联，以实施集约化监管。同时，建筑设备管理系统作为建筑智能环境系统的要素之一，设计时还应考虑将其纳入智能化集成系统。

建筑设备系统包括建筑设备监控系统、建筑能效管理系统等设计。对于建筑设备监控系统，其监控的内容有冷热源、采暖通风和空气调节、给排水、供配电、照明和电梯等建筑物基本设备，设计时应根据建筑环境因素体系中建筑物设备系统情况，首先确定本项目建筑设备监控系统监控或管理的范围和内容，然后从对建筑机电设施系统运行的实时状况监控、管理方式实施及具体管理策略持续优化完善等要求出发，确定对建筑各设备系统的监控模式，对建筑内采用自成独立体系专业化监控系统的热力系统、制冷系统、空调系统、给排水系统、供配电系统、照明控制系统、电梯运行管理系统等，可直接纳入建筑设备管理系统管理；对于建筑能效管理系统，设计的内容包括两方面，一是实现对建筑内各用能系统的能耗信息的采集、显示、分析、诊断、维护、控制及优化管理，二是以建筑内各用能设施基本运行为基础条件，依据各类机电设备运行中所采集的反映其能源传输、变换与消耗的特征，采用能效控制策略实现能源最优化，实现"管理节能"和"绿色用能"；对于建筑可再生能源监管系统，主要是实现对可再生能源监测指标和设备运行参数在线实时监测和动态分析，进行能源统计、能源诊断、能源评估、能源监测，使设备在节能、安全、健康环境下最优化运行。对建筑内采用自成独立体系专业化监控系统的可再生能源系统，可直接纳入 BMS（建筑设备管理系统）中进行管理。

2）公共安全系统

① 设计目标

将整个公共安全系统作为一个有机的整体，综合信息、协调报警、集中管理，提升公共安全系统的智慧性，及早发现隐患、及时处理突发事件，确保建筑物及人身的安全。

② 设计内容

由图 12-2 可见，公共安全系统在信息集成层分为两级，因而其设计的内容也分两部分。首先是建立公共安全一体化管理平台，为公共安全系统的各个子系统之间建立开放的信息通道，应用标准化、模块化和系列化的开放性设计，整合安全技术防范系统、火灾自动报警系统以及应急响应（指挥）系统，实现集中监视、联动控制、信息综合和统一管理。同时作为建筑智能环境系统的要素之一，设计时还应考虑将其纳入智能化集成系统。

其次是公共安全系统的分要素系统设计。对于安全技术防范系统，首先是确定安全技术防范系统的组成要素（子系统），其次是建立以安防信息集约化监管的集成平台，对各种类技防设施及不同形式安全基础信息互为主动关联共享和信息资源价值的深度挖掘应用，以实施公共安全防范系统化的技防系列策略；对于火灾自动报警系统，一方面是统筹规划火灾探测报警系统、可燃气体探测报警系统、电气火灾监控系统的内容，另一方面还要考虑与安全技术防范系统实现互联，实现安全技术防范系统对自动报警系统的辅助作用；对于应急响应系统，应以火灾自动报警系统、安全技术防范系统及其他智能化系统为基础，构建具有提供应对各种安全突发事件综合防范保障功能的应急响应体系，明确应急响应的内容。

3）信息设施系统

① 设计目标

具有对建筑物内外相关的各类信息，予以接收、交换、传输、存储、检索和显示等综合处理功能；对符合信息化应用所需的多元化信息设施予以融合，形成为建筑内整体化信息支撑及服务的功能环境。

② 设计内容

根据信息设施系统分目标的要素集和目标集，规划建筑信息设施系统的内容，整合设计项目需用的各类具有接收、交换、传输、存储和显示等功能的信息系统，提供完整的系统组成方案。

（4）信息基础设施层

信息基础设施层是建筑智能环境系统的最低层，是由各个系统要素分至不能再分的独立的子系统组成。

对于各个独立子系统的设计同样应依据系统理论原理。首先应用系统与环境互塑共生的原理，明确环境为该独立系统提供的资源和该独立系统对环境的输出，确定系统功能，明确创建的智能环境和实现的目标；其次应用系统等级层次原理确定系统的层次结构；最后应用系统整体突现原理确定各子系统的要素集及其组成结构。

下面以入侵报警系统为例，说明应用系统理论设计独立子系统的方法。

首先应用系统与环境互塑共生的原理，分析环境为系统提供的资源和系统对环境的输出。环境为系统提供的资源是需防护的周界、门窗和需防护的室内空间，系统对环境的输出是当检测到有非法入侵时立即发出报警信号，准确显示报警的具体信息，与其他系统相互通信，采取相应的措施处理警情，创建智能的安全环境，实现的目标应是快速（报警及时，处警迅速）、准确（误报率低）。

其次应用系统等级层次原理，确定入侵报警系统的结构。根据系统等级层次原理，不同的层次有不同的功能，入侵报警系统按不同的功能分为三个层次。最低层是现场层，即设置在防护现场的探测器与报警器，探测器负责探测非法入侵，并将其转换成相应的电信号，经过滤波、整形等处理后传输到区域控制器，末端的报警装置接受区域控制器的报警指令，在非法入侵发生时发出声光报警。第二层为控制层，即分布在各个区域的区域报警器，用于接受来自末端探测器的信号，当区域控制器接收到探测器传来的异常信号时，一方面向现场层报警装备发出报警信号，另一方面将自己控制的报警区域的详细入侵报警情况传送到报警中央管理主机。最高层是管理层，即设置在报警中心的报警管理主机，其主要的功能是对整个入侵报警系统实施控制和管理，它接受来自区域控制器的报警信号，在指定的终端设备上显示报警的具体信息，包含地址代码、报警性质、时间等，或者在电子地图上实时显示报警的位置，并与其他系统进行信息通信，采取相应的措施处理警情。入侵报警系统组成结构图如图 12-10 所示。

最后应用系统整体突现原理，确定入侵报警系统组成要素及其组成结构，即进行系统的具体设计。由前面分析可见，入侵报警系统的组成要素主要包括现场层的探测器和报警器，控制层的区域控制器，管理层的报警管理主机，确定入侵报警系统的组成要素及其组成结构即是确定这三级组成要素的类型和数量以及入侵报警系统的具体结构。探测器的数量和类型是根据现场防护对象及其防护范围来确定，比如防护周界采用红外对射探测器或脉冲式电子围栏探测器，防护门窗可分别用门磁开关和幕帘式红外探测器，防护室内空间可采用红外被动式探测器或动静探测器，其数量是根据防护对象的多少和防护区域的大小以及探测器探测范围决定的，具体方法是根据防护要求和探测器的探测范围在平面图上布设探测器，然后统计所需探测器数量。区域控制器的类型和数量是根据防护对象的多少、防护范围的大小、控制器的功能以及可带负载数量决定的，根据防护范围和探测器数量，在平面图上布放区域控制器，并统计数量。而管理层的报警管理主机，主要是确定其管理用计算机以及系统管理软件。

由此即可画出入侵报警系统的系统图、列出设备清单，根据平面布设的探测器、区域控制器以及中心机房的位置，确定探测器到报警控制器的路径和所采用的管线，以及报警控制器到管理主机的路径和所采用的管线，画出平面设计图并作设计说明，此即完成入侵报警系统的设计。

信息基础设施层的各个子系统均可按此方法设计。

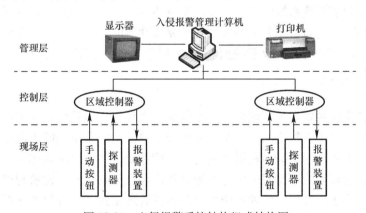

图 12-10　入侵报警系统结构组成结构图

12.2.3　建筑智能环境系统评价

1. 建筑智能环境系统评价及其意义

建筑智能环境系统评价是建筑智能环境系统工程中一项重要的工作，是对系统方案满足系统目标程度的综合分析与判定。建筑智能环境系统评价目的是判定系统方案是否达到了预定的各项技术经济指标，为能否投入使用提供决策所需要的信息，是方案选优和决策的基础。建筑智能环境系统评价根据系统所处阶段可分为事前评价、中间评价、事后评价和跟踪评价。事前评价是在规划设计阶段的评价，这时主要是针对设计方案进行评价；中间评价是在计划实施阶段进行的评价，着重检验是否按照计划实施，例如用计划协调技术对工程进度进行评价；事后评价是在系统实施即工程完成之后进行的评价，评价系统是否达到了预期目标，因为可以测定实际系统的性能，所以作出评价较为容易；跟踪评价是系统投入运行后的评价。在此主要是针对建筑智能环境系统规划设计阶段的评价，应用系统理论思想阐述建筑智能环境系统的评价原则、评价过程和步骤。

2. 建筑智能环境系统的评价原则

建筑智能环境系统的评价应根据预定的系统目标，按照系统理论的整体突现原理、等级层次原理和环境与系统互塑原理从建筑智能环境系统的整体性、层次性和互塑性评价设计方案。

(1) 整体性

整体性是系统论的基本观点。建筑智能环境系统是一个有机的整体，按照建筑智能环境系统的整体突现原理，从创建舒适、安全、高效、便利、节能、环保、健康的建筑智能环境这个整体目标出发，建筑智能环境系统应由建筑智能化集成系统、建筑设备管理系统、公共安全系统、信息设施系统和信息化应用系统五大要素组成。这五大要素不是简单的组合或叠加，而是通过智能化集成系统将其他四个系统集成到统一的集成平台上，建立起五大系统相互间的联系，从而产生出各系统的信息资源和任务综合共享、系统与系统之间关联的自动化等新特质，这种新特质是各个单独系统以及各个单独系统叠加所没有的性质。所以对建筑智能环境系统的评价一方面要根据系统预设的目标检查其系统要素是否俱全，其中包括建筑智能环境系统各个层次的系统要素；另一方面要检查其设计是否从整体性出发，把各部分功能有机地结合起来，使部分的功能和目标服从系统整体最佳的目标，充分利用信息，以最少的物质、能量消耗，使系统处于最优状态，达到最佳效果，来最大限度地实现建筑智能环境系统的目的，使其整体功能突现出各要素子系统孤立状态下所不能具备的新特质。这种新特质并非系统中各个要素性质的机械加和，而是根据建筑智能环境系统的等级层次原理将各个要素按照一定规律组织起来的系统所具有的综合整体功能，即"整体大于部分之和"。

(2) 层次性

层次性是指系统各要素相互联系是以结构形式表现的。即系统由一定的要素组成，这些要素是由更低一层要素组成的子系统，而系统本身又是更大系统的组成要素，处于不同层次的系统，具有不同的功能。根据建筑智能环境系统的等级层次原理，建筑智能环境系统的组成要素在建筑智能环境系统中存在等级秩序和等级差异性。建筑智能化集成系统和信息化应用系统位于最高层次的业务应用层和运营管理模式，实现智能化系统功能的业务应用和协同效应的综合管理功能；建筑设备管理系统、公共安全系统、信息设施系统以及其再下一层的建筑设备监控系统、火灾自动报警系统、安全技术防范系统和应急响应（指挥系统）位于中间层次的信息集成层，实现多业务应用系统间相关信息汇集、资源共享的功能；而位于最低层次的这些不能再分的独立子系统是信息基础设施层，实现信息获取、传递、认知、处理、思维、施效、组织等功能。建筑智能环境系统的评价应依据建筑智能环境系统的等级层次原理，根据不同系统要素所处的层次检查其具有的功能。

（3）互塑性

互塑性是指系统与外部环境是相互联系、制约和影响的。环境塑造着环境中的每个系统，环境又是组成它的所有系统共同塑造的。根据建筑智能环境的系统环境互塑原理，建筑环境对建筑智能环境系统塑造是给系统提供其生存发展所需要的资源，即建筑环境应满足绿色建筑设计目标、满足建筑智能环境系统建设及其动态发展要求。如若不满足所需要的资源要求，则将成为建筑智能环境系统的不利输入，对建筑智能环境系统造成压力。建筑智能环境系统对建筑环境的塑造是创建符合绿色建筑要求的建筑智能环境，也是建筑智能环境系统的目标和功能。而建筑智能环境系统运行产生的废热、废气及消耗的能源，是其对环境的不利输出，对环境造成压力。因而建筑智能环境系统评价应检查其设计方案是否有效地开发利用环境、适应环境，是否具有完善的系统功能创建舒适、安全、高效、便利、节能、环保、健康的建筑智能环境，是否将保护和优化环境作为系统自身的重要功能目标，维护环境生态平衡，以保证建筑智能环境与建筑智能环境系统之间互塑共生，相互促进、相互制约，以动态平衡的形式共同发展。

3. 建筑智能环境系统评价过程及步骤

一个完整的系统评价过程包括评价系统分析、评价资料收集、确定评价指标体系和评价指标权重、选用评价方法进行单项评价和综合评价。

（1）评价系统分析

在进行系统评价之前，先对评价系统进行分析，明确系统评价的目的、明确评价系统方案的目标体系和约束条件、界定评价系统范围和评价系统环境分析。

1）明确系统评价的目的

建筑智能环境系统评价的目的是为了决策，即为建筑智能环境系统实施选择最优的方案。不同的评价主体，评价立场不同，评价的目的也有所不同。评价主体可以是系统使用者、第三者或系统设计者。对于系统使用者或是第三者，评价的目的是为决策提供支持，即根据评价提供的信息，决策选择最优方案；而对于系统设计者，评价的目的则是为了使评价系统达到最优，通过系统评价分析问题，把复杂问题分散成简单的小问题，再通过对这些简单小问题的分析和评价，最后获得系统的综合评价，通过量化评价系统方案的价值，使系统结构或技术参数达到最优，同时，通过客观评价，也可以说明设计的系统方案的合理性。本节所阐述的系统评价主要是从系统设计者的立场，分析问题，解决问题，使评价系统达到最优。

2）明确评价系统方案的目标体系和约束条件

明确评价系统方案设计的目的和系统方案实施后所要达到的目标是系统评价很重要的要素。因为系统评价就是要对系统方案达到系统目标的程度做出科学的评判，因而评价系统分析的第一步是明确系统方案的总体目标及其目标体系和约束条件。

3）界定评价系统范围和评价系统环境分析

界定评价系统的范围，主要确定评价系统的边界。建筑智能环境评价系统的边界应为系统所处的建筑环境和预期创建的建筑智能环境，前者是评价系统的资源条件和约束，后者是其输出功能，也是评价的主要目的。

系统环境分析就是对存在于系统外物质的、经济的、信息的影响因素进行分析，了解这些因素对评价系统的影响。

（2）评价资料收集

评价资料的收集就是为设定建筑智能环境系统评价指标、评价方法等搜集所需资料。搜集准确的、完整的资料是系统评价的起点和基础。

（3）确定评价指标体系

指标是对系统构成要素的抽象认识，是衡量系统总体目标的具体标志。通常的系统评价是由多项指标构成，不同的指标反映系统的不同方面。评价指标体系是指由表征评价对象各方面特性及其相互联系的多个指标所构成的具有内在结构的有机整体，是评价系统的关键因素。

建立建筑智能环境系统指标体系的思路是采用系统理论思想，对系统进行整体剖析和综合思考，采用分解目标的方法，把建筑智能环境系统的总目标分解为次级目标（或称一级指标），再将次级目标分解成二级目标。由高到低逐层进行，越是下一级指标越是具体、明确、范围小，直至分解到指标可以观察、测量、操作，形成末级指标为止。这样形成一个从一级到二级……直至末级的多层次结构的指标系列，如图 12-11 所示。

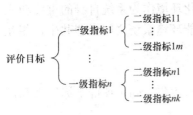

图 12-11　多层次结构的指标系列

（4）确定评价指标的权重

由于指标反映系统的不同方面，不同的指标对系统目标实现的重要程度不同，通常把各评价指标在实现系统的目标和功能上的重要程度称为指标的权重。权重是表示某项指标在评价指标体系中重要程度的量数标志，是指标体系的重要组成部分，又称为权数、权值或权系数。

在评价中较多地运用小数表示评价指标的权重，把指标体系整体作为 1，即小数的权重之和为 1，各评价指标的权重为 1 和 0 之间的一个小数。若用 W_j 来表示评价指标 $x_j(j=1, 2, \cdots\cdots, m)$ 的权重系数，则 $0<W_j<1$，且在同一层次上指标权重之和为 1，即 $\sum W_j =1$。

（5）选用评价方法进行单项评价和综合评价

系统评价方法分为单目标评价方法和多目标评价方法。单目标评价方法是对某一单个目标进行价值评定，评定各项评价指标的实现程度；多目标评价方法是系统的综合评价，即在单目标评价的基础之上，综合各大类指标的价值和系统的整体价值。单目标评价方法分为经验评分法、相对系数评分法和区间映射法。多目标评价方法有简单综合法、关联矩阵法、模糊综合评价法等。针对建筑智能环境系统的多目标、多准则、多因素、多层次的特性，下面介绍可用于确定建筑智能环境系统评价指标体系及其权重的层次分析法和用于建筑智能环境系统综合评价的模糊综合评价法。

1）层次分析法

层次分析法（Analytic Hierarchy Process，AHP）是美国著名的运筹学家、匹兹堡大学教授 T. L. Satty 在 20 世纪 70 年代初提出的，它是处理多目标、多准则、多因素、多层次的复杂问题，进行决策分析、综合评价的一种简单、实用而有效的方法，是一种定性分析与定量分析相结合的分析方法，可对非定量事件做定量分析及人的主观判断做出定量描述。应用层次分析法时，首先把评价的对象层次化，将评价的问题分解为不同的评价指标，按各指标间的相互关系分解为不同层次的结构，以不同层次进行聚集组合，将指标间的相互关系转化为最底层相对最高层（总目标）的比较优劣的排序问题，形成一个多层次、有明确关系的、条理化的分析评价结构模型。

应用层次分析法进行系统评价时，需要经历四个步骤，即建立层次分析结构模型、构造判断矩阵、相对重要度计算和一致性检验。

① 建立层次结构模型

建立层次结构模型是在充分理解系统问题的基础上，对系统所涉及的因素进行分类，按照最高层、中间层和最底层的形式排列。最高层又称为目标层，代表系统所要达到的总目标；中间层又称为评价目标的准则层，表示实现系统总体目标所涉及的一些中间环节，这些环节通常是需要考虑的准则、子准则，根据具体问题可以有多个子层，每个子层可以有多个因素；最底层可以称为指标层，代表系统评价的具体指标。这样具有等级层次性的层次结构模型如图 12-12 所示。

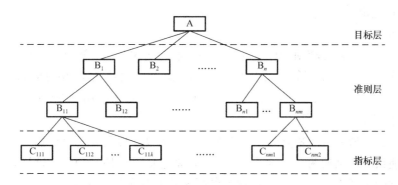

图 12-12　层次结构模型

② 构造判断矩阵

层次分析主要是对每一层次各因素的相对重要性给出的判断，这些判断通过引入合适的标度进行定量化，写成矩阵的形式就是判断矩阵。判断矩阵表示相对于上一层次的某一个因素，本层次有关因素之间相对重要性的比较。设与上一层因素 Y 相关的因素为 X_1，X_2，……，X_n，形成 $n \times n$ 的判断矩阵 A（见图 12-13）。

Y	X_1	X_2	...	X_j	...	X_n
X_1	a_{11}	a_{12}	...	a_{1j}	...	a_{1n}
X_2	a_{21}	a_{22}	...	a_{2j}	...	a_{2n}
$\vdots$	$\vdots$	$\vdots$	$\vdots$	$\vdots$	$\vdots$	$\vdots$
X_i	a_{i1}	a_{i2}	...	a_{ij}	...	a_{in}
$\vdots$	$\vdots$	$\vdots$	$\vdots$	$\vdots$	$\vdots$	$\vdots$
X_n	a_{n1}	a_{n2}	...	a_{nj}	...	a_{nn}

图 12-13　判断矩阵的形式

为了方便操作，一般使用 $1 \sim 9$ 及其倒数共 17 个数作为标度来确定 a_{ij} 的值，习惯上称为 9 标度法。9 标度的含义如表 12-1 所示。

9 标度法的含义   表 12-1

含义	x_i 与 x_j 同样重要	x_i 与 x_j 稍重要	x_i 与 x_j 重要	x_i 与 x_j 强烈重要	x_i 与 x_j 极重要
a_{ij} 取值	1	3	5	7	9
	2	4	6	8	

表 12-1 中的第二行描述的是从定性的角度，x_i 与 x_j 相比较重要程度的取值，第三行描述了介于每两种情况之间的取值。由于 a_{ij} 描述了两因素重要程度的比较，所以 1～9 的倒数分别表示相反的情况，即 $a_{ij}=1/a_{ji}$。

显然对于任意 i，j＝1，2，……，n，有 $a_{ij}>0$；$a_{ij}=1/a_{ji}$（当 $i\ne j$）；$a_{ij}=1$（当 $i=j$）。具有上述性质的矩阵为正互反矩阵。

若 $A=(a_{ij})_{n\times n}$ 为 n 阶正互反矩阵，满足对任意 i，j，k＝1，2，……，n 有 $a_{ik}\times a_{kj}=a_{ij}$，则称 A 为一致性矩阵。

③ 相对重要度计算

对以某个上级要素为准则所评价的同级的要素之间相对重要程度可以由计算比较矩阵 A 的特征值获得。对判断矩阵 A 先求出最大特征值 λ_{max}，然后求其相对应的特征向量 $\bar{W}$，其中 $\bar{W}$ 的分量（W_1，W_2，……，W_n）就是对应于 n 个要素的相对重要度，即权重系数。

④ 一致性检验

利用两两比较形成判断矩阵时，由于客观事物的复杂性及人们对事物判别比较时的模糊性，不可能给出精确的两个因素的比值，只能对它们进行估计判断。这样判断矩阵给出的 a_{ij} 与实际的比值有偏差，因此不能保证判断矩阵具有完全的一致性。通常由判断矩阵 A 的最大特征值 λ_{max} 是否等于矩阵的阶 n 来检验判断矩阵 A 是否为一致性矩阵，用 λ_{max} 与 n 的接近程度作为一致性程度的尺度。如果判断矩阵不具有满意一致性时，则需要对其进行修正。

综上所述，层次分析法计算过程的流程如图 12-14 所示。

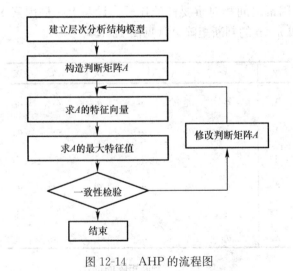

图 12-14　AHP 的流程图

2）模糊评价法

模糊评价法是一种运用模糊变换原理和最大隶属度原则，对系统进行评价的方法。应用模糊评价法时，除了确定评价项目及其权重和评价尺度外，在对各评价项目进行评定时，用对第 U_i 评价项目作出第 V_i 评价尺度的可能程度的大小来表示。这种评定是一种模糊映射，其可能程度的大小用隶属度 r_{ij} 来反映。模糊评价法可以综合考虑影响系统的众多因素，根据各因素的重要程度和对它的评价结果，把原来的定性评价量化，较好地处理多因素、多层次、模糊性及主观判断等问题。

应用模糊综合评价法的评价步骤如下：

① 确定评价因素集

评价因素集即评价指标的集合，具体表示如式 12-1 所示，表示有 n 个评价指标对评价对象从不同的方面进行评判描述。

$$U = \{u_1, u_2, \cdots\cdots, u_n\} \tag{12-1}$$

② 确定评价因素的权重集

评价因素（评价指标）对于评价对象的影响程度多数情况下是不同的，因此要确定评价因素对评价对象的权重集。权重集具体表示为：

$$\bar{W} = (W_1, W_2, \cdots\cdots, W_n) \tag{12-2}$$

③ 确定评价尺度集

评价尺度集（也称为备择集）就是评价者对评价对象可能作出的各种总的评价结果所组成的集合。评价尺度集具体表示如式 12-3 所示，其中各元素 v_i 代表第 i 个评价结果，m 为总的评价结果数。实际上就是对评价对象变化区间的一个划分，比如对学生成绩评价中的优秀、良好、中等、及格、不及格等。模糊综合评价的目的，就是综合考虑所有影响因素的基础上，从备择集中得出一个最佳的评价结果。

$$V = \{v_1, v_2, \cdots\cdots, v_m\} \tag{12-3}$$

④ 确定评价因素隶属度

评价因素（评价指标）的隶属度就是描述评价因素对于评价尺度的隶属程度。例如 $A(x)$ 表示模糊集"年老"的隶属函数，A 表示模糊集"年老"，当年龄 $x \leqslant 50$ 时 $A(x) = 0$ 表明 x 不属于模糊集 A（即"年老"），当 $x \geqslant 100$ 时，$A(x) = 1$ 表明 x 完全属于 A，当 $50 < x < 100$ 时，$0 < A(x) < 1$，且 x 越接近 100，$A(x)$ 越接近 1，x 属于 A 的程度就越高。这样的表达方法显然比简单地说："100 岁以上的人是年老的，50 岁以下的人就不年老。"更为合理。

⑤ 建立模糊评价模型

对评价因素集 U 中每一个因素根据评价尺度集 V 中的等级指标进行模糊评判，得到评判隶属矩阵 R：

$$R = \begin{bmatrix} r_{11} & r_{12} & \cdots & r_{1m} \\ r_{21} & r_{22} & \cdots & r_{2m} \\ \vdots & \vdots & & \vdots \\ r_{n1} & r_{n2} & \cdots & r_{nn} \end{bmatrix} \tag{12-4}$$

其中 r_{ij} 表示 u_i 对 v_i 的隶属程度。(U, V, R) 构成了一个单层次模糊评价模型。

多层次模糊综合评价是先设评价因素集为 $U = \{u_1, \cdots\cdots, u_n\}$，对其中的 u_i（$i = 1, 2, \cdots\cdots, n$）再细化分为 $u_i = \{u_{i1}, u_{i2}, \cdots\cdots, u_{ik}\}$，以此类推，实际就是对影响因素先分大类，然后对一类中的因素再分小类，这样就反映了评价因素的等级层次性。评价时，按最低层次的各个因素进行综合评价，然后再按上一层次的各因素进行综合评价，依次向更上一层评价，即从最后一次划分最底层的因素开始，一级一级往上评，直到评到最高层。

由于篇幅及内容深度所限，在此我们仅介绍建筑智能环境系统评价的原则、评价过程与步骤及可采用的方法，具体的评价过程不做深入介绍。

本 章 小 结

系统原理是系统工程的基础理论。建筑智能环境系统原理包括建筑智能环境系统整体突现原理、建筑智能环境系统等级层次原理和建筑智能环境系统互塑原理。系统工程方法是解决系统工程实践中的问题所应遵循的步骤、程序和方法，建筑智能环境系统工程方法包括建筑智能环境系统的系统分析、系统设计和系统评价。通过本章学习，应掌握建筑智能环境系统原理，熟悉基于建筑智能环境系统原理对建筑智能环境系统进行系统分析和系统设计的方法，熟悉应用建筑智能环境系统原理对建筑智能环境系统进行系统评价的原则，了解建筑智能环境系统的评价过程及步骤。

练 习 题

1. 建筑智能环境系统原理的内容及意义？
2. 建筑智能环境系统分析的内容和方法？
3. 建筑智能环境系统设计的内容和方法？
4. 建筑智能环境系统评价的原则和意义？
5. 建筑智能环境系统原理与建筑智能环境系统工程方法的关系？
6. 如何将建筑智能环境系统原理应用于建筑智能环境系统分析、设计与评价？

参 考 文 献

[1] 智能建筑设计标准，GB 50314—2015. 北京：中国计划出版社，2015.

[2] 王娜，沈国民. 智能建筑概论. 北京：中国建筑工业出版社，2010.

[3] 刘加平. 建筑物理（第四版）. 北京：中国建筑工业出版社，2009.

[4] 朱颖心. 建筑环境学（第三版）. 北京：中国建筑工业出版社，2010.

[5] 黄晨. 建筑环境学. 北京：机械工业出版社，2007.

[6] 李念平. 建筑环境学. 北京：化学工业出版社，2010.

[7] 杨晚生. 建筑环境学. 武汉：华中科技大学出版社，2009.

[8] 民用建筑供暖通风与空气调节设计规范，GB 50736—2012. 北京：中国建筑工业出版社，2012.

[9] 采暖通风与空调设计规范，GB 50736—2003. 北京：中国建筑工业出版社，2003.

[10] 张国强等. 室内空气质量. 北京：中国建筑工业出版社，2012.

[11] 陆亚俊等. 暖通空调（第二版）. 北京：中国建筑工业出版社，2007.

[12] 中等热环境 PMV 和 PPD 指数的测定及热舒适条件的规定，GB/T 18049—2000.

[13] 室内空气质量标准，GB/T 18883—2002.

[14] 车世光，王炳麟，秦佑国. 建筑声环境. 北京：清华大学出版社，1988.

[15] 吴硕贤. 室内环境与设备. 北京：中国建筑工业出版社，2004.

[16] 李先庭，石文星. 人工环境学. 北京：中国建筑工业出版社，2006.

[17] 毛东兴. 洪宗辉. 环境噪声控制工程（第 2 版）. 北京：高等教育出版社，2010.

[18] 吴硕贤，夏清. 室内环境与设备.（第二版）. 北京：中国建筑工业出版社，2003.

[19] 张子慧. 建筑设备管理系统. 北京：人民交通出版社，2009.

[20] 程大章. 智能建筑理论与工程实践. 北京：机械工业出版社，2009.

[21] 刘顺波. 智能建筑公共安全系统. 北京：人民交通出版社，2010.

[22] 王娜. 智能建筑信息设施系统. 北京：人民交通出版社，2008.

[23] 范同顺，苏玮. 基于智能化工程的建筑能效管理策略研究. 北京：中国建材出版社，2015.

[24] 王娜. 建筑节能技术. 北京：中国建筑工业出版社，2013.

[25] 俞立. 现代控制理论. 北京：清华大学出版社，2007.

[26] 项国波. 控制论的发展. 电器时代，2005，11.

[27] 于长官. 现代控制理论（第三版）. 哈尔滨：哈尔滨工业大学出版社，2006.

[28] 顾幸生，刘漫丹，张凌波. 现代控制理论及应用. 上海：华东理工大学出版社，2008.

[29] 张晓江，方敏. "自动控制理论"教学内容发展历程与优化措施. 中国电力教育，2010，1.

[30] 王积伟. 现代控制理论与工程. 北京：高等教育出版社，2003

[31] 王宏华. 现代控制理论. 北京：电子工业出版社，2006.

[32] 万百五，韩崇昭. 控制论—概念、方法与应用. 北京：清华大学出版社，2009.

[33] 赵明旺，王杰. 现代控制理论. 武汉：华中科技大学出版社，2007.

[34] 夏德钤，翁贻方. 自动控制理论. 北京：机械工业出版社，2004.

[35] 邵裕森，戴先中. 过程控制理论. 北京：机械工业出版社，2000.

[36] 王传波，刘旸. 现代控制理论与经典控制理论的对比研究. 机械管理开发，2006，3.

[37] 路建伟. 军事系统科学导论. 北京：军事科学出版社，2007.

[38] 钱俊生. 科技新概念. 北京：中共中央党校出版社，2004.

[39] Wayne C. Turner. 工业与系统工程概论（第 3 版）. 北京：清华大学出版社，2002.

[40] 上海交通大学编. 智慧的钥匙——钱学森论系统科学. 上海交通大学出版社，2005.

[41] 顾凯平. 系统工程学导论. 北京：中国林业出版社，1999.

[42] 顾培亮. 系统分析与协调. 天津：天津大学出版社，1998.

[43] 侯定丕，王战军. 非线性评估的理论探索与应用. 合肥：中国科学技术大学出版社，2001.

[44] 刘新建. 系统评价学. 北京：中国科学技术出版社，2006.

[45] 刘豹，胡代平. 神经网络在预测中的一些应用研究. 系统工程学报，1999，14（4）：338-344.

[46] 肖田元，张燕云，陈加栋. 系统仿真导论. 北京：清华大学出版社，2000.

[47] 谢克明. 现代控制理论基础. 北京工业大学出版社，2002.

[48] 许国志. 系统科学. 上海科技教育出版社，2000.

[49] 杨学津. 管理系统工程教程. 济南：山东大学出版社，2003.

[50] 赵少奎，杨永太. 工程系统工程导论. 北京：国防工业出版社，2000.

[51] 谢克明，李国勇. 现代控制理论. 北京：清华大学出版社. 2005.

[52] 赵光宙. 现代控制理论. 北京：机械工业出版社，2010.

[53] 谢亚军. 浅析经典控制理论与现代控制理论的异同. 科学与财富，2013，5.

[54] 周立峰. 现代控制理论的发展与应用研究. 大自然探索期刊，1984，3

[55] 董景新，赵长德. 控制工程基础. 北京：清华大学出版社. 2002.

[56] Shannon C E. A mathematical theory of communication, Bell System Technical Journal，（1948），27：379—429，623—656.

[57] Thomas M. Cover，Joy A，Thomas. Elements of Information Theory. 北京：阮吉寿，张华译. 北京：机械工业出版社，2008.

[58] 姜丹. 信息论与编码（第 3 版）. 合肥：中国科学技术大学出版社，2009.

[59] 傅祖芸. 信息论：基础理论与应用（第 3 版）. 北京：电子工业出版社，2013.

[60] 吕锋，王虹，刘皓春. 信息理论与编码（第 2 版）. 北京：人民邮电出版社，2010.

[61] 唐朝京，雷菁. 信息论与编码基础（第 2 版）. 北京：电子工业出版社，2015.

[62] 姚善化. 信息理论与编码. 北京：人民邮电出版社，2015.

[63] 周荫清. 信息理论基础（第 4 版）. 北京航空航天大学出版社，2012.

[64] 禹思敏. 信息论、编码及应用. 西安电子科技大学出版社，2012.

[65] 仇佩亮，张朝阳，杨胜天，余官定. 多用户信息论. 北京：科学出版社，2012.

[66] 曹雪虹，张宗橙. 信息论与编码（第 2 版）. 北京：清华大学出版社，2009.

[67] 王建辉，顾树生. 自动控制原理. 北京：清华大学出版社，2007.

[68] 蒋大明，戴胜华. 自动控制原理. 北京：清华大学出版社，北方交通大学出版社，2003.

[69] 余成波，张连. 自动控制原理. 北京：清华大学出版社，2006.

[70] 左为恒，周林. 自动控制原理. 北京：机械工业出版社，2007.

[71] 孙亮，扬鹏. 自动控制原理. 北京工业大学出版社，2006.

[72] 厅堂扩声系统声学特性指标，GYJ 25—1986.

[73] 厅堂扩声系统设计规范，GB 50371—2006.

[74] 刘超. 建筑的声环境. 河南省土木建筑学会 2009 年学术大会论文集，2009，5.

[75] 民用建筑隔声设计规范，GB J118—1988.

[76] 城市区域环境噪声标准，GB 3096—1993.

[77] 江亿，姜子炎. 建筑设备自动化. 北京：中国建筑工业出版社，2007.

[78] Shengwei Wang. 智能建筑与楼宇自动化. 王盛卫，徐正元译. 北京：中国建筑工业出版社，2010.

[79] 田媛媛. 建筑智能环境控制原理及方法的研究. 长安大学, 硕士论文, 2014.

[80] 安大伟. 暖通空调自动化. 北京: 中国建筑工业出版社, 2009.

[81] 叶德垄. 公共建筑光环境的优化控制研究. 西安建筑科技大学, 2013.

[82] 王俭, 王强. 智能建筑光环境模糊控制与节能研究. 建筑节能, 2009, 38 (217): 49-52.

[83] 万百五, 黄正良. 大工业过程计算机在线稳态优化控制. 北京: 科学出版社, 1998.

[84] 于润田. 控制论、信息论与系统论的哲学关系. 北京: 科学出版社, 1988.

[85] 任庆昌. 自动控制原理. 北京: 中国建筑工业出版社, 2011.

[86] 公共场所卫生检验方法 第1部分: 物理因素, GB/T 18204. 1—2013.

[87] 秦佑国, 王炳麟. 建筑声环境 (第二版). 北京: 清华大学出版社, 1998.

[88] 钟义信. 信息科学原理 (第5版). 北京邮电大学出版社, 2013.

[89] 阎毅. 信息科学技术导论. 西安电子科技大学出版社, 2014.

[90] 陈海燕. 信息论与编码基础. 北京: 清华大学出版社, 2015.

[91] Raymond W. Yeung. 信息论基础. 北京: 科学出版社, 2012.

[92] 钟义信. 信息科学与技术导论 (第2版). 北京邮电大学出版, 2010.

[93] 鲁晨光. 广义信息论. 合肥: 中国科学技术大学出版社, 1983.

[94] 周荫清. 信息理论基础 (第4版). 北京航空航天大学出版社, 2012.

[95] 冯暖. 通信原理基础. 北京: 清华大学出版社, 2014.

[96] 张文宇. 知识发现与智能决策. 北京: 科学出版社, 2015.

[97] 万百五, 韩崇昭, 蔡远利. 控制论: 概念、方法与应用 (第2版). 北京: 清华大学出版社, 2014.

[98] 杨庆之. 最优化方法. 北京: 科学出版社, 2015.

[99] 钱月康, 潘欣裕, 王俭. 面向残障人的智能家居引导系统. 智能建筑电气技术, 2014, 8 (6): 69-72.

[100] 何永刚, 黄丽华, 戴伟辉. 基于生态理论的信息系统进化研究. 科技导报, 2006, 24 (1): 41-44.

[101] 杨天奇. 人工智能及其应用. 广州: 暨南大学出版社, 2014.

[102] 吴祈宗. 系统工程. 北京理工大学出版社, 2006.

[103] 佟春生. 系统工程的理论与方法概论. 北京: 国防工业出版社, 2005.

[104] 孙东川, 林福永. 系统工程引论. 北京: 清华大学出版社, 2004.

[105] 梁军, 赵勇. 系统工程导论. 北京: 化学工业出版社, 2010.

[106] 汪应洛. 系统工程. 北京: 机械工业出版社, 2008.

[107] 陈庆华. 系统工程理论与实践. 北京: 国防工业出版社, 2011.

[108] 魏宏森, 曾国屏. 试论系统的整体性原理. 清华大学学报, 1994, 9 (3).

[109] 王向宏. 智能建筑节能工程. 南京: 东南大学出版社, 2010.

[110] 刘源全, 刘卫斌. 建筑设备. (第2版). 北京大学出版社, 2012.

[111] 李正军. 现场总线及其应用技术. 北京: 机械工业出版社, 2011.

[112] 沈晔. 楼宇自动化技术与工程 (第2版). 机械工业出版社, 2009.

[113] 章云. 建筑智能化系统. 北京: 清华大学出版社, 2014.

[114] 吴成东. 建筑智能化系统. 北京: 机械工业出版社, 2011.

[115] 郎禄平. 建筑自动消防工程. 北京: 中国建材工业出版社, 2006.

[116] 王娜, 王俭, 段晨东. 智能建筑概论. 北京: 人民交通出版社, 2002.

[117] 朱明. 分布智能火灾报警控制系统研究. 武汉: 华中科技大学, 2003.

[118] 郁滨. 系统工程理论. 合肥: 中国科学技术大学出版社, 2009.

[119] 李之棠，李汉菊. 信息系统工程原理、方法与实践. 武汉：华中科技大学出版社，2005.

[120] 徐宗本，张茁生. 信息工程概论. 北京：科学出版社，2011.

[121] 王晶. 建筑智能环境系统原理及系统工程方法的研究，长安大学，硕士论文，2014.

[122] 顾永兴. 绿色建筑智能化技术指南. 北京：中国建筑工业出版社，2012.

[123] 公共建筑节能设计标准，GB 50189—2015. 北京：中国建筑工业出版社，2015.

[124] 柳孝图. 建筑物理. 北京：中国建筑工业出版社，2006.